木韵

树木的故事与中国木文化

张余仁 王 进 袁巍峰 著

上海文化出版社

主　编
张余仁

高级工程师。1957 年出生于江苏扬州，1982 年由南京农学院（1984 年更名为南京农业大学）植物师资班毕业分配到原上海商检局工作，先后担任过茶土科科长和粮谷科科长。1999 年底“三检合一”，先后担任过原上海出入境检验检疫局派驻洋山港、化工区机构筹建办常务副主任，洋山出入境检验检疫局副局长、机关服务中心主任，崇明出入境检验检疫局局长，于 2017 年退休。其间，起草了进口可可豆检验和进口软木检验等国家行业标准，发表论文 20 余篇。1983—1996 年从事进出口木材检验监管工作，与木结缘，钟爱一生。于 2006 年主编出版了《进口木材检验检疫实用指南》（上海科学普及出版社），2020 年主编出版了《世界商用木材名典》（中国海关出版社），2024 年与中国海关出版社合作开发了“世界商用木材树种信息检索系统”。2019 年研发的木制牙签盒获得国家实用新型发明专利证书。

副主编

王　进

1960年出生于江苏吴江，1977年高中毕业，1978年参军，1981年退伍进吴江物资局木材公司，从事木材检量、木材仓储、木材销售等工作，1992—1997年曾先后担任吴江木材公司派驻张家港办事处代表和上海华东木材公司代表。1998年公司改制，响应国家号召下海自谋职业，创建了上海进津国际贸易有限公司和上海进沐国际贸易有限公司，主要经营进口东南亚、南美洲、非洲出产的名贵木材，率先开发非洲刺猬紫檀等新树种进入国内市场，是进口名贵木材知名供应商之一。脚踏实地在进口木材第一线跌打滚爬40余年，尊木、爱木、懂木、营木、惜木、护木乃其毕生事业，讲好树木的故事与弘扬中国木文化是其永远的追求。

副主编

袁巍峰

1971年出生于上海南汇，1992年由上海机械学院模具设计与制造专业毕业分配到上海港口机械厂工作。1995年响应国家号召辞职下海，自主创业，投身物流产业及创意园区产业。经过20多年的艰苦奋斗，现已成为上海同华集团公司掌门人，旗下拥有上海同华国际物流（集团）有限公司、上海嘉地实业发展有限公司等企业，在江苏太仓创建了“汇大木材交易中心”，是目前国内规模最大的北美木材交易市场。旗下的江苏汇大供应链管理有限公司是中国木材与木制品流通协会副会长单位、北美木材分会会长单位。袁巍峰兼任中国出入境检验检疫协会副会长、上海出入境检验检疫协会进口冻品分会会长等职务，并曾荣获2015年度南汇新城镇慈善公益联合捐“慈善公益之星”和2016年度中国（上海）自由贸易试验区保税区域“优秀企业家”等称号。旗下企业多次获得中国进出口质量诚信企业、优秀报关企业等荣誉。

目录

序

南京林业大学原校长、教授
中国工程院院士
曹福亮
2024 年 3 月

作为一名长期从事林木资源培育与林产品研究的学者，对树木与人类进化发展的故事和关于中国木文化的话题并不陌生，这方面的书籍看过不少，也参观过许多与木文化有关的博物馆，总体感觉缺乏系统性。讲述木文化的书籍通常很少涉及树木的故事，或只讲了某个方面；而展示木文化的博物馆陈列的多是主办方的馆藏或自制的一些木家具、木雕等木制工艺品，讲的都是收藏及收藏背后的故事。仅讲某个片段或仅用实物展示，不仅难以尽展木文化的丰富多彩，也不足以让人们全面认识树、木、人和大自然四者之间的必然联系。

《木韵——树木的故事与中国木文化》一书分《序篇》《识木》《爱木》《用木》《营木》《惜木》《护木》《名木赏析》和《尾篇》共九个篇章，通过讲述树木的故事来诠释中国木文化，视角独特，脉络清晰，系统性强。《名木赏析》回答了人们普遍关心的一些热点问题，基本满足了各类读者的需求。《尾篇》分享了作者对中国木文化初步研究的一些心得体会。总之，该书是一本关于树、木和木材的小百科全书，在全民增强文化自信的时代，该书的出版可谓应运而生。

把树木的起源作为引子，从“森林是人类走向文明的起点”一直讲到“绿水青山就是金山银山”，系统阐述了树木 / 木材与人类进化和人类社会文明进步的关系，树木对全世界作出的巨大贡献，对每一个人都至关重要。因此，我们不能只讲用木、营木，还要讲尊木、爱木，更要讲惜木、护木，实现可持续的科学发展。既要保护森林，又要合理砍伐，如何解决这对矛盾？书中自有答案。凸显了作者的与时俱进，用发展的眼光来研究木文化。

人类要尊重自然，善待地球，维护生态平衡，不能向大自然索取过多，否则，必然会遭到大自然的惩罚。2500 年前，老子曰：“人法地，地法天，天法道，道法自然。”宇宙之间有四个伟大，即天大、地大、道大和人大。天与地的伟大不言而喻，道大就是自然规律伟大，人大就是人类的伟大。人类为何伟大？那是因为只有人类才有天赋的灵性和能力，可以领悟和效法自然规律。效法就是完全相信，完全遵守，其实就是人类通过学习和领悟使自己的德行与自然规律相吻合，达到天人合一的最高境界。这几年的新冠疫情肆虐全人类，又一次警示我们务必谨遵先哲圣人的教诲，要与所有地球生命和睦相处，大家同住地球村，应当顺势而为，保护好赖以生存的共同家园。

木文化以木为本，由爱而生。如今，大家都在讲木文化，何为木文化？众说纷纭，迄今尚无权威之说，该书给出的定义算是填补了这个空白，尽管这个定义可能存在不足，但可以抛砖引玉，希望大家一起来探讨，一起来追求完美，无愧于时代的召唤。

中国木文化底蕴深厚，内容丰富多彩，乃世界木文化之翘楚，也是增强中华民族文化自信的重要组成部分。木与人类的生存与发展休戚相关，讲好木文化，其实就是在讲我们祖祖辈辈、世世代代的身边事，就是在传播木文化。该书立足科普，图文并茂，老少咸宜，雅俗共赏，值得一读。可以帮助读者启迪心智、增加知识、开拓眼界、追溯历史、拥抱未来。

曹福亮

前言

张余仁
2023年6月

在动笔之前，查阅了大量有关中国木文化的资料。虽然书海茫茫，但查阅下来，全中国只有两本书是以“木文化”命名的：一本是2011年由尚景先生编著的《中国木文化》，于2016年更名为《木文化——盛木为怀，和木而生》并再版，主要讲述中国人对木材的运用，着重介绍了一些著名古木建筑、木家具和木雕艺术；另一本是2018年由王传成、王志达父子编著的《木文化简谱》，采用文字配插图的方式简介了一些木材与人们的日常生活和人文教化的历史故事。除此之外，还有两本是以红木文化为题的书：一本是余悦先生主编的《图说红木文化》，介绍了他对红木家具的一些见解及茶文化与红木器具的关系；另一本是杨金荣大师所著的《红木文化谈薮》，收编了他的谈话与演讲录，主要是解读红木文化艺术问题。笔者也参观了不少木文化博物馆，如上海木文化博物馆、浙江艺术紫檀博物馆、中国木雕博物馆等等，虽然各家都有独特的馆藏，但讲的都是收藏及其背后的故事，这些展品不外乎是以稀有、奇特、名贵等特点而成为典藏。潜心思考，就木文化这个命题而言，总感觉还缺少点什么。

众所周知，中国木文化历史悠久，榫卯结构是世界非物质文化遗产。木建筑、木家具和木雕艺术承载着中国人用木的智慧，是木文化的终极表现形式，但不是木文化的全部，因为木文化是不会孤立存在的，一定有其前因后果。文化的孕育需要土壤，文化的沉淀需要经历发生与发展的漫长历史过程，是我们的先辈不断向大自然学习，经过几千年的孜孜以求、日积月累，才有了如今之辉煌，构筑起中华文明的底蕴。按照文化的分类，中国木文化应该属于传统文化，而传统文化是在长期历史中发展形成并保留于现实生活的，应该具有稳定性，多样性、民族性和继承性。因此，笔者认为，要讲好中国木文化，首先要搞清楚：何为木文化？中国木文化都有哪些内涵？那么，我们应该去寻找其发生的源头，摸清其发展的脉络，循序渐进，把故事讲全。比如，没有树，哪有木，没有木，就不会发生与木有关的故事，木文化便是无水之源，无本之木。又如，我们不能只讲用木，不讲惜木。要珍惜大自然的馈赠，不能只伐不种，只用不植。永续利用，就要讲保护森林，植树造林。尤其是在全球气候变暖，已经给人类的生存带来灾难的情况之下，更要讲尊重自然，保护森林，维护生态平衡，因为这是木文化可持续发展的根基。皮之不存，毛将焉附？在下笔之时，正值新冠病毒疫情爆发，肆虐人类，蔓延全球，生物安全被列入国家安全体系，其中首要关注的是生态安全，要保护生物物种的延续性和多样性。迄今，被国际濒危物种保护组织列入管控范围的濒危木材树种已有 670 余种，并且这个数字还在悄然上升，讲木文化应该涵盖社会责任和国际义务，每一个物种都是我们同住地球村的朋友，都有在地球上生存与繁衍的权利。

何为木文化？笔者认为，木文化是指人类的生存发展与木相关的人文教化，是全人类或一个国家或一个民族共享的木材价值观和木材利用方式，是以木为载体展示工匠技艺并逐步上升到艺术层面的传统文化。中国木文化具有自己的民族特色，是世界木文化中的翘楚，是中华文明不可或缺的重要组成部分。本书以“树木的故事与中国木文化”为题，来诠释中国木文化，以增强国人的文化自信。此前，笔者在江苏靖江策划筹建了“万林木文化展示馆”，本书也是按照中国木文化的内涵，分《识木》《爱木》《用木》《营木》《惜木》《护木》等篇章，系统讲解树木与人、与自然的关系，全面阐述木文化发生的源头和发展的脉络。由于该展馆场地有限，对展馆中不能拓展的内容，本书一并录入，自以为是把树木的故事，树木与人类的进化、与人类的文明，以及木文化发生与发展的故事基本讲全了。

木建筑、木家具和木雕艺术是中国木文化展现的三个载体，是中国木文化的三大瑰宝。其中木建筑、木雕艺术起源最早，都是在七千多年前的新石器时代，河姆渡文化出现了干栏式建筑和木雕鱼。木家具起源较迟，是春秋战国时代，归功于木匠祖师爷鲁班的发明创造。木建筑与木家具能够名扬海内外，是因为榫卯结构独步天下，被誉为藏在木头里的灵魂，是与京剧、武术等国粹齐名的艺术形式。木雕艺术是国家级非物质文化遗产，国外也有，只是他们起步比我们晚一些，作品风格不同，各有千秋，谁高谁低，难以评判。时至明清，木建筑、木家具和木雕艺术的发展达到了鼎盛时期，但中国木文化的发展没有到此为止，因此，我们不能只讲过去，不讲现在，因为文化的发展需要接力传承。如今，只有木家具和木雕艺术得以传承，并发扬光大了。木建筑虽有，但很少采用榫卯结构，究其原因，是受外来木文化渗透之影响，现代木屋可以工厂化生产了，建造更快捷，造价更低廉，室内空间布局更合理。本书以木家具为重点，不仅讲到过去，而且论及当下，展望未来，以全面反映中国木文化的传承和发展。此外，对古木建筑、红木家具和木雕艺术讲得不多，对木镟也是点到为止，因为这方面的专家名著汗牛充栋，如王世襄先生编著的《明式家具珍赏》、邬涛先生编著的《紫檀家具鉴藏全书》等等。

本书立足科普，图文并茂，老少咸宜，雅俗共赏。可能读者看后会觉得许多故事似曾相识或耳熟能详，但其中一定还有你不知道的知识点，特别是有些木文化的历史故事与现代理念可能是第一次有人如是说。斗胆妄言，迄今为止，也许还没有人把这些故事串联起来系统地讲；把树木的前世今生讲全；把树木与人、与自然的关系讲透；把中国木文化发生的源头和发展的脉络理清。本书还讲到了很多与木有关的历史人物，文化源于自然，文化的关键在于人，是人通过顺应自然、改造自然而产生的，如果文化脱离人与自然，那它也就失去了存在的意义。

考虑到是科普，为了满足青少年读者的好奇心，在正式进入主题之前，本书增加了《序篇》，简单介绍一下地球生命的起源，再引出树木的起源，旨在帮助他们理解，激活他们对自然科学兴趣的隐性基因。为满足中老年读者对木材的兴趣，本书增加了《名木赏析》，简单介绍名木的概念和关于红木的一些故事，回答大家普遍关心的一些共性问题。对名木鉴赏，结合实际举了一些例子，略谈一二，读者若想深究，可查阅周默先生所著的《木鉴》《紫檀》等权威人士的著作。此外，本书还穿插了一些日常实用的科普小知识和其他相关信息。例如，一棵树什么部位的材质最佳？真假榫卯甄别方式、判定木材优劣的八项指标、“红木家具造假大全”及“六不买”等等，有些可能是首次在书本里出现。

中国木文化博大精深，对每一个树种的开发利用、对每一件木器的设计制作，都是在长期实践中积累形成的，展现了木尽其用、物尽天华的匠心独运和中国人的聪明才智，其背后的故事皆为木文化，但本书篇幅有限，无法展开细谈。为此，笔者试图通过讲解树木的故事来介绍中国木文化，只想为读者开启中国木文化的大门，引导大家去畅游、去畅想、去挖掘、去提炼，希望起到抛砖引玉之功效。毕竟这是一种新的尝试，由于笔者水平有限，存在缺点和错误在所难免，祈请广大读者批评指正。

本书所述之木文化，希望通过了解树木/木材与人类、与自然的关系，追溯木文化发生的源头，理清木文化发展的脉络，介绍木文化之精髓。为讲好这个主题，我们首先要了解树木的起源，而树木的起源又绕不开生命的起源，为此，本书将“生命的起源”列为序篇。

本书所述之木文化，希望通过了解树木/木材与人类、与自然的关系，追溯木文化发生的源头，理清木文化发展的脉络，介绍木文化之精髓。为讲好这个主题，我们首先要了解树木的起源，而树木的起源又离不开生命的起源，为此，本书将“生命的起源”列为序篇。

序篇

生命的起源

树木是地球生命的重要成员之一

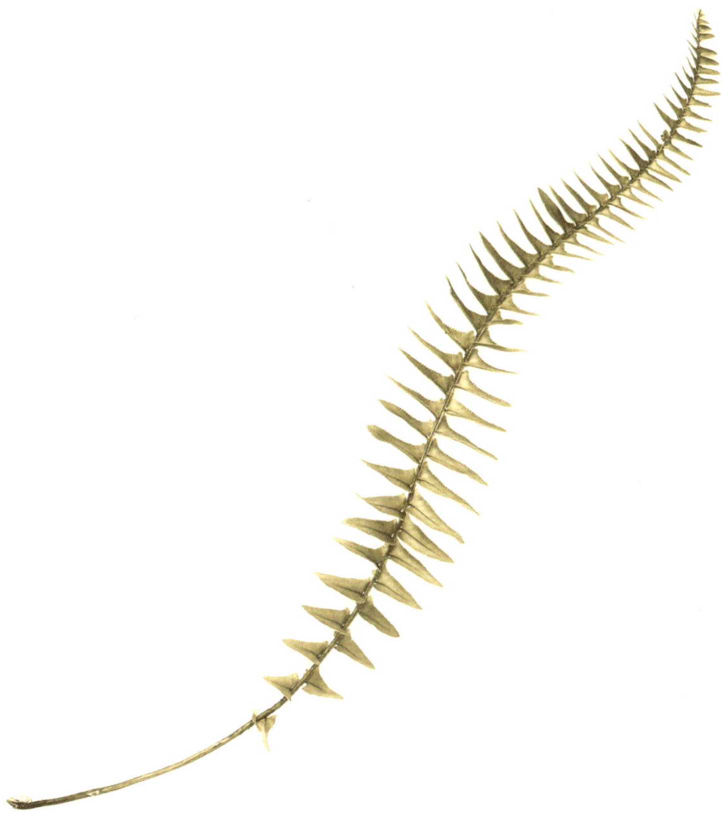

中华之根（樟树） 上海木文化博物馆藏 袁银昌 摄

树化玉　上海木文化博物馆藏　袁佳青 摄

迄今为止，世界上关于生命的起源主要有如下四种学说：

1.“神创论”，西方《圣经》的第一章《创世记》，讲述了上帝“七天造万物”的故事，中国有“盘古开天地”的神话传说，东西方的“神造论”都认为是神造万物，但无法解释神从何而来。

上帝“七天造万物”的顺序

2.“生生论”，认为非生命物质不可能自发产生有生命物质，生物只能来源于生物，但不能回答最初的生命从何而来的问题。

3.“宇宙生命论”，认为生命来源于其他星球，虽有现象支撑，但无科学验证。

4.“化学进化学说”，认为生命是由非生命物质在原始地球条件下，通过漫长的化学途径演变进化而来，解决了最初生命从何而来的问题，并有一定的实验支撑，也是目前最获支持的生命起源观点。笔者是唯物主义者，认为第四种学说比较靠谱，有一定的科学依据，故为本书采用。

一——地球形成之初

近40亿年前，在宇宙形成之初，由于受到行星的撞击，以及放射性元素衰变产生的热量影响，地球处于熔融状态，犹如一个巨大的炙热火球，这个时期地球上是没有生命的。

近40亿年前，仍处于熔融状态的地球受到小行星的巨大撞击

二——地壳和原始海洋的形成

随着行星撞击的减少、温度的降低，岩浆开始固结，并慢慢形成陆块，犹如月球的表面。

2001年，科学家在加拿大魁北克北部哈德森湾东海岸沿线绿色带的一个古岩床带内，发现了目前地球上最古老的岩石，通过检测，证明岩石年龄为42.8亿年。

火山爆发喷出的大量气体和尘埃，形成了大气层的雏形。最初的大气成分类似现代火山的气态喷出物，有水、一氧化碳、二氧化碳、二氧化硫、硫化氢、甲烷和氮等，但没有氧气。

随着地球温度的持续降低，火山的气态喷出物形成雨水降落到地表，使陆块不断扩大。大约在38亿年前，地球表层形成了原始地壳。

最初的降雨受到刚刚固结地壳的烘烤而变热，甚至是沸腾的。随着温度的进一步下降，落到地表的雨水越来越多，逐渐注满了凹地，大约在35亿年前，形成了原始海洋（相当于现在海洋面积的1/10）。

此后，雨水不断冲刷地表，分解的矿物质流入海洋，使海水密度越来越大，这些矿物质中有镁、钠、钙……以氯化钠为最多，形成了含有盐分的苦咸海水。根据科学家推测，这个时期可能已经产生了某种能够释放氧气的微生物，但尚未找到实体化石佐证。

太空中的蓝色星球——地球

三——地球生命的诞生*

水是生命的摇篮。地球上先有水，然后才有生命。这是一个相当漫长的演化过程，大约发生在35亿年前。

降落在原始地壳低洼处的水，以火山气体冷凝积水为主，生物化学家们把这种最原始的水称为“原始汤”。水中的无机元素，如氢、氧、氮、碳、硫、磷等，在自然界发生的太阳辐射、火山爆发、电闪雷鸣等各种能量的作用下，使

注*：本书所述生命的起源与《道德经》开篇所说，“无，名天地之始，有，名万物之母”，两者有巧合之处。老子这句话的意思是：天地开始的时候是无形状的，浑沌一片，一切东西都看不清楚，老子称之为“无”。后来有了天地，无中生有，也就是说天地形成了，万物出现了，老子称之为“万物之母”。当然，这是老子对世界的感知（可能源自盘古开天地的神话传说，盘古开斧之前的宇宙也是浑沌一体，天地相连），并无科学依据，是他悟出的辩证哲学观点，认为任何事物都存在阴阳两面，有无相生，对立统一，是永恒的真理。

现在的海洋 刘舒岩 作

简单小分子合成稍大分子，如多糖、脂类、氨基酸、核苷酸等。这些有机单体大分子在非生物系统中聚合成更大、更复杂的多聚体。多聚体整合为多分子体系颗粒（原球体）后，代谢与遗传体系的形成和进化最终产生出最简单的生命形式——原核生物。

原核生物通常是指单一细胞、没有细胞核的生物。在澳大利亚西部，距今35亿至34亿年前的古太古代瓦拉伍纳群（Warrawoona Gr.）地层中，发现了最早微观生命的宏观表现形式——“叠层石”，印度地质学家高斯（Naresh Ghose）发现了20亿年前的原核生物化石（球状蓝藻），科学家据此推断，大约在35亿年前，最原始、最低等的原核生物——蓝藻最早出现在原始海洋里。因蓝藻具有DNA和卟啉化合物，不仅具有“自我复制”能力，还能进行光合作用，由此拉开了地球生命进化的序幕。

大约在14亿年前出现真核生物，科学家将其归类为绿藻门植物，藻类急剧分化、发展和繁盛，被称为藻类植物时代。可靠的真核细胞化石发现于我国天

津蓟县的12亿年前的洪水庄组地层和澳大利亚北部10亿年前的苦泉组地层。多数学者认为裸蕨类植物是由绿藻演化而来，大约4亿年前一批生于水中的裸蕨类植物逐渐登上陆地，其中有一支小分队开启了向树木进化的漫长之旅。

四 —— 陆地生物来自海洋

藻类植物可以进行光合作用，制造出大量氧气，在大气层中形成臭氧层，吸收大量紫外线，保护地球生命免遭太阳辐射灼伤，也为藻类植物爬上陆地演化成苔藓植物创造了必要条件。

由于地球自转速度的变化导致地壳运动，这是地球表层相对于地球本体的一种运动。如当地球自转加快时，在离心力的作用下，地壳物质会向赤道集中，相当于受到南北方向的挤压，形成纬向（东西向）构造带*。反之，在地球自转减慢时，地壳物质会从赤道向两极扩散，形成径向（南北向）构造带。

注*：构造带，1926年由哈曼提出，指受到各种构造作用影响地壳的综合体，它不仅包括经地壳运动形成于地表的巨大山脉，也包括位于地壳深处的山脉根部。

地壳运动使地壳从海洋中升起，形成陆地，并同时把生物从海洋带上了陆地，经逐步进化，适者生存，万物众生，生生不息。各类生物在地球上的活动也改变了地球的环境，生物的进化是生物和环境协同演化之结果。

生物种类繁多，分为原生生物界、植物界和动物界，树木仅是植物界中的一部分。

五 —— 关于人类的祖先

根据考古学家研究，地球上大约在300万年前出现人类。过去人们注意到，在非洲发现了许多古人类化石及文化遗址，其中在东非发现的能人（*Homo habilis*），年代在200万年以上，因而推测人类的起源地大概在非洲。近年在中国土地上也发现了人类最早的化石，其中在重庆市巫山县发现的巫山人，距今已有200万年。1965年在云南元谋发现的元谋人，距今也有170万年。此外，1963—1964年在陕西蓝田发现的蓝田人遗骨，距今约60—80万年；1927年在北京周口店发现的北京人的遗骨，距今约60—70万年。从上述这些古人类遗骨和化石的发现可知，在200万年到几十万年以前，在中国大地的东南西北都已经有人类在活动，因此，中国也是人类起源的摇篮之一。人类最早吃的是树上的野果，鱼虾、河蚌、螺蛳等水生动物，以及山羊、野兔、野鸡等陆地小动物，使用的生产工具是石及用石块修整树枝而形成的木棒，磨尖后用以狩猎，由此拉开了人类社会发展史的序幕。

六——问题与思考

关于地球生命的诞生可能永远是一个谜。虽然科学技术在不断进步，但相对于大自然的奥秘来说，人类的认知永远是有限的。有时候科学家们研究越深反而会越迷糊了，因为许多天象无法用科学解释，为自圆其说，只能归功于“天工造物”或“上帝之手”，最终走上了信奉上帝之路，成为宗教信徒，如牛顿、爱因斯坦、麦克斯韦等。杨振宁一百岁在北大演讲后曾对学生说：“我一辈子崇尚科学，追求真理，不信佛、不信教、不迷信。但是，现在我有些犹豫了，人在最初始到底是从哪里来的？动物、植物及世界万物无处不在，谁撒的种子？宇航员看到地球是在空中飘浮，没有依靠，没有支撑，谁安排它昼夜轮回，一年四季稳定变换？宇宙大无边，到底有多大，真的没有界限吗？我觉得好像有一个看不见、摸不着、法力无边神通广大的力量在精心策划，运筹帷幄。它究竟是什么？是玄学吧！”

曾有人说：“科学的尽头是哲学，哲学的尽头是神学。”在造物主问题上，似乎有点道理。老子曰：“大曰逝，逝曰远，远曰反。”科学研究也离不开事物运行的规律，在前进的道路上有时会觉得从终点又回到了起点，其实这是一个螺旋式上升波浪式前进的过程，如同树木生长的年轮，年复一年，一圈一圈地向上、向外生长。至于这种说法对与否，请读者自行判别，仁者见仁，智者见智。

达尔文的生物进化论，只讲了生物

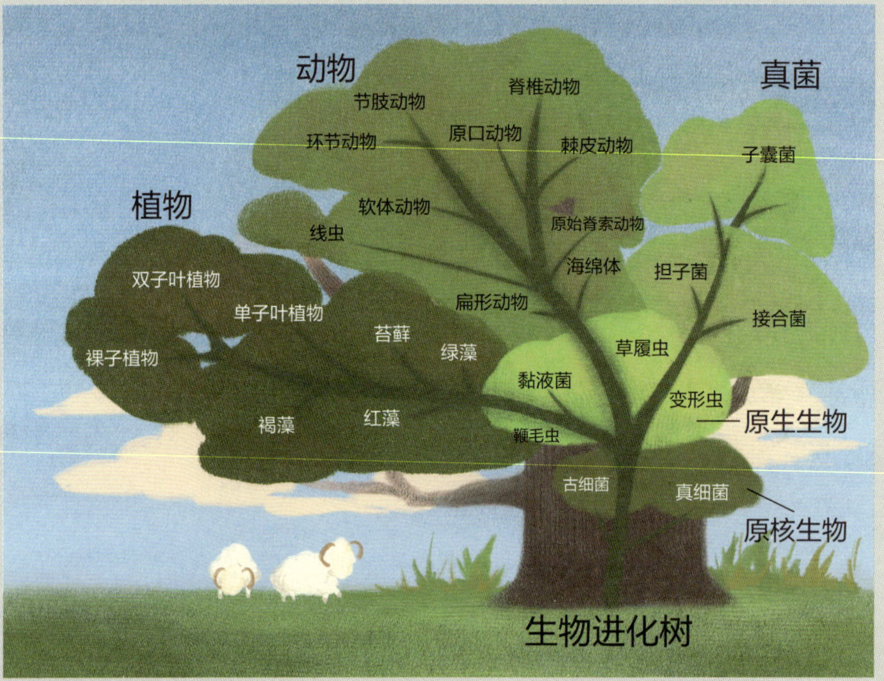

生物进化树　刘舒岩 作

界物种的进化和变异，认为所有物种是由少数共同祖先，经过长时间的自然选择过程后演化而成的，近似“生生论”，但是，仍然不能解答生命的最初由来。本书所介绍的地球生命起源是唯物主义者的一家之说，并引发了笔者的无限遐想。

一想：地球生命会不会是外来的呢？因为世界各地有许多关于发现外星人的报道，苏联、美国和中国的登月工程都曾发现了月球背面有飞船基地和飞船残骸，并有生物活动过的痕迹等，故有人猜测宇宙空间可能有比地球人更加高级的文明存在。若果真有外星人的存在，最早的地球生命会不会是外星人带来的？或是天公作美，源于宇宙大爆炸、星球碰撞而引发的？由此产生了“宇宙生命论”。若地球上的人类都是从其他星球移居而来的，由于人类早期并不知道有外星人的存在，于是诞生了“神造论”，可以自圆其说了。

二想：若果真有外星人的存在，四川省广汉市三星堆古遗址的十大不解之谜、玛雅文明的五大未解之谜、埃及的狮身人面像、金字塔、百慕大三角、霍皮人等困惑人类上千年的匪夷所思之事都将会迎刃而解。

三想：如果我们人类不珍惜上天的恩赐，不爱护地球，自毁家园，或物欲

雾凇，又称“树挂”，是雾气和水汽遇冷凝华在树枝上的冰晶 刘殿生 摄

膨胀，贪得无厌，巧取豪夺，总想着称霸世界，自相残杀，甚至发动生物战、核战争，必将自取灭亡，犹如米歇笔下的阿莱姆星球一样，在25万年前因阿莱姆人发动核战争，除了直接杀死杀伤外，核辐射污染还给星球上的所有生命造成了各种残疾和畸形。如果到了这种不可收拾的境地，外星人会不会根据宇宙法则出面干预，来到地球匡扶正义，拨乱反正，拯救生命，帮助人类重建家园？或者帮助我们转移到其他星球上去定居？或因我们人类的不可救药，外星人干脆弃之不救，任其消亡？若地球上还能住人，外星人会不会从其他星球上重新移民进住，取代我们原住民……

以上所述均有待求证，需要我们人类不断地去寻找收集相关证据。换句话说，科学研究永无止境，探究大自然的奥秘永远在路上。有兴趣的读者可去阅读米歇·戴斯玛克特所著的《海奥华预言》，把你带进另一个认知世界，信不信全由你自己。不论该书所述真假，在当下物欲横流的年代，我们人类要弃恶扬善，控制欲望，爱护地球，保护环境，减少污染，珍惜生命，阻止战争，加强文明建设，不断提升我们的精神等级，这对推动人类社会进步还是有积极意义的。

没有树，哪有木？没有树，就没有关于木的故事，木文化便成为无水之源、无本之木。因此，树木是产生木文化的先决条件，要讲木文化，必须先识木。下面我们从树木的起源说起。

没有树，哪有木？没有树，就没有关于木的故事，木文化便成为无水之源、无本之木。因此，树木是产生木文化的先决条件，要讲木文化，必须先识木。下面我们从树木的起源说起。

第一篇

识木

森林是人类走向文明的起点　树木是人类永远的朋友

中国最高的树——不丹松　高 76.8 米　西藏墨脱县背崩乡格林村　李成 摄

胡杨　生长一千年不死　袁银昌 摄

一 ——树的起源

植物的演化过程主要经历了藻类植物、裸蕨植物、蕨类植物、裸子植物，最后进化成最高等的被子植物。其中的裸蕨植物已经登陆生长，泥盆纪末期至石炭纪消逝，由于它已灭绝，时常被人忘记这一植物进化过程中的先祖。

树*，是地球上最复杂、进化程度最高的植物种群之一。由低等植物**长成树的模样经历了数亿年的演化，最终进化成现在的规模和种群数量。

注*：本书所讲树木的定义为：如仅一根主干，高度可长到 2 米以上的乔木；如多干（丛生），最粗干的胸高直径可达 5 厘米以上的乔木。

注**：低等植物包括菌类、藻类和地衣类植物，高等植物包括苔藓、蕨类和种子植物。由于苔藓植物构造简单，孢子体不能独立生活，须寄生在配子体上，也没有真根和输导组织，有性生殖时必须借助于水，尚不能像其他高等植物那样充分适应陆生生活，故有些学者认为苔藓植物可能是植物界系统中演化的一个盲枝，其进化地位尚有争议。

（一）14 亿年前 绿藻——地球上出现了真核单细胞绿色植物。

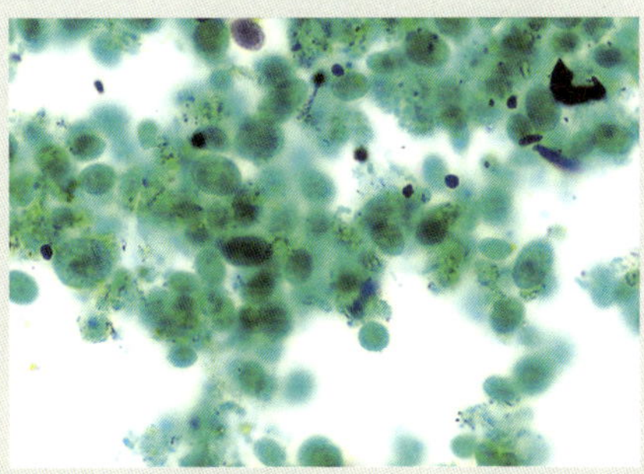

衣藻群体　王庆亚 摄

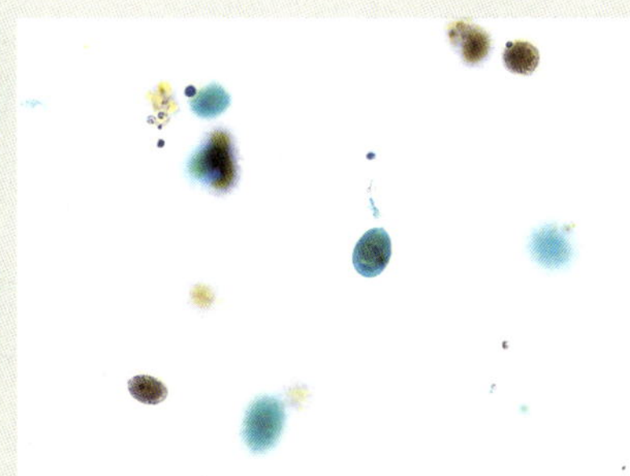

衣藻个体　王庆亚 摄

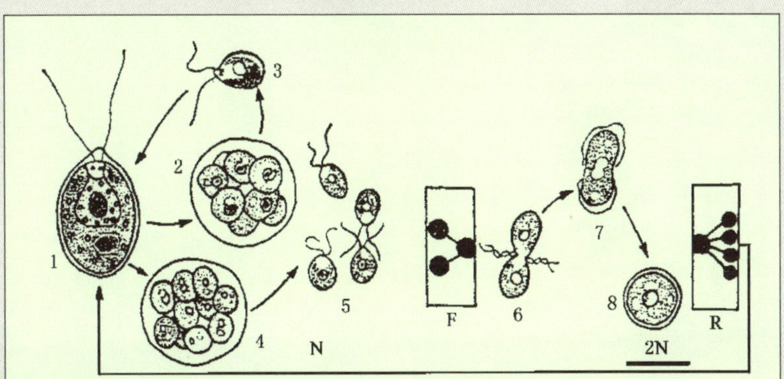

衣藻属（*Chlamydomonas*）的生活史

1. 植物体；2. 游动孢子囊；3. 游动孢子；4. 配子囊；5. 配子；6~7. 配子结合；8. 合子。

（N 代表单倍体，2N 代表二倍体；F 代表受精；R 代表减数分裂）

（二）4亿年前 蕨类植物——由裸蕨类植物进化而来，陆地上出现了具有真正根、茎、叶结构的绿色植物。

蕨类 丁雨龙 摄

（三）3亿年前 树蕨——又称桫椤，是蕨类植物中的大个子，高大并形成大规模的森林。亦源于已经灭绝的裸蕨，成为孑遗植物，被誉为“蕨类植物之王”。

2021年，在上海崇明举办的“第十届中国花卉博览会”上展出了6株新西兰国花——银蕨，展牌上写的“Silver fern”是英文名称。拉丁文学名为：*Cyathea dealbata*。毛利人称之为：初露（Koru）。银蕨是一种小型树蕨，是桫椤的一种，没有高大的主干，个头不高，也不粗，叶子细小。之所以能成为新西兰的国花，是源于毛利人的传说：银蕨原本生活在海洋里，后来被毛利人邀请到新西兰森林里居住，从此一直指引着毛利族人前进的方向。银蕨喜欢潮湿，在干旱的地方也能生长，银色的叶背会反射星月的光辉，从前的毛利猎人和战士在夜幕下迷失方向时是依靠银蕨的叶背照亮路径，穿越森林，认路回家的。因此，银蕨在新西兰人眼里能够体现他们的民族精神，因而成为民族的文化图腾，是崇高荣誉的象征。举国上下银蕨标识随处可见，甚至因国旗与澳大利亚太相似，而且带有很强的英国殖民地色彩，已经不能代表新西兰独立自主的新生代。曾举行过两次更换国旗图案的全民公投，结果公投失败，维持原状。而入围的新国旗图案就是一枝银蕨舒展的叶背和原来的十字架星座，由此可见银蕨在新西兰人心目中的重要地位。

新西兰银蕨　上海崇明花博会
海关入境检疫　顾雪峰 摄

新西兰银蕨银色叶背　王福东 摄

树蕨　上海崇明花博会　张余仁 摄

上海古树 001 号银杏树　嘉定区安亭镇　李卓翔 摄

银杏木圆盘
南京林业大学院士工作室
张余仁 摄

水杉　张余仁 摄

（四）2.5 亿年前 银杏和松柏类树木——成为陆地上最显赫的植物家族，繁盛于约 1—2 亿年前。

银杏树被认为是由古生代二叠纪“唯一孑遗延续生存至今”的树种，与水杉、珙桐等一起被称为“植物王国的活化石”。尽管许多裸子植物与同时代的恐龙一样已经灭绝，但银杏依然存活得很好，而且浑身是宝，除种子（白果）可以食用与药用外，叶子也可药用。

黄山迎客松　吴秀琳 摄

（五）1.5 亿年前 阔叶树——开始覆盖广袤大地，并逐渐丰富多彩，繁盛于约七千万年前。

阔叶树 三角槭 又称三角枫 罗英 摄

二 —— 树木的构成

树叶 树乃“植物之王”。树叶有四大作用，即光合作用、呼吸作用、蒸腾作用和养分转化作用。

树叶是光合作用的器官，它利用太阳能将空气中的二氧化碳（CO_2）与从土壤中吸收到的水分（H_2O）合成碳水化合物，同时释放氧气。由于植物能够利用无机物来制造养分（有机物），它的根茎叶及其果实可以供动物食用，所以，最早出现在贫瘠土地上的生命总是先有植物，后有动物。

树叶的蒸腾作用，是把根系吸收的水分提升到叶片作为光合作用“工厂”的生产原料，而且也是植物叶片降温、防止被太阳灼伤的重要机制。

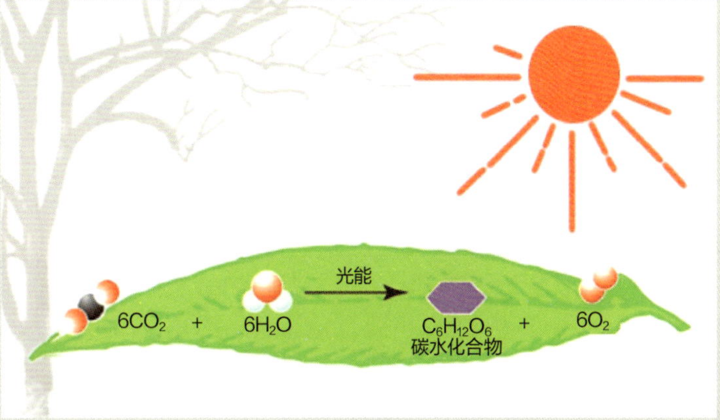

光合作用 叶绿体在太阳能的作用下生产碳水化合物并释放氧气 马彦蕊 作

植物和动物一样每时每刻都在呼吸，树也不例外。植物呼吸会消耗有机物，只不过白天光合作用的积累远远大于消耗，而夜晚只有呼吸作用，没有光合作用，不会释放氧气，且在消耗一部分白天积累的同时，还会放出二氧化碳。因此，从这个意义上讲，不宜在太阳升起之前或太阳落山以后到树多的地方去锻炼身体。

树叶的养分转化作用，是指叶片能够将光合作用制造的碳水化合物转化成其他代谢产物，再运输到相关器官，或保留在叶片中。

树干 分主干和枝干，主干就是我们所用的木材。它是一棵树的脊梁，支撑着树枝和树叶有规律地分布。树干内有无数条管道组成的运输系统，一个方

树皮

向是将根吸收的水分和养分运输到树叶中，另一个方向是将树叶加工的碳水化合物向下运输，供树木生长发育之用。树干由外向里共有六个部分组成：

· 树皮——亦称外树皮，好比人的衣服，负责保护树身。
· 韧皮部——亦称内树皮，负责将树叶制造的碳水化合物向下运输。
· 形成层——是树干的生长部分，向内生长木质部，向外生长韧皮部，树干的所有细胞均源于此层。
· 边材——是树干横切面颜色较浅的部分，边材内的导管和管胞具有向上运送水分和无机养分的功能。

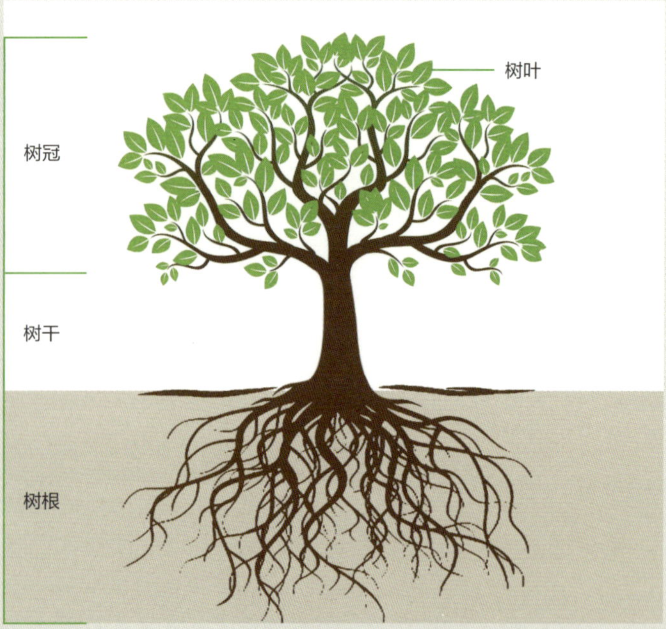

· 心材——靠近髓心，是树干横切面上颜色较深的部分，心材内的导管和管胞不再具有向上运送水分和无机养分的功能。有些树种心材内的导管充满侵蚀体而出现特殊颜色，如红木树种等。其实，心材是老了的边材。与边材合称为木质部，也是木材的利用部分。
· 髓心——位于树干的中心，通常呈圆形，且很小，只有少数木材的髓心很大，如泡桐树等。

树根 犹如一个巨大的“锚”，将大树牢牢固定在土壤中或岩石上。所谓“根深叶茂”，通常是指树冠有多宽大，底下的根系就能走多远，最大可延伸至树冠的两倍。正如《好大一棵树》中的歌词：“头顶一个天，脚踏一方土……”，其意是树有多大，根有多深。庞大的根系不停地从土壤中吸收水分和养分，为绿色工厂（树叶）源源不断地提供生产原料。树根渴望向下、向外生长是对生命的追求，筑牢根基，为树木的茁壮成长积蓄力量。

树冠　是树干以上所有树枝与树叶的总称。

树冠　袁银昌 摄

以上是从自然科学的角度讲解树木的构成，在佛门却另有一番解读。有一次笔者回扬州老家办事，路过位于古运河畔的高旻寺下院“净心禅院”（古称“龙衣庵”），院门大开，入内观之。进门两侧是空旷的庄稼地，后面是一片树林，禅院建筑与高旻寺相比显得小巧玲珑，隐藏在参天古木之中，浓荫蔽日，有一种恍入世外的孤寂。正在仰望感叹之时，有位法号叫“常新”的比丘尼走过来对我说：一棵树就好比一个家庭，家里的老人就是树根，中年人是树干，小孩则是树的枝叶。一般情况下，中年人是家里的顶梁柱，需要承上启下，尊老爱幼，是传承家风的关键人物。孝敬长辈如同给树根施肥，家族才会兴旺发达，树木才会枝繁叶茂，后代才会出栋梁之材。如果我们忽视树根的作用，只给树枝、树叶施肥，犹如溺爱小孩，无益反害，树非但不长，还会因溺爱致死。

江苏扬州净心禅院古木参天　张余仁 摄

美国优胜美地国家公园　袁银昌 摄

三 —— 木材三切面

三切面　是指木材的横切面、径切面和弦切面，通过观察比较，可以全面了解木材结构，进行树种鉴定。

年轮　又称生长轮。通过年轮的宽窄可以了解树木生长的经历及其与当时当地气候环境的关系。如气候条件好，树木生长快，年轮就较宽，反之年轮就较窄。温带地区四季分明，年轮就明显，数一数年轮就知道这棵树的年龄了。热带地区只有旱季和雨季，一年内气候变化不大，年轮就不明显。同一棵树，朝阳的一面长得快，年轮就较宽，背光的一面长得慢，年轮就较窄，于是，就出现了偏心材。中国处于地球的北半球，所以树木的年轮会出现南疏北密的现象，南半球则反之。据说，古人在发明指南针之前是根据年轮的宽窄来辨别方向的。

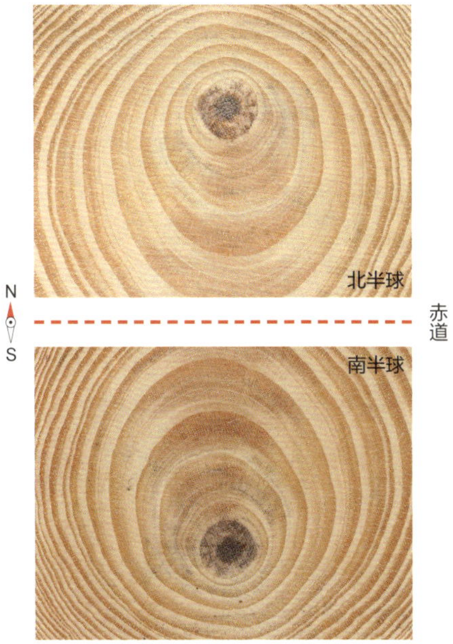

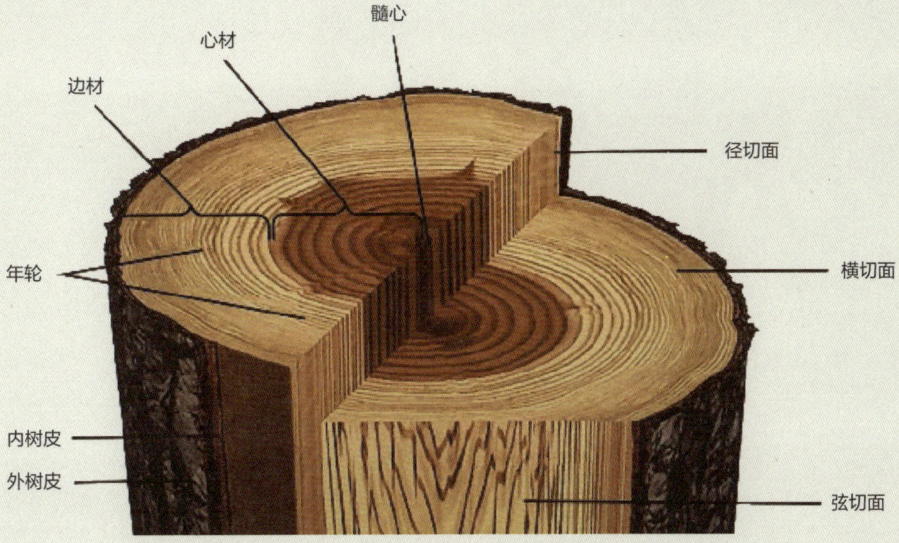

四 ——针叶材与阔叶材主要区别

针叶材（软木*softwood）

属于裸子植物，树干直而高大，材质较软而易加工。如松、杉、柏、银杏、红豆杉等。银杏是针叶树中的阔叶树，其扇形叶片与铁线蕨类植物相似，因此又被称为“千扇树”。

注*：此软木系指相对于阔叶材（硬木）的针叶材。还有一种软木（corkwood）是指栓皮栎的树皮，详见下文“最不怕剥皮的树”，两者不是一码事。

针叶树，这株湖北神农架国家公园里的“千年杉王”铁坚油杉（*Keteleeria davidiana*），又称铁坚杉。高 48 米，胸径 2.8 米。树冠覆盖面积 530 平方米，树龄 1200 多年。巍峨挺拔，昂首云天，枝繁叶茂，葱茏劲秀。古人为纪念神农炎帝，将古杉的雷伤处修凿为树穴，供奉炎帝泥塑圣像，天长日久，古杉伤口愈合，炎帝塑像竟被镶嵌在树腹中，而被誉为“神树”。 张余仁 摄

阔叶材（硬木 hardwood）

属于被子植物，树干通直部分相对较短，多分枝，材质较硬而难加工。如榆木、水曲柳、橡木、白桦、楠木、樟木及各种红木等。

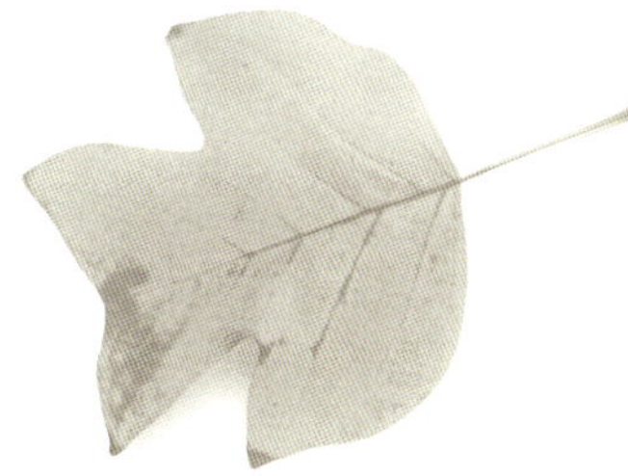

阔叶树，龙虎山东隐院。左：樟树（*Cinnamomum camphora*）；右：槠树（*Castnopsis* spp.）。树龄约 1800 年。相传为第四代天师张盛为其夫人朱氏手植，樟树谐音“张”，槠树谐音“朱”，意为：张朱合璧，阴阳调和。每至金秋，槠树硕果累累，有子孙兴旺之意。赞曰：障枝清客色味均，槠叶碧玉岁岁春。还居龙虎成夫妇，子孙绵延演道音。　张余仁 摄

五——树木与人类生存发展息息相关

树与人类生存有着天然密切的联系，如它带给人类清洁的空气、多样的气候、清澈的水源、优美的环境，以及与之有关的精神文化享受等等。

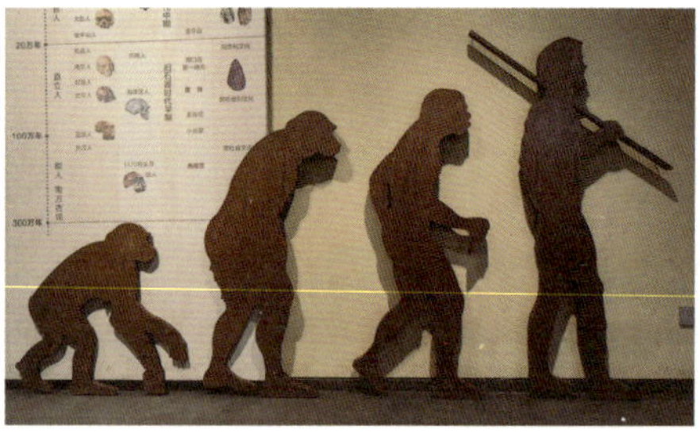
人类从爬行到直立行走经过了一个相当漫长的进化过程
山西省博物院

森林与人类进化关系密切。我们的祖先最初在茂密的森林里过树上生活，后来随着气候变化，森林减少，古猿纷纷下地生活，学会行走，逐渐发展成为现代的人类。

恩格斯曾指出：“下地来生活的古猿，它们用后肢走路，用前肢来取物，用树枝或石块来防御……”

（一） 森林是人类走向文明的起点

没有森林，就没有人类；没有森林，也不会有人类的文明。我们的祖先从树上到下地生活，由爬行，

相传有巢氏在巢湖边树上构木为巢，“以避群害，而民悦之”（《韩非子·王蠹》） 安徽名人博物馆 王运江 摄

燧人氏钻木取火示意图　刘舒岩 作

到直立行走；从“树叶蔽身”，到“削木为战”；从有巢氏的“构木为巢”，到燧人氏的“钻木取火”；从河姆渡人的“木构水井”，到伏羲的“琴瑟和鸣”……其中最最重要的历史发展阶段是“钻木取火”。在漫漫长夜里，火给人带来光明；在严寒的冬天，火使人得到温暖。有了火，人类尝到了熟食的美味，告别了茹毛饮血的原始生活；有了火，人才能烧制陶器，冶炼金属，制作更加先进的生产工具和武器。火，是光明的使者；火，是文明的象征。可见，钻木取火使人类进化产生了划时代的飞跃，促进了人类文明的进步与发展，森林成为人类走向文明的起点。

（二）史前的木器时代

恩格斯在《自然辩证法》中写道：“在人类用第一块石头制成刀子之前，可能已经经历过很长很长一段时间。”恩格斯讲的这段很长很长的时间，应该是人类史前的木器时代。

人类的祖先为求生存而不得不走出森林，最初是借用木棍来扶持身体，学习直立行走。经过漫长进化，大约在360万年前，人类能够自如直立行走了。此后，木棍除了用作拐杖之外，还有很多其他功能，如：用木棍采食，击落树上的野果；用作防卫，驱赶野兽；用作开路，披荆斩棘；用作运输工具，肩抬大型猎物；用作农耕，点穴播种等。可见，

史前“木器时代”猿人用木棍狩猎　崔金璐 作

带针眼的木针（针尖经过烘烤处理，非常坚硬锋利，可以穿透皮革） 江苏常州圩墩遗址出土 陈晶 摄

那时的木棍是人类最得心应手的多用途工具，伴随人类步入了史前的木器时代。但因木器容易腐烂，现代考古学家很难找到木器时代的考证，即使找到实物，也面目全非了，不可能像石器那样留下清晰的人工打磨痕迹。因此，历史学家没有把木器时代列入人类原始社会的发展阶段。而是按照“三分期法”（石器时代、青铜器时代和铁器时代），从石器时代开始计算。尽管如此，根据人类进化发展过程的逻辑推断，史前木器时代的存在有它的客观性与合理性，不论历史学家承认与否，事实胜于雄辩。

木矛 江苏常州圩墩遗址出土 陈晶 摄

著名考古学家、古漆器研究专家陈晶在《漆石汇》一书中有一篇文章题为:《中国扬子江下游新石器时代木器应用》，她充分肯定了木器时代的客观存在。即使到了新石器时代，虽然陶器的制作已经相当发达，磨光石器成为主要生产工具，但是木材和木质工具、器具在人类生活中仍然具有突出作用。因为当时的自然环境树木多，木头是人类最易于取得和最易于处理的材料。在浙江余姚河姆渡、桐乡罗家角、江苏常州圩墩等遗址中出土的木器物可以佐证，例如，用于农业生产的木铲、尖头形木棒、木耒耜；还有木制武器剑、矛、镞;以及舟船部件木桨、橹状划件等。她说:“虽然，从人类原始文化发展中划出‘木器时代’之说，含义上似乎有些笼统，然而，我们从长江下游新石器时代遗址中出土的木器物，可以看到，既有较进步的木构建筑，又有若干具有原始特色的工具，原始人类对木质器物的使用延续了很长时间，木器制作工艺的发展，对促进人类物质文明所起的作用不可忽视。”

（三）“井”字的由来

古人为方便生活，就地解决水源问题，削木打桩，呈方形布局，再挖去中间的土壤，然后取用地下水，称之为“井”。由此可见，最早的井是方形的，而不是圆形的，“井”是象形字，且其字形结构从古至今没有变化，在汉字中是非常少见的。

关于“井”字的解读，在浙江余姚河姆渡文化遗址得到了验证。陈晶在书中做了详细记载：“水井开挖在一处锅底形水坑底部，井呈方形，外周用木桩排成方墙，其内顶套方框，井口又设置加固木件，方井框的构造也用榫卯相接。据此可知，榫卯结构在房屋建筑与其他设施方面已普遍应用了。在此后千余年的良渚文化时期，木构水井的结构发生了重大变革，改用木筒式水井，即取一高大原木，剖成两半，挖空后拼合，用长穿榫固定。木筒式水井的制作，很可能受启于原始独木舟的制作。木筒式水井的底部还填了一层贝壳，这层贝壳起过滤作用，以便产生优质水。”

河姆渡遗址木构水井，距今约 5600 年，是迄今为止我国最古老的木构水井实例之一，说明河姆渡先民已注意到保障饮用水源问题 刘瑾 摄

六 ——树的秘密生命

《树的秘密生命》 作者彼得 · 渥雷本

德国护林员兼作家彼得·渥雷本所著“德国最美的自然书”——《树的秘密生命》，对树木如何互相交流、养育后代、储存知识等作了朴实生动的描述。其中讲到在一片老山毛榉林中，曾发现了一个四五百年前被砍伐的树木残桩，树桩内部早已腐坏，但边缘部分依然存活，这究竟是什么原因呢？原来是地下的真菌网络在牵线搭桥，从其他树根那里获得了养分得以生存，说明树与树之间发生了互动与链接，它们互帮互助，共同成长。

（一） 树联网

走进茂密的森林，我们看到的是一棵棵分离生长的树，而事实上真正的天然森林必然是一个超生物

云南西双版纳热带雨林 南京农业大学植师班部分同学合影
左起：梅传生、刘宇婧、金银根、滕莉、何金铃、薛达远

枯木逢春（老树桩上长出新枝叶） 巢建福 摄

体（super–organism）。超生物体是指一个由许多生物个体组成的有机体系，其成员社会化程度很高，具有专业化的社会分工行为，而且个体无法长时间独存。对树而言，一棵树只有在周围的森林都健康安好时自己的日子才会过得称心如意。它们相互帮助，相互依靠，互通信息，合作共赢。

树联网示意图　刘舒岩 作

真菌构成了特殊的地下世界，人们在地上见到的是它的子实体，大部分菌丝都长在地下，菌丝可长达100多米，纵横交错。

森林中树木之间存在特殊的“社交网络”，这个“网络”主要是通过地下真菌作为连线，菌丝就相当于互联网的光纤。据科学家研究，已知90%左右的植物生长都与真菌有关，天然森林中绝大多数植物都与土壤真菌共生，这些真菌绝大部分是在地下，散布在土壤中，穿透树的根部组织，形成如同毯子一般的菌丝体网络，将森林中每棵树的个体互相连接起来。每棵树都有好几种与之兼容共生的真菌，真菌也会选择最中意的树木，它们患难与共，生死相随。这是西方学者最新的研究成果，学术界把树木之间通过菌丝体形成的网络叫做“树联网”（wood wide web）。

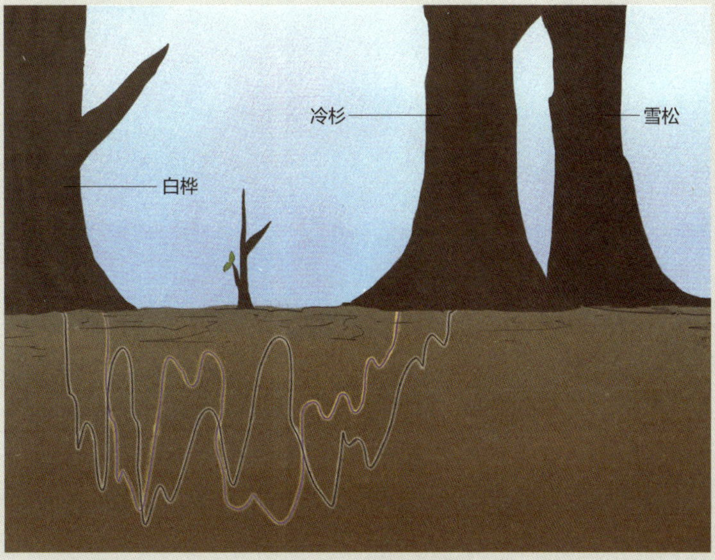

树联网“信息”传递示意图　刘舒岩 作

加拿大英属哥伦比亚大学植物学系教授Suzanne Simard为了证明树与树之间

独木也成林　巢建福 摄

会沟通，她跑到森林里做实验，选择了三株树木，即白桦树、冷杉、雪松，前两株注射带有放射性的不同二氧化碳同位素。一段时间后，发现根部有联系的白桦树与冷杉测到了辐射，它们透过根部交换了彼此的二氧化碳；而根部没有联系的雪松，则没有测到辐射。Simard 教授至少做了 80 次这样的实验，均证明树木之间确有沟通。她进一步研究发现，分享的不只是二氧化碳，还包括氮、磷、水，还有防卫讯号。有兴趣的读者可以查看她在 TED（Technology Entertainment Design）高峰会上发表的一篇演讲，题为“树木如何彼此沟通？（How trees talk to each other?”）。

树根与各种低等植物共生　西藏林芝　张代峰 摄

（二）真菌是树的伙伴

在漫长的生物进化过程中，就像显花植物与昆虫之间形成的合作关系一样，树与真菌也形成了共生互惠、相互依存的合作关系。真菌可以帮助树木吸收土壤中的养分，并过滤掉重金属，抵挡有害生物入侵，增强抗逆境的能力，给树做健康护理。真菌得到的回报则是分享树木制造的有机物，最多时可达其制造总量的三分之一。在英国皇家植物园——邱园里有一棵古老的树木叫：卢孔布栎（*Quercus hispanica* cv.‘Lucombeana’），于1762年由一粒种子长成了如今高约109米的参天大树。它之所以这么长寿，其原因之一，是依靠一种真菌帮它从土壤中吸收氮，它也投桃报李，回馈其糖分，两者互惠互利，共生共赢。

其实，所有地球生命都是相互依存的。树的伙伴是真菌，人类的伙伴是细菌。说到细菌，人们可

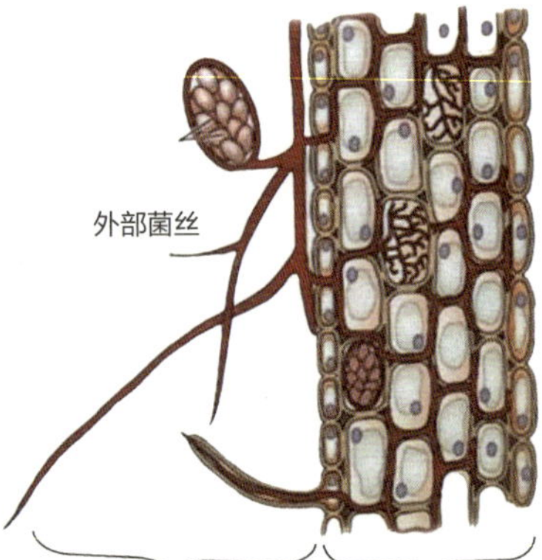

丛枝根真菌

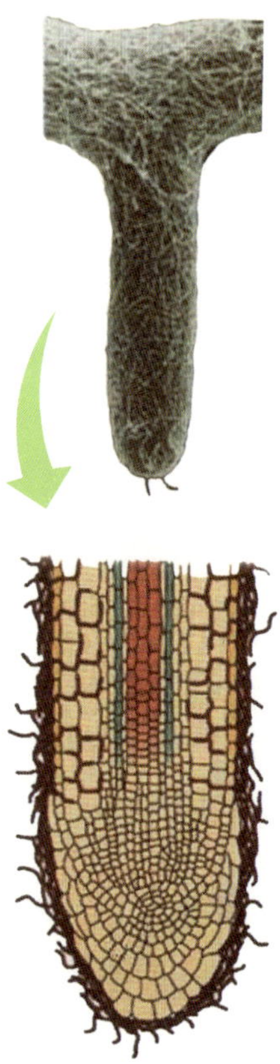
外部菌根

梅传生 供图

能对它没有什么好印象，因为很多疾病都与细菌有关。可你知道吗，人类的健康是离不开细菌的，无论在体表，还是在体内，细菌几乎是无处不在、无时不有。人体就是一个“细菌星球”，细菌不计其数，以肠道内的细菌数量和种类最多，有上千种，总数大概为100万亿个，约是人体细胞总数的一倍。据科学家粗略计算，情侣间亲密接吻10秒钟，就可交换8000万个口腔细菌。正常情况下，人与体内的细菌关系是相对稳定的，但有一些因素会干扰这种共生关系，诸如抗生素、化疗药物、免疫力低下、疾病状态，包括糖在内的很多不健康食物等。一旦打破这种稳定的共生关系，就会给人带来疾病。因此，这些细菌属于非致病菌，是与人类共生的。它们不仅可以帮助人类抵御其他有害细菌的攻击，帮助人体合成实现生理功能所必需的一些关键物质，还可以锻炼人体的免疫系统。也许没人陪你走完一生，但细菌可以！以美国微生物学家林恩·马古利斯（Lynn Margulis）为代表的一些科学家认为，共生是生物演化的机制，她说：“大自然的本性就厌恶任何生物独占世界的现象，所以地球上绝对不会有单独存在的生物。”

此外，森林中的枯枝残叶和动物尸体及粪便的分解，除了依靠蚂蚁、蚯蚓、土鳖等虫子的咀嚼磨碎外，还必须依靠各种细菌和真菌的进一步分解，才能释放出二氧化碳，这些二氧化碳再被植物吸收完成光合作用。因此，这些微生物被称为森林的“清道夫”。

上海木文化博物馆有一件被命名为“孕育”的馆藏，是一棵死去多年的大树干，在树心根部又长出了新的生命，这件展品佐证了“树联网”一说。可以

“孕育” 上海木文化博物馆藏　袁佳青 摄

推断，在原始森林里这颗大树虽然看上去已经枯死，但它的根还没有死透，好比一个人虽然失去了生命体征，但人体细胞还没有全部死亡，若及时送医院抢救，还有起死回生的可能。显然，这是周边的树木伙伴通过地下真菌“互联网”在给它输送养分……多年后人们惊奇地发现，在老树根上又长出一棵小树，犹如在一位妇女腹中孕育出了新生命。

七——树木对人与自然的贡献

独木不成林。一棵树只有在森林这个大集体中抱团取暖，相互作用，才能形成森林生态系统。

森林是陆地上分布面积最大、组成结构最复杂、生物多样性最为丰富的生态系统，被誉为大自然的总调节器、地球之肺，维持着全球的生态平衡。森林具有涵养水源、保持水土、防风固沙、抵御灾害、吸尘

杀菌、净化空气、调节气温、改善气候、保护物种、保存基因、固碳释氧等多种生态功能，是维护地球生态安全的重要保障。科学家断言，如果森林从地球上消失，全球90%以上的生物将灭绝，人类将无法生存一年。经总结，树木对人与自然共有“九大”贡献。

森林是“吸尘器” 巢建福 摄

森林是“蓄水池”
九寨沟
张余仁 摄

森林是“制氧厂” 巢建福 摄

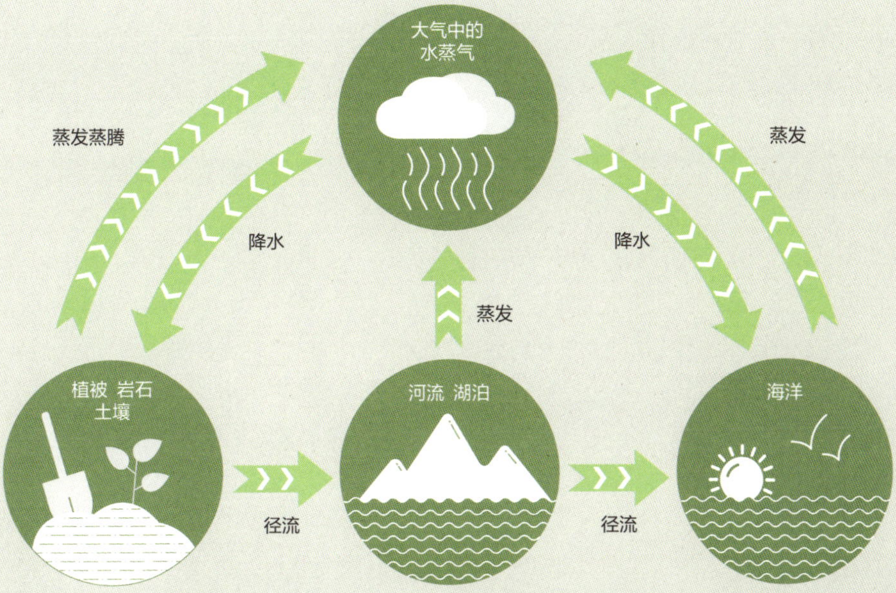

大气环流与海洋形成水体交换示意图

（一） 森林是“吸尘器”

1 公顷森林每年能吸附灰尘 68.4 吨，林带能在 25 倍林高范围内明显降低风速。

（二） 森林是“制氧厂”

1 公顷森林每天消耗 1 吨二氧化碳，释放 0.73 吨氧气，这些氧气可供 1000 人使用一天。

（三） 森林是“蓄水池”

森林为全球超过 1/3 的大城市提供大量的饮用水。1 万亩林地的蓄水能力相当于一个蓄水量 100 万立方米的水库。陆地高于海洋，那么，如何来实现“水往高处流”呢？海面上蒸发的水汽形成了云，云被风吹送到陆地上空，变成雨雪或冰雹，形成降水，滋润大地，实现了水在空中的转移。离海洋越远越干燥，大约 600 公里以外就会形成沙漠。森林仿佛是一座巨大的地下水库，永远勤快地收集雨水，供养生命。

（四） 森林是“隔音墙”

40 米宽的林带可降低噪音 10—15 分贝，而超过 70 分贝的声音对人的脑神经就会造成伤害。

森林是“隔音墙” 巢建福 摄

硅化木（柏树） 上海木文化博物馆藏 袁佳青 摄

（五）森林是“贮碳库”

森林每年吸收约20亿吨二氧化碳。植物通过光合作用，吸收二氧化碳，放出氧气，把大气中的二氧化碳转化为碳水化合物，以生物量的形式固定贮存下来，这个过程叫碳汇*。森林因地震或地壳运动深埋地下，经过N年的腐泥化或泥炭化作用成为褐煤或无烟煤；没有腐烂的，在高压、低温、无氧环境下长期浸泡于二氧化硅饱和溶液中，树木中的碳元素逐渐被二氧化硅替代，并部分保留了树木的原始特征，形成了硅化木，也叫木化石。尔后，再经过温压的不断变化，硅化木又发生了差异性变质，重新结晶，主要成分转换为蛋白质玉髓，形成了树化玉，又称木化玉。

注*：碳汇是指植物通过光合作用吸收大气中的二氧化碳，并将其固定在植被和土壤中，从而减少温室气体在大气中浓度的过程、活动或机制。

无烟煤　史晓峰 摄

褐煤　史晓峰 摄

树化玉　上海木文化博物馆藏　袁佳青 摄

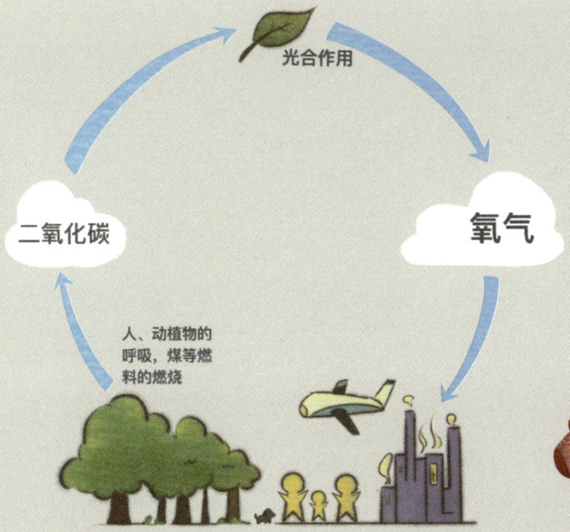

刘舒岩 作

煤精雕山子　清代　广东省博物馆藏　邹兴伟 摄
煤精，亦称煤玉，是褐煤的一个变种。它是由树木埋置于地下经长时间菌解、压缩、脱水、胶法、变质等一系列地质作用而形成的。

琥珀梅花猴图带盖小壶　清初　广东省博物馆藏　周杰 摄
琥珀，是中生代白垩纪至新生代第三纪松柏科植物的树脂，经地质作用而形成的有机混合物。

森林是养生场　巢建福 摄

（六）森林是“吸毒机”

所有的植物对二氧化硫（SO_2）都有一定的吸收能力，柳杉吸收能力尤为强大，1公顷柳杉每年可吸收720公斤二氧化硫。而垂柳、油茶等植物对氟化物、氯化物有较强的吸收能力。

（七）森林是“调温仪”

森林具有庞大的林冠层，在地表与大气之间形成一个巨大的绿色调温器，森林内冬暖夏凉，夜暖昼凉，可使林区夏季气温比非林区低3—4℃，冬季林区气温比非林区高1—2℃。

（八）森林是“养生场”

森林能产生对人体健康十分有利的负氧离子。一般的森林1立方厘米空气中至少有700个负氧离子，而松柏林可达数万个。森林植物能分泌植物精气——芬多精，可促进免疫蛋白增加，达到抗菌、抗肿瘤、抗炎症等生理功效。森林植物还能分泌萜烯、酒精、有机酸等杀菌素，这些物质能杀死细菌、真菌和原生动物。1公顷的榉、杨、槐等树木，一昼夜能分泌30公斤杀菌素。

（九）森林是“大家庭”

森林覆盖了地球三分之一的土地，是陆地上最具生物多样性的生态系统，为80%的两栖物种、75%的鸟类物种和68%的哺乳类物种提供了栖息地，是保护物种资源、保护基因密码的大仓库。故有一说：万物依木而生，繁衍生息。森林还是大自然药箱，因为中药主要由植物的根、茎、叶、果和动物的皮、骨、内脏等组成，而植物药占大多数，故中药又称“中草药”。

八——树的奇葩 千姿百态的树

（一）最高的树

澳洲的杏仁桉树（*Eucalyptus regnans*），是世界上最高的树，它一般可以长到100米左右，最高可达156米。其树干直插云霄，比上海国际饭店（83.8米）几乎高一倍。

国家林草局公布的中国大陆已知最高的树是西藏墨脱县背崩乡格林村的不丹松（*Pinus bhutanica*），高76.8米。据2023年5月26日《环球时报》最新报道：由北京大学牵头的联合调查队在林芝市波密县通麦镇境内发现了一棵高达102.3米的西藏柏木，刷新了亚洲纪录，成为目前已知的亚洲第一高树。这极有可能，但须经官方证实。

植物向上生长，渴望得到更多的阳光雨露，是对生命的追求，但需要突破地球引力，这种能力在植物界中树木至高无上，无与伦比。

澳大利亚杏仁桉树 Melissaaubery 摄

（二）最粗的树

在西西里岛的埃特纳山边，有一棵树叫百骑大栗树（*Castanea sativa*），又称百马树，树干直径 17.5 米，腰围 55 米，需 30 多个人手拉手才能围住它，树根部有个大洞，采栗人把那里当宿舍或仓库，汽车也能通过。据说，大约在公元 827 年，阿拉伯王朝对外扩张，阿拉伯国王和王后带着 100 名骑士来到西西里岛时突降大雨，正好看到了旁边的大栗树，他们便来到树下避雨。因此，国王将这颗大树命名为“百骑大栗树”。

（三）最轻的树

沙巴木（*Ochroma lagopus*），又称轻木或百色木，原产于美洲热带地区，是世界上最轻的木材，每立方厘米只有 0.1 克重。同时，它又是世界上长得最快的树木之一，每年可长高 5—6 米，长粗 5—13 厘米。因其材质轻而均匀，易加工，是制作多种轻型结构物的重要材料。据说，当年周恩来曾指示蔡希陶去国外引种到我国南方种植，拟用作制造飞机的原材料。

沙巴木　轻轻一抬就起来　上海木文化博物馆藏　罗英 摄

（四） 最硬的树*

铁梨木**，学名愈疮木（*Guaiacum* spp.），因其坚硬、耐磨、有油性、有韧性、咬合密闭好，常被用于船舶上的传动轴承，如中小型船舶连接螺旋桨尾轴的轴承等。其优点是高速运转不会发热变形，还具有自润滑作用。产于中美洲和印度群岛，我国主要从墨西哥进口。

注*：有人说世界上最硬的木是铁桦木（*Betula schmidtii*），又称赛黑桦。该树产于我国东北等地，俄罗斯、朝鲜、日本也有，比橡木硬三倍，比普通钢铁硬一倍，有人用现代步枪在10米外射击树干，只见火花四溅，仅留下了子弹痕迹，享有“木王”之称。笔者请教了几位专家学者及东北林业局的朋友，他们的回答都是：没有听说过，更没有见到过。

注**：墨西哥铁梨木是愈疮木的俗称，隶属于蒺藜科。上世纪，在我国广东、上海等口岸均从墨西哥进口，在外贸单证和商检证书上的商品名称为“墨西哥铁梨木”，采用的英文名是Lignum Vitae，因其在产地又称“铁木”，有时英文名也用Ironwood。与相传郑和下西洋“天元”号宝船的舵杆选材铁力木（*Mesua ferrea*）仅有一字之差，也有人称之为“铁梨木”，两者极易混淆，其实不是同一种木材。但这两种木材都很坚硬、耐腐、耐虫蚀，所造船舶比松木、杉木船具有更好的适航性能和续航能力。

铁力木隶属于藤黄科，产于越南、老挝、柬埔寨、印尼、马来西亚、印度等国家，也产于我国云南和两广地区，曾被我国南方用以建造大型尖底广船，也是明清时期舵杆的必选用材，并有史书为证。明宋应星《天工开物·海舟》：“凡遮洋运船制，视漕船长一丈六尺，阔二尺五寸，器具皆同，唯舵杆必用铁力木。”清钮琇《觚賸（gū shèng）·琉球使》：“其所纪入海之舟，为梭子形……柁用广西铁力木。”

大舵杆 全长10.06米 为一根整木制作而成（经南京林业大学鉴定为铁力木） 出土于南京宝船厂遗址六作塘 张余仁 摄

中小型船舶连接螺旋浆尾轴的轴承材料曾经采用墨西哥铁梨木。如今按润滑方式有了两种新材料：水润滑一般用高分子材料，油润滑一般用巴氏合金 陈远 摄

墨西哥铁梨木

红木大马路的故事

在清光绪年间发生了中法战争，因法国战败引发洋人恐慌，纷纷逃离上海，房价暴跌。犹太裔房地产大亨哈同与新婚夫人罗迦陵眼光独到，把握机遇，倾其所有，低价买下了南京路一带的房屋土地。由于清政府的无能，战后洋人重返上海，十里洋场又恢复了昔日的繁荣。当时正好碰上租界工部局要在南京路开通有轨电车，哈同借机为其地产造势，花费 60 万两银元从印度采购铁力木，锯成木砖，用桐油浸泡作防腐处理，铺设南京路的中段路面（江西路至西藏路），再喷上一层柏油。铁力木结实有弹性，踩上去很舒服，可以减少噪音，下雨还能迅速吸水。后经媒体炒作，添油加醋，这条“红木大马路”使上海南京路轰动一时，有民谣为证：“北京蓬尘、伦敦雾，上海的红木铺马路。”由此导致南京路房地产价格一路飙升，把哈同一举推向了“远东首富”，其声望超过了他的老东家沙逊。古今中外，用木材铺设栈道有之，但用木材如此铺设马路真是别出心裁，空前绝后，成为中国乃至世界用木历史上的传奇故事。1963 年拆除南京路有轨电车轨道时，铁力木“红木砖”基本完好，黄浦区大楼房管所捐赠了两块给上海历史博物馆，向公

1908 年 3 月 5 日上海南京路上有轨电车通车

南京路上的红木铺马路

上海历史博物馆铺设的红木马路展示　张余仁 摄

众展示。笔者在 2022 年“9.18”这一天，不忘国耻，缅怀先烈，专程赴上海历史博物馆参观学习，顺便求证南京路上红木铺马路的史实，得知与网上所述基本一致。同时发现展示牌上存在两个错误：一是把“铁力木”写成了“铁黎木”，采用的英文 Lignum vitae 是愈疮木，而在另一块展牌上写的是铁力木的拉丁文学名 *Mesua ferrea*；二是把产地印度说成是澳洲。经向南京林业大学骆嘉言先生求教，得知：首先，全球没有铁黎木，只有铁力木，可能是当时的记者将它的别称铁梨木的“梨”误写成“黎”了；其次，愈疮木的产地在中美洲和西印度群岛，铁力木的产地在东南亚国家和我国的西南地区，这两个树种的产地均不在澳洲。为此，笔者已建议该馆求证修改，最好请第三方作树种鉴定，验明正身。

红木砖（铁力木）上海历史博物馆馆藏　张余仁 摄

龙血树

（五）最长寿的树

世界上最长寿的树是非洲西部加那利群岛上的龙血树（*Dracaena draco*），西班牙人测定它大约有八千至一万多岁，算是万寿无疆了。

黄帝手植柏，位于陕西省黄陵县轩辕庙院内，相传为轩辕黄帝亲手栽植，树高 19 米，下围 11 米，树龄约 5500 年，可能是我国目前发现的存活最久的长寿树。谚语云："七搂八拃半，疙里疙瘩不上算。" 1982 年英国林业专家罗皮尔考察世界多地后，誉其为"世界柏树之父"。1998 年被评为"中华百棵名树之首"。

黄帝手植柏　陕西黄陵县轩辕庙　汤祥政 摄

《史记》载："黄帝崩，葬桥山。"桥山古柏群覆盖面积 3000 余亩，生长有古柏 8 万余株，树龄千年以上有 3 万多株，是目前发现的世界上面积最大、最古老、保护最完整的古柏群。这些千年古柏，伟岸挺拔，苍翠葱茏，虬枝直指，阅尽千年风霜，仿佛讲述着中华民族一个个艰苦奋斗、自强不息的故事。

据2023年全国绿化委员会公布的古树名木信息，树龄在5000年以上的古树名木全国只有5株，全部分布在陕西。这与中华民族的起源有关，陕西是黄帝率众生存的栖息之地，也是植树造林最早的地方，详见《护木》篇。

（六）树冠最大的树

孟加拉榕树（*Ficus benghalensis*），其树冠可以覆盖15亩土地（1万平方米）。它枝叶茂密，远看像是一片树林，当地人又称这种榕树为“独木林”。传说曾有一支六七千人的军队在这棵大榕树下休息乘凉。

（七）最耐火的树*

南美洲的水瓶树（*Cavanillesia arborea*），又称佛肚树、萝卜树、纺锤树、储水树，遇上火灾树叶烧焦脱落了，但来年照样能长出新叶，正常开花结果。水瓶树“肚大腰圆”，具有超强的贮水功能，只要在树上挖或钻一小孔，清新解渴的天然“饮料”便可源源不断地流出来。

昆士兰瓶树　上海崇明花博会　张余仁 摄

2021年在上海崇明举办的第十届中国花卉博览会上，展出了两种从国外引种到我国南方的大肚皮树：一种是原产于澳大利亚的昆士兰瓶树（*Brachychiton rupestris*），又称岩生酒瓶树，也称佛肚树；另

注*：网上说：在我国海南有一种“海松树”，其木材制作烟斗，成年累月烟熏火烤烧不坏。甚至说：有人做过试验，放一根头发绕在烟斗柄上，用火柴去烧，头发居然烧不断，非常神奇。为此，笔者于2023年11月专程赴海南实地考察，走访了许多专家学者和海南当地人，有些人根本不知道，有些人只是听说过，但都没有见到过。后请好友刘子冰先生专程去海南热带植物园咨询，所谓“海松”就是生长在海边的松树，可能是红松、南亚松、马尾松或木麻黄等，常用以防风固滩、净化海水等。但因其易燃，不可能用以制作烟斗，网传不实。此后又听资深投资人杨德先生说，他朋友曾在儋州雪茄小镇上见到过海松树烟斗，但因疫情雪茄小镇亦已消失无考。不过，一般松树均富含树脂，易燃且有香气，会干扰品吸烟草味道。看来这个问题有待进一步调查了解，希望知道实情的读者及时反馈相关信息。

一种是原产于非洲的猴面包树（*Adansonia digitata*），又称猢狲树，当地人称波巴树或巴布树。这两种树与水瓶树一样，其树干都具有贮水功能，都称得上是“荒原里的贮水塔”。

猴面包树　上海崇明花博会　张余仁 摄
从非洲引种到我国南方因“水土不服”长成了“侏儒”。

不过，由于猴面包树与水瓶树的树干都能贮水，很多人认为它们是一回事，只是叫法不同。然而，它们是植物界两种不同的树种，前者属于木棉科猴面包属，后者属于锦葵科纺锤属；二是原产地不同，前者原产于非洲，在地中海、大西洋、印度洋诸岛及澳洲北部时而可见，在我国广东、福建、云南亦有引种，后者原产于南美的巴西高原；三是树干形状不同，前者树干相对通直，后者呈纺锤形，“肚大腰圆”，形似装满水的瓶子；四是前者果实可食，后者不可食用。

猴面包树主要分布在非洲热带或亚热带国家的炎热干燥地区，最高耐温 40℃，最低 0℃，0℃以下难以生存。树干很粗，树枝细小，少有绿叶，一般高 15—20 米，胸径 2—20 米，树冠巨大，树杈千奇百怪，好像树根长在脑袋上，故亦称“倒栽树”。

马达加斯加猴面包树大道

猴面包树的故事

称它为“倒栽树”有一个传说，因波巴树不服从上帝安排，执意要到非洲热带草原生活，激怒了上帝，上帝就把它连根拔起，扔出了天堂，掉落地球后继续头朝下，从此，它便逆来顺受倒立生长了。它在雨季大量吸水贮于树干，到旱季成为水源，是热带草原上的救命之水，故被誉为“生命之树”。因其果实形似大面包，多籽多汁，是猴子和狒狒青睐的食物，并由此而得名。猴面包树是塞内加尔的国树，它顽强生存，甘于奉献，造福人类，象征着塞内加尔的民族精神。在马达加斯加西海岸，还有一条著名的猴面包树大道，已成为该国的标志，是全世界游客必去的打卡之地。

猴面包树算是植物界中的老寿星了，目前世界上最老的一棵已经活了 5500 年以上，也因此被当地人称为“圣树”或“神树”。猴面包树不仅可以贮水，而且浑身是宝，果肉味酸可以食用、种子可以榨油、叶子可以烧菜煮汤、花朵味甜可做糖果和饮料、树皮纤维可以制作渔网、织布、造纸等等。不仅如此，其果实、叶子和

猴面包树果实　富含维生素等营养物质

树皮等还可入药，具有抗氧化、抗炎症、养胃利胆、镇静安神等功效，将花叶捣碎敷在身上还能美肤纤体。此外，猴面包树“外强中干，表硬内柔”，木质松软，挖空树干，不仅可以贮水，而且可以储粮，甚至可以变成“树屋”住人。因此，在非洲有这么一说：只要拥有一棵树，全家不愁吃喝住。

1749年法国著名植物学家米歇尔·阿当松（Adanson Michel，1727—1806）被派到塞内加尔工作，首次对猴面包树做了较为详细的科学记录，并将其命名为“Digitata”，形容其叶子呈手指状（掌状）开裂。1759年瑞典著名植物分类学家卡尔·林奈（Carl Linnaeus，1707—1778）便以阿当松的名字作为其属名，把“Digitata”作为种加词，构成了如今猴面包树的拉丁文学名。

（八）最甜的树

北美洲的槭树（*Acer saccharum*），又称糖槭、糖枫，是世界上最甜的树，35—45升树汁（在树干上打洞插管取之）可以产生1升的糖浆，含糖量约在2.5%左右，因具特殊风味，可制作蜜饯和糖果等食品。关于糖槭含糖量到底多少的问题，刘树华博士（加拿大农业部资深生物学家）向加拿大自然资源部资深科学家李世友先生请教，事后，刘先生还专程赴渥太华位于Pakenham的枫糖农场（Fulton's Pancake House）实地考查，均证实了网上所说85%或5—7%的含糖量都是错误的，也是不可能的。

多数红枫叶子的“指丫”呈“V”字型

糖枫的叶子是加拿大的国旗图案，加拿大永久居民卡也称“枫叶卡”。有人容易将糖枫和红枫的概

糖枫叶子的“指丫”呈“U”字型

糖枫行道树　丁红明 摄

念相混淆，其实，红枫不是某个树种的名称，而是一个大概念，泛指所有带“枫”字或“槭”字且每到天冷降温季节树叶都会变红的有关树种，主要指槭树科植物（包括糖枫），还有金缕梅科的枫香树（*Liquidambar formosana*）等等。植物分类主要以根、茎、叶、花、果、种子的形态为依据，仔细观察，你可发现糖枫叶子的“指丫”呈“U”字型，角度比较圆滑，而多数红枫叶子的“指丫”呈“V”字型。因此，准确地说：加拿大国旗图案是糖枫的叶子，当然，说是红枫的叶子也没错。

（九） 最咸的树

有一种树叫盐肤木（*Rhus chinensis*），能产食盐，是世界上最咸的树。看上去木盐树与普通树木并无区别，每到夏日，似乎和人一样会怕热冒汗，待到汗水蒸发之后，树裹白霜，远远望去，晶莹剔透，冰清玉洁。仔细观察，原来是盐霜，天然美味，微带木香，被当地村民奉为上等食盐。只有家中来了贵宾，才会用这种盐炒菜待客，据说用它做成的豆腐特别好吃。

盐肤木果实上白色的都是盐　云南省大关县　丁雨龙 摄

（十） 最毒的树

箭毒木（*Antiaris toxicaria*），又称见血封喉，是世界上最毒的树。其树液有剧毒，若涂在箭头，一经接触人畜伤口，可使中箭者肌肉松弛，心跳减缓，直至心跳停止。一般20分钟至2小时内死亡。主要分布在海南、广东、广西、云南等地，印度、缅甸、泰国、印度尼西亚、马来西亚等国家亦有生长。

箭毒木　张余仁 摄

千年见血封喉死后　海南儋州军屯村　赵杰 摄

千年见血封喉的故事

相传东汉光武帝建武年间，海南儋州附近有人造乱，民不聊生。为安邦定国，伏波将军马援（前14—49年）奉命率兵平定动乱，军队屯扎在那大乡军屯村，该村由此得名。当时的儋州十分荒凉，马援在戍边的同时，垦荒耕织，还种下箭毒木数十株，兵卒用其树毒汁涂箭射敌，猎杀猛兽。历经两千多年的岁月沧桑，仅剩下一株。抗日战争时期，潘江汉（1916—1996）率领琼崖纵队驻扎在这一带，战士们曾在这株树上站岗放哨。日军知道后曾派战机轰炸，炸断过一根树枝，故又称“红军树”。2023年11月26日笔者慕名前往，想一睹其风采，没想到这株拥有历史传奇的古树在这一年的上半年已“寿终正寝”，为防树枝掉落伤人，村里围栏不让人走近观望，活树照片是向友人索取的。

千年见血封喉死前　海南儋州军屯村　段冀渊 摄

（十一）最古老的树*

注：银杏、松、杉、柏等都是2.5亿年前出现在地球上最早的树种，本书仅以银杏为代表，与前文提及的“最长寿的树”是两个概念。

银杏（*Ginkgo biloba*），又称白果树。在山东日照市莒县浮来山定林寺有一棵“银杏树王”，树高26.7米，周粗15.7米，遮荫面积900平方米。经日照绿化委员会考证，树龄约四千余年，为“天下银杏第一树”，已被列入“世界之最”和《吉尼斯世界纪录大全》。据《左传》记载，春秋时期莒国的国君莒子与鲁国的国君鲁公曾在这株银杏树下结盟修好。关于这株树的腰围还有一个“七搂八拃一媳妇”粗的趣闻：相传在明嘉靖年间，有一位进京赶考的秀才途经浮来山时遇大雨，即至银杏树下躲雨，闲来无事，好奇于此树粗细，便张开双臂围着大树搂了起来，在搂到第七搂时，没想到有一小媳妇在树凹处避雨，不能再搂，只好用手去拃量余下的树干，在拃到第八拃时因有小媳妇在而无法再量了。旁边看热闹的人打趣秀才：你又搂又拃地忙活了半天，这棵树到底有多粗呢？秀才灵机一动，幽默回道：有“七搂八拃一媳妇”这么粗。这个趣闻在当地世代流传，家喻户晓。此外，定林寺还是南北朝著名文学理论家、《文心雕龙》元典的作者刘勰（xié）（约465—约532）的故居，浮来山虽然海拔不高，只有300米，但因“银杏树王”和刘勰而闻名于世。

七搂八拃一媳妇

银杏树王　山东日照市莒县浮来山定林寺　钱文韬 摄

（十二） 最不怕剥皮的树

栓皮栎（*Quercus variabilis*），又称厚皮槠、软木栎。俗话说：人活一张脸，树活一张皮。所有的树剥了皮都会死，唯独产于葡萄牙、西班牙等国家的栓皮栎不怕剥皮。其树干最外边的是木栓层（软木），最里层的是木质部，中层是软木再生部。一般栓皮栎长到25岁就可以剥皮了，此后每9—10年可以再剥一次。软木具有不透气、不透水、不传热、不导电、耐腐、耐酸、耐压、隔音、阻燃、有弹性等特点，用途十分广泛，可用作航天器和精密仪器的垫圈、羽毛球头、高跟鞋，以及热水瓶、葡萄酒等各类瓶塞，粹粒可以制成软木地板等各种装饰材料。此外，福州民间艺人还用它独创了世界唯一的软木画，详见《尾篇》。葡萄牙被誉为"软木王国"，栓皮栎种植面积约占全球总量的三分之一，笔者曾于1995年接受该国最大的软木企业——阿姆林公司邀请前往产地考察。我国西南地区虽有栓皮栎，但因树小皮薄，只能粉碎后制作软木地板等软木制品。

1995年张余仁在葡萄牙考察软木生产

（十三） 最稀有的树

普陀山鹅耳枥（*Carpinus putoensis*），是中国特有的树种，生长在浙江舟山群岛，属于国家一级保护野生植物，被世界自然保护联盟（IUCN）列为极危等级。据考证，野生母树在世界上仅剩普陀山一株，而成为"地球独子"，位于佛顶山慧济寺西侧，树龄约260年。因稀有珍贵，1983年普陀山林场、舟山市林科所培育的小苗分别种植于佛顶山茶花园及南山坡等地，保

普陀山鹅耳枥（左） 野生母树"地球独子" 马卫星 摄

护地范围15亩，共79株，树龄近40年。2014年以来，普陀山林场与舟山市林科院合作幼苗回归项目，在佛顶山、清亮岗、六峧等地已种植树龄为5—10年的幼树达2200株，面积约100亩。

圆柏　又称桧柏　孔庙大成殿前　许名序 摄

（十四） 最有文化的树

“先师手植桧”是一棵世界上最有文化的树。据史料记载，两千多年前孔子在此亲手植桧三株，金贞祐二年（公元1214年）孔庙遭遇兵火，三株桧树无一幸存。元至元三十一年（公元1294年）在东庑（wǔ）废墟上新长出一株桧苗，便移植至今孔庙大成门内石陛东侧，并长成大树。明弘治十二年（公元1499年），这棵桧树再遭劫难，被火烧死，仅存枯干。清雍正二年（公元1724年）枯干又遭火难，仅剩树桩。出人意料的是，到了清雍正十年（公元1732年），自被烧死时隔233年后，原本枯死的树桩竟然又发新枝，故称:“再生桧”，也因这“再生”，使它在“文革”期间逃过一劫。据说，当年红卫兵小将认为，这棵树虽然是孔子亲手所植，但不是原先的那棵，而是再生桧，属于新生力量，和他们是同一类。于是，这棵树才得以幸免存活下来。此桧死死生生，几经沧桑，傲立苍穹，现高20多米，树冠青茏苍翠。明代文人杨光训手书“先师手植桧”石碑一块，而这石碑上的“植”字与正常的“植”字不同，中间多了一竖。俗话说：文人笔下无错字，这一竖另有所指，意为这棵树是从老树根上重新长出来的。

（十五）最有故事的树

六道木（*Zabelia biflora*），俗称六条木、鸡骨木等，隶属于忍冬科六道木属。此外，六道木在民间还有一个美名叫“降龙木”，给它披上了神秘的面纱，故事多多。

故事一

在山东省济南市彩石镇捎近村，有一棵降龙木，树龄已逾两千年，但树高只约17米，树干胸径只有1米余，可见降龙木的生长极其缓慢。其叶色浓绿，树姿婆娑，干型奇特，花型优美，香飘

六道木树　山东济南捎近村　张柏青 摄

数里。由于降龙木名气太响，备受追捧，遭疯狂砍伐，物稀为贵，濒临灭绝。它之所以能够幸存下来，是因为人们不知道它的真实身份，只知道它的树枝坚硬，不易折断，当地人叫它“牛筋树”。据说，中日友好后，曾有一位日本人来到捎近村，找到村长，想出高价买下这棵树。经村民集体讨论，认为此人很可能是侵华日军，觊觎已久，说明它很有价值。一致表示：他出再多的钱，我们也不会卖。事后某日，有一位学者经过捎近村，发现此树十分奇特，随后带来专家鉴定，认定它就是传说中的“降龙木”，由此名声大震。

故事二

它是杨家将故事中“穆桂英大破天门阵”穆柯寨的镇寨之宝——千年降龙木。在杨六郎被辽军萧天佐放出的毒气困阻，伤亡惨重的时候，全靠穆桂英带来的这根降龙木驱散毒气，反败为胜。因此，在民间把它视为“神木”，可以驱凶、辟邪、镇宅、解毒等等，现代人还认为它具有招财进宝的功能。古人把它制成筷子，进贡给皇家贵胄，用以测毒。若食物、水或酒中有毒，筷子会冒出白色泡沫。

山西五台山六道木　马春燕 摄

山西五台山六道木手串　马春燕 摄

故事三

树杆与佛结缘。据古藏文《五台山记事》中记载，文殊菩萨从印度归来时所用的拐杖就是六道木，后植于五台山，授名“六度木”。因树杆有六条纵纹，横截面呈莲花状，与佛教相合，常被用来制作佛珠，经文殊菩萨加持，更具佛教色彩。六条天然纹路代表文殊菩萨的六把慧剑，也代表六字真言，可以斩断众生烦恼，福慧俱增。

故事四

树叶可做美食。在江西、湖北、贵州等地有一道风味小吃叫“神仙豆腐”，冰凉可口，隐带一丝苦味，乃夏天消暑美食，其原料就是六道木树叶。相传，很久很久以前，在竹山县百里河羚羊沟（现属湖北省十堰市）的山洞里住着母子两人。儿子叫王生，是个孝子，老母亲双目失明，体弱多病。因没有土地，王生只能靠帮乡亲们干些农活换取粮食，这点粮食仅够母亲果腹，自己靠吃野菜山果度日。某年，庄稼收成不好，乡亲们也断粮了，他们只能饿着肚子，母亲身体每况愈下。有一天晚上，她念叨：“若能喝上一碗豆腐汤，死了也闭眼。”王生听了心里难过，但也无可奈何，自己饿得昏昏沉沉，迷糊中睡着了。梦中见一姑娘，教他去采“神仙叶子”制作“神仙豆腐”。一觉醒来，果然在家中发现了豆腐，连忙端给母亲吃，并说出原委。母亲听后道：“这是神仙在点化你啊，赶紧去教乡亲们做这豆腐吧！”不久，大家就学会了，靠着这豆腐挨过了荒年。于是，“神仙豆腐”诞生了，而梦中所采的“神仙叶子”就是六道树的叶子，六道树便是“神仙树”了。

故事五

“降龙木”的名字由来。又传，在很久很久以前，五台山的翠岩峰绝壁下有九条恶龙，经常出来劈山、毁房、杀生。山下住着一位名叫“开山”的小伙子，从小立志降龙，长大后便带着板斧上山去为民除害。走到半山腰一片小树林时，遇到一位白胡子爷爷，爷爷对他说：“能拔起这棵小树的人，才能斗得过恶龙。”开山见这棵小树只有食指粗，走过去便拔，没想到他使尽全身力气，小树屹然不动，他百思不得其解，跪求爷爷指点。爷爷说：“恶龙有头有尾，还有四爪，需要六个人才能把这小树拔起来。年轻人，先回吧。”说完，一转眼就不见了。开山回到山下，联系了五位志同道合的后生，苦练内功一年后，比碗口粗的树能轻易拔起来了。于是，他们决定上山斗龙。当走进那片小树林时，又遇见了那位白胡子爷爷，爷爷笑着对他们说：“年轻人，好样的！每人去拔一棵小树。记住：这树杆就是你们的武器，没有它，你们是斗不过恶龙的。”他们听了爷爷的话，拔起小树，除去枝叶，直奔翠岩绝壁。找到恶龙后，六人同时用小树杆攻击其头尾和四爪，分别将九条恶龙一一制服了。事毕，他们感到很累，就把六根小树杆放在一起，躺在旁边睡着了。没想到等他们醒来时，发现六根树杆连在一起，再也分不开了，并且已经生根，长出枝叶。因用它斗过龙，便称之为“降龙木”；又因是六根小树杆合成的，树身有六条竖纹，故又称之为“六道木”。

这棵树到底是什么树种？是不是濒危物种？能否测毒？测什么毒？树叶中含有什么成分能做出“神仙豆腐”？该树每年五月开花，有花才能更加准确地鉴定树种。因笔者错过了花期，所有疑问，均有待将来邀请南京林业大学植物分类学家、博士生导师丁雨龙教授前往实地考察后给出答案，揭开它的神秘面纱，待本书再版时以飨读者。

九 ——以颜色命名的树

五彩缤纷的树装扮着美丽的地球，有些木材人们便用颜色来命名，但也容易被误译或误解。

（一） BLACKWOOD AFRICAN

东非黑黄檀（*Dalbergia melanoxylon*），又称紫光檀。

（二） WHITEWOOD

实指多个树种：

（1）African whitewood 白梧桐（*Triplochiton scleroxylon*）；

（2）American whitewood 美国椴木（*Tilia americana*）。

白梧桐（纵切面）

白梧桐（横切面）

北美红杉（横切面）

美国香槐

（三） REDWOOD

北美红杉（*Sequoia sempervirens*）。

（四） YELLOWWOOD

因木材呈黄色而称黄木，实指美国香槐（*Cladrastis kentukea*）。所附照片是原上海森大木业有限公司副总经理冯思源先生请朋友拍摄的，但因是长在公共场所，无法折枝拍到黄色木质，有点遗憾，有待本书再版时补上。

北美鹅掌楸树　南京明孝陵　贲放 摄

（五） YELLOW POPULAR

译名绿杨木，以区别于国产黄杨木。实指北美鹅掌楸（*Liriodendron tulipifera*），又称马褂木。

北美鹅掌楸花　南京明孝陵　董丽娜 摄

（六）PURPLEHEART WOOD

紫心木（*Peltogyne purpurea*）。

紫心木

（七）GREENHEART WOOD

绿心木（*Chlorocardium rodiei*），因是樟科的木材，故又称绿心樟。

绿心樟

十 —— 判定木材质量优劣的八项指标

一般说来，中国人判定木材质量的标准有三条，即比重大、毛孔细和纹理美。笔者与南京林业大学骆嘉言老师研讨，认为这三项是中国老木匠普遍认同的传统指标，但不够全面，总结起来应该有如下八项：

第 1 项：稳定性

这是判定所有木材质量优劣的最重要指标。干缩是指木材变干收缩，湿胀是指木材受潮膨胀，以干缩（膨胀）率的大小来表示尺寸的稳定与否。由于木材各方向的性质不同，横向的弦向与径向之间的干缩率之比称为干缩差异，这是表示木材尺寸变化均匀性的指标。所以，对木材质量要求是干缩率越小越稳定，干缩差异越接近 1.0，其尺寸变化越均匀，木材就越不易变形。不过，人们可以通过烘干（窑干）来控制木材的含水率，增强木材的稳定性，故市场上的板材有窑干材（KD）和气干材（AD）之分。

第 2 项：气干密度

是木材各项性能最直接的指标。对密

度的要求，视木材的用途而定，这种要求也与人们的日常生活方式及文化密切相关。如，日本人、韩国人席地而坐，桌子移动频繁，所以就青睐较轻的木材，建筑的移动门窗也需要轻质木材，如泡桐等。

第 3-8 项：油性、颜色、气味、纹理、柔韧性、细腻性

这六项指标视个人喜好而定。

十二——一棵树哪个部位材质最好？

心材 / 成熟材，又称二道木，是树木用材的最佳部位（如图）。

总之，人类自从走出森林，迈向文明，在认知树木、利用木材的路上，对树木会不断产生新的认识。人类虚心拜大自然为师，取之不尽，用之不竭，学无止境。

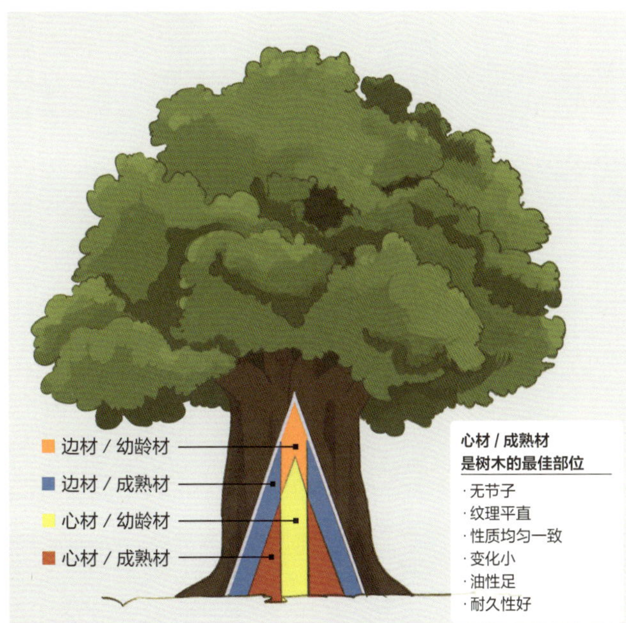

树木材质分布示意图 刘舒岩 作

木文化以木为本，由爱而生。人类的祖先与树为伴，依树而生。人类喜爱木材，崇敬木材，迷恋木材，使用木材，重塑木材，是木文化发生发展的原生动力。

木文化以木为本，由爱而生。人类的祖先与树为伴，依树而生。人类喜爱木材，崇敬木材，迷恋木材，使用木材，重塑木材，是木文化发生发展的原生动力。

第二篇

爱木

世人皆喜木　国人更偏爱

玫瑰椅　越南黄花梨　航管红木提供

南禅寺　中国现存最早、亚洲最古老的木结构建筑之一，距今 1240 余年
山西省忻州市五台县西南阳白乡李家庄附近　许卫东 摄

一 木的特性

木材来自大自然，具有得天独厚的材质性能和天然漂亮的纹理外观。人类从森林中走来，深谙树木的气息，了解树木的性能，因此，人类爱木是天生的情缘，是上苍的安排。人们将它运用于生活的方方面面，凡是有人类居住、有人活动的地方,必与木相伴或与木有关。世人皆喜木，中国人更偏爱，我们先从科学性与实用性的视角来谈谈木材的特性与功效。

（一）经久耐用

木材有较好的耐久性。俗话说："干千年，湿万年，不干不湿只半年。"这句话的意思是，干燥的木材千年不腐，水中的木材万年不朽，不干不湿的木材半年就会坏掉，不是腐朽就是虫蛀。只要控制好木材的含水率就能保持千百年不腐；有些木材存放越久材性越稳定，越摸越亮，经久耐用。

人们常说："地下文物看陕西，地上文物看山西。"特别是古建筑的丰富与精彩令世人赞叹不已，留存于山西的古建筑数量为全国范围内文物建筑总数的75% 以上，现存元代及以前木结构建筑数量居全国之首。如山西忻州的南禅寺*、五台山佛光寺东大殿、应县木塔等，都已愈千年，迄今仍昂然挺立。

注 *：1937 年梁思成夫妇率领营造学社团队在五台山发现了有"中华第一国宝"之称的佛光寺，打破了当时日本学者对于"中国大地上找不到唐代木构建筑"的断言。因"七七事变"，他们与距佛光寺仅 50 公里处的南禅寺擦肩而过。时隔十六年后，山西考古人员揭开了南禅寺的神秘面纱，虽然其建造年代不详，但可以凭着屋梁上写有"大唐建中三年"之墨迹，推断其重修时间为 782 年，比佛光寺还要早 75 年，距今已有 1240 多年历史，因此成为中国现存最早、亚洲最古老的木结构建筑。

南禅寺 许卫东 摄

（二）安全可靠

木材是电的绝缘体，在木建筑及用木材装修的场所触电事故少，最早的电线杆都是用树干做的。木地板不易打滑，木材硬度适中，不易造成人身伤害。木材燃烧只产生二氧化碳，不会释放有毒气体。

外白渡桥畔的电灯，1882 年 7 月 26 日下午 7 时，电厂开始供电，夜幕下，15 盏弧光灯一齐发光，炫人眼目。

木头电线杆的故事

1882 年 7 月，上海电气公司正式投入营运，26 日上海亮起了第一盏、也是全中国第一盏路灯，宣告上海成为中国最早也是全世界第三个使用电能的城市。上海人从未见过，感到十分新奇，奔走相告，称之为“地火”（慈禧太后第一次见到电灯泡以为是“茄子”，外国人听到后以为她讲的是“cheese”需要拍照，从此国人拍照微笑一律高喊“茄子”）。从外滩到虹口招商局架设了 15 根木头电线杆，串联起了 15 盏弧光灯。如今，木头电线杆在上海，乃至全国，甚至全世界很难寻觅，全部被水泥电线杆取代了。为给本书配图，求助万能的互联网，在黄浦区盆汤弄终于找到了仅存的 7 根花旗松木头电线杆，用铁箍固定在水泥墩上，如同古木建筑的石础用以防水防腐，木色乌黑，木筋粗粝，屹立坚守，称得上是“魔都古董”了。据说，过去上海电力公司竖的电线杆是方木的，电话公司竖的是原木的，但从老照片上看第一盏路灯的电线杆应该是原木的，而乡村的木头电线杆则多是“一杆两用”，即上面架设的是交流电线，下面架设的是有线广播和电话线直流电。盆

花旗松木头电线杆　用铁箍固定在水泥墩上　摄于 2023 年 10 月 11 日上海市黄浦区盆汤弄动拆迁前　张余仁 摄

汤弄位于福建路上，在大马路（今南京路）和天津路之间，与南北向的五福弄、石潭弄交叉，建于 1864 年，是上海开埠后最早的弄堂之一。因盆汤比混堂卫生且私密，故盆汤弄在当时属于高档洗浴一条街，并由此而得名。1883 年架设木头电线杆通电后，促进了盆汤弄的商业发展，有著名的“畅园”“沦园”“瀛园”等，成为海派洗浴文化的源头。随着时代的发展，特别是改革开放以后，盆汤弄逐步沦为落后的居民区，与现代化的南京路步行街形成了两个截然不同的世界，2023 年 10 月 11 日笔者前去探访时，发现那里已完成居民动迁。

（三） 绿色环保

木材取之于自然，具有原料的再生性，产品使用的节能性，产品利用的循环性，以及产品生产的低能耗、低污染性。木材又是二氧化碳的永久储存器，故能成为绿色建材，或称环境友好型材料。

一幢钢铁框架的房屋要释放出 3.5 吨碳，与相当的木框架房屋相比，木屋能贮藏 3.1 吨碳。木材所贮藏的二氧化碳量是其加工过程中释放量的 15 倍。

（四） 可塑性强

木材易加工，运输、安装便捷。木材可在建筑工地现场加工，完工后也便于清理，故可大大降低建造成本，缩短

各种建材生产过程碳的释放和贮藏

建材	碳释放（kg/t）	碳释放（kg/m^3）	碳贮藏（kg/m^3）
毛面锯材	30	15	250
钢材	700	5300	0
铝材	8700	22000	0
混凝土	50	120	0

不同建材房屋建设与维护所需的能源

房屋类型	单位面积组拼所需能源（MJ/m^2）	完成建筑所需能源（MJ）	40 年维护所需能源（MJ）
木框架，木墙面，油漆	188	31020	24750
木框架，砖墙，未油漆	561	92565	0
均为砖，未油漆	860	141900	0
蒸汽加气混凝土	464	76560	24750
钢框架，纤维水泥板，油漆	460	75900	24750

建造工期。此外，木材建筑易与其周边环境协调，亲和性强。木材的质地细腻，方便浮雕、透雕等雕刻工艺，可展现各种造型图案，给人美感。

二——木的功效

尽管人类科技进步日新月异，各种新材料发明层出不穷，但木材的某些特性还是无与伦比，木材的有些功效无法替代。

（一）视觉功效——美感

木材由生物细胞组成，其大小、形状和排列严格按照物种进化的自然法则，加上受自然生长环境的影响，变幻无穷。不同树种之木材、同树种不同株、同株不同部位、同部位不同切面都会产生不同的纹理，形成不同的美学图案。木材的天然纹理和丰富色泽给人以返璞归真的美感，如降香黄檀（海南黄花黎），因具有特殊的水波纹、虎皮纹、鬼脸纹等美丽漂亮的花纹而精彩绝伦，由于木材细胞的凹凸不平会产生漫发射，使其光泽柔和而不炫目。又因木材纹理方向不一，使其光泽如丝，突显雅致。

对鬼眼

蝴蝶纹

水波纹

鬼脸

虎皮纹

蜘蛛纹

瘤疤

芝麻点

海南黄花黎鬼脸纹对枕　读者发挥想象力还可找到其他美丽花纹
张余仁 摄

（二）触觉功效——温和

木材是热绝缘体，密度、硬度适中，且有弹性，与其他任何材料相比，木材会让人感觉特别温和、柔顺、舒适。

实木　儿童房间　张余仁 摄

（三） 听觉功效——吸声

木材有良好的吸声性能，用木质材料装饰的公共场所或住宅回声小，更加安静、舒适，音响效果也更好。上海是近代中国的纺织工业之都，许多纺纱车间采用木地板以降低噪音。世界上许多著名歌剧院、音乐厅的内部装饰材料多选用了木材。例如，上海音乐厅是一座巴洛克风格的建筑，由中国近代著名建筑师范文照（1893—1979）设计，内部装饰材料以木材为主，其混响时间达到 1.5 秒，除了与建筑造型布局极佳有关外,还与内饰用材有关。著名指挥家陈燮(xiè)阳认为:“除了顶级的维也纳金色大厅、阿姆斯特丹音乐厅、波士顿音乐厅这三家外，在音质上上海音乐厅可以和任何音乐厅一较高下。”为配合延安路高架建设，于 2003 年将该建筑向南整体平移 66.46 米，并在新址往上顶升了 1.68 米。平移并扩建后的上海音

维也纳音乐厅 杜俊杰 摄

1930 年开业之初的南京大戏院（现上海音乐厅）

2003 年整体平移、扩建后的上海音乐厅 张余仁 摄

上海音乐厅舞台 张余仁 摄

日本国际教养大学图书馆　薛达远 摄

乐厅重新装修的内饰材料虽然没有选用木材，改用了其他新材料，但是，舞台上的温格尔音罩用材仍然是木质板，只不过加上了铝制框架和纸蜂窝夹层。

（四）心理调节——降压

木质环境对人的身心健康有积极作用，可降低血压与心率，缓解心理压力。例如，同一人处于木质墙壁环境中的血压明显低于钢板墙壁环境。据奥地利科学家研究，将 30 人分别睡在松木床与仿木床上各三周，结果发现睡松木床上可以使人心跳平均每天减少 3500 次。又据日本学者研究，将 36 位 13—15 岁的学生在全木质的教室与其他材料的教室进行对比学习，结果发现学生在全木质教室里学习时的心率低，与老师沟通时的心理压力小。

日本国际教养大学教室　薛达远 摄

恭王府戏楼，由大学士和珅约建于乾隆四十一年（1776），曾悬挂康熙御笔“怡神所”匾。面积 685 平方米，为三卷勾连搭式榫卯结构。据说，地下还埋有 9 个空的大水缸，从戏台向两侧呈“V”字形排列，加上全木结构能吸声，音响效果特别好，相当于现代的环绕立体声，且以后面的贵宾室为最佳。四壁梁柱绘满紫色藤萝花和枝藤，使人有在藤萝架下观戏之感。

（五）嗅觉功效——愉悦

很多木材可散发出令人愉悦的芳香，这些芳香对人体有保健功效。例如，冷杉可舒解肌肉疼痛；柏木能镇静松弛神经；樟木具有兴奋作用；檀香木有抗抑郁功效；沉香木不仅可以安神，而且可以益智、启迪灵感；等等。

（六）调湿功效——体感

木材有一定的吸湿和降湿性能。木材是多孔材料，其孔隙可以在环境湿度高时吸收水分，湿度低时释放水分，从而起到调节空气湿度的作用。

（七）防虫抗菌——卫生

有些木材具有杀菌、抑菌、防虫的作用，如香樟木可以用来驱避蟑螂和蚂蚁，所以民间喜用樟木箱作为新娘的嫁妆。又如，胡桃树叶中含有驱虫成分，西方人在花园里休闲，多选在胡桃树下，因为在这里可以避免或减少蚊虫叮咬。再如，民间还有“蚂蚁不上银杏树”的说法，安徽黟县的韩氏宗祠“敬爱堂”共有 90 根银杏梁柱，历经四百余年，里面居然没蜘蛛网。

无蚊村的故事

江西龙虎山脚下的许家村，因没有蚊子而被称为“无蚊村”，并闻名全国，成为游客的打卡之地。此村为何无蚊？2023 年 8 月，笔者带着问题前往实地考察体验，发现该村三面环山，一面临水，草木繁盛，但却无蚊。据当地人说，山上多植香樟（*Cinnamomum camphore*）、竹柏（*Podocarpus nagi*）和桉树（*Eucalyptus* spp.），这三种树木散发出的特别气味具有驱蚊作用。二是后山有一个巨大的蝙蝠洞，成群蝙蝠夜行食蚊，蚊子无处藏身。三是山村的地势原因，几乎没有积水，蚊子无处生衍繁息。这三条理由都很有科学道理，不过，在当地还流传着一个“张天师驱蚊孝母”的故事。相传，张道陵不仅是一代天师，而且是个大孝子，唯母命是从。张母性情好动，喜欢游山玩水。一日，他陪伴母亲去仙水岩观光，沿路之上奇峰异岭，看不尽山清水秀，不觉红日西沉，夜幕降临，投宿许家村。时值初夏，蚊子甚多，张母被咬得红一块、肿一块，责怪天师无能：你就知道擒妖捉怪，对这小小蚊子却束手无策。天师羞回：请母亲息怒，儿马上驱蚊。说着便拿出宝扇，问母亲要扇几下。张母问：扇几下还有啥讲究？天师恭答：这扇扇一下，全村无蚊；扇两下，方圆十里无蚊……张母不耐烦地回道：就管自己，别处的事情我管不了啦。天师遵照母命，立刻作法，口念咒语，轻轻一扇，立见：蚊公蚊婆拖儿带女，逃出了许家村。后经笔者进一步考证，发现村庄周边确实有许多香樟和竹柏，但没有看到桉树。根据这个故事，“无蚊村”由来已久，始于东汉。香樟和竹柏是原住民，桉树是清代引进的外来物种，因生长速度快、用途广，在全国各地被大规模种植。同时，又因桉树有“抽水机”“抽肥机”“亡国树”“断子绝孙树”等坏名声，会影响其他树木的生长，当地人有意控制桉树的种植与繁衍也不无可能。

无蚊村　江西龙虎山许家村　马春燕 摄

天师孝母坊　张天师和母亲居住过的地方　张余仁 摄

（八）抗震功效——安全

木材质量轻、强度高、富有弹性，木建筑具备很好的抗震性能。在地震来袭时，木材可以通过自身的变形消减地震力，减少地震灾害。若采用榫卯结构，抗震能力则更强。

（九）防辐射功效——健康

木材有良好的防辐射作用。据日本学者调查，住木屋者的平均寿命较住钢筋混凝土房屋者要长9—11岁。用木材建造的房屋及布置的环境对人有愉悦心情之功效，与木相伴可以延年益寿。

（十）药用功效——治病

木材的药用价值在《本草纲目》中早有记载，其应用也广为流传。有多种木香气对人体有保健作用，如沉香、檀香、紫檀等具有醒脾开胃、调理内脏、帮助睡眠、消胀气、排宿便、去油脂等功效。海南黄花黎是俗称，正式的中文名是“降香黄檀”，应与在《本草纲目》中被称为“降香”有关，具有降血压、降血脂及舒筋活血之功效。

据2024年8月2日《科技日报》报道，加拿大不列颠哥伦比亚大学研究人员在进行提高木材防水性试验时，意外发现并开发出一种新型超黑木材，吸光率达99%，取材椴木，取名“Nxylon”，可替代乌木等昂贵且稀有的黑色木材用于表盘，也可替代黑玛瑙等。

檀香木雕柳亭人物扇（1840—1850） 王恒、冯杰伉俪 收藏 张余仁 摄

三——人类的衣食住行等都离不开木

人类从森林中一路走来，祖祖辈辈与木结缘，以木为伴，衣、食、住、行、用、药、玩、乐等都与木息息相关。

（一）衣

树叶是人类最早的衣服。《圣经》故事告诉我们，亚当和夏娃在偷吃了禁果之后就是以树叶遮羞的。

据古籍记载，中国上古时期方国联盟首领、“五帝之一”尧（约前 2188—前 2067）的服装是“冬日麂（jǐ）裘，夏日葛衣”，而葛衣是用木制腰机织成的。腰机是新石器晚期（距今 4000—5000 年前）人类发明的最早的纺织机械。宋末元初著名手工棉纺织家、技术改革家黄道婆（1245—1330），她曾在崖州海南岛生活 30 多年，在虚心向黎族人民学习纺织技术的基础上，大胆改革创新，使用的织布机、纺纱机等全部是木制的，以及 18 世纪 60 年代英国工业革命时期的纺织机械的构架也是木制的。

织布机　上海黄道婆纪念馆藏　张彦 摄

手摇纺纱机　上海黄道婆纪念馆藏　张余仁 摄

英国工业革命早期纺织机械　张余仁 摄

《嫘祖始蚕》的故事

讲的是黄帝的元妃嫘（léi）祖首创种桑养蚕之法、抽丝织绢之术，被后人尊为先蚕。然而，蚕食桑叶（桑叶现在也已成为人类餐桌上的健康美食），有蚕才有茧，有茧才有丝，有丝才有绸，可见，桑树是丝绸生产的前提条件，树木与丝绸有着必然的间接联系。中国的“丝绸之路”源远流长，闻名天下。中国古人是用丝绸、茶叶、瓷器等特色产品开路走向世界的，换句话说，丝绸是我国最早的外交礼品之一，外国人最早是通过丝绸来了解中国的，因此，中国也曾被外国人称为“丝国”。

这项古老的发明让全世界的子孙万代享用不尽，现在中国提出的“一带一路”倡议，系由原来狭义的丝绸之路发展为广义的丝绸之路。饮水思源，都是因树而起，是树的恩泽启迪了现代人的创意，引领我们重塑丝绸之路，传播中国优秀传统文化。

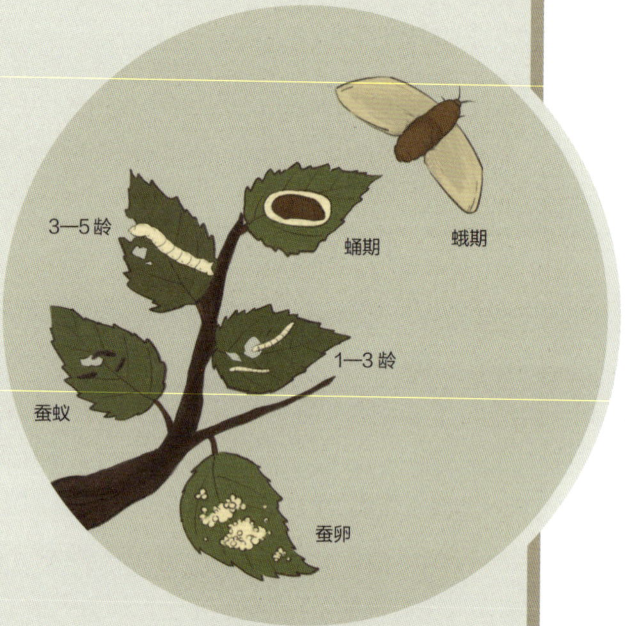

蚕的一生　刘舒岩 作

树皮衣　海南槟榔谷

黎族树皮布是黎族先民智慧的结晶，距今已有3000多年的历史，被誉为“服装活化石”。据清代《黎岐纪闻》记载：

“生黎隆冬时取树皮捶软，用以蔽体，夜间即以代被。其树名加布皮，黎产也。”加布皮即为前文讲到的“世界上最毒的树——箭毒木”，经过扒树皮、修正压平、浸泡脱胶、漂洗晒干、拍打成片等步骤制作而成，同时也祛除了毒性。树皮布属于一种无纺织布，可以剪裁缝制衣服、帽子、腰带，被子、枕头等日常用品。2006年5月20日，树皮衣制作技艺经国务院批准列入第一批国家级非物质文化遗产名录。

扒树皮

现代科学技术可以把木纤维素加工成为木纤维布料，与棉布料一样具有保暖性和柔软性，且其透气性、吸汗性、抑菌性和抗静电性都优于棉布料。例如，当下流行的内衣面料——莫代尔（Modal）天然纤维，就是由木浆粕（主要是云杉和榉木）经加工制成的纤维，因其源自天然木材，具有很好的柔软性和优良的吸湿性，而被誉为“21世纪绿色环保面料”。

树皮衣 修整压平

此外，人类早期使用的纺织染料也是来源于植物，即将有些树木的木片放在水中熬煮，用其汤汁为纺纱或布料着色，给人类带来了七彩斑斓的服装世界。例如，过去皇帝穿的龙袍，又叫“柘（zhè）黄袍”，是因其色取自柘木，不仅黄得好看，而且不易褪色。又如，日本作家志村福美在《一色一生》一书中也讲述了许多把树木用作纺织染料来源的故事。

树皮衣 浸泡脱胶

树皮衣 拍打成片

面条树　姜卫兵 摄

（二）食

人类祖先最初的食品是树上的野果，尔后是森林火灾烧死的动物，让人类尝到了熟食的美味，触发了钻木取火的灵感，推动了人类的文明进步。世世代代沿袭至今，四季飘香的水果和许多坚果依然是人们享用不尽的健康美食，有些树木的果实油脂还可用作食用油，如山茶油、松子油等。

人类应对粮食危机，也会求助于树木。

1. 面条树（*Alstonia scholaris*），隶属于夹竹桃科鸡骨常山属。产于南太平洋地区，我国华南和台湾地区也有种植。将须状干果放入水中煮熟，加上佐料，其口感如同面条。特别提醒：面条树的面条好吃，且富有营养，但树皮划破后流出的乳白色汁液有剧毒，被当地人用以制作毒箭，抵御外敌或狩猎。

古橘王，树龄 80 多年，最高年产 590 公斤，中国无核蜜柑之乡——浙江台州临海涌泉镇　顾雪峰 摄
柑橘，别称金香大丞相，因出产南方而成为北方朝廷贡品。后唐庄宗李存勖（xù）（885-926）与大臣共赏新橘时命唐美朝以橘为题作诗："金香大丞相，兄弟八九人。剥皮去滓子，若个是汝人。"

2. 米树（*Metroxylon sagu*），正式中文名西谷椰子，别名莎木、沙孤，隶属于棕榈科西谷椰子属。产于南太平洋地区，主要分布于马来半岛、印尼诸岛、巴布亚新几内亚、印度安达曼群岛等地。西谷椰子树干生长快，十年就可长成 10—20 米高，寿命 10—20 年。一生中只开一次花，开花后不到几个月就会枯

砀山酥梨*　姜卫兵 摄

注*：梨树文化源自“梨园”。唐玄宗李隆基（685—762）登基后，选了一片梨园作为皇家游乐场所，在那里开展排练歌舞等娱乐活动，后来人们便把戏班、剧团称为“梨园”、戏曲演员称为“梨园弟子”、戏曲传承家庭称为“梨园世家”、戏曲界称为“梨园界”。至于杏树就更有文化了，“杏园”“杏林”和“杏坛”皆各有所指。首先，“杏园”（现在陕西省大雁塔南）是唐中宗李显（656—710）赐宴新科进士及第的地方，中举者被称为“杏园客”。杏园游宴是唐代文人的一种雅趣活动，宴会后，他们还会被邀请登临大雁塔，题名塔壁作留念。由于杏树花期与科举同时段，所以“杏园”也指金榜题名时。二是“杏林”，东汉时期有一位隐居在庐山叫“董奉”的人，他与华佗、张仲景并称“建安三神医”。他给人看病不收钱物，只让病人在自己住处附近的荒地上栽植杏树，重病愈者栽杏5株、轻者1株，就这样一传十，十传百，来找他治病的人越来越多了。据《庐山志》记载，有一县令女儿得了怪病，四处求医无效，请董奉医治即愈，县令便把女儿嫁他为妻。经过夫妻俩数年经营，当初的隐士不仅有了家小，屋外的杏树亦已蔚然成林。杏子成熟后，妻子问他如何处置？他答道：“医者仁心。我们治好了病人，病愈者就种植杏树，需要杏子的人可用谷子来换。我们再将所得之谷赈济贫民，供给行旅。”董奉的做法深得民心，赢得口碑。他死后人们在杏林中设坛祭祀，后来“杏林”就成了医术高超、品德高尚的代名词，医务工作者也被称为“杏林中人”。三是“杏坛”，孔子周游列国未获认可，回到老家潜心讲学，传道授业，在一处杏林里给弟子们讲解“诗、礼、易、乐”等，创建了儒家思想文化。后人把孔子当年讲学的地方称之为“杏坛”，系指教育圣地，今喻教育界。至于“红杏出墙”，本意指红色的杏花穿出墙外，形容春色正浓，情趣盎然，但被文人骚客们用于文学作品时则另有所指了。

辣椒枣　姜卫兵 摄

广东省中山市小榄镇九洲基石硖龙眼　卢颖禧 摄

杏坛　山东曲阜孔庙　许名序 摄

死。西谷椰子树皮坚硬，但树干中心部分却非常柔软，富含淀粉，开花之前其淀粉贮存量达到巅峰。然而，这些积存一生的淀粉会在开花后很短的时间内消耗殆尽，枯死后只留下空空的树干。为及时收获大自然赐给人类的粮食，人们未等开花就把它砍倒，树心木屑经过浸泡、沉浆、干燥，土著人会用火烤后直接食用，也可以加工成洁白晶莹的大米状的颗粒，即“西谷米”，一棵树能产数百斤。据测定，其所含的蛋白质、脂肪、碳水化合物等物质都不逊于大米，用它做饭，喷香可口。目前，世界上仍有几百万人依靠米树维持生活，因此，哪里有米树，哪里就不会有饥饿发生。网上有一个安达曼群岛桑提内尔土著人砍伐米树享用“淀粉昆虫大餐”的视频，感兴趣的读者可上网搜索观看。

芒果树　植于乾隆三年（1738）　海南省儋州市东坡书院　张余仁 摄
枝繁叶茂，使整个庭院平添幽静和清爽。每年夏季，还会结出满金灿烂、特别香甜的芒果。

3. 面包树（*Artocarpus altilis*），隶属于桑科波罗蜜属。产于非洲、南美、南太平洋地区和我国广东、台湾等地。其果肉质肥大，成熟后呈黄色，经火烤后的色、香、味、形均与面包相似，而成为当地人的盘中美食。18 世纪中叶，英属殖民地西印度群岛上因只种甘蔗，粮食短缺，饿死者数以万计，于是，英国统治者便号召当地居民大量种植面包树，一举解决了粮食饥荒问题。

面包树　袁佳青 摄

面包树果实　姜卫兵 摄

（三）住

人类祖先以采集野果和狩猎为生，居无定所，以天作被，以地为床。最初，为防猛兽袭击和蚊虫叮咬，他们构木为巢。大约在公元前一万年，人类氏族社会开始发展，农耕需要有相对固定的土地，农作物需要一定的周期才能收获，便逐步形成居家生活，开始需要建造房屋了。长江流域气候相对潮湿，人们选择了巢居，黄河流域气候相对干燥，人们选择了穴居。这是人类向动物学习的结果，巢居相当于动物世界的鸟巢，穴居相当于动物世界的土洞。马蜂和燕子用泥土夹杂柴枝做窝，算是地球上最早出现的土木混合结构。

劝君莫打三春鸟，子在巢中待母归　张余仁 摄

毋庸置疑，木结构房屋是人类最早的住宅建筑。鉴于木材具有节能、环保、抗震、耐压、调温、调湿等诸多优点，属于绿色建材，因此，木结构房屋经久不衰，古今中外，倍受青睐。

为何木结构房屋倍受青睐？

木结构房屋是人类建筑史上最早、最经典之杰作，并将被人类永久使用。发达国家大多选择木结构房屋，美国、加拿大有 80% 以上，日本有 50% 以上的住宅是木结构，其因是：

陕北土窑洞

俄罗斯木屋　Andrey Logvinovich 摄

1. 木结构建筑是人类古代建筑之精华
2. 木材是唯一可再生建筑材料
3. 抗震性强
4. 木结构住宅可刺激林业发展
5. 经久耐用
6. 经阻燃处理后防火性能良好
7. 防潮耐腐
8. 保温节能
9. 工厂化生产及施工标准化，建造工期短
10. 墙体薄，得房率高
11. 布局与造型灵活
12. 维修翻新方便
13. 绿色建材，节能环保

法国南部木屋　张彦 摄

挪威木屋　Linda Kramer 摄

瑞士木屋　张余仁 摄

日本木屋　杜明远 摄

福建客家土楼　张余仁 摄

贵州黔东南侗族杉皮屋　王小健 摄

⑴ 能量消耗最低，钢结构是木结构的 2.4 倍

⑵ 温室效应最低，钢结构是木结构的 1.8 倍

⑶ 空气污染指数最低，钢结构是木结构的 1.42 倍

⑷ 水污染指数比较低，钢结构是木结构的 120 倍

⑸ 固体废料最少，钢结构是木结构的 1.36 倍

⑹ 生态资源的使用，钢结构是木结构的 1.16 倍

湖北神农架巴人部落木楞房　孙喜华 摄

迄今，世界上还有好多民族因地制宜，就地取材，建造适合自己居住的木屋，比如，我国云贵等地的少数民族木屋和福建客家土楼就很有特色，依山傍水，天人合一。

湖南凤凰古城吊脚楼　张余仁 摄

英国宾利汽车内饰　王毕悦 摄

黑漆木屐　三国　吴　1979年江西省南昌市东吴高荣墓出土　江西省博物馆藏

（四）行

从采用木屐行走，到现代女性高跟鞋的鞋后跟；从刳（kū）木为舟，剡（yǎn）木为楫（jí）的独木舟*，到用木跨水，谓之桥也；从《三国》里诸葛亮发明的木牛流马，到“万户飞天”**，以及欧美最初的轻木飞机，如意大利达·芬奇的扑翼飞机、美国莱特兄弟的“飞行者1号”等，人类早期发明的海、陆、空交通工具都是用木制成的。随着科技的进步，新材料不断涌现，虽可取代木材，但现代化交通工具与人密切接触的内饰材料还是优选木材。

万户飞天，是发生在明朝万历年间的真人真事，虽然奔月梦想未能实现，但为近代载人火箭成功登月作了铺垫，具有划时代意义。然而，更早的是春秋末战国初的宋国人墨翟，即墨子，他用木头制成的木鸟，史称木鸢（yuān），研制三年而成，这是人类最早的风筝起源。后经鲁班改进风筝材质，以竹代木。东汉蔡伦发明造纸

注*：独木舟由一根粗壮的原木挖空，两头削尖而成。独木舟在非洲、南美的一些原始部落迄今仍有使用，也曾是我国云南泸沽湖摩梭人使用的水上交通工具，还可用于捕鱼、捞虾、捞猪草等生产劳作。因其形状如一只长长的猪槽，故又称“猪槽船”。

注**：明朝初期有一个叫万户（原名陶成道）的木匠，刻苦钻研，勇于创新，为改进军中的刀枪车辆等作出了重大贡献，并得到了朝中大将班背的赏识而被调到身边任职，两人成为莫逆之交。后因班背性情耿直，被奸臣迫害致死，万户悲恨交加，但又无可奈何，决定远离尘世，飞往月球。于是，他把火箭绑于椅腿，手拿风筝端坐于椅上，希望借助火箭推力上天，通过手控风筝调节方向，以便安全着陆月球。然而，就在他点燃火箭的一瞬间，只听一声巨响，人、椅一起升空，万户粉身碎骨。虽然万户飞天奔月的梦想破灭了，但他被世界公认为“人类真正的航天始祖”。后人为纪念这位木匠飞天第一人，在西昌卫星发射中心树立了万户飞天纪念雕塑，20世纪70年代国际天文联合会将月球背面一座环形火山命名为“万户（Wan Hoo）环形山”。

术后，人们开始用纸来裱糊风筝，史称纸鸱（chī），并成为传递信息的通信工具。最早关于纸鸱的记载是南北朝梁武帝年间，548 年发生的侯景之乱，建康城被侯景围困，城外援军与宫中信息断绝。有个叫“羊车儿”的人献策，作纸鸱，系长绳，写敕在内，放上天空随风飞出城外。再后来，……最初的木鸢成为现代飞机的雏形。美国航天博物馆收藏了中国风筝，并注明“中国的风筝和火箭是世界上最早的飞行器”。可见，中国的航天事业起步全球最早，与木有关。

万户飞天　西昌卫星发射中心　邓晓亮 摄

秤*　李宁 摄

（五）用

用木材制作的日常生活用品、生产工具比比皆是。与人接触最多的是木家具、木制用具，如木盘、木盆、木桶等。生产工具，如木匠工具、犁、水车、木楼、许多农具的柄或把手，以及刀柄、枪托等，举不胜举。

此外，还有很多测量工具也是木制的，如用于丈量的尺子、用于粮食计量的升斗斛石等。其中，以明朝程

注*：秤杆都是用硬木制成的，多为楠木。古代的秤是十六两制，又称“十六星秤”，系由北斗七星、南斗六星，加上福禄寿三星组成，告诫做买卖之人要诚实讲信用，不可短斤缺两，否则，短一两无福，少二两少禄，缺三两折寿。

龙骨水车，又称翻车，东汉毕岚（？—189）发明的是手摇，后人改良为脚蹬　海南省博物馆藏　张余仁 摄

算盘　明朝程大位（1533-1606）发明　叶家康 摄

唐三彩马球阵　北京孔庙和国子监博物馆藏　周延 摄

大位（1533—1606）发明的丈量步车和算盘最为出名，丈量步车是皮卷尺、钢卷尺的前身，而珠算是集成计算的前奏，因此，程大位被公认为“卷尺之父”和“珠算之父”。至于东汉张衡（78—139）发明的记里鼓车，利用齿轮差速原理，一里敲鼓，十里打铃，应该是世界上最早出现的行车路码表了。

（六）药

除在前文提及的有些名贵木材具有治疗作用外，还有许多树的根、茎、叶、花、果、皮可直接或间接入药。例如，红豆杉因含紫杉醇、紫杉碱及双萜类化合物，是世界上公认的珍稀抗癌植物，对糖尿病、心脏病等疾病亦有不同疗效，还可温肾痛经、利尿。又如，银杏叶子的提取物，可用于老年人慢性神经感觉和认知的病理性缺陷，和下肢慢性阻塞性动脉并发的间歇性跛行等病症的治疗。再如，肉桂树的皮含有桂皮醛，据《本经》记载，肉桂主上气咳逆，有温肾壮阳、祛痰镇痛、温经散寒之功效。总之，这方面的例子多如牛毛。

（七）玩

现代世界“三大球”（Big Three）运动系指足球、篮球和排球，均属于集体球类运动项目，其中的足球源于中国，篮球、排球源于美国。中国古代也有“三大球”运动，即蹴（cù）鞠、击鞠和捶丸。

蹴鞠的“蹴”就是用脚踢。而“鞠”则是一种外面用兽皮、里面用米糠填塞成的一种皮球，是世界上最早的足球。蹴鞠起源于春秋战国；汉代作为一种练兵方式，以提高团队合作意识；唐代出现充气皮球，人们用动物膀胱做内胆，外面仍用兽皮，轻而弹性好，蹴鞠开始向娱乐化发展；宋朝流行成为一种时尚，民间艺人在蹴鞠中创新了许多花样踢法，是上到皇帝下到平民百姓的大众娱乐活动，可用以表演，亦可开展对抗性比赛。《水浒传》中的反面人物高俅玩的就是蹴鞠，因他的球技高超，在当时属于顶级水平，连宋徽宗赵佶（1082—1135）都成了他的铁杆粉丝。至今，中国发明的足球已得到全世界的公认，尽管现代国

唐三彩马球阵　北京孔庙和国子监博物馆藏　周延 摄

足水平有待提高，但属于“中国开花，外国结果”，这是不争的事实。击鞠，即马毬，起源于汉代，兴盛于唐宋元明，球杖端如偃月，形状有点像今天的冰球杆，其他方面与欧洲的马球基本接近。捶丸，起源于唐代，宋代进一步发展，兴盛于元代，是宋元明时期老少喜乐的一项体育运动。捶丸是由马毬改为步打球演变而来，并把球门改成了球穴，用球杖击球入穴，有点类似于现代的高尔夫。而现代高尔夫虽是苏格兰人在十五世纪发明的，其实中国人早就珠玉在前了。

很多体育器材都是木制的。蹴鞠和击鞠都是国家级非物质文化遗产，早期球门的门框都是木制的。击鞠的球，球小如拳，采用质轻而又坚韧的木材制成。早期的球是实心的，表面光滑，后来发展为中间镂空，外面涂上各种颜色，有的还加上雕饰，被称为“彩毬”“七宝毬”。捶丸的球是用瘿木制成的，击鞠和捶丸的球杖都是木制的。可见，古代“三大球”中均有木材的参与，木材对于民众娱乐活动不可或缺。

鲁班锁，又称孔明锁、八卦锁，是鲁班为测试儿子是否聪明而发明的一种木玩具。用六根木条制作，看上去很简单，内中奥妙无穷，不得要领很难拆解。把玩鲁班锁可以放松身心，开发大脑，灵活手指。这是榫卯结构的典范，是中国木文化产品的益智杰作。2014 年，李克强总理在柏林，将鲁班锁作为国礼赠送给德国总理默克尔，喻示中德共解难题，开启未来。

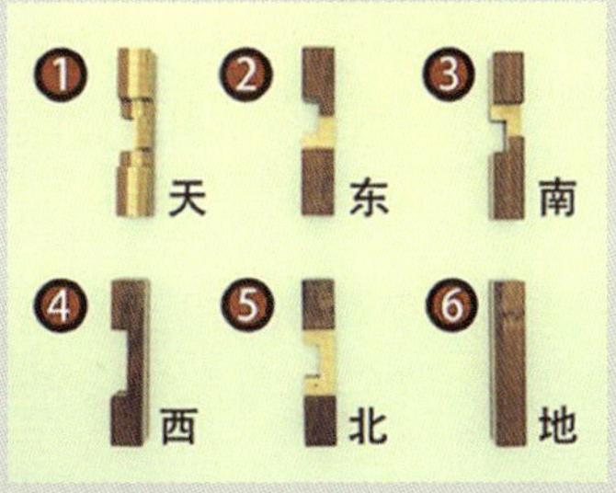

鲁班锁　又称孔明锁

康乐球　上海虹口来福士广场老上海风情街　张余仁 摄

在现代体育运动项目中有许多体育器材还是选用木材制作，如乒乓球台及球拍、棒球的球棒、斯诺克台球桌及球杆、龙舟等。各种棋类起初多用木材制作，后来改用其他材料替代。此外，春秋时期由山戎传入中原，在盛唐流行的荡秋千的架子也是木制的。每年寒食节，从宫中到民间竖起秋千架，男女老少游荡嬉戏，比谁荡得高。据说，在五代后蜀宫中还有在水面上荡秋千的游戏，称为“水秋千”。

20世纪60年代以前，曾经风靡上海大街小巷的康乐球，亦称克郎球、克朗棋，英文Disc pool。关于康乐球名称的来历有两种说法，一说在上海老北站附近康乐路上有一家木器店，康乐球是该店的老板发明的，他的灵感来源于欧洲人发明的台球（又称桌球、弹子球、斯诺克，英文Billiard，于1900年传入中国），并以其路名而得名。二是说康乐球是从英文corner ball音译而来，笔者认为有点牵强附会，不敢苟同。康乐球的构成包括：1个四周高起四角带有球洞的木制方盘、2—4根木质球杆（上海人戏称“枪棒”）、两组木质棋子、1个木质母子（又称打子，上海人戏称“老板”）和一个木质活动支架。康乐球具有玩法简单、球盘不大（90cm见方）、收放自如等优点，可以两人或多人游戏，男女老少皆宜。一项不经意的小发明本来是用以自娱自乐的，没想到会一炮打响，深得上海人民的喜爱，并迅速普及至全国各地（包括香港、澳门，在《女囚风暴》影片中就有康乐球的镜头）。据说，宋庆龄也热衷于这项运动。笔者是1982年大学分配来到上海工作的，也曾见到过在弄堂里打康乐球的热闹场景，玩者和观者各得其乐，是上海平民住宅区的一道独特风景线。改革开放期间，城市的街头巷尾开出了许多台球馆，大人们忙于工作和生活，年轻人开始赶时髦玩起了斯诺克，让康乐球一时淡出了人们的视线，变成了一代人的回忆。时至今日，“文革”前后的玩家们都已退休长成了老克勒，在疫情防控期间，这些老爷叔们对当年打康乐球的火爆场景记忆犹新，便重操旧业，康乐球运动在上海滩又悄然兴起，他们不但自己玩，还带着儿孙们一起玩。上海市台球协会改良推出的“corner ball”康乐球走进了徐汇区胡姬港湾幼儿园，旨在通过入门简单的康乐球运动让更多的孩子接触台球，发掘和培养更多的人才；又走进了浦东新区潍坊社区文化活动中心，并逐步扩大成为不少社区活动中心的标配，使康乐球有了“社区斯诺克”之称。除此之外，上海市台协还推出了康乐球锦标赛，让更多的老克勒找回儿时的记忆，让更多的市民体会“一杆进洞”的乐趣，分享“滑枪”“一炮两响”“扫台湾岛”等花式击球技巧，使这项平民运动项目得到了很好的传承。

（八）乐

古装戏的许多道具都是木制的。例如木偶戏，又称傀儡戏，采用木材雕刻绘制的偶像，由艺人操作进行表演的最古老的戏剧之一。始于西周，兴于汉代，唐宋得以进一步发展，明朝全国流行，清朝日臻完善。木偶按照体型、操作技艺分为四大类：水上木偶、杖头木偶、掌中木偶（又称布袋木偶）和悬丝木偶（又称提线木偶）。其中，以提线木偶操作最为复杂，表演技巧甚高，是木偶戏中的翘楚。据史料记载，古代曾经发生过“偃师造倡”和“木偶退兵”的故事。

偃师造倡的故事

据战国时期列御寇所著《列子·汤问》记载，周穆王（约前1026—约前922）去西方巡视，在途中遇到一位自愿献艺的工匠，名叫“偃师”。他制作的歌舞艺人，即假倡（古代木雕机器人）跳舞如真人一般。在快要结束时歌舞艺人眨眼挑逗穆王身边的妃嫔。穆王大怒治罪，偃师吓得半死，连忙拆散歌舞艺人，并当场复原。通过展示解除了穆王疑虑，穆王遂下令随从的马车载上歌舞艺人同返中原。

木偶退敌的故事

据唐代段安节所著《乐府杂录》记载，汉高祖刘邦（前256—前195）在平成被匈奴单于冒顿所围，濒于绝食，危在旦夕。谋士陈平（？一前178）探知冒顿好色，妻阏（yān）氏善妒，即造木偶美人，舞于城上。阏氏不辨真伪，恐攻下城池后冒顿将纳美女，便下令退军，遂解平城之围。

四——木成全了人类的音乐世界

战鼓　山西忻州市代县雁门关　马春燕 摄

汉字“乐”中带“木”，说明“乐由木生”。从科学角度分析，木材是由细胞组成的，每一个细胞相当于一个房间，每个细胞空腔则相当于一个微型音响，所以，由无数个细胞组成的木料具有其他材料无可比拟的音响效果。

人类最古老的乐器是打击乐，可能是木鼓或竹筒，鼓起源于一段空心的木头。据说，在我国佤族母系氏族时期，有一个叫“安木”的首领，她居住的洞口有一棵空心古木，每当需要集会，她便敲响树干，族人闻之赴会。在冷兵器时代，战鼓催征，有发送军令，振奋士气之用。在远古时期，鼓被尊奉为通天神器，其种类很多，用途亦广。鼓作为乐器系从周代开始。周代有八音，鼓仍群音之首。古文献中所谓“鼓琴瑟”，系指在琴瑟开弹之前，先

金银平琴　唐贞观二十三年（649）日本正仓院馆藏

螺钿紫檀琵琶　唐代　日本正仓院馆藏

外国手摇八音盒　19 世纪　王恒、冯杰伉俪捐赠　广东省博物馆藏　张余仁 摄

有鼓声引导。总之，鼓的文化内涵博大精深，雄壮的鼓声紧紧伴随着人类，从远古的荒蛮一步步走向文明。

到了旧石器时代，华夏创世之神——伏羲发明了琴与瑟，把音乐带给了人间，对顺畅人的阴阳之气、纯洁人的心灵、开拓人的思维想象、提升人的精神享受，作出了巨大贡献。继伏羲之后，尽管后人又发明了很多种类的乐器，无论是西洋乐器，还是中国传统乐器，多用木材制作。从人文角度讲，这是因为人对木的钟爱，与木的亲密，熟悉木的性能，了解木的脾气……是木成就了人类的音乐世界。

螺钿紫檀阮乐器　唐代　日本正仓院馆藏

五——中国古代“四大发明”[*]都与木有关

中国不仅拥有四千年的文字可考历史，还有“四大发明”走出亚洲，影响世界。中国与古巴比伦、古埃及、古印度一起被世界公认为“四大文明古国”。这四大文明都是原生文明，是后来诸多文明的发源地，对其所在地区乃至全世界都产生了重大影响。

欧洲近代科学启蒙时代的哲学家弗朗西斯·培根（1561—1626）尽管当时并不知道“四大发明”源自中国，但他的评价是：“纵观今日

注 *：1995 年杨振宁先生在题为《近代科学进入中国的回顾与前瞻》的演讲中把中国科学发展史粗分为如下五个阶段：第一阶段（1400 年以前）中国科技领先世界；第二阶段（1400—1600）举步不前；第三阶段（1600—1900）抗拒新思想；第四阶段（1900—1950）快速引进西方科学；第五阶段（1950—2000）跻身世界先进科学国家行列。笔者完全赞同，然而，康熙皇帝“西学中源”的流毒迄今未清，有些国人还沉浸在古代“四大发明”的沾沾自喜之中。“四大发明”固然伟大，但笔者认为，中国古人善于发明，拙于发现。虽然真正改变世界的是发明，发现只是让人们认识世界，但诺贝尔奖设立的是“发现奖”，而不是“发明奖”，仅授予发现自然界业已存在的规律者（和平奖、文学奖除外）。若用此标准来衡量，再伟大的发明，包括“四大发明”也是得不到诺贝尔奖的，因为发现是发明的前提，是科学理论赖以建立的基础。这与中国古代选拔人才的政策导向有关，科举制度只考四书五经、策问、诗赋等，不考自然科学，加上重发明、轻发现等等，假如把探索自然规律也作为衡量人才的标准，中华民族一定会出现很多科学巨匠和诺贝尔奖得主。

社会，许多发明的作用和影响是显而易见的，尤其是印刷术、火药和磁铁。这些都是近代发明的，但是来源不详。这三种发明改变了整个世界的面貌和一切事物，印刷术使文字改观，火药使战争改观，磁铁使航海术改观。可以说，没有一个王朝，没有一支宗教派别，没有任何伟人曾产生过比这些发明更大的力量和影响。”

英国汉学家麦都思（1796—1857）说：“中国人的发明天才，很早就表现在多方面。中国人的三大发明（航海罗盘〔司南〕、印刷术、火药），对欧洲文明的发展，提供了异乎寻常的推动力。”

马克思（1818—1883）指出：“火药、指南针、印刷术——这是预告资产阶级社会到来的三大发明。火药把骑士阶层炸得粉碎，指南针打开了世界市场并建立了殖民地，而印刷术则变成新教的工具，总的来说变成科学复兴的手段，变成对精神发展创造必要前提的最强大的杠杆。”

通过上述三位伟人的评价，足见我国古代科技之领先，是对外输出的，曾对全球的科技进步产生过巨大影响。然而，很少人知道这“四大发明”中的每一个发明都与木有关。

天安门华表上面蹲兽是犼（hǒu）也叫“朝天吼” 赵杰 摄

（一）指南针

早在指南针发明之前，我国古人就掌握了“立杆测影”的技法，通过观察木杆（华表*的前身）日影的长度来测定方位、节气及观测恒星等。大约公元前四百年左右，人们对天然磁石有了充分认识，便根据磁石的定向原理，发明了木制司南，又称木罗盘，是世界上最早的导航仪。用一个长勺放在外方内圆

注*：据陆思贤在《神话考古》一书中的描述，太阳的光芒为“华”，古代测影的立杆为“表”，所以“华表”即为用以观测太阳和天象的木柱，这就是华表的由来。最初的华表除了具有定向指路的功能外，可能还是部落时代的一种图腾标志。尧舜时期，在其下面横插云板，又增加了留言（邮亭）的功能，故又称“谤木”或“诽谤木”，并被后人沿用。例如，南北朝时期的梁武帝萧衍登基后，曾下令在公车府（负责宫门管理）设立两个信箱，一个设在“谤木”旁，另一个设在“肺石”旁。若有人对朝政有意见可写信投入谤木信箱；若有人受到压制或有冤屈可把申诉投入肺石信箱。但因木材易腐，立表难以长期留存，为坚固耐久，后人改用石柱。经雕饰美化，再赋予美好寓意，后来成为都城、宫殿、坛庙和陵墓等重要建筑物的标志。古代华表象征着皇权，亦提醒皇帝出游时要早点回来干正事。现代华表寓意着中华民族社稷永固，源远流长。

的木盘上，勺柄所指方向即为南。后来，采用同样的原理，采用木材制作了指南鱼和指南龟。到了三国时期，人们又利用差速齿轮原理，发明了全木结构的指南车，为中国和世界的航海事业发展发挥了极其重要的推动作用。

（二）纸张

纸起源于古代种桑制绵，人们用上等蚕茧抽丝织绸，剩下的次茧用来制取丝绵。纸的雏形就是采用漂絮法制造丝绵过程中黏留在篾席上的丝绵薄片，古人称之为“赫蹏（tí）”。到了东汉时期，蔡伦（61—121）在总结前人经验的基础上，以树皮等植物纤维为原料，发明了“蔡侯纸”，替代了笨重的竹简和木牍（木简）。尔后由阿拉伯人将中国人的造纸技术传到了欧洲，结束了古埃及人利用尼罗河纸草来记述的历史，取代了古欧洲人使用的羊皮书卷。因此，蔡伦被后人尊称为“纸圣”。现代造纸的纸浆生产更是离不开木材原料，松木、杨木、桦木及桉木等成为当前世界纸浆工业用材的四大树种。

（三）火药*

火药的发明起源于隋唐道家的炼丹术。这一行为尽管有点荒谬可笑，但却导致了火药的发明。最初火药的主要成分是硫磺、硝石和木炭，三者按“一硫、二硝、三木炭”的配比混合而成。恩格斯在《德国农民战争》中明确指出：“一系列的发明都各有或多或少的重要意义，其中具有光辉历史意义的就是火药。现在已经毫无疑义地证实了，火药是从中国经过印度传给阿拉伯人，又由阿拉伯人和火药武器一道经过西班牙传入欧洲。”

（四）印刷术

印刷术的发明经历了两个阶段。最早可以溯源到木刻印章。印章的出现远在纸张之前，而纸张的问世使得图书印刷成为可能。在北宋以前人们是将文稿雕刻在木板上，然后在雕版上刷墨，再用雕版在纸张上盖印。由于制作雕版的木材多为梓树，故将图书出版称为“付梓”。为了克服雕版印刷太死板等问题，北宋毕昇（972—1051）发明了活字印刷技术。当时毕昇的活字为泥活字，到了元朝，王祯（1271

注*：“火药”名字的由来，相传唐代医学家、道士孙思邈（581—682）在炼制长生不老丹药时，偶然发现硝和磺与木炭混合在一起会着火。因硝和磺早在西汉时期就用作治病的药物，故把这种着火的药叫做“火药”。孙思邈一生为中医事业做出巨大贡献，被后人尊为“药王”。在陕西、四川、河南的许多地方都有他的遗迹，有的叫“药王洞”，有的叫“药王山”。他的最大成就是编撰了中国古代中医学经典著作《千金要方》。

南京林业大学校徽　　南京大学校徽

华东师范大学校徽

日本京都大学校徽　　多伦多大学校徽

—1368）成功研制出木活字和“以字就人”的转轮排字盘，用于排放活字字盘。从此，活字印刷术得以在全国推广，后由蒙古族人传出，再遍及到全世界。

六——以树育人

十年树木，百年树人。除了林业院校必选树木作为校徽外，国内外还有许多知名大学、许多中小学的校徽都喜欢以“树”为主题，体现校园文化，希望学生能像树木一样茁壮成长、成材（才）。如中国的南京大学、北京理工大学、天津师范大学、华东师范大学、南昌大学、美国的斯坦福大学、加拿大的多伦多大学、日本的京都大学等。此外，值得一提的是，多伦多大学校徽上所刻拉丁文校训“Velut arbor Ævo”，意为“像大树一样经受岁月的风雨而不摧”。

劫后重生　倒而不死　经受岁月的风雨而不摧　巢建福 摄

七——人死喜欢木葬

纵观世界各国各民族人民，不论其信仰如何，职位高低，贫富贵贱，男女老少，死后想睡棺材的人占绝大多数。何故？其因是人类的祖先从森林中走来，世世代代住的是木屋，出生在木床上，沐浴在木盆里，生活起居用的是木制品，早期狩猎或农耕得以生存的用具也是木头的……总之，人与木生死相依，死后与木相伴，希望魂归大地，回归田园，葬于木中也是生者让亡者的灵魂得到安息的最好场所。

尤其是中国人（个别少数民族除外），自古就有“入土为安”的习俗，让亡者安息，让生者安心，只有木能够让两个世界的人都满意。国家强制取消土葬后，即使遗体火化了，留下骨灰供后人祭奠，制作骨灰盒的材料也是优选木材，正如有首歌的歌词所唱：死了都要爱！因此，人类对木材的喜爱，至死不渝，生死不弃。

八——为何中国人更加偏爱木材

一树一世界，一木一人生。人类对树木情有独钟，外国人喜欢木材侧重于其科学性和实用性。虽有文人墨客创作了不少以树木为题材的文学作品，但应该没有中国的多，不如汉语表达形式丰富多彩。中国人爱木、尊木由来已久，早已升华到精神文化层面，创造了独特灿烂的中国木文化。那是因为：中国人有着根深蒂固的树木情结；树木的质地、纹路、色彩，合乎中国人的审美需求；木质的温润性，应和了文雅从容，含而不露的儒家思想；木材的独特纹理，应和了沉敛大气，华而不奢的东方神韵。树作为精神偶像，激励着人们奋发向上，有民间谚语为证：立如松，坐如钟，卧如弓，行如风。

木文化是中华文明的瑰宝之一，是中国传统文化的重要组成部分。人们在长期与木的相处中，发现了木的美，不断挖掘和领悟其奥秘与内涵，演绎了各种与木材有关的汉字、神奇传说、历史故事、诗词歌赋和音乐绘画等等。

（一）木是有生命的

众所周知，八卦是阴阳，五行是延续，世间万物均可在八卦和五行理论中得到诠释。五行之间存在着“木生火、火生土、土生金、金生水、水生木”的相互关系，凡具有生长、生发、条达、舒畅等作用或性质的事物均属木。《春秋繁露·五行之义》中记载：“木，五行之始也。”“木”是五行中唯一有生命的。

木乃冒地而生之物，它可以生水、生土、生光、生气、生热。在五行学说

中，木为春、主生，象征着生命、生育和生机。古人还认为，树木是天地交流、表达愿望的载体，代表既白的东方，是万物生命之源。紫气东来是指生发之气，生生不息，是人类文明发展之本。

现代五行学说研究还发现，植物的种类极其丰富，包罗万象，其实也有五行之分。绿色的植物属木，对人体健康有不同的调治作用。植物的五行分法也非常专业，我们可以从其生殖器官——花的色彩来判断：白色属金，绿色属木，蓝色属水，红色属火，黄色属土。

（二）木韵传情

世界上没有两片相同的树叶，自然界也找不出两块纹理、韵味完全相同的木材。天然的木纹是历经千百年的天工造物，吸天地之精华而造福人间的美，是上天赐予人类的厚礼。中国古人认为木和玉一样，有“五德”之美，即“仁、

木韵传情　刘锴 摄

义、智、勇、洁”。陈宝光先生解读为“具温润、匀质地、声舒畅、并刚柔、自约束”。天然纹理和光润色泽相得益彰，实现了思想与艺术的完美结合，能够表达人类回归自然、崇尚返璞归真的念旧情怀，可以满足人们的某些精神诉求。

人有情，木亦有情。人与木相伴，置身宁静居所，三两好友相聚品茗，丝竹弦音环绕，欣赏木之神韵，仿佛进入世外桃源，如入仙境。空灵、超逸、内向的意蕴呼之欲出，表达了人类崇尚自然的天性，满足了人类向往自由的追求。天人合一的意境与木材的天然纹理相映成趣，一圈圈记载岁月的年轮，散发着远古的纯然气息和梦幻般的迷离光泽，木纹的波动犹如跳动的音符，又像流动的祥云，也酷似美丽的山水……赋予人们无限的遐想空间。视之、抚之、用之，皆有赏心悦目、脉通筋舒之感受。与木交流，情感互动，引人入胜，放飞梦想，会赶走人心浮躁，排解烦恼，让杂念尽散，留下清净，心底一片祥和。

（三） 木是有风水的

树木的根、茎、叶、花均具有观赏价值，是庭院中必不可少的一部分，比如：春可赏花，夏可乘凉，秋有落叶，冬枝苍劲等。形形色色的造型不仅增添了庭院的灵气，也蕴含了不少美好的寓意。有些树木的名称会让人产生各种联想，认为可以给人带来吉祥而受到追捧；还有些树木的果实可以食用，既可赏花，又能得果，一举两得。

古今往来，庭院树木都讲究风水，讲究阴阳和谐，不可随便种植。例如，北方有个顺口溜：杨柳槐不进宅，花椒石榴随便栽，门前葡萄子孙多，银杏进宅满地财。又如，民间有说：前不栽桑，后不栽柳，当院不栽鬼拍手。

红豆杉　张余仁 摄

1. 常见十大吉祥树种

红豆杉——人称“长寿树”，红果满枝，晶莹剔透，寓意吉祥喜庆，故又称之为“吉祥树”。

松树——树姿雄伟、苍劲，常青不老，是山水画中表现最多的树木之一。在传统文化中寓意坚定、贞洁、长寿，与竹、梅并称“岁寒三友”，象征着不畏逆境、战胜困难的坚韧精神。庭院常用品种有罗汉松、五针松、日本黑松等。

樱桃树——可以代表很多美好的事物，犹指有活力的女孩，代表鲜活

日本五针松　上海丰乐园　董惠春 摄

贵妃五针松　上海丰乐园　戴毅 摄

樱桃（车厘子）因是一年当中最早上市的木本果实，又称“百果第一枝” 张彦 摄

石榴树 姜卫兵 摄

中国桂花王 安徽省金寨县麻埠镇桂花村 严伟民 摄

的爱情。它不仅象征着爱情、幸福和甜蜜，还蕴含着珍惜的意思。

石榴树——观赏性好，结果时很壮观，寓意多子多福。属于外来物种，可追溯至西汉，张骞开辟古丝绸之路从西域引入中原。

桂花树——清可绝尘，浓能远溢，集绿化、美化、香化于一体，是我国传统十大名花之一。自古就深受人们喜爱，在古代咏花诗词中，咏桂之作数量也颇为可观。金桂飘香，象征富贵，有旺财之说。

“中国桂花王”的故事

在安徽省金寨县麻埠镇桂花村的花石冲有一棵高15.7米、胸围3.68米、冠幅达366平方米的小叶金桂（*Osmanthus fragrans*），树龄大约1200年，是迄今为止国内发现最大的桂花树，而被誉为“中国桂花王”。2013年，经金寨县人大常委会批准为金寨县县树，2014年经安徽省政府批准为国家一级古树保护名木。该树年产鲜花150公斤，每逢中秋，金色的桂花开满枝头，远近飘香，沁人心脾，成为金寨一景。关于这棵树的来历还有一个传说，是与吴刚伐桂有关：吴刚被天庭罚到月宫砍伐桂树，但经玉皇大帝施法，桂树随砍随合……有一次，他在砍桂时不小心将桂花震落人间，散落到了花石冲，历经沧海桑田，长成了现在的“中国桂花王”。

海棠树——花姿潇洒，花开似锦，雅俗共赏，素有“花中神仙”“花贵妃”“花尊贵”之称，与玉兰、牡丹、桂花一同栽植有“富贵满堂”之意。

金桔树——因“桔”与“吉”谐音，象征着吉祥如意；果实累累，象征着招财进宝；又因“柑”与“甘”谐音，象征着甜甜蜜蜜。因此，金桔和柑桔都倍受人们喜爱。

金橘树　杨德 摄

玉兰花——上海的市花。外形极像莲花，盛开时庭院青白片片，白光耀眼，象征着高风亮节。是一种名贵的庭院观赏树，亦是南方早春重要的观花树木。

紫薇树——又称百日红、痒痒树等，树姿优美，树干光滑洁净，花色艳丽，是吉祥之花，有尊贵与富贵之意，同时也象征友谊与爱情的长久。通常会栽植在庭院的东南方位，象征着紫气东来。

银杏树——树体高大，树干通直，姿态优美，

海棠花

玉兰花

紫薇树

叶形古雅，春夏翠绿，深秋金黄，寿命绵长，象征健康长寿、幸福吉祥。中国是银杏的原产地，其苍劲的雄姿，清奇的风骨一直备受文人雅士的追捧。

银杏树　树龄 375 年　江苏省扬州市江都区张纲中心小学（原宝镇寺）　陈益康 摄

榉树树龄 100 年　上海鲁迅公园　张余仁 摄

除上述十种树木外，还有其他一些树种适合在家前屋后栽种，如家中有人读书求功名，便在庭院里种植榉树*，取其谐音，祈福中举。总体来说，风水中对于适合庭院栽植的树木带有一定的功利性，应具备如下三个条件：一是具有吉祥如意、纯洁高雅、招财进宝、健康长寿、多子多福等美好寓意；二是具有一定的经济价值，可以食用；三是树冠不可过于高大，不能遮蔽阳光或挡风，使住宅变得阴暗潮湿，不通风、不透气。

吉祥之树不仅关乎建筑风水，受到每个人的重视，也被国家用于外交礼仪，成为友谊之树，在中国就有“苹果来、银杏往”“千年石榴情”的故事。2023 年 5 月，中国－中亚峰会结束后，习近平主席与五国领导人共同栽植了 6 棵石榴树，希望重启丝绸之路，团结合作，共同发展。2014 年捷克总统泽曼访华，送给习主席一棵苹果树苗，2016 年习主席访问捷克，回赠他一棵银杏树苗，希望友谊之树在两国扎根，结出丰硕之果。可见，送树植树是元首外交中比较独特、有趣的一种互动方式，育苗成树，积木成林。用于外交的吉祥之树必须具备两

注*：榉木（*Zelkova schneiderianna*），隶属于榆科榉木属，产于我国南方。因材质材性俱佳，尤其是榉木中的“血榉”色近黄花黎，带有贵族气质而受人喜爱，一直是民间常用的家具木材。由于日渐减少，于 1999 年被列入国家二级保护植物，而成为“没落的贵族”。现在国内木材市场上流通的山毛榉，也称榉木，实际上是进口欧美国家的水青冈（*Fagus sylvatica*），隶属于壳斗科水青冈属，与国产榉木是两个不同的树种。因“榉”和“举”谐音，“举人”“举子”是我国古代地方科举对中试者的称谓。相传，在张家界天门山曾有一秀才乡试，屡试屡挫，妻恐其沉沦，便在家门口石头上种植榉树，希望夫君永不言弃，继续努力。后来，奇迹果然发生了，榉树和石头长在了一起，秀才也如愿以偿，金榜题名。有志者事竟成！“硬石种榉”与“应试中举”谐音，木石奇缘乃祥瑞之兆。

公主柳（又称唐柳）遗迹 西藏拉萨大昭寺 张彦 摄

唐柳 西藏林芝尼洋河 张彦 摄

个条件：一是寓意美好，要有象征意义；二是成活率高，要有强大的生命力，适应环境，茁壮成长。

2. 民间风水十大凶树之说

槐树——阴气十足，招引鬼魂。

桑树——古人喜植桑树是信奉“桑梓之地，父母之邦”。后因“桑”与“丧”同音而弃之，详见民间神话传说《马皮蚕女》，又称《马头娘》的故事。

柳树——通常被用作哭丧棒，因“柳”与“溜”“流”同音，柳树只开花不结果，屋后植柳后代无男丁；又因柳絮如烟，种子乱飞，会流失运势，留不住后代，也不利聚财。鉴于春秋时期发生过清明柳的故事，柳树虽然不宜当作宅院风水之树，但适合在寺庙、陵园栽植。古人认为，柳树具有顽强的生命力，寓意前程似锦，可以驱邪避害，柔美的姿态似乎在表达依依不舍之情。以拉萨大昭寺的“公主柳”，又称“唐柳”为例，公元640年，唐朝文成公主与西藏松赞干布联姻，带去的柳树苗由文成公主亲手栽植在大昭寺周围，以寄托她对故乡的思念。为适应高原气候，在严寒地脊的藏地能够生存与繁衍，这些柳树一改在中原飘絮娇媚的模样，长成了虬曲盘结、苍劲有致的样子。历经1300多年，在“文革”中毁于大火，仅留下遗迹，却依然被人们珍视。睹物思人，这支婚嫁团队是最早入藏的汉人，文成公主为汉藏两族人民友好交往及发展藏族经济与文化作出了杰出贡献。此外，因隋炀帝喜爱杨柳，命人在运河两岸栽植，一直流传至今。

清明柳的故事

春秋时期，晋献公的妃子骊姬为让自己的儿子奚齐继位，害死了太子申生，申生的弟弟重耳为逃避迫害在流亡国外的途中差点饿死，是介子推割下自己大腿上的肉烧汤喂之，救他一命。后来重耳回国做了国君，并成为春秋五霸之一的晋文公。晋文公对当年那些与他同甘共苦的臣子大加封赏，唯独忘了介子推，有人叫屈。晋文公忆起往事，心中愧疚，立即差人去请介子推上朝受赏封官，介子推明志守节，不肯出山。晋文公只好亲自去请，介子推不愿见他，背着老母躲进了绵山，晋文公命人搜山未果。于是，有人出主意说：不如放火烧山，三面点火，留下一方，逼他出来。孰料大火烧了三天三夜，不见介子推身影，等到大火熄灭，上山一看，发现介子推母子俩抱着一棵烧焦的大柳树已经被烧死了。晋文公一阵哭拜，安葬遗体时发现介子推堵着个柳树洞，洞里有一片衣襟，上面题了一首血诗：“割肉奉君尽丹心，但愿主公常清明。柳下作鬼终不见，强似伴君作谏臣。倘若主公心有我，忆我之时常自省。臣在九泉心无愧，勤政清明复清明。”晋文公把介子推母子俩安葬在那棵柳树下，在山上建立祠堂，并把放火烧山的这一天定为“寒食节”，晓谕全国，每年这天禁忌烟火，只吃寒食。次年，晋文公又亲率文武百官上绵山祭拜介子推，发现前一年那棵烧焦的老柳树居然复活了，当场赐名老柳树为“清明柳”，还顺手折下几枝柳条，编成一个圈，戴在头上，寄托哀思。此后，文武百官和民间百姓纷纷效仿，在清明节期间插柳戴柳环，相沿成风，流传至今。俗话说：“有心栽花花不发，无心插柳柳成荫。”那是因为柳树的生命力强，只要将柳条插土就能成活，而且插到哪里，活到哪里。柳树发芽还意味着春天的到来，因此，民间有“折柳赠别”的习俗，蕴含着“春常在”的祝愿。古人送行折柳相送，喻意亲朋好友像柳枝一样，随处可活，希望他到新的地方能够落地生根，枝繁叶茂。

杨树——因杨树叶子被风吹起会哗哗作响，扰乱心神，也易遮盖不速之客的偷盗之声，北方人称之为“鬼拍手”。

无花果——会断子绝孙，影响家族繁衍。不过，无花果有点冤枉，它是隐头花絮，实际是有果实的。

榕树　福建漳州云水谣　张余仁 摄

桃树——因花朵呈粉红色，花瓣带有鲜红斑点，似鲜血溅洒，有血光之灾。此外，“桃”与“逃”同音，可能会导致逃亡流窜。

柏树——会招引亡灵，多栽于陵园墓地。

榕树——枝繁叶茂，浓绿葱郁，苍劲挺拔，古朴稳健，千丝万缕的气根形成了独特的景观。虽然它根系旺、枝叶繁、易生长、耐修剪、寿命长，是吉祥长寿的象征，亦有寓意“有容乃大”，但因根系太过发达、枝叶太过茂盛而不容人，对阳宅来说，会破坏整体风水，因此，一般会栽在前院大门户外。

梅花树——对梅花有两种说法。一是花开五瓣，清高富贵，位居中国十大名花之首，与兰花、竹子、菊花一起列为“四君子”；与松、竹并称为“岁寒三友”。象征着高洁、坚强、谦逊的品格。同时，五片花瓣又有梅开五福之意。二是因“梅”与“媚”谐音，会让人沉迷女色、家财亏损；又因“梅”与“霉”同音，会招引霉气，诸事不顺。风水学认为，梅花不宜放在客厅之中，只适合种植在后院。

茶树——又名“掉头花”，因茶花盛开后会整朵掉落，似被砍头，可能会影响运势。

“茶花王”，树龄约 1000 年，达世界吉尼斯之最，是人工栽培树龄最长的的山茶树，江苏姜堰溱潼古镇　陈颖 摄

3. 有些木制工艺品在家中也不可随意摆放

人们在制作木建筑、木家具和木摆件时也讲究风水，往往被赋予平安吉祥、福禄寿喜、财源广进、多子多福、步步高升等寓意，寄托人们对未来生活的美好向往。家中的木雕等工艺品的摆放位置也很有讲究，一般不可随意乱放。用于镇宅避邪、招财进宝的人物雕像，多放在客厅中央，面朝大门，不可面对卧室、厨房和厕所，也不可背对厕所。

钟馗　张余仁 摄

例如，钟馗雕像有避邪招财之说，在客厅要置于玄关或中堂之上，若放在居室一定要朝向窗户。

又如，关羽在三国时代被曹操称为“忠义之士”。他梗亮忠义，勇冠三军，被后人视若神明，明清时期得到帝王推崇，进入国家祭典。各地都建有关帝庙，以“武圣人”之尊与“文圣人”孔子平起平坐，具有司命禄、佐科举、治病消灾、驱邪避恶、诛罚叛逆、巡察冥司，乃至招财进宝、庇护商贾等全能法力，被武师、军人、命相、典当、银钱等 22 个行业奉为祖师爷、行业神，超过任何一位儒、道、释的神仙圣人。通常民间还将“武圣人”的雕像细分为“文相”和“武相”，文相关公为“戳刀托须”，姿态和悦，意寓祥和，可以保佑平安，招财聚宝。刀口向

文相关公　金俊达 摄

武相关公　金培贤 摄

外侧重避邪，刀口向内侧重镇宅。武相关公为“提到按剑”，意寓忠贞守义，通常用来避邪驱鬼，招财守财。生意人要招财催财，喜欢将关公雕像放在财位上，即在进门的左手斜对面的位置。避邪镇宅则放在客厅或大堂中央，但不可靠近大门口，距门槛约三分之一处。不论是武相关公还是文相关公的雕像，摆放都要切忌面向朝东，不可触动关老爷的“败走麦城”之痛。选请关公雕像时一定要注意他的眼睛，似睁还闭的神情方显关公之威严，因为民间有一说：菩萨闭眼不救世，关公睁眼要杀人。

再如，阴沉木制品不宜放在家中，因其来路不明，有些可能是出土的棺材板。雕龙画柱属于皇室专享，民间不宜。一是没有这个福分享用，压不住会带来不幸；二是可能被加罪，大祸临头。

（四）带“木”字的汉字

仓颉*发明了汉字，汉字是象形字。中国的木作构造与汉字同宗同源，是追求“形”和“艺”的完美表达。汉字诠释木文化的境界精妙绝伦，世界上的任何文字都无与伦比。

汉字中以“木”为偏旁的文字共有1020个，占汉字总数的1.8%。

独树成“木”，双木成“林”，三木成“森”，五木成“森林”。

有趣的象形字：

休，甲骨文 = （人）+ （木），像一个人呆在大树的枝叶下，表示古人在野外劳作时，选择在能遮阳蔽雨的树下歇息。金文、篆文承续甲骨文字形。

意为：大树下面好乘凉，人与木相伴方为“休”。

注*：仓颉，又称苍颉，是轩辕黄帝的史官。传说他根据野兽的足迹、飞鸟的姿势、鱼虾的游动、山高水流的走向、太阳的升落、月亮的圆缺、生儿育女等人们生活的各种细节表象，结合流传于先民中的各种符号，通过观察、临摹、收集、整理，创造出了一套象形汉字，以表达各种事物和思想感情，记录历史事实，而被尊为“造字圣人”。又传，他的造字创举还得到了上帝的奖赏，但他婉拒奖赏自己个人，而是祈求上帝为民解决温饱问题，此举感动了上帝。于是，天上“下谷如雨”，轩辕黄帝为感激仓颉，便把这天命名为“谷雨”。据说，谷雨祭祀文祖仓颉，自汉代以来在陕西白水县已流传千年。

刘舒岩 作

闲，金文 = （门）+ （木，柱子），表示顶门的柱子。篆文承续金文字形。隶书将篆文字形中的写成。

意为：家中有木方为“闲”。

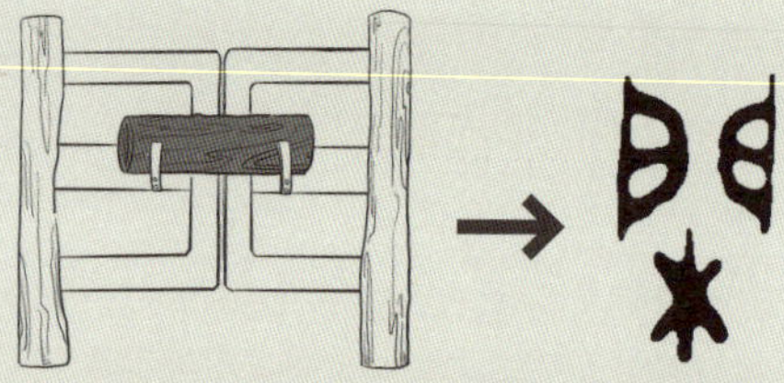

茶，茶字本义为“苦荼”，是一个会意字。在小篆文中艸字形象是“草”，说明“荼”是一种草本植物；下边为“余”，字形像是简陋的房屋。简体字“茶”由“木”“人”“艹”三部分组成。

意为：人在草木中，品茗回自然。

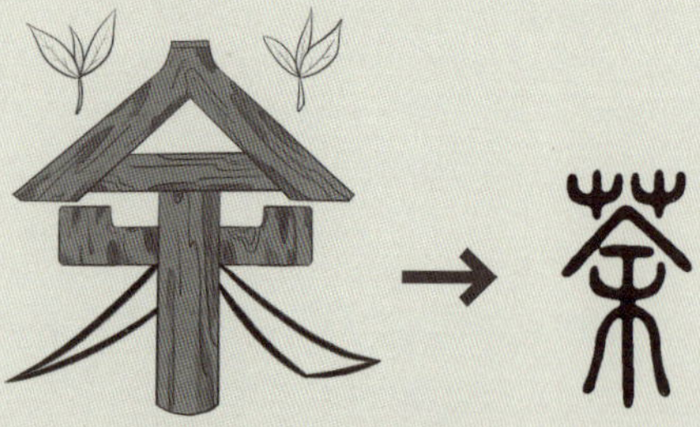

本，金文在树的根部加三点指事符号，表示树在地下的营养器官。籀文在树的下方加倒三角，表示扎入地下的根系。篆文将根部的三点简写成一横。隶书将篆文字形中的树枝形状简化成。

意为：树从根生起，万物始根本。

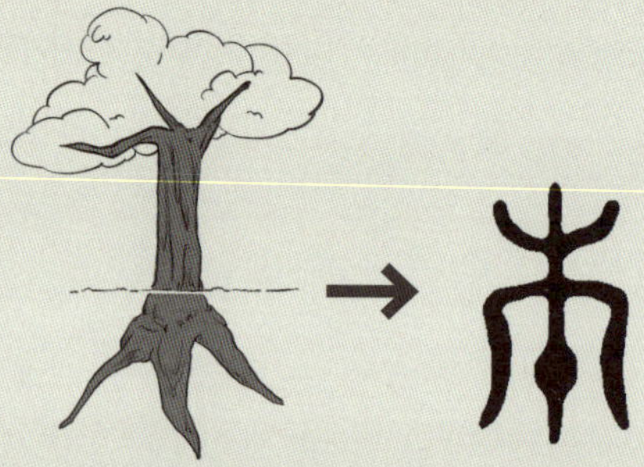

果，甲骨文像树上结满球状的籽实。金文将甲骨文字形中的多颗籽实省略成一颗，并画出籽粒∷。篆文将金文字形中的籽实形状简化成。隶化后楷书将篆文的简化成。

意为：先有树，后有果，长的是过程，求的是结果。

汉字中的“休”“闲”“茶”“床”等字都带“木”字，意为身心健康都与木有关。只有与木在一起，人才能得到最好的

本页插图　刘舒岩 作

徙木立信　刘舒岩 作

休息、休闲和睡眠，达到养心、养性、养生的目的。可见，仓颉造字是有科学根据的，反映了中国古人造字的神奇与智慧。

（五）带“木”字的成语

汉字成语约有32000个，其中带“树木”字的成语约有620个，占成语总数的2%。

例如，徙木立信——指通过某种手段树立典型，而使公众信服的行为。

战国时期，秦国商鞅（约前395—前338）变法，法令已经完备，但未公布，为取信于百姓，在国都南门外立下一根三丈高的原木，下令说：“谁能把这根木头扛到北门去，就赏金十两。”因没人相信，又把赏金增加到五十两，终于有人抱着试试看的想法把木头扛到了北门。商鞅兑现承诺，分文不少，取得公信，变法成功，为秦统一六国奠定了基础。

又如，入木三分——形容书法笔力刚劲有力，也比喻对文章或事物见解深刻、透彻。

王羲之（303—361）出生士族，才华出众，书法盖世，朝中重要文献皇帝皆请他书写在木板上。晋帝即位时请王羲之书写祭文，木工刻字时，发现字迹透入木板三分深，笔力令人惊叹。

再如，枯木逢春——意思是指枯干的树木遇到了春天，又恢复了活力。

木已成舟——比喻事情已成定局，不能改变。

人非草木——指人是有感情的，容易被外界事物所打动，不同于无生命、无知觉、无感情的树木石头。

呆若木鸡——呆得像木头鸡一样，形容因恐惧或惊异而发愣的样子。

缘木求鱼——比喻方向不对或方法不对，不可能达到目的。

（六） 与树木有关的谚语、歇后语

民间流传有许多带“树”字或带“木”字的谚语，例如：前人栽树，后人乘凉；好种出好苗，好树结好桃；花在树上开，别忘地下根；小树不剪不长进；什么藤结什么瓜，什么树开什么花；树无根不长，人无志不立；背靠大树好乘凉*；巷子里面扛木头——直来直去；人活一张脸，树活一张皮。

大树下面好乘凉 马春燕 摄

注 *：为什么“大树底下好乘凉”？除了树冠可以遮荫外，树叶还有蒸腾作用，使周围湿润，降低了温度，让人感到凉爽。比喻有所依托好办事。

扬州唐槐的故事

在江苏省扬州市驼铃巷 10 号（靠近扬州八怪纪念馆）有一棵老槐树（*Sophora japonica*），人称“唐槐”，树龄 1300 年。这棵树历经沧桑，顽强存活，树心已经腐烂无存，仅靠大半张树皮支撑着树冠，亭亭玉立，开枝散叶。形似掩体，还开了一个瞭望孔（如图），这是谚语“人活一张脸，树活一张皮”的鲜活案例。古槐有灵性，过去谁家添了小孩，大人就会在红布条上写下孩子的姓名与生辰八字挂在树上，祈求守护孩子平安。又因唐代李公佐所著《南柯太守传》中的记载，认为它就是淮南节度使门下小官淳于棼宅前的那株古槐，与成语“南柯一梦”有着密切联系。当他酒后大梦醒来，发现“大槐安国”竟是槐树下的蚁穴。毛泽东的诗词名句“蚂蚁缘槐夸大国”亦典出于此。纪晓岚、鲁迅等历史名人对扬州唐槐均有评说，鉴于它顽强的生命力和浓厚的文化气息及传奇色彩，已在 2023 年全国“双百”古树推选活动中上榜，成为“全国最美古槐树”。此外，鉴于“槐”与“怀”，“槐香”与“怀乡”谐音，人们以槐寄情，寻根

扬州唐槐　江苏扬州市驼岭巷 10 号　张余仁 摄

问祖。在山西省临汾市洪洞县大槐树镇还有“槐香寻根”“家国情槐”的故事，讲述了那段明朝洪武、永乐年间发生的人口大迁移的真实历史。

（七）与木有关的典故

中国历史上还有许多带“木”字的典故，如孔融让梨、乾隆盗木、桃木辟邪、良禽择木而栖等。

良禽择木而栖

孔子携弟子去卫国，卫灵公问起作战布阵事，孔子回：我听说过用兵打仗事，但没学过。之后，他便催促学生准备离开卫国，学生不知其故。于是，孔子说：“鸟择木，无木择鸟。”此言后来演变为“良禽择木而栖，贤臣则主而事”。孔子认为，君子谋事，应看清在哪里才能使自己的聪明才智得到最大程度的发挥。用现代人的话说：工作平台很重要。

孔融让梨

孔融四岁时，祖父六十大寿，宾客盈门。有人送来一盆香梨，放在寿台上。父亲叫孔融分给兄弟们吃。于是，他就按长幼次序来分，留给自己最小的。父亲奇怪地问：别人都分大的，唯独你拿最小的，为什么？孔融答道：“我年纪小，应该吃小的，大梨该给哥哥们。”父亲又问：“那弟弟也比你小啊？”孔融回说：“因为我比弟弟大啊，所以我也应该让给他。”这个故事的寓意就是提倡尊老爱幼，关心他人，爱护他人，学会谦让。《三字经》中有“融四岁，能让梨”，教育小孩要懂得遵守公序良俗。

"怪树林" 胡扬死后一千年不倒 额济纳旗达来呼布镇黑水城遗址 李岗 摄

（八）胡杨精神 胡杨情怀

胡杨（*Populus euphratica*），是一个生长在沙漠中的古老而神奇的树种。全世界的胡杨树有 90% 在中国，中国的胡杨树有 90% 在新疆，新疆的胡杨树有 90% 在塔里木河。胡杨的维吾尔族语为“托克拉克”，意为“最美丽的树”。胡杨树叶奇特，生长在幼树嫩枝上的叶片狭长如柳，大树老枝上的叶片却圆润如杨，叶子边缘还有很多缺口，有点像枫叶，故又称“变叶树”或“异叶树”。

胡杨是地球上最坚韧的树。具有惊人的抗干旱、御风沙、耐盐碱能力，能顽强生长繁衍于沙漠之中。既能在零上 40℃的烈日下娇艳，也能在零下 40℃的严寒中挺拔，不怕侵入骨髓的斑斑盐碱，不怕铺天盖地的层层风沙。因此，被誉为“沙漠英雄树”。然而，英雄也会落泪。如果胡杨被折断，树汁飞溅，故又被称为“眼泪树”。胡杨的眼泪是喷射式的，是无声的劝告，是气愤的抗争，而不是

“怪树林” 胡扬死后一千年不倒　额济纳旗达来呼布镇黑水城遗址　李岗 摄

白润璋 摄

哀伤的表露。

胡杨是地球上最无私的树。为了保护身后的河流草地、城镇村庄，还有那芸芸众生，用自己的身体和生命筑起了一道道阻挡沙漠进攻的屏障。因此，胡杨是沙漠中的生命先驱。

胡杨是地球上最悲壮的树。生前为了挚爱的热土战斗到最后一刻；死后为了坚强的信念依然坚守岗位，傲然挺立，迎击着风雨尘暴；即使有一天轰然倒下，

白润璋 摄

也是不忘初心，不屈不挠，风采依旧。因此，才有了“三个一千年”之说：活着一千年不死，死后一千年不倒，倒后一千年不朽。因此，而被人们赞誉为“胡杨精神”或“胡杨情怀”。胡杨与沙漠相依，生在沙漠，死在沙漠，倒在沙漠。纵使叶已尽，身已枯，也要奉献给沙漠，那是缠缠绵绵的痴情，也是轰轰烈烈的爱恋，更是坦坦荡荡的忠诚。

胡杨是秋天里最美的树。在塔里木河畔，秋染霜红的胡杨宁静地伫立在蓝天白沙间，在柔和的阳光照耀下，婆娑起舞，金黄的树枝，金黄的树冠，还有那金黄的落叶，汇聚成金色的海洋，波澜壮阔，吸引了全世界的游客去聆听她的故事，一睹她的尊容。

胡杨树名称的由来

从前，天上有位仙女爱上了凡人帅哥胡杨，被王母娘娘知道后为正天规，仙女被贬下凡，但她深爱这个凡人，就变成了一棵树。当胡杨得知后，发誓一生一世只爱这个仙女，便在树旁守护了一辈子。于是，人们便把这棵树取名为“胡杨树”。从此，所有关于胡杨的美丽传说都与这个故事有关。

（九）树遂人愿

虽然地球生命的本性都渴望自由生长，但每个生命个体在整个生态系统中又必须与其他生命相辅相成，遵循生存法则有序生长。人类在敬畏自然、顺应自然的前提下，也是改造自然的顶级高手。我们的先人从简单的驯化动物、改良作物着手，发展到后人通过研究，运用杂交、嫁接、转基因等科学技术创造出了许多新品种，并获得了巨大成功。不管是先人还是后人所做的一切均为人类的生存着想，一切为我所用，一切为解决温饱问题。人们最熟悉的案例是，马与驴杂交，生出了只会干活、不能生育的骡子；袁隆平（1930—2021）研究的高产量杂交水稻品种，使他成为“世界杂交水稻之父”；美国的转基因大豆等。树木也不例外，人类为求生存、谋发展对它进行了改造，杂交成功造出了许多新品种。例如：采用一球悬铃木和三球悬铃木杂交出了两球悬铃木，采用欧洲黑杨和美洲黑杨杂交出了欧美黑杨，采用中国鹅掌楸和美国鹅掌楸杂交出了杂交鹅掌楸。又如：因杨树和桉树生长速度快，用途广，市场需求量大，科学家们研究出了许多杂交杨树品种和杂交桉树品种，不仅长得快，而且材质好。再如：

现在市场销售的木本水果基本上都是杂交或嫁接的优选品种。关于水果的转基因问题，除了番木瓜（草本）有转基因外，迄今为止，木本水果尚无转基因出现。

各种树桩盆景　江苏如皋水绘园　王翔 摄

对树木的整形犹如对人的整容，让它按照人们喜欢的样子去生长。在对树木整形过程中，采用各种丝线进行拉伸、用棍棒进行支撑等手段，犹如人在按照教练的动作做瑜伽，努力使它更有造型，更具诗情画意，更加讨人喜欢。南京农业大学园艺学院姜卫兵教授称之为“匠工园艺”。通过对树木的整形，人类创造出无以计数的木质盆景和许许多多的优美园林绿化。随着人们物质文明和精神文明的不断提高，这些经过整形的树木随处可见，正在不断美化着我们所在的城市、所在的单位和我们的家庭。若换位思考，整形对树木来说应该是痛苦的，但是，苦尽甘来，它赢得了人类的喜爱，受到了更好的呵护。

大阪松　上海丰乐园　王运江 摄

盆景源于中国，是中国优秀传统艺术之一。一般有树桩盆景和山水盆景，而树桩盆景便是树木经过整形而成为“立体的画”和“无声的诗”。经过园艺栽培和艺术创作，在盆中典型集中地塑造大自然的优美景色，达到缩地成寸、小中见大的艺术效果，以景抒怀，意境深远。

不管怎样，树木对人类的生存不仅是有益无害，而且十分听话，服从人类安排。在本书搁笔进入编辑模式之际，笔者与朋友自驾去曲阜拜祭孔老夫子、去巧夺天工家具有限公司参观学习。在从济南市钢城区返回莱芜区的途中，当地朋友介绍说，这片大地是沙土地，特别适合松柏树木和花生的生长，有许多人来此租地栽植黑松树苗，为之整形。几百、几千元一棵的树苗，经整形长大后能卖到几千、上万甚至几十万的好价钱，正所谓：三年不开张，开张吃三年。即使市场不景气，树木活着天天在长，不会亏大本。于是，我们下车走进了一片黑松林，亲眼目睹了整形前后的树形变化，领略了园艺师的造景技艺。不仅感悟到了人类改造自然的能力，而且感悟到了“树遂人愿”的成人之美。玉不琢不成器，树不修不成形，为“世人皆喜木，国人更偏爱”又增添了一条理由。

榆树　上海丰乐园　郑勇 摄

黑松整形前　冯永华 摄

黑松整容后　李宝绪 摄

人类以大自然为师，学会了用木，然而，人类祖先的用木初衷始于满足生活和生产的需要，当人类有了审美观以后，才慢慢上升到文化层面，开启了木文化之旅。从此，中国工匠精神大放异彩，木建筑、木家具和木雕艺术逐步发展成为中国木文化的“三大瑰宝”，充分展现了中国人的智慧和中华民族数千年的文化底蕴。

人类以大自然为师，学会了用木。然而，人类祖先的用木初衷始于满足生活和生产的需要，当人类有了审美观以后，才慢慢上升到文化层面，开启了木文化之旅。从此，中国工匠精神大放异彩，木建筑、木家具和木雕艺术逐步发展成为中国木文化的“三大瑰宝”，充分展现了中国人的智慧和中华民族数千年的文化底蕴。

第三篇

用木

用木最早　榫卯结构独步天下

《红楼梦》人物故事家具　上海木文化博物馆藏　袁佳青 摄

展品貴重
請勿落座

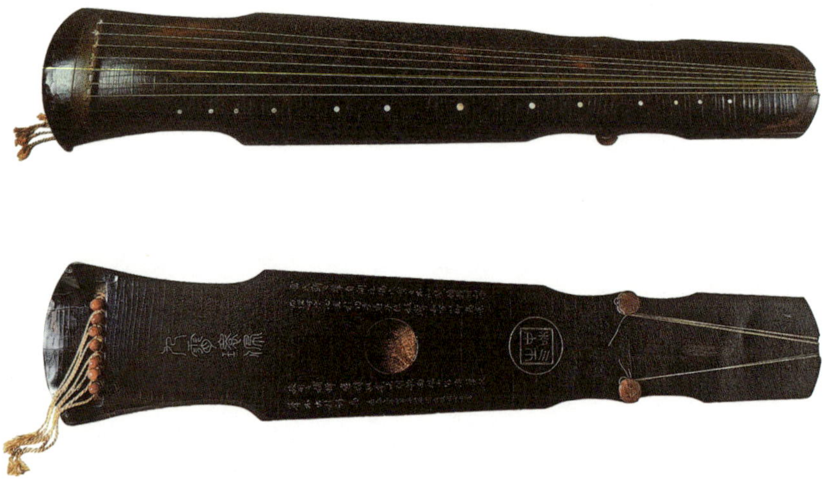

唐代　九霄环佩琴（伏羲式）中国历史博物馆藏

木瑟（复制品）河南信阳长台关1号墓战国木瑟

对天然木材木尽其用，精工细作，力求达到天人合一的最高境界，是人类对天赐良物的最佳回报。中国木文化不仅在中国文化殿堂中占有一席之地，而且让世界瞩目。

一 —— 中国人用木历史悠久

历史学家基于考古发现，提出了人类原始社会发展阶段的“三分说”。但是，按照人类进化过程的推理，早在石器时代之前还经历了一个漫长的木器时代，由于缺乏实物考证，也没有文字记载，我们只能从石器时代说起，详见第一篇《识木》。

中国人用木的最早文字记载是旧石器时代的中晚期（大约1万年前），华夏民族三皇五帝之首、创世之神、人文始祖伏羲为原始社会人类的文明进步作出了巨大贡献。一是他教人结网，在陆地上张网可以捕兽，在水中张网可以捕鱼；二是他发明了“八卦”，象征天、地、雷、风、水、火、山、泽八种自然现象；三是他用“造书契”替代了“结绳记事”，即在木头上或石头上刻划各种符号记事，使记忆更加清晰明了；四是他发明了琴与瑟*，当时的琴瑟均采用梧桐木**制成，带有空

注*：琴瑟是伏羲由天水迁居河南后发明的。琴瑟二字均带“珏”,“珏”为“二玉相并之行”,琴瑟意为“二玉相碰之声”。琴与瑟是两种乐器，琴初为五弦，内合五行——金、木、水、火、土,外合五音——宫、商、角、徵、羽。后来文王被囚于羑（yǒu）里，思念其子伯邑考增一弦;武王伐纣又增一弦。所以古琴又称“文武七弦”。琴通常在客人面前演奏；瑟为二十五弦，作为背景音乐在屏风后面演奏。两者合奏方能彰显音乐效果，故有成语:琴瑟和鸣、琴瑟静好、琴瑟之欢、琴瑟之友等，用以形容夫妻或朋友之间的关系情深意笃。

注**：中国梧桐在名称上极易与法国梧桐相混淆。梧桐（*Firmiana simplex*）又称中国梧桐、桐麻，因其树皮平滑、呈青绿色，也称青桐、碧桐。隶属于锦葵科梧桐属，产于中国南北各省和日本。古诗文中有“种下梧桐树,引来金凤凰”“凤凰之性,非梧桐不栖”之说，以李白诗词为证:“宁知鸾凤意，远托椅桐前。”中国梧桐树干挺直，是制作乐器的良材；其茎叶花果及种子均可入药，种子生熟皆可食用；树皮纤维可制纸或编绳；也可栽做行道树或栽于庭院观赏。而法国梧桐隶属于悬铃木科悬铃木属，该属约有11个树种，原产于美洲和欧洲等地，在国内见到的多是其中的二球悬铃木（*Platanus* x *acerifolia*），系产于北美的一球悬铃木（*Platanus occidentalis*）和产于东欧、西亚的三球悬铃木（*Platanus orientalis*）在英国获得的杂交种，故又称英国梧桐。于1902年被法国人引种在上海法租界霞飞路（今淮海路）上，人们初识时因不知其名，但见其幼树外形与中国梧桐有点相似，叶片都是掌状3—5裂，便称之为“法国梧桐”而误传至今。其实它们根本不是同一科属的植物，其树干、树皮、花絮、花朵、果实、种子等各不相同。比如，法国梧桐树干比中国梧桐粗壮，树冠很大，非常适合做人行道遮荫树；法国梧桐虽然叶片形状有点相似，但叶片边缘有齿，而中国梧桐叶片边缘全缘；法国梧桐会生毛毛虫，而中国梧桐不会生。因当时的上海是国际时尚之都、亚洲之最，其他城市为赶时髦，纷纷效仿引种，北至大连、北京，西至陕西、甘肃，西南至四川、云南，南至广东、福建等沿海城市均有栽植，以南京最盛。梧桐是秋的报信者，正如古诗所述:“梧桐一叶落，天下皆知秋。”其实讲的是中国梧桐，法国梧桐就是跟着沾光了。

中国梧桐树　中国梧桐青绿色树皮　丁雨龙 摄

法国梧桐　上海淮海路（原霞飞路）襄阳公园　张余仁 摄

左：中国梧桐树叶
右：法国梧桐树叶　丁雨龙 摄

腔，用丝线作弦，把音乐带到了人间；五是对捕捉到来不及吃的野生活动物，用木栅栏圈养起来，变成家畜，开创了畜牧业；六是他制定了嫁娶制度，以所养动物为姓，或以植物、居所、官职为姓，以防止乱婚和近亲结婚，中华姓氏自此起源，绵延至今，同时，也是人类社会出台最早的优生优育政策。其中的“造书契”、圈养野兽和琴与瑟均与木材有关，是人类最早的用木历史记载。

继伏羲之后，又出现了一位能人，史称“神农氏”，也是远古传说中的“三皇”之一。他发明了刀耕火种，教民垦荒种植粮食作物，把华夏民族带进了原始的农耕时代。据《周易·系辞下》记载：“神农氏作，斫（zhuó）木为耜（sì），揉木为耒（lěi），耒耨（nòu）之利，以教天下。”耒耜为古代耕地翻土的工具，耜是耒的铲，耒是耜的柄。他通过焚烧杂木，用灰烬作肥，增加产量，完成了人类从原始的畜牧业向农业的转变，改善了人们的生活。此外，他尝百草滋味，“一日而遇七十毒”，受尽痛楚，寻找药物，医治疾病，是中医学的发明者。最初的耒耜都是木制的，后来的耜改用石头或骨头制作，但耒还是用木柄。此外，有许多中草药也与树木有关。

考古学家在浙江余姚河姆渡文化遗址挖掘的出土文物中，有栽桩架板高于地面的干栏式建筑，是木结构，有梁头榫、企口板、插销孔等，是新石器时代（距今约七千年）长江以南主要的建筑形式之一。此外，还发现了雕刻的木鱼、人工栽培的水稻种子和木制农具耒耜等。炎帝所处的时代是新石器时代，佐证了《周易·系辞下》记载的真实性。

骨耜　浙江余姚河姆渡遗址　陈彩萍 摄

耒耜使用示意图　浙江余姚河姆渡遗址　李振权 摄

四川"成都十二桥古蜀文化遗址"，在一条4米深的古河道遗址岸边，考古学家发现了古人聚居的建筑群，发掘出1248平方米的木结构住房。这些住房用原木做栋梁，四周墙壁用竹竿编织，里外抹泥，屋顶则用树枝编夹树皮遍盖。该遗址说明，早在我国商代南方民族已经拥有先进的建筑技艺了。

干栏式建筑　浙江余姚河姆渡遗址　刘瑾 摄

古埃及文明中的木乃伊最早出现在第二王朝（前

古埃及奥西里斯神木雕像　大英博物馆藏　陈永康 摄

木质藤椅　古埃及第 6 王朝（约公元前 2300 年）
大英博物馆藏　陈永康 摄

2850—前 2687），木雕大约出现在第五王朝（前 2381—前 2323）。欧洲家具源于古埃及家具，始于古埃及第三王朝时期（前 2686—前 2613）。古罗马人发明的蜡板是一种薄木板（或象牙板），曾在地中海一带流行，主要为古罗马人和古希腊人使用，大约出现在公元前四世纪（前 300—前 200，相当于战国时期）。《圣经》中讲到的诺亚方舟，约是公元前 3000

乌木镶嵌象牙圆腿凳（皮革坐垫）
古埃及第 18 王朝 （约公元前 1380 年）
大英博物馆藏　陈永康 摄

彩绘木箱及四个木罐（内脏棺材） 古埃及第 18 王朝（约公元前 1380 年）
大英博物馆　陈永康 摄

木乃伊（双棺材）古埃及第 18 王朝（约公元前 1380 年）
大英博物馆藏　陈永康 摄

年，有学者认为与大禹治水是同一次遍及全亚洲的洪涝灾害。至于将耶稣钉在木制十字架上那就更晚了，是公元 33 年。可见，我国用木最早，至少比其他国家约早了 5000 年以上。

中国人不仅用木最早，而且善于总结，不断提高，下面仅举三例说明：

例一：宋代著名建筑家李诫（1035—1110），在浙东工匠喻皓撰写的《木经》基础上编修了《营造法式》，全书共 36 卷 357 篇 3555 条，是当时建筑设计与施工的经验总结。榫卯结构木建筑占了很大篇幅，成为北宋朝廷颁布的一部建筑设计与施工规范，标志着中国古代建筑已经发展到一个较高的水平，对后世产生了深远影响。

例二：浙江宁波天一阁博物院收藏了一本《鲁班营造正式》，出于明中叶成化、弘治年间（1464—1505），这是一部流传于民间大木作匠师的工具书，讲述的是木结构建造法。万历年间(1573—1620)，由时任北京提督工部御匠司司正午荣（生卒年不祥）在《鲁班营造正式》的基础上编修了《鲁班经匠家镜》（简称《鲁班经》）。书中不仅讲述了木结构建造法，而且，还增加了有关家具制作条款五十二则，并附图式，使《鲁班经》从民间走到了官方，作为建造房屋（包括凉亭水阁式止）和生活用家具指南。英国李约瑟博士是中国人民的老朋友，也是世界公认的研究中国科技史的大师，在他所著的《中国科学技术史》中就提到了《鲁班经》。

例三：清代雷氏建筑工匠家族，独创建筑设计图样，制出烫样（今称模型），再行施工，勇攀清代建筑和园林艺术高峰。著有《工部工程做法则例》《工程营造录》等著作，对中国古代建筑史产生了深远影响。这个家族留下的 2 万多件“样式雷图档”涵盖清代皇家建筑规则、设计和施工各个阶段的详细情况，是中国古代建筑史上最翔实、最直观的资料，对研究清代历史和中国古代建筑史，以及相关文物建筑的保护、复原等均有重大价值，反映了中国古代建筑达到最后一个高峰时期的全面成就，充分体现了中国古代建筑技术的科学性和艺术性。

二——木匠鼻祖鲁班

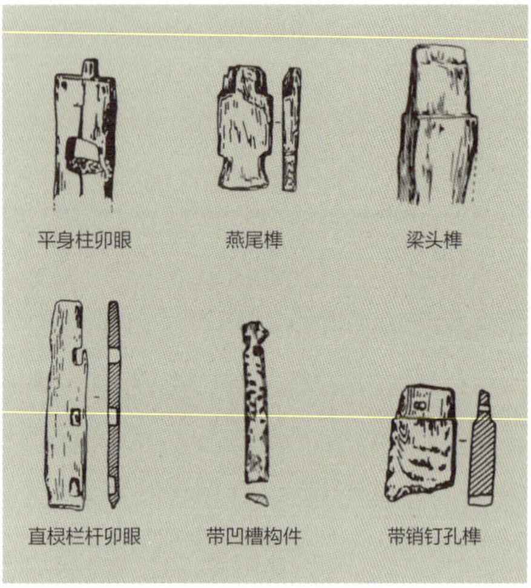

干栏式建筑木结构榫卯种类示意图
浙江余姚河姆渡遗址　杨如贵 摄

鲁班（前507—前444），春秋时期鲁国人，姬姓，公输氏，字依智，名班，土木工程、木匠鼻祖，中国工匠精神的杰出代表。鲁班的名字实际上已经成为古代劳动人民智慧的象征，他把新石器时代浙江余姚河姆渡木建筑文化中的初始榫卯结构（如直榫、半直榫、端头榫、圆榫、双层圆榫及燕尾榫等）推广运用到了家具制作。同时，他还发明了许多人们耳熟能详的木工用具，如铁锯、凿子、钻子、曲尺、墨斗等，大大提高了家具制作水平。

例如，有一次在鲁班爬山的时候，不小心划破了手指，他俯身一看，竟是一棵小草所为。小草为何会如此锋利？他带着好奇心仔细观察，发现草叶边缘

木工工具　宁波保国寺　葛国友 摄

木亭　江苏省扬州市邵伯镇斗野园　邵房定 摄

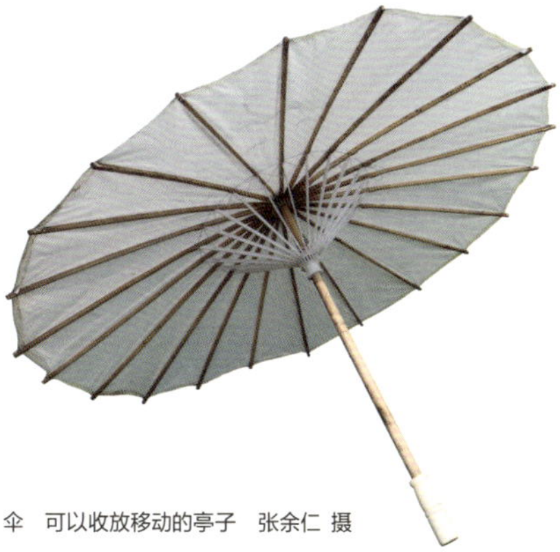

伞　可以收放移动的亭子　张余仁 摄

全是排列均匀的小齿，于是，他就模仿草叶发明了锯子。至于锯子的前身，可能是新石器时代的齿刃石镰，1977 年考古学家在河南裴李岗文化遗址发现了这种石镰，其刃部呈锯齿状。

齿刃石镰　又称：黑石锯　新石器时代
上海真静传统木作博物馆藏　陈永平 摄

又如，伞的发明是鲁班看到妻子在烈日下干活时得到的灵感，于是他参照亭子的形状，发明了可以收放的移动亭子。除此之外，他对兵器制造的进步也有贡献，如古代用以攻打城池的云梯也是他的发明之一。

鲁班的每一项发明背后都有一个有趣的故事，这是他勇于创新并付诸实践之结果。他发明的初衷都是为了给人们的生活和工作带来便利，他朴实的动机开创了中国木文化之先河。工欲善其事，必先利其器。如果说伏羲播下了中国木文化的种子，鲁班则是中国木文化的培植者，既是奠基人，也是领跑者，他的名字与大地同在，与日月同辉。

三 —— 历史上喜欢做木匠活的皇帝与清代著名建筑工匠“样式雷”家族

谈及木匠皇帝会让人马上想到明朝的天启皇帝朱由校，他动手能力很强，精通木工、雕刻和油漆，是一位木作全能工匠。其实，在他之前，还有一位元朝末代皇帝妥欢贴睦尔，他是一位天才木作设计师。此外，还有一位被誉为近代世界著名建筑艺术大师雷发达、时任清初宫廷“样式房”长班，相当于现在的总设计师，世称“样式雷”。

（一）“鲁班天子”元顺帝

元朝末代皇帝、元顺帝妥欢贴睦尔（1320—1370），庙号“元惠宗”，虽然他在政治上不谙权术，但他特别擅长木作设计。他曾在宫苑中设计建造了一艘龙船，造型独特，船上各处设计都与众不同。体型巨大，从船头到船尾长一百二十尺，宽二十尺。船头上雕刻的龙头栩栩如生，充满了皇室的霸气与尊贵，船身上雕刻出了层层龙鳞，船尾处的龙尾也生动形象。元顺帝乘坐龙船在宫苑湖（昆明湖）上往来游戏，吃喝享乐。据说，龙船在水中航行时，龙头、龙眼、龙口、龙爪和龙尾都会活动，远远看去，犹如真龙一般。此外，他设计制作的“宫漏”报时准确，高七尺，宽三尺，内设机关，左右设木人，夜则自动按更而击。子午时，木人自出，分毫不差。元顺帝喜爱木工技艺，特别擅长设计，而被誉为“鲁班天子”。

（二）木匠皇帝朱由校

明朝天启皇帝朱由校（1605—1627），庙号“明熹宗”，是明朝第十五位皇帝，人称“木匠皇帝”。他无心问政，几无作为，但却心灵手巧，对制造木器有着狂热的追求，对刀锯斧凿、丹青髹（xiū）漆样样精通。他手造的漆器、木床、梳匣等均装饰五彩，简约适用，精巧绝伦，出人意料。熹宗还喜欢在木器上发挥自己的雕镂技艺，在他制作的十座护灯小屏上雕刻的《寒雀争梅图》形象逼真，盖世无双。因皇帝喜爱，满朝推崇，把中国古典家具发展推向了历史巅峰。可见，朱由校是中国木文化发展最有力的推动者，他的兴趣爱好使中国木文化走向历史的辉煌。

（三）近代世界著名建筑艺术大师“样式雷”

谈起古木建筑，不得不讲一下“样式雷”。雷发达（1619—1693），字明所，畲（shē）族，南康府建昌县梅棠乡新庄（今江西永修梅棠镇新庄村）人。清康熙初重修太和殿（金銮宝殿），因缺少大木梁，便拆取明陵楠木旧梁柱充用。上梁

江西永修新庄雷氏祖屋（样式雷祖屋） 王文平 摄

之日，康熙率文武大臣亲临行礼，没想到大梁卯眼不合，就在工部长官束手无措、唯恐耽误上梁吉辰之际，雷发达毛遂自荐，临时换穿官服，攀上梁架，挥动斧头，嚓嚓嚓三声，木梁稳落归位。霎时，鼓乐齐鸣，文武百官三呼万岁！礼毕，万岁爷龙颜大悦，立马召见雷发达，封他为工部营造所长班，由此民间留下了“上有鲁班，下有长班，紫微照令，金殿封官”的歌谣。自此，也开启了雷氏家族八代人累世供职皇家御用“样式房”掌案两百年的辉煌历史，他们从风水选址、建筑设计、内部装潢、景观制作等统统包揽，可谓是史上最牛建筑包工头，是继鲁班之后大国工匠精神的杰出代表。雷氏家族的烫样独树一帜，所谓“烫样”，系按比例制作样式，均可拆卸安装，并由此为家族赢得“样式雷”的尊称。一坛（天坛）、两宫（北京故宫、承德避暑山庄南宫）、三海（北海、中海、南海）、三山（香山、万寿山、玉泉山）、五园（圆明园、颐和园、畅春园、静宜园、静明园）、清东陵和清西陵等著名皇家建筑，无不留下雷氏建筑风格的烙印，有人说：“一家‘样式雷’，半部古建史。”从1987年至2008年，中国共有25处建筑物或遗址入选《世界文化遗产名录》，其中有5处建筑物出自“样式雷”之手，分别是故宫、天坛、颐和园、承德避暑山庄、清东陵和清西陵。2007年6月，联合国教科文组织公布的《世界记忆遗产名录》，中国仅有5项入选，“样式雷图档”是其中之一，永远载入中华民族和全人类的建筑工艺史册。

四——榫卯结构

中国人独具匠心，把榫卯结构广泛运用于木建筑、木家具中，将一根根原木制作成樑、枋、椽、门、窗等，最终盖起了各种各样的木建筑。这些木建筑因场景不同，用途各异，造型千姿百态，丰富多彩，如房屋、宫廷、寺院、道观、桥梁、塔楼、牌楼，以及园林里的亭、台、楼、阁、轩、榭、廊、舫等。同时，工匠们用木材做成各种各样的家具、乐器、车船等，以满足人们的工作、生活、出行、享乐之需。再结合彩画、鎏金、琉璃、雕刻等装饰工艺使得中国的木建筑、木家具更具魅力。虽无钉无胶，全靠榫卯链接，但却非常牢固，构成了独树一帜的木建世界，使中国木文化成为全球木文化的翘楚，屹立于世界的东方。榫卯结构源于道家“阴阳五行说”，使其从功能层面升华到文化层面，奥妙无穷的榫卯工艺无疑是中国木文化对世界文明的杰出贡献。

（一）榫卯结构的特点

一榫一卯，一凹一凸，一阴一阳，相生相克，以制为衡，是古人智慧的结晶，闪烁着中国木文化耀眼的光辉。相互咬合，含而不露，也是儒家思想中庸平和的体现。在两个木构件上所采用的一种凹凸结合的连接方式，凸出部分叫“榫（榫头）”，凹进部分叫“卯（榫眼、榫窝、

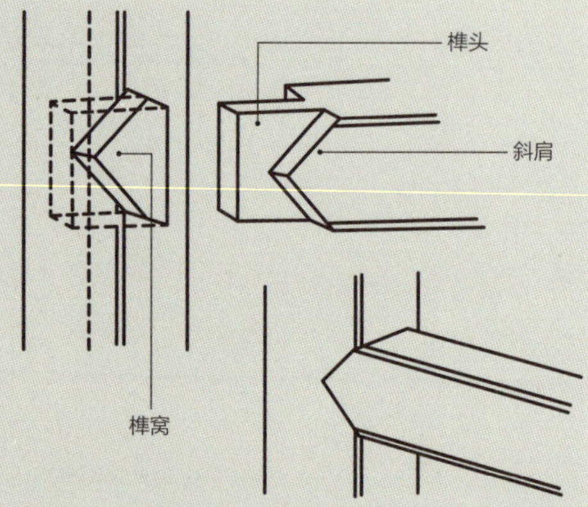

榫槽）”，榫和卯咬合在一起，这是木件之间多与少、高与低、长与短之间的巧妙组合，可有效限制木件向各个方向的扭动。这种构件连接方式，使得中国传统木结构超越了当代任何建筑排架、框架或钢架的特殊柔韧性结构体，不但可以承受较大的荷载，而且允许产生一定的变形，在地震荷载下通过变形抵消一定的地震能量，减小结构的地震响应。

（二）斗拱结构

斗拱结构是榫卯结构的最佳表现形式之一，在古建筑中扮演了最重要的角色。探出成弓形的承重结构叫“拱”，拱与拱之间垫的木块叫“斗”，斗上加拱，拱上加拱，层层叠加，相互结合，相互支撑，巧妙地分解了建筑的巨大压力，创造了中国古木建筑的绝妙神奇。

斗拱，“榫卯穿插，层层出挑”，祖先形容斗拱为“如鸟斯革，如翚（huī）斯飞”的态势，斗拱在严谨和庄重中透出

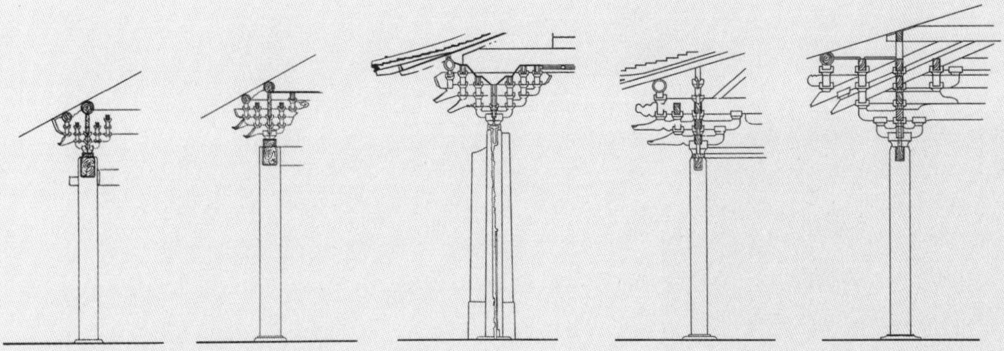

斗拱结构发展史 山西省博物院 黄修 摄

灵动，成为中国传统建筑最富神韵的符号。

中国传统建筑的诗性之美，在环环紧扣的飞檐斗拱里，展现得淋漓尽致。像诗歌里的韵律，有呼吸，有留白，温柔而坚定，守护着建筑的世代平安。

斗拱结构的形成与发展：

两周：是斗拱形成和发展的最初阶段，至迟战国时期斗拱已出挑。

汉代：是斗拱发展的探索时期，出现“一斗三升”等形制，结构日益多样。

南北朝：斗拱继续发展，样式趋于统一，结构更加规范。

隋唐：是斗拱发展的成熟时期，其承托和悬挑的功能已臻完善，用材厚重，结构硕大。

宋元：斗拱各种规范得以确定，出现尺寸缩小、数量增多、形制复杂的现象，结构作用逐渐减弱。

明清：斗拱的尺寸更小，间距加密，用材纤巧，结构繁密，装饰作用几乎成为其唯一功能。

（三） 著名古木建筑简介

中国古代建筑文化以木结构为主，展示了中国传统建筑文化的独特魅力和智慧。考虑到承重和防震等因素，每一块木料加工都需要认真仔细，所有部位的连接可能需要反复检测和升级，具有极高的美学价值和文化历史。木构架由立柱、横梁、顺檩（lǐn）等主要构建组合而成，结构件之间的结点以榫卯相咬合，极富弹性。中国工匠深谙木性，运用力学原理与雕梁画栋相结合。精妙绝伦的榫卯工艺构造设计，不仅体现了中国人的智慧和技能，而且展示了中国古木建筑独特的科学内涵和艺术魅力，是中国木文化中一个优美而经典的文化符号。代表性建筑如紫禁城、大观园、天坛祈年殿、曲阜孔庙、西安钟鼓楼、佛光寺、沉香亭、岳阳楼、滕王阁、万安木拱廊桥等。

1. 佛光寺

拥有“亚洲佛光”之称的佛光寺，始建于北魏孝文帝时期（467—499），是隋唐之际的名刹，现存的东大殿为唐宣宗时期（857年）重建。其最大的特点是“斗拱雄大，出檐深远”。经测量，斗拱断面尺寸为210×300厘米，是晚清斗拱断面的十倍；殿檐（yán）探出3.96米，这在宋以后的木结构建筑中是找不到的。同时，大殿架的最上端用了三角形的人字架，这种梁架结构的使用时间在全国现存的古木建筑中堪称第一。层层出挑的斗拱结构，起承转合，以柔克刚，化解震力。佛光寺东大殿在一千多年里经历了九个朝代变迁、八次五级以上地震，现在依然巍峨庄严。

斗拱结构　佛光寺东大殿　苏大树 摄

佛光寺东大殿　苏大树 摄

佛光寺东大殿明间横断结构示意图　山西省博物院　武哲 摄

五台山佛光寺东大殿是一座唐代建筑。梁思成说："在一座殿堂中，我们拥有唐代绘画、唐代书法、唐代雕塑和唐代建筑。从每项来说，它们已属难得，何况集中在一起，则更为罕见。"因此，他评价佛光寺东大殿是"国内古建筑第一瑰宝"。

后人把唐代绘画、唐代书法、唐代雕塑和唐代建筑并称为"佛光寺四绝"，东大殿的木结构是第一绝，采用的是高等级的七铺作斗拱，为全球现存唐代木建筑中的孤例。宋代《营造法式》记载，出挑的斗拱从四铺作起，最高到八铺作。而八铺作斗拱在现存外檐铺作里未见。东大殿的姊妹殿，日本奈良的唐招提寺金堂建于 8 世纪，其斗拱是六铺作。

《营造法式》明确记载，"枝樘，梁上交木也，杈枒，柱而斜据其间也。今俗谓之叉手"，就是长成东大殿叉手的样子。梁先生之前看过的古建筑，从辽代一直到明清，所有的叉手中间会加一个小柱子——蜀柱。他看到一个没有蜀柱的结构异常惊喜，认为：一是作为年代的佐证；二是感觉佛光寺东大殿特别符合"结构理性"的要求。

发现这座古建筑的背后还有一段感人的故事。1929 年，日本建筑史学者关野贞曾宣称："中国全境内木质遗物的存在缺乏得令人失望。实际说来，中国和朝鲜一千多岁的木料建造物，一个亦没有。而日本却有三十多所一千至一千三百年的建筑物。"1937 年，梁思成（1901—1972）、林徽因（1904—1955）等人为还原事实真相，翻山越岭，苦苦寻找，终于找到了传说中的佛光寺。那里三面环山，东大殿位于最高台，气势雄伟。梁思成写道："高大的殿门顿时给我们打开了。里面宽有七跨，在昏暗中显得更加辉煌无比。在一个很大的平台上，有一尊菩萨的坐像，他的侍者们环他而立，犹如一座仙林。"经过仔细观察，考证研究，于 1937 年 7 月 5 日梁思成夫妇正式确定

故宫　徐思桥 摄

2. 紫禁城

紫禁城是世界上面积最大的木建筑群，木材是这个庞大建筑群的最重要材料。央视纪实人文频道曾经播出过一档节目《故宫 100——木建筑》，其中的解说词讲得非常好：“每个中国人心底都有一棵树，在自己的田边种着树，在树旁再用树搭建屋，世世代代在木建筑下生活，在梦中隐约看见祖先如何在广袤野外再造一个森林，而紫禁城就是皇帝将一棵棵树重新种出了世界上最华丽的大森林。成千上万个木构件不靠一枚钉子就能够紧紧地扣在了一起，靠的是什么？靠的就是榫卯结构。”

英国 BBC 也曾经播出一部纪录片——《紫禁城的秘密》，讲述了为什么建成 600 多年，经历了 200 多次极具破坏性的地震，紫禁城仍然屹立不倒的秘密。外国专家专门制作了一个仿故宫的建筑模型，并配合地震模拟器来探索其中的奥秘，结果是尽管把地震强度加到 10 级以上，经过持续而剧烈的晃动，模型还是稳稳当当地立在原地，结论是归功于榫卯结构。

天坛祈年殿　徐思桥 摄

西安钟鼓楼　汤祥政 摄

3. 孔庙

孔子逝世后的第二年，其弟子在孔子故居建立了三间庙屋，作为祭祀瞻仰孔子的场所，这便是“东方圣城”的雏形。两千多年间，孔庙经过大小修缮百余次，并不断扩建，达到了现在九进庭院的宏大规模。如今的孔庙，气势雄伟，与北京故宫、承德避暑山庄并列为中国三大古建筑群，被列入“世界文化遗产名录”。其主体建筑大成殿，是按皇宫规格设计，重檐九脊，还装饰着金龙和玺的彩画，地位之高堪比紫禁城的太和殿。“勾心斗角”是孔庙里的建筑奇观，成为游客的打卡之景。所谓“勾心”，即为一个建筑物的一角插进另一个建筑物的两角中心，而其他角又和另外建筑物的角紧紧地对在一起，则谓之“斗角”，这是建筑师为节省空间及建筑结构美观而创造出的一门以巧补拙的建筑美学。总之，孔庙建筑留下了历朝历代工匠木作的历史痕迹，基本上概括了中国古代木结构建筑的主要优势，具有独特的艺术风格。曲阜作为孔子的首尊之地，孔庙作为传承中国传统儒家思想的载体，这是其他建筑所没有的，因此，孔庙也被梁思成先生称为“中国建筑史上一个极为特殊的孤例”。

“斗角”孔庙　许名序 摄

“勾心”孔庙　许名序 摄

4. 山西应县木塔

应县木塔，全称佛宫寺释迦塔，简称释迦塔。建于辽清宁二年（宋至和三年，公元1056年），金明昌六年（南宋庆元元年，公元1195年）增修完毕。塔高67.31米，采用了54种斗拱榫卯咬合垒叠而成，为平面八角五层六檐楼阁式。外表看上去只有五层，内里大有乾坤，实为九层，在每两层之间设有一个暗层。这个暗层从外看是装饰性很强的斗拱平座结构，从内看却是坚固刚强的结构层，明层与暗层之间环环相扣，乃世间罕有的木构奇观。

山西应县木塔　白润璋 摄

应县木塔庄严稳重，气势豪放，是世界上现存最古老、最高的全木结构高层塔式建筑，与意大利比萨斜塔、巴黎埃菲尔铁塔并称为“世界三大奇塔”，2016年被吉尼斯世界纪录认定为“世界最高的木塔”。这座凝聚了古代工匠聪明才智和精湛工艺的木塔历经了千年风雨，多次地震，甚至战争炮火的考验，仍巍然屹立至今，堪称中国建筑史上的奇迹。为何应县木塔能千年不倒，坚如磐石？张利伟先生在《国家地理》杂志撰文作了如下解读：

这得从木塔的结构与斗拱的相互作用中去寻找答案。木塔有内外两圈柱网，各层通过柱、梁、斗拱嵌套在一起而形成套筒结构。辽代木构建筑结构体系进一步创新，在结构中大量使用斜撑构件，保证了结构刚性，改变了传统的四边形体系。由柱头枋构成的闭合木框起着圈梁作用，木塔的结构体系犹如一个刚性很强的八边形套筒，其中斗拱起着关键的稳定作用。由于斗拱系统本身是由若干小木料即斗、拱等榫接在一起，相当于许多小型的悬臂，它们能够调整倾角、平衡弯矩，因此在受到地震、炮击等异常震动后，斗拱成为一种阻尼装置，通过斗拱榫卯间的摩擦、错位，可以消耗掉外来的巨大能量，使得木塔具有较好的抗震、抗冲击性能。即使在现代，这也是理想的抗震结构。结构布局的合理性使应县木塔在受到多次地震甚至炮击之后依然屹立不倒。

山西应县木塔内部结构剖面图　山西省博物院　胡小兔 摄

应县木塔的斗拱多达54种，但斗拱的变化并不是杂乱无章，而是根据结构稳定和各层出檐尺度来调整斗拱出挑数与形制变化，如果说应县木塔是一篇惊世乐章，斗拱则无疑是最美妙的音符。有兴趣的读者可上《国家地理》中文网站进一步查询欣赏。

宁波保国寺　袁佳青 摄

宁波保国寺榫卯结构模型 袁佳青 摄

5. 宁波保国寺

东汉世祖时期，骠骑将军张意之子中书郎张齐芳隐居于灵山，后舍宅为寺，初名灵山寺。唐武宗会昌五年（845 年）灭佛，官府下令遭毁，广明元年（880 年）复寺重建，并因唐僖宗李儇（862—888）赐“保国寺”匾额而更名，后因唐代晚期战乱被毁。

宁波保国寺大殿藻井 袁佳青 摄
藻井是我国古木建筑天花板上独特的装饰结构，一般做成向上隆起的井状，有方格形、六角形、八角形或圆形等，上面饰以各种雕刻和彩绘。不需要钉子，仅利用榫卯、斗拱堆叠而成。

现存的保国寺，于 1954 年全国文物普查时经陈从周（1918—2000）、刘敦桢（1897—1968）两位教授鉴定为北宋建筑，寺内的大雄宝殿（又称无梁殿）是长江以南最古老、保存最完整的古木建筑之一。为单檐歇山顶建筑，采用我国南方地区流行的三开间厅堂式构架，通面宽 11.9 米，通进深 13.36 米。大殿内部空间布局设计严谨，结构逻辑简明扼要，用材制度严谨规范，并保持着诸多古法技艺孤例，是印证 11 世纪初传统建筑文化从唐代注重气势雄大、体态遒劲，向后期注重造型卓约、华美宏丽这一转变发展阶段的“标本”作品，为研究宋代建筑提供了宝贵的实物例证。因此，保国寺并不是以其宗教寺庙闻名于世，而是因为精美绝伦的木建筑工艺令人叹为观止。

宁波保国寺 小料大用——拼合柱、拼合梁 袁佳青 摄

《清明上河图》上的虹桥

6. 叠梁拱桥

宋代孟元老（生卒不详）创作的《东京梦华录》曾讲到过一座桥，“其桥无柱，皆以巨木虚架，饰以丹雘（huò），宛如飞虹”。有学者推测，《清明上河图》的虹桥便是如此，它用巨木组成骨架，拱骨和横拱之间用榫卯连接，建筑学上称之为“叠梁拱”。无需柱子，船只可以安然穿过。

因为榫卯，木拱廊桥昂然挺立，历岁月而不变，世界桥梁史上唯中国有之。

万安木拱廊桥全长98.2米，宽4.7米，五墩六孔，不仅长度列全国第一，造桥工艺也极为精湛，没有使用一颗铁钉，全是通过榫卯连接，为中国古木拱廊桥之最。2006年5月被列入第六批国家重点文物保护单位。该桥始建于北宋元祐五年（1090年），清康熙四十七年（1708年）遭火焚，乾隆七年（1742年）重建，后历代都有修葺。廊桥为当地人提供了遮风避雨、休息交谈的社交场所，也提供了互通有无的贸易市场，甚至婚丧嫁娶、登科庆贺、生子庆寿等重要活动都要在此举行。

万安木拱廊桥　福建省宁德市屏南县长桥镇　榭艺仁摄于2022年8月6日烧毁前

罗斯曼桥，又称麦迪逊桥，位于美国衣阿华州麦迪逊境内，因好莱坞电影《廊桥遗梦》而闻名于世。

万安木拱廊桥 谢小斌 摄

该桥始建于1883年，桥身虽为木结构，长20多米，但是通过铁钉和螺丝连接。为使桥面不受腐蚀，封闭了桥两侧和桥顶，看上去像走廊，故称“廊桥”，其工艺、牢度及造型等均无法与中国的木拱廊桥相媲美。

7. 少数民族木建筑

我国有些少数民族也创造出一些具有其独特风格的木建筑，如侗族的钟鼓楼、风雨桥、高脚屋等。高脚屋又称吊脚楼，为全木结构，是气候潮湿、雨量充沛的热带与亚热带地区一种十分普遍的干栏式民居（最早见于浙江余姚河姆渡）。一般分上下两层，上层住人，下层无墙，只有若干根木桩，用于饲养牲口、家禽，放置农具和其他物品。高脚屋具有不怕水、通风防潮、避免蛇虫及野兽伤害等特点，至今仍在我国南方农村和东南亚等一些国家流行。

侗族 钟鼓楼 风雨桥 尹爱民 摄

土家族吊脚楼 长江西陵峡 张余仁 摄

8. 近代木建筑

近代榫卯结构建筑也有不少，比较有代表性的是 1973 年在扬州落成的鉴真大和尚纪念堂等。

扬州鉴真大和尚纪念堂　吴永嘉 摄

上海世博会中国馆“东方之冠”，造型雄浑有力，犹如花冠高耸，天下粮仓。美丽的斗拱配上鲜艳的大红色彩，蕴含着中华文化的精神与气质，让世人叹为观止，穿越时空，仿佛走进了中国木结构的黄金时代。但因斗拱尺度及体量过于巨大，主体骨架使用木结构已无法满足建筑空间及强度、抵抗变形等技术要求，为表达中国古老的斗拱结构建筑艺术，只能用钢结构来取而代之。

上海世博会中国馆　东方之冠　陈强华 摄

9. 石础的奇妙功效

房屋柱子置于石础上面既防腐又抗震 上海松江广富林宰相府 张帆 摄

木建筑柱子与地面之间的石头称之为“石础”，既可防震也可防水、防腐。古建筑专家郭黛姮（1936—2022）先生说：“中国建筑比较巧妙的成就，要研究以后才会发现。比如斗拱，可以吸收地震能量，抗震能力特别好。中国建筑原来柱子扎在地底下，木结构在土下埋着就腐朽了，后来就提高到上面，提高以后，没有深基，基础都是在表面上，房子就搁在地面上了，可以脱开地，抗震能力反而好了。比如应县木塔，历经七次大地震没有倒，独乐寺在唐山大地震时稍微有点晃动，也没有出现大问题。”

榫卯结构除被广泛运用于木建筑、木家具外，还被广泛运用于各种工艺品和生活用具。例如，内蒙古呼和浩特市玉泉区南部有一座藏传佛教寺院——大召寺，建于明万历年间，属于格鲁派（黄教），汉名原为“洪慈寺”，后改为“无量寺”。院内不设活佛，系因1698年康熙皇帝第

房屋柱子置于石础上面既防腐又抗震 山西灵石王家大院 张余仁 摄

方斗　清代　江苏淮安漕运博物馆馆藏　曹金萍 摄

二次御驾亲征噶尔单曾在此住过几日，以示僧侣们对皇上的敬重。康熙皇帝将自己用过的龙凤孔雀伞、珍珠八宝灯（共4对8盏）等身边所用之物赐给了大召寺。珍珠八宝灯的骨架是檀香紫檀，采用的工艺是榫卯结构，迄今还悬挂于大召寺正殿。又如，古代使用的粮食量具——升与斗也都是采用的榫卯结构。

内蒙古呼和浩特大召寺　任华军 摄

珍珠八宝灯　呼和浩特大召寺　于卫东 摄

升　蒙古族量器　森奇科技公司仿制　奇文贤 摄

中国古建筑这一凝固的艺术形式，上至宫殿，下至民居，以最为宏观的角度展现了古人天人合一的智慧。这些古建筑群分布在祖国各地，各具特色，都有各自的历史底蕴，展现出不同地域、不同民族的历史文化魅力。也就是说，不同民族、不同地域的古木建筑造型千姿百态，雕梁画柱精彩纷呈。既是房屋主人内心世界的表达，也是各地匠人各领风骚的用武之地。

总之，自原始巢居构木为巢以来，人们建造木屋，创造了辉煌的木结构建筑历史和艺术，为人类文明发展作出了积极贡献。榫卯结构是中国独创的木质古建筑常用结构，这种结构也广泛运用于家具制作，是“藏在木头里的灵魂”。在中华民族文明发展史上，如同

各式建筑木雕　浙江东阳中国木雕博物馆藏　赵磊 摄

汉字一样，源远流长，自成体系，充分展现了古人的智慧，独具匠心。榫卯讲究互相避让，以柔克刚，环环相扣，相辅相成，如同中国人信奉的“礼”字，蕴含着为人处事的哲学智慧。2009年，传统木结构营造技艺被列入世界非物质文化遗产名录。

榫，执子之手；
卯，与子携手。
是工匠的一斧、一锯、一锥、一凿……
让我俩紧紧相握，
从此，我们便有了新的生命。
穿越千年的爱恋，你我是世间的神仙眷侣，
生生世世，两情相悦，相互依存，永不分离。

各式建筑木雕　广东潮州博物馆藏　王进 摄

榫卯结构家具剖面图

（四）榫卯结构的分类

榫卯结构经过几千年的传承与发展，各式各样，种类繁多，如若细分约有100多种。榫卯的分类方法也各有不同，若由简至繁有：基础榫卯、常规榫卯、制式榫卯、特殊榫卯、创新榫卯等。若按内在衔接性状和投榫方法不同可归类为“二十四性”：

甲组：直、槽、穿、裁、扣、契；带、位、挂、销、抹、格。

乙组：斜、插、夹、闷、卡、互；靠、交、抱、锁、斗、结。

下面是按用途分类，即分家具榫卯和建筑榫卯两大类。其中，家具榫卯按构合方式再细分成3小类16种，建筑榫卯按功能再细分成6小类21种，共计37种，如下表：

各种榫卯结构　上海木文化博物馆　袁佳青　摄

常见家具榫卯和建筑榫卯种类表

<table>
<tr><td rowspan="12">榫卯分类</td><td colspan="2">按构合方式分类</td><td>主要用途</td><td>常见结构</td></tr>
<tr><td rowspan="3">家具榫卯</td><td>面结合</td><td>主要用于面与面的接合，也可以是两条边的拼合、面与边的交接构合</td><td>槽口榫、企口榫、燕尾榫、穿带榫、扎榫</td></tr>
<tr><td>点结合</td><td>主要用于横竖材丁字结合，成角结合，交叉结合，以及直材和弧形材的伸延接合</td><td>格肩榫、双榫、双夹榫、勾挂榫、锲钉榫、半榫、通榫</td></tr>
<tr><td>构件组合</td><td>主要用于将三个构件组合一起并相互连结的构造方法，这种方法除运用以上的一些榫卯联合结构外，都是一些更为复杂和特殊的做法</td><td>托角榫、长短榫、抱肩榫、粽角榫</td></tr>
<tr><td colspan="2">按功能分类</td><td>主要用途</td><td>常见结构</td></tr>
<tr><td rowspan="6">建筑榫卯</td><td>固定垂直构件的榫卯</td><td>古建筑大木中的垂直构件主要是柱，柱子可分为落地柱和悬空柱，这些垂直构件无论在什么部位，都需要用榫卯固定</td><td>管脚榫、套顶榫、瓜柱柱脚半榫</td></tr>
<tr><td>水平构件与垂直构件拉结相交使用的榫卯</td><td>在古建筑大木中，水平构件与垂直构件相交的接合有很多，最常见的有柱与梁、柱与枋等</td><td>馒头榫、燕尾榫、箍头榫、透榫、半榫</td></tr>
<tr><td>水平构件互交部位常用的榫卯</td><td>在古建筑大木中，常见于扶脊木与扶脊木、平枋与平枋之间的顺接延续或十字搭交</td><td>大头榫、十字刻半榫、十字卡腰榫</td></tr>
<tr><td>水平或倾斜构件重叠稳固所用的榫卯</td><td>古建筑大木的上架都是层层叠起来的，这就不仅需要解决每层之中构件间的接合问题，也需要解决上下两层构件间的接合问题，这样才能使多层构件组合成一个完整的结构体</td><td>栽销（不穿透构件）、穿销</td></tr>
<tr><td>水平或倾斜构件叠交或半叠交的榫卯</td><td>水平或倾斜构件重叠稳固需要用销子，而当构件按一定角度叠交或半叠交时，则需要用桁碗等榫卯来稳固</td><td>桁碗、趴梁阶梯榫、压掌榫</td></tr>
<tr><td>板缝拼接的几种榫卯</td><td>制作古建筑大木和部分装修部件常常需要很宽的木板，这就需要板缝拼接</td><td>银锭扣、穿带、抄手带、裁口、龙凤榫</td></tr>
</table>

徽州木雕第一楼　安徽黟县宏村镇卢村（雉山村）木雕楼　清道光年间四品朝议大夫卢帮燮（xiè）所建　严伟民 摄

宁波保国寺榫卯结构模型　杨如贵 摄

开榫机器的问世，不仅可以制作传统的榫卯结构，还能有所创新。下面这一款机开榫卯，在木工传统工艺中通常会采用燕尾榫拼接，但厂家为提高效率，用机器制作出了这种不知名的新玩意儿，看上去像是暗圆栽榫。有专家说：类似于挖烟袋锅榫（烟袋榫）。在传统家具制作中，烟袋榫常见于靠背椅的搭脑和扶手处，这款机开榫算是烟袋榫的拓展运用。相对于传统的直榫或栽榫拼板而言，同样用胶水固定，由于它的接点多、结合面广，要比直榫和栽榫更加牢固；又因是暗榫，一般不会产生拼接缝瑕疵，外露的 45 度拼角缝亦很完美。

暗圆栽榫　挖烟袋锅榫拓展运用　江苏南通果梓红木家具有限公司提供　张磊 摄

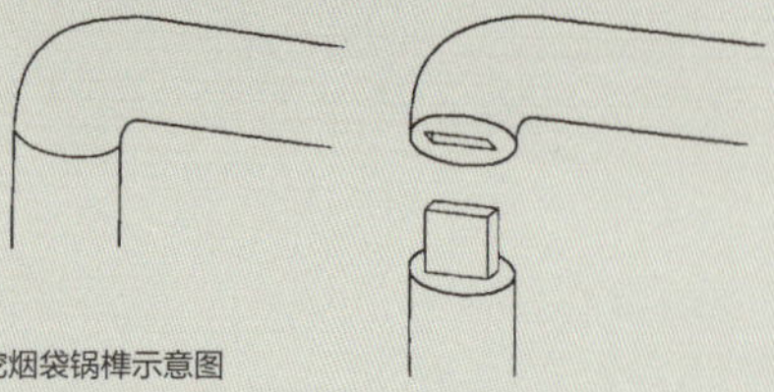
挖烟袋锅榫示意图

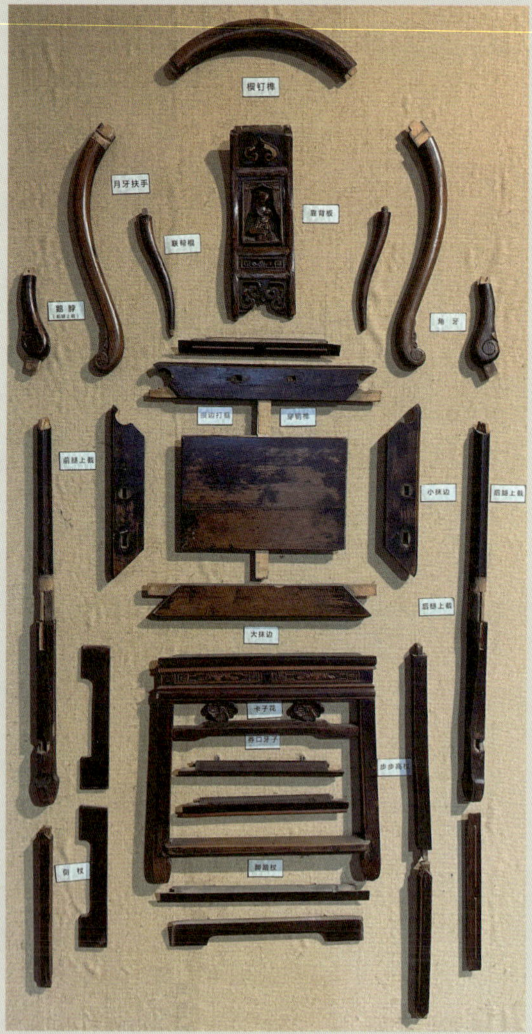
圈椅榫卯结构拆解图　上海宝山闻道院　杨秀明 摄

五 —— 家具榫卯的工艺标准及真假榫卯甄别

榫卯结构是中国古典家具之精华，不需要一钉一铆，却能把家具部件牢固地结合起来，又得美名“千年牢”。红木家具之所以能够牢固耐用，传承百年，正是取决于这种独特的榫卯工艺。（本章节主要内容与图片由山东巧夺天工家具有限公司提供）

山东巧夺天工家具有限公司

（一） 结构科学合理

家具的结构部件有很多，不同部位要用到不同的榫卯结构，只有做到科学合理，才能牢固耐用。例如：

1. 楔钉榫

用于圈椅椅圈的连接部位，内部是两个阶梯状的直榫，结合后中间形成一个方孔，再加一个楔钉，一木定乾坤。扣合后无论哪个方向用力都纹丝不动，非常牢固。

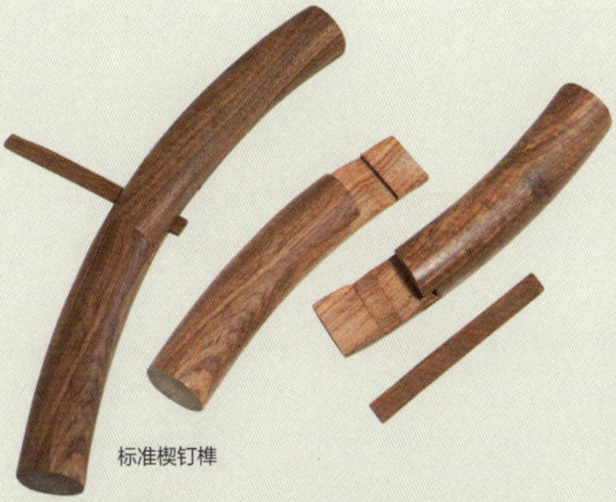
标准楔钉榫

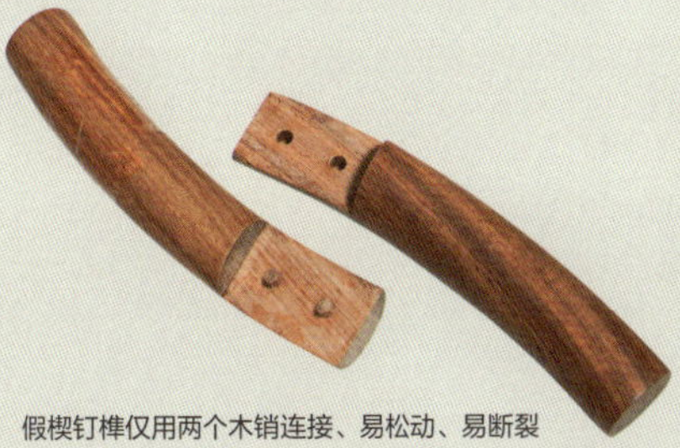
假楔钉榫仅用两个木销连接、易松动、易断裂

2. 燕尾榫

用于抽屉帮与抽屉门等类似地方的连接，因形状为梯形，像燕子的尾巴而得名。

合格的抽屉连接处燕尾榫数量多，受力面积大，更牢固。如果数量少，受力面积小，不牢固。

假燕尾榫是直角，极易松动散开　　真燕尾榫是梯形，不易松动

燕尾榫多的抽屉

燕尾榫少的抽屉

3. 龙凤榫

用于面板连接处，类似地板锁扣的形式，相互咬合非常牢固。假龙凤榫无榫卯，用胶粘，会裂开。

类似地板锁扣的龙凤榫

市场上有些面板拼接没有榫卯，直接用胶粘

4. 穿带榫

用于穿带枨与面板的连接，一是承重，二是牵拉面板防止变形。面板底部开深度为4毫米的燕尾槽，只有面板达到一定厚度，才能开出合格的燕尾槽，起到咬合固定作用。假穿带榫因面板太薄而无法开榫，就直接用胶把穿带枨粘上或用钉子钉住，起不到固定作用。

龙凤榫加穿带榫

（二） 做到三分之二榫

榫头的长度要达到结合部件的2/3，这样才能最大限度地增加受力面积，结实牢固。如果为了省料把榫头做短，会严重影响家具的质量。也就是说，榫头的长度必须达到标准，才能起到相应的作用。假榫卯组装完成后，因其结构上存在隐蔽性，仅从产品外观是无法辨别榫卯优劣的。

抱肩榫（假）

抱肩榫（真）

标准三分之二抱肩榫

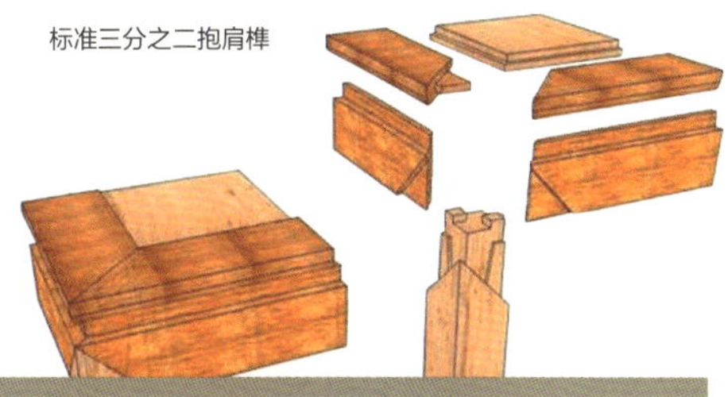

例如：抱肩榫，常用于腿部与枒条的连接，是重要的承重结构，必须按照2/3榫的标准制作。若腿部木料的宽度是6厘米，那么，枒条上的榫头就要达到4厘米，当枒条受重下压时，与腿部的斜肩咬合会更紧密，而且榫头要从枒条上整料开出来，这样结合才牢固。

若一根腿料长16厘米，加上4厘米长的榫头，则至少需要20厘米的木料才能开出来。若榫头做短2厘米，用18厘米的木料就行，仅一根腿就省掉1/10的料。如果不做榫头，用木销固定，成本就会降低20%。一套家具有很多榫卯，偷工减料能降低成本，这也是不同厂家产品价格相差较大的原因之一。

又如：立楔榫卯，立楔榫卯短，格肩相交容易跑出凹凸台阶。

市场上的劣质榫卯结构

（三）松紧适度

榫卯做得太松用胶粘，时间久了会松动散架，太紧会把卯眼撑裂。中华人民共和国轻工业行业标准的QB/T 2385–2018《深色名贵硬木家具》标准规定，榫卯结合最大缝隙应不大于0.2毫米。不应有松动、断榫、裂缝。

靠铁钉固定的家具

（四）警惕市场造假

有些黑心商家为省料、省工、省时，除了用假榫卯欺骗消费者外，有的甚至根本没有榫卯，而是用胶粘，或用铁钉连接。

市场上还有另一类榫卯结构，设计师来自西方，打出的品牌是美式家具，基因源自欧洲宫廷，号称其工艺也是榫卯结构，无钉无铆。经仔细观察研究，发现抽屉采用的是燕尾榫，但门板拼接虽有阴阳“咬”合，但用的是“插销＋胶水”，不比传统工艺在这个部位所用的直榫拼接。这种“插销＋胶水”结构属于假榫，可以省料、省工，加工更加便捷高效，机械化操作难度比直榫的技术要求低。欧美家具风靡世界，在中国市场抢占份额，虽然木文化不分国界，但因家具风格不同、工艺不同，东西方家具文化背景还是有差异的。榫卯结构有着严格的定义，提醒消费者谨防商家为市场营销随便乱说，偷换概念，混为一谈。

没有榫卯，凭木销连接

欧美榫卯“插销＋胶水”

欧美榫卯　柜门拆解

六——中国家具发展简史

中国家具的起源与发展经历了一个漫长而复杂的过程。由于社会思潮、文化观念、民风习俗、价值取向、生活方式、审美喜好的不同，家具的类型品种、工艺技术、风格特点、文化内涵在各个时期都会有差异，每一时期的家具在大体保持代代相传的共性特征基础上，还有每一时代的个性特征。

中国家具的发展历史与中华文明中的“礼”文化密不可分，中华民族对人伦关系、社会等级、婚丧嫁娶、饮食起居等各个方面都有准则，不可乱来，正所谓：没有规矩，不成方圆。家具是人类居室文明的重要载体，不同历史时期的家具反应了当时人们的生活习惯、思想观念、社会地位等，中国家具的发展是围绕“礼”文化与时俱进的。

榫卯结构是世界非物质文化遗产，中国家具文化也因榫卯结构的举世无双而成为世界家具宝库中的一颗璀璨明珠。中国木家具历史悠久，起源于夏朝，发展成熟于明清，大概分为如下七个阶段。

第一阶段——夏、商、周

夏朝出现的俎（zǔ）是中国早期家具雏形，最初用于切肉或切菜时垫的砧板，后用于祭祀时盛放祭品的器物。商朝出现了席具和低矮简单的木质家具，早期木制品开始取代青铜器。

第二阶段——春秋战国

春秋战国时期，以鲁班为代表的工匠们将河姆渡文化土木工程中的初始榫卯结构推广运用于家具制作，同时发明了许多木工工具，使家具制作水平得到极大提升，也为榫卯结构家具的长足发展奠定了基础。此外，大漆工艺也被引用到了家具制作。这个时期的家具特点是：追求实用，比较简陋。

春秋　禽兽纹俎　1988 年当阳赵巷 4 号墓出土　以榫卯安接四个曲尺形足　湖北省宜昌博物馆藏

战国　卷云文案　1992 年长沙马益顺巷 1 号墓出土　以榫接四兽足　案面髹黑漆　周缘用红漆绘卷云纹

第三阶段——秦、汉

这个时期出现了结构相对复杂的家具，如几、案、箱、柜、榻等。因人还是席地而坐，其特点是低矮。随着汉朝疆土的不断扩张，与西域交往渐深，西域民族常用的坐具——胡床开始在我国北方流行，魏晋南北朝时传入南方，并逐步改变了人们席地而坐的习惯。

胡床类似于现代的折叠椅，简单、实用，便于携带。

北魏太和八年（484年）榻　漆画屏风板（复制件）　山西省大同石家寨村司马金龙墓出土　山西省博物院　张余仁 摄

《陈蕃下榻》的故事

东汉名士陈蕃（？—168），从小立下大志要当一名“清扫天下”的清官。在京城洛阳因犯言直谏得罪了权贵，被贬到豫章（今南昌）任太守。听说南昌有一位隐士叫“徐樨”（97—168），字孺子，此人品学兼优，家境清贫，不羡富贵，拒不为官，被尊为“南州高士”。陈蕃亲自登门拜访，想聘他到府衙任功曹，徐孺子坚持不就，但出于对陈蕃的敬重，答应经常造访太守府。陈蕃便为他专设一榻，平时悬于梁上，他来了就下榻交流，两人惺惺相惜，秉烛长谈，晚了就留宿家中。自此，后人便把寄宿称为“下榻”，唐代著名文学家王勃在《滕王阁序》中所写“人杰地灵，徐孺下陈蕃之榻”的名句使“陈蕃下榻”的故事千古传颂。“榻”只有床身，上面没有任何装置，一般较窄，谓之“独睡”，在文震亨《长物志》中有“独眠床”之称。汉代的榻可兼作坐具，罗汉床则是在三面安上围子，是由榻演变而来的。

徐孺下陈蕃之榻　崔金璐 作

三国　吴　黑漆凭几　安徽省马鞍山市三国吴朱然墓出土　安徽省马鞍山市博物馆藏

第四阶段——隋、唐、五代

经过魏晋南北朝的发展，多民族文化的大融合，高矮型家具并存，开始多元化发展。隋朝之后，唐朝更加强盛，外来文化进一步交融，人们已习惯于垂足而坐，时尚高型家具，种类明显增多。这个时期的家具特点是：宽大厚重，浑圆丰满；丰富多彩，彰显盛世。

据史料记载，两晋南北朝时期在饮食方式上发生了新的变化，由席地而坐的分食制开始向用桌椅坐在一起进食过渡。即在汉晋之前，人们席地而坐，每个人面前放一低矮的食案，属于“分食制”；从晋代开始，受西域文化影响，出现高足椅子和桌子，唐代开始流行围桌的“合食制”，至宋代全面普及，一直沿用至今。

唐朝家具　粉地彩绘八角几　日本正仓院馆藏

唐朝家具　绿地彩绘箱　日本正仓院馆藏

唐朝家具　木画紫檀双六局　日本正仓院馆藏

唐朝家具　苏芳地金银绘花形方几　日本正仓院馆藏

第五阶段——宋、元

经过五代十国战乱，富丽风格渐趋消失。宋朝思想解放，文化发展空前，人更趋于理性思考。崇简不张扬，注重尺寸和结构与人体的关系，工艺严谨，造型优美，使用方便，成为明式家具之滥觞。其特点是：简约、工整、文雅、清秀。经过辽、金文化渗透，到了元朝，蒙古族人崇尚武力，将雄伟、豪放、华丽的家具风格带入中原。

北宋早期　鎏金花边素漆经箱（楠木）
江苏省苏州虎丘云岩寺塔发现　江苏省苏州博物馆藏

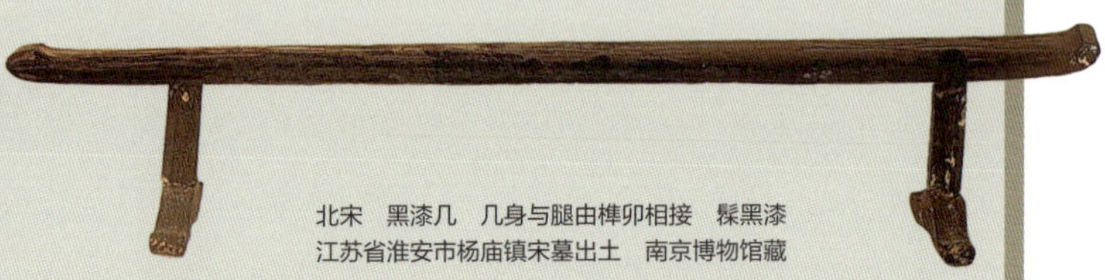

北宋　黑漆几　几身与腿由榫卯相接　髹黑漆
江苏省淮安市杨庙镇宋墓出土　南京博物馆藏

南宋　剔犀长方形黄漆地镜箱
上部有两层套盘，上层套盘盛铜镜，下层置镜架（可支撑）
下部两抽屉放木梳等物
江苏省武进市村前乡南宋墓出土
江苏省常州市博物馆藏

元代　剔红龙文图长方案
甘肃省漳县元代汪世显家族墓葬出土
甘肃省漳县文化馆藏

明代 降香黄檀书房家具　上海博物馆藏　张余仁 摄

第六阶段——明

随着选料、工具、工艺的不断成熟，再经大明木匠皇帝朱由校的率先垂范，中国家具发展步入鼎盛时期。追求神态韵律，崇尚质朴之风，讲究工匠技术。表现为：结构严谨，线条流畅，比例匀称，榫卯严密，精巧实用。在装饰上除了充分应用木材纹理的自然美外，还好用攒斗和雕刻的手法，在家具的醒目部位加以点缀。总之，明朝家具的最大特点是：简洁柔美，灵巧实用，古朴典雅，富有自然美和抽象美。

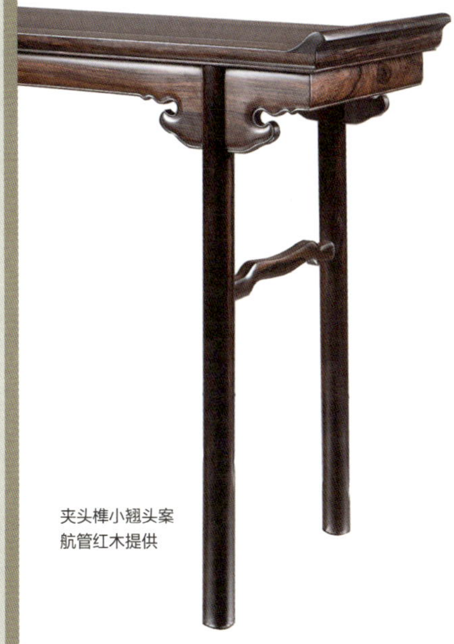

夹头榫小翘头案
航管红木提供

檀香紫檀　1:1 仿慈禧太后宝座　航管红木提供

清代　剔红雕九龙纹宝座　红木框雕漆地嵌玉石围屏
上海博物馆藏　张余仁 摄

第七阶段——清

清代早期从清初到康熙（1644—1722），基本承袭了明代传统，家具形制仍然保持简练质朴的结构特征。自雍正、乾隆至嘉庆时期（1723—1820），是清代经济繁荣盛世之时，社会奢靡之风使人们对家具的爱好追求纤琐繁缛，故清代中期家具用料宽绰，体态凝重，装饰上求多求满，甚至多种材料并用，多种工艺结合，以炫耀其华丽富贵。清代晚期从道光至清末（1821—1911），传统古典家具业逐渐走向衰落，其时家具做工粗陋，形式趋向庸俗，上乘之作少见。也有的受外来文化影响，家具造型和装饰手法向中西结合转变。总体来说，清代家具的特点是：造型上浑厚、庄重；装饰上求多、求满、富贵、华丽。

清代　檀香紫檀仿竹节雕鸟纹多宝格
上海博物馆藏　张余仁 摄

清式客厅家具　内蒙古呼和浩特将军衙署　将军宅第　张余仁 摄

第八阶段——民国

民国家具 卧室 上海孙中山故居

八国联军侵略中国敲响了大清王朝走向灭亡的丧钟，预示着一个新时代的到来。民国时期，西方人大量涌入，带来了欧美文化，中西合璧的民国家具（主要是海派家具）应运而生，因在第七篇《名木赏析》中有详细介绍，这里不再赘述。

总体来说，中国传统家具的时代特征可以归纳为：唐华、宋朴、元浑、明韵、清雍、民异。

在中国传统家具发展史上，先有漆木家具，后有硬木家具。至于何时将大漆工艺引用到了家具制作上，按照著名考古学家、古漆器研究专家陈晶和上海历史博物馆原馆长、研究员张岚的说法：“据文献记载，春秋已有人工漆林，大漆工艺开始大规模运用到陶器和木器上，再推广运用到家具上是符合历史发展规律的。只因古代日用品遗存极少，虽无法考证漆木家具出现的具体年代，但可以推断至少是在先秦之前。”

早期的漆木家具是就地取材，因受材质限制，容易受潮腐朽，为满足防腐防虫和装饰美观之需求，中国人以漆树的树脂为原料（因与木材中的树脂同质，故可渗透到木材的毛孔里），发明了大漆*及大漆工艺，随后的漆木家具一直盛行至明代。明代始有硬木家具，揩漆工艺应时而生。其因是海南黄花黎、紫檀木等优质硬木的出现，这些木材本身具有防腐防虫之功能。海南黄花黎、紫檀木主要是统治阶级和文人士大夫使用的器物，然而，硬木家具不仅限于这两种木材，人们也会选用一些其他的优质硬木制作家具，如柚木、花梨木等。也就是说，所有的

注*：大漆，又称天然漆、生漆、土漆、中国漆，是割开漆树树皮，从韧皮部流出的一种白色黏性乳液（树脂），含有漆酚、漆酶、树胶质和水分等，是经加工而制成的纯天然涂料。“树割漆”与“蚕吐丝、蜂做蜜”一起被誉为我国“三大宝”，天然生漆也被世界公认为“涂料之王”，具备耐酸、耐碱、耐腐蚀等特性，经数千年仍可使用。胎骨和漆层随年代增加而不断涨缩，最终会形成不同程度的断纹，会呈现出一种奇特的视觉审美效果。明代黄成在其《髹饰录.尚古》中述及：“断纹，漆器历年愈久而断纹愈生，是出于人工而成愈天工者也。”距今八千年前跨湖桥遗址出土了漆弓，七千年前河姆渡遗址出土了木胎漆碗，说明中国漆器历史源远流长。总之，生漆优点很多，这里不予展开，缺点是对大多数人会有过敏反应。

精英文化都是以民间文化为母体，都依赖于民间文化这一沃土，民间文化的进一步发展、升华，最后才出现了精英文化。不管怎样，漆木家具和硬木家具都是中国人民的智慧结晶，都是中国木文化的精彩篇章。漆木家具曾是西方拍卖市场上的宠物，蒋念慈先生曾断言：在清末民初流落民间的高端漆木家具已经“被西方人绝灭性地买光”。随着原材料的改进，硬木家具发展迅速，明清达盛，逐步形成了苏作、广作和京作“三大流派”，以及民国时期的海派家具，将在本书第七篇《名木赏析》中作专门介绍。

有人说硬木家具的兴起还与刨子有关。据说，在刨子出现之前，采用的平木工具是锛和镢，以刮削平木。刮削软木没有问题，但刮削硬木会跳刀，导致不平或不光滑，而刨子可以把不平的木料刨平，把不光滑的木料刨光滑了。那么，刨子又是何时出现的呢？在有文物出土佐证之前，曾有两种说法：一说是锛和镢用至唐，宋有了平木铲，明之后发明了刨；二说是刨出现在明之前。甚至还有人说刨子是明代由罗马传入中国的，许多事实证明这纯属无稽之谈。不过，民间传说最多的还是鲁班发明了刨子。时至2010年9月17日，这个问题终于找到了答案，考古学家在山东菏泽出土的元代古船中发现了刨子，说明刨子的出现肯定是在元代或元代之前。进一步推断，在鲁班发明的所有木工工具中刨子相对较晚，很可能是鲁班后人发明的。不管怎样，刨子提高了木工技艺水平，提升了家具制作质量，助推了硬木家具时代的提前到来。实际上大漆工艺包括了在木胎上表麻和上漆打磨两道工序，不仅解决了防腐防虫和装饰美观的问题，还一举解决了家具表面不平和不光滑的问题。

中国家具的魅力，尤其是中国古典家具的巧夺天工，除了造型和工艺之美外，还有两大独到之处：一是榫卯结构的盖世无双；二是木雕艺术在家具上的广泛运用，不论是整件雕刻或局部雕刻都给人以古朴、厚重、典雅、高贵、美轮美奂之感。如果说榫卯结构展现的是中国家具内在的先进工艺，木雕艺术则是中国家具木材外表自然美的锦上添花，展示的是东方大国的民族文化，其题材主要是纹祥图案或寓意图案，因材施艺，凡是大自然中的一切物体（景、物、人）都可能成为雕刻装饰的题材。在不影响家具作为使用器物主体功能的前提下，在整体上要求统一和谐，浑然一体，造型生动，情趣别致，发挥了装饰、点缀、衬托、代言等作用，有的甚至还能以瑜掩瑕或锦上添花。（木雕艺术详见下文）

七 现代家具发展

俗话说：工欲善其事，必先利其器。随着时代的进步，特别是改革开放以后，外来文化的不断渗透，以及木工机械化程度的不断提高，电脑编程、智能制造推动了家具制作的高速发展。

家具的分类方法很多，本书所述系按照家具的材种与材质分类：

传统硬木家具，包括红木家具、白木家具（指区别于红木的普通硬木家具），红木家具与白木家具均为实木家具，关于红木的定义将在第七篇《名木赏析》中详细介绍。

现代简约家具，包括实木家具、板式家具（或称人造板家具）和板式与实木混搭家具。现代简约实木家具中也有白木与红木之分。

全屋定制家具，主要以板式为主，也有实木，或是板式与实木混搭。实木包括白木和红木。

本书所讲的中国古典家具，系指民国之前具有典型中国古典风格的旧式家具，而不是近代或现代的仿古家具（新古典家具）。海派家具是民国家具的杰出代表，但不属于古典家具。新古典家具主要是仿明清家具，新中式家具则属于古典家具的现代发展。

（一）传统硬木家具

现在只有极少部分厂家保留了传统手工制作工艺（如上海航管红木、南通永琦紫檀等），民间工匠传人越来越少，趋于采用机器取代手工作坊，开榫机和雕刻机（简称机雕）的问世，从半自动化向全自动化发展，电脑编程，智能制造，

传统硬木书房家具 黄奋 摄

大大提高了开榫的速度和榫卯咬合的精密度，也解决了红木材质特别坚硬手工“难啃”的大问题，使古典家具的制作效率和产品质量都明显提升。与此同时，苏作、广作、京作及其他流派家具在保留原有风格的基础上，充分吸取其他流派之长，相互渗透明显，再融入外来家具文化元素，使古典家具制作的地域之分不再明显。与过去相比，更加追求实用，款式更加新颖，继承并发扬了中国古典家具的工艺特色，推动了中国传统硬木家具文化的创新发展。

峰回路转，古典家具的前世今生充满了曲折与艰辛，历尽岁月的沧桑（详见第七篇《名木赏析》）。如今，随着小康社会的建成，人民生活水平的提高，古典家具不再是可望而不可及，已经飞入寻常百姓家，为传统硬木家具市场发展带来了新的生机。总体来说，传统硬木家具的现代发展正在形成如下两个趋势：

手工雕刻 航管红木提供

玫瑰椅局部 越南黄花梨 航管红木提供

一是传承经典，古式古样、原汁原味地保留原作风格，即所谓的“老中式”古典家具（又称仿古典家具或新古典家具）供人们收藏鉴赏。

仿古典家具　清明上河图卧室家具　航管红木提供

二是传承创新，在传承原作神韵的基础上创新发展，即所谓的“新中式家具”正在成为人们的一种时尚追求，这种“复古+现代”的新面孔既满足了主人的典雅品味，又显示了主人与时俱进的文化修养。

新中式 大象头弯面沙发 祥利红木提供

新中式 书房家具 祥利红木提供

（二）现代简约家具

现代家具起源于欧洲，19世纪欧洲工业革命把家具生产也纳入到工业化生产轨道，结束了木器手工艺历史。在中国家具市场名气最响的算是“北欧风情”了，因为北欧家具率先进入中国市场，简约且现代，与明式家具有着异曲同工之妙。其造型特殊，堪称现代家具的经典，既能够制造摩登，也能将自然灵感融入其中，将厚重与质朴展现得淋漓尽致。考虑到实用的功能、严谨的结构、朴实的气质、别致的风格、优雅的韵味，展现了与生俱来的魅力。中西方的家具文化相互渗透，也给中国现代简约家具的创新发展造成了深远的影响。随着科技进步和新材料与新工艺的不断涌现，广泛吸纳了人类学、社会学、哲学、美学的思路，紧跟社会变革和文化艺术发展的脚步，在家具的内涵与外延空间上不断拓展，功能更加多样，造型千变万化，日趋完美，成为创造和引领人类新的生活与新的工作方式的物质器具和文化形态。

改革开放之前，我国现代简约家具发展缓慢，还是人工作坊居多，不少青年婚房家具制作全靠自己动手。改革开放以后，紧追时代发展潮流，引进木工机械与自主研发相结合，家具开始工业化批量生产。五金配件的开发和引进，也助推了中国现代家具行业的迅猛发展。加上中国工匠的聪明才智，以及用工成本相对低廉等优势，赢得了国际家具市场份额，并逐渐成为全球出口家具数量最大、出口地方最多的国家。这是中国木家具行业适者生存之道，是求新应变之举，谱写了中国家具文化现代发展的新篇章。

现代美式　餐厅家具　张余仁 摄

现代简约家具，款式百花齐放，精

现代日式　茶室家具　张余仁 摄

彩纷呈，可谓风情万种。所附几张照片，因其风格各异，在市场上又被细分为：现代欧式、现代美式、现代日式、现代中式（新中式）。其总体特点是：讲究自然舒适，简约实用、朴实清新、优雅别致、绿色环保等。既克服了中式古典家具的古板硬直，又摒弃了欧式古典家具的富贵花俏，更加符合现代人的审美观。

全屋定制 板式 衣帽间 张余仁 摄

（三） 全屋定制家具

是集设计、定制与安装等服务为一体的家居定制方案，是上世纪 80 年代流行的组合式家具的升级版。全屋定制可以优化总体布局，实现空间利用率最大化，还可以简化装修流程。若能凸显艺术价值和审美功能，则更加迎合现代人的生活追求。尤其是在国内房价居高不下的经济形势下，人们更加讲究空间利用，努力实现“螺丝壳里做道场”，发展前景广阔。

“全屋定制”的概念可能源于厨房家具的统筹安排，然后发展到衣帽间（更衣室）、卧室、书房和客厅，如今已经成为一种时尚家居新概念，并开始影响传统硬木家具和现代简约家具的发展。全屋定制家具既有板式的，又有实木的，还有板式与实木混搭的，应有尽有。

全屋定制 实木 厨房 张余仁 摄

最后，讲一下现代家具的油漆方式。由于大漆工艺的工序多、耗时长、用工贵、技术要求高，考虑到制造成本，现代家具已经极少使用，取而代之的是水性漆、聚酯漆、硝基漆、木腊油等。有些商家干脆写一个字“蜡”，因为用蜡来处理家具表面最方便，最简单，成本也最低。所有这些方法都有一个共同的特点：不上色，属于“见底清本色”，尽可能呈现木材最原始的纹理和色泽。现代家具油漆方式的改变，得益于化工领域的科技进步，可以使木材回归本色，回归自然。

八——蒙古族家具简介

中国家具的多元化发展与中国的历史密切相关。首先，要明白什么是真正的“中国”，中华民族是一个拥有56个民族的大家庭。中华文明不仅是汉族人的华夏文明，从其发展过程来看，实际上是多民族、多种文化长期相互作用的结果，其中包括中原文明、草原文明、雪域高原文明、西域文明等，所以中华文明是一个多元化的文明。比如，自秦朝以来，中原王朝的领土长期局限于长城以内，但是随着魏晋时期胡人南下，中原文明开始被草原文明重新塑造。北魏孝文帝迁都洛阳，尝试胡人汉化，虽然导致了国家灭亡，却让后来的统治者开始反思如何使草原文明和中原文明兼容，成为元清汉化彩排。正是在这样的思路之下，后来兴起的隋唐帝国领地远迈长城之外，将草原、中原、雪域高原、西域统一囊括其中，这是中华文明发展史上的巨大飞跃。

中国木文化也是全方位多角度的。中华民族经过几千年的深度融合，以及解放后的民族大团结，木文化在不同地区、不同民族之间相互渗透，既有相通之处，又各具特色。仅以蒙古族家具为例，与汉族、藏族和满族家具都有交融，吸取了伊斯兰家具元素，逐步形成了自己的风格。在进入主题之前，先简单介绍一下蒙古族的历史渊源。

蒙古族的历史悠久，由公元七世纪额尔古纳河东岸的古老部落发展壮大而来。据司马迁《史记》记载：“在匈奴东，故曰东胡。”又说，匈奴自称“胡人”，称他们东面的人为“东胡”。多数学者认为，蒙古族源于东胡。关于“蒙古”一词，最早出现于《旧唐书》，“唐兀室书”为“蒙古”一词最早的汉音译名。

蒙古族是东胡的一个分支，与匈奴、突厥、回鹘（hú）、鲜卑、契丹、女真等同属于北方游牧民族，恰如司马迁所云：“逐水草迁徙，毋城郭常处耕田之业。”因此，北方游牧民族是一个统称，历史上他们之间相互厮杀，互抢地盘，居无定所，时兴时衰，此起彼落，但蒙古族绝对是他们当中的佼佼者，铁木真（1162—1227）横空出世，创造了历史的辉煌。公元12世纪，铁木真打败了全部对手，所占地盘统归蒙古，他被推为蒙古大汗，号成吉思汗。成吉思汗率蒙古大军三次西征，席卷欧亚大陆，拓疆扩土，东起阿姆河和印度河，西面囊括小亚细亚大部分地区，南抵波斯湾，北至高加索山，统统划入蒙古版图。成吉思汗的西征打通了亚欧交通线，促进了东西方的经济文化交流。公元1260年，成吉思汗的孙子忽必烈（1215—1294）成为蒙古大汗，灭宋建元，实现了中国历史上最大范围的统一。朱元璋推翻元朝，建立明朝，迫使他们退回到蒙古高原(漠南和漠北)。清廷与蒙古维持和谐共处，1917 年十月革命后，喀尔喀蒙古宣布独立，蒙古人民共和国（外蒙古）宣布独立。内蒙古地区的蒙古族人民则与中华民族团结在一起，步入历史发展新时期。

了解蒙古族的发展历史有助于理解蒙古族家具风格的形成。一般认为，游牧民族很少使用家具，或者他们的家具起源会晚一些。据内蒙古农业大学材料科学与艺术设计学院李军、李京波的研究认为：“蒙古族家具的起源大体同我国中原地区同步，蒙古族古典式家具是在数千年中国北方游牧民族（匈奴、突厥、回鹘、鲜卑、契丹、女真等）传统家具基础上，在中原文化、藏传佛教文化和伊斯兰文化的共同影响下逐步发展起来的，具有浓郁的民族风格特色。”他们到底谁先谁后？或差不多同时期？均无考。其因：一是 1204 年成吉思汗征讨乃蛮人时聘请掌印官塔塔统阿（回鹘人）才开始创立蒙古文字，这个问题和此前没有任何文字记载有关；二是木器无法长期保存，加上游牧民族居无定所，缺少文物佐证。

蒙古文化是集蒙古民族形成之前北方诸多游牧民族文化之大成，逐步发展形成的。蒙古族传统文化是以藏传佛教文化、中原儒家文化、伊斯兰文化为主，并兼容了萨满教、道教、喇嘛教等文化，是在这些文化的共同影响下形成的一个相对独立的多元化体系，成为中华文化的一个分支。在此背景下，形成的蒙古族文化体系必然影响到人们生活的方方面面，家具用品也不例外。蒙古族家具受到多元文化的影响，注重传统制作技术，把握民族艺术风格，传承草原游牧特征，主要体现在蒙古族家具的结构和装饰方式的与众不同。

（一） 固定结构

固定结构是蒙古族家具的主要结构特征之一，可细分为外部结构和内部结构。

1. 外部结构：外侧轮廓齐边，橱柜和木箱尺度近似，家具侧面有提拉手。一是有利于家具在低矮的蒙古包内靠近摆放，用足空间；二是有利于迁徙搬运上下车、整齐码放、最大化利用勒勒车空间；三是可以避免家具紧靠摆放及运输途中的磕碰磨损。此外，小木盒包角包边，可以保护木盒，且有很好的装饰效果。

2. 内部结构：有隔板、暗门、暗仓、暗格和暗抽屉。一是可以合理分隔家具

明代 花梨木带踏床交杌 上海博物馆藏 张余仁 摄

内部盛放空间，有利于物品的分类放置；二是可以隐藏放置贵重物品，避免他人拿取或偷盗。

（二）活动结构

活动结构的形成源于蒙古族的游牧生活方式，需要将家具及日常生活用品通过折叠缩小体积，方便迁徙携带及在蒙古包有限的空间内摆放。活动结构又分为两大类：折叠结构和开启结构。

1. 折叠结构：包括折叠坐具、折叠卧具和折叠生活用具。

最具代表性的折叠坐具是马扎，又称交杌（wù），传入中原后得到汉人的推崇与改进，即在马扎上增加了扶手和靠背，解决了马扎不能依靠的问题。再经过工匠们的持续改进，不断完善与美化，终于发展成为后世的经典坐具——交椅*，具备可折叠、体轻、便于

明代 花梨木圆后背交椅 上海博物馆藏 张余仁 摄

注*：交椅是太师椅的前身。据宋代张瑞义的《贵耳集》记载，大奸臣秦桧坐在那里一仰头坠落了头巾，京伊吴渊看到后，回家设计了一种“荷叶托首”（相当于现代人长途旅行时使用的头枕），命人制做出来安装在秦桧等人的交椅上。因秦桧时任太师，故称之为“太师椅”。宋人王明清在《挥麈录》中记载了当时朝臣用太师椅“仰首而寝”的情景，并说“达宦者皆用之”。有趣的是，岳飞的孙子岳珂在《桯史》中也提到了秦桧与太师椅的事情，并明确称之为“荷叶交椅”，为张瑞义的说法提供了佐证。此外，宋人绘《春游晚归途》，经局部放大可清晰看到一仆人扛着太师交椅。

携带等优点，特别适合古时行军打仗或出游狩猎，故也称“行椅”“猎椅”。

折叠卧具表现在床榻围板，通过折叠形成的床榻后沿弧度可以紧密贴合蒙古包的围壁，不仅可以节省空间，而且拆卸组装便捷，节约运输空间。折叠生活用具主要有棋桌、碗架、梳妆台等。

此外就是折叠头枕，系由同一块整木制作而成，可折叠，打开后既可用作枕头，也可兼作坐具。

2. 开启结构：依据开启结构的方式不同再分为四大类，即翻门、插板、滑盖和抽拉。详见下图：

（三）装饰方式

蒙古族家具的髹漆原料与中原家具使用的大漆有所不同，大漆是以植物为原料，而蒙古族家具的髹漆是采用动物的血（主要是猪和羊）加上矿物质组成的。彩绘是蒙古族家具的装饰特色：普通民众多是花鸟、植物、人物故事等；佛教寺庙多是八宝纹样；王府贵族则是龙凤呈祥。沥粉、描金也是蒙古族家具常用的装饰手法。雕刻装饰手法主要有平雕、圆雕、毛雕、浮雕、透雕和综合雕等六种。此外，还有镶嵌、裹皮、披麻挂灰、

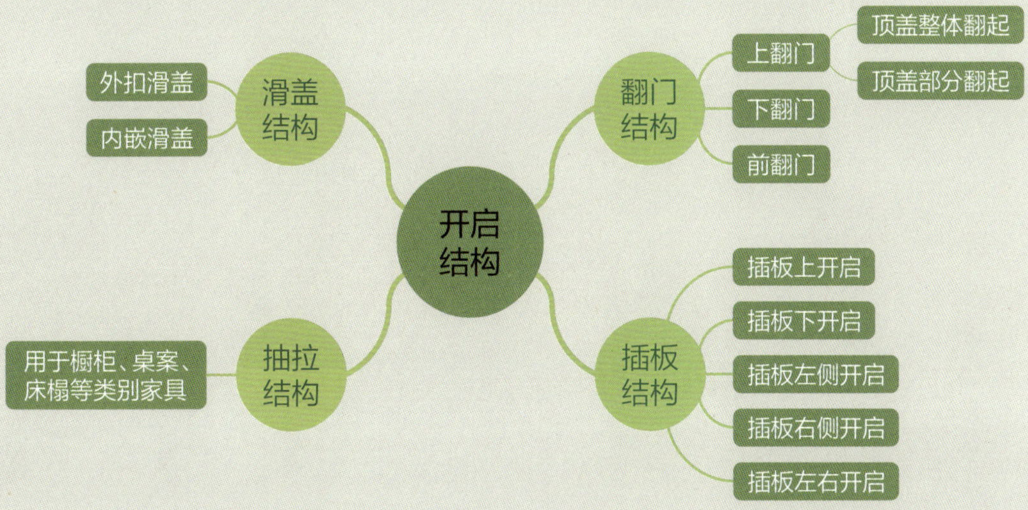

各种金属装饰等，这些装饰都带有明显的蒙古族特色。

蒙古族家具的连接方式，既有中原传入的榫卯结构，也有草原地域特征的皮革连接和金属连接等。至于榫卯结构何时传入，历史上发生过两次大规模蒙汉文化的深度融合，一是两晋南北朝时期的十六国（304—439）统治者一大半是北方游牧民族，二是元朝（1271—1368）蒙古族人统一中国。榫卯结构应该是在十六国时期或此前传入。

以上讲述的是蒙古族民间家具的主要特征，蒙古族的王府贵族居所稳定，不受空间限制，他们使用的蒙古族家具体型相对较大，以显尊贵。

（四） 蒙古族家具的现代发展

现代蒙古族人多已结束游牧生活，有了固定居所，蒙古族家具的现代发展也与时俱进了。据内蒙古森奇科技有限公司掌门人奇文贤先生（成吉思汗守陵人奇氏第36代世孙）介绍，蒙古族家具的现代发展呈现出“四化”趋势：结构简单化、雕刻点缀化、彩绘清淡化和镶嵌精美化。现代蒙古族人使用的家具可分为如下三类：

1. **蒙古包家具**，蒙古族传统家具。

2. **寺庙家具**，蒙、藏、汉家具文化互融形成的具有蒙古族鲜明特色的宗教家具。

蒙古族家具　箱子（蒙古语：阿布德日）奇文贤 摄

蒙古族家具　藏式沙发　森奇科技公司提供

蒙古族卧室家具
森奇科技公司提供

3. 王府家具，蒙、满、汉家具文化互融形成的具有蒙古族鲜明特色的固定居所家具。

蒙古族家具用材也有其地域特征，他们生活在黄河流域以北的广袤草原，因此，东北的大小兴安岭出产的松木、桦木、榆木、柳木、杨木等成为蒙古族家具的主要用材，名贵树种木材相对稀少。如今，随着人民生活水平的不断提高，长途运输条件的改善，用红木制作的蒙古族家具也越来越多。

九 —— 中国“四大名雕”

通常人们看到的木雕有三种，即建筑木雕、家具木雕和木雕工艺品，这些木雕皆为依附于不同物件上的雕刻艺术。前两者是伴随着木建筑、木家具的产生而发展，在满足功能性的基础上逐渐向装饰性发展之结果，而木雕工艺品没有功能性，属于纯观赏性摆件。木雕技法有圆雕、浮雕、镂雕等，或几种技法并用，有的还涂色施彩，用以保护木质和美化，但无本质区别，本书笼而谈之。

远古时期，人们在森林中狩猎需要辨认方向，观象授时需要留下记号，会在树干上刻划留印。在云南丽江纳西族的东巴文化中找到了答案，现今留存的东巴树干艺术还留有这样的痕迹。在木器时代，给使用的木器美容可能是木雕艺术的起源。

云南丽江纳西族东巴树干文化　李建明 摄

木雕鱼　河姆渡遗址出土文物

彩绘镇墓兽　战国　单头单身与座以榫卯接合
1997年湖南湘乡牛形山1号墓出土　湖南省博物馆藏

彩绘梅花鹿　战国
1978年随县曾侯乙墓出土　湖北省博物馆藏

我国出土的最早木雕作品是七千年前浙江余姚河姆渡文化遗址出土的木雕鱼。春秋战国时期的木器上已有精美的镂刻雕饰，河南信阳战国楚墓出土的木雕镇墓兽、湖北云梦汉墓出土的彩雕木佣均为我国早期的木雕作品，说明秦汉两代木雕工艺的发展，开始有施彩木雕了。大唐盛世，中国工艺技术也大放光彩，木雕工艺日趋完美，有些保留至今的木雕佛像，是中国古代艺术品的杰作，具有造型凝练、刀法流畅、线条清晰的工艺特点，成为当今海内外艺术市场上的宠儿。两宋时期木雕作品较为多见，是因木雕选材讲究了，多采用组织结构细密之木材，有利于作品的传世。元代海外拓展迅猛，表现在制作木雕的材种增加，国外硬木始有出现。明清时期，木雕艺术发展辉煌，又注入了许多生活风俗、历史典故与传说故事，如平安如意、五谷丰登、吉庆有余、松鹤延年等，涌现出大量有史可考的名家、艺人及其传世作品。清末至民国年间，政府腐败，外强侵略，国力衰退，民不聊生，木雕艺术走入低谷。新中国成立后，民间

彩绘木佣　战国
1995年江陵纪城1号墓出土
湖北省文物考古研究所藏品

奥西里安人像木雕　代表复合神 Ptah-Sokar-Osiris（帮助死者复活）古埃及第 26 王朝（公元前 664- 前 525 年）大英博物馆藏　陈永康 摄

工艺得到保护，木雕艺术也重新焕发青春，得以传承与发展。于 2008 年 6 月，经国务院批准，木雕被列入第二批国家级非物质文化遗产名录。

在古埃及帝王谷的法老墓葬中也有镇墓兽和木雕神像，其作用：一是守护法老，二是可以帮助死者复活。比如，在十八王朝晚期（约公元前 1380 年）的霍伦海布（Horemheb）墓中出土了蹲狒狒、河马头神、羚羊头神等。说明中西方的墓葬文化有相通之处。

蹲狒狒　大英博物馆藏
陈永康 摄

中国古老的传统技艺包括：剪纸、陶艺、布艺、漆器、雕刻、刺绣等。现代人认为，木雕是雕塑的一种，称之为“民间工艺”，国家工种属于“精细木工”。木雕可分为立体圆雕、根雕、浮雕三大类。一般选用质地细密坚韧、不易变形的材种，如楠木、樟木、柏木、沉香、红木、龙眼、黄杨木等。对能工巧匠来说，珍稀木材原料全身是宝，一点也不会浪费，他们会充分利用，力创佳作。特别是木雕大师，可以化瑕疵为亮点，巧夺天工，出人预料，令人称奇。真可谓一刀一笔触，一笔一乾坤。

天工人巧，营造情趣。雕是工，塑是创造；雕是手段，塑是目标。木雕艺术讲求“境由心生”，其

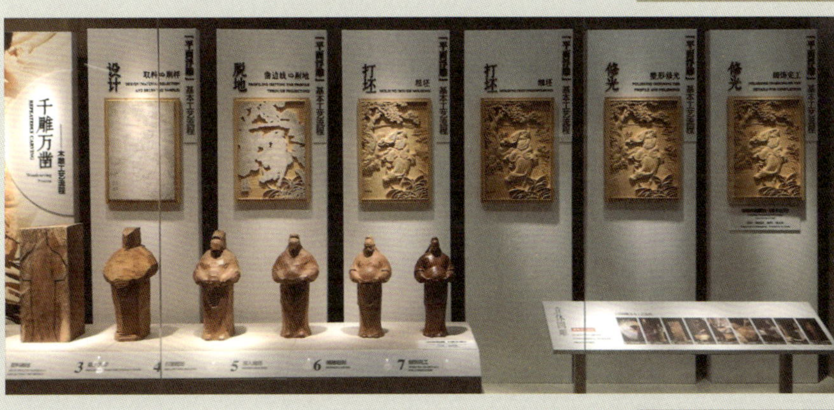

木雕工序图
浙江东阳中国木雕博物馆
张余仁 摄

徽州木雕　冬瓜梁*，满雕“郭子仪带子上朝”，寓意：高官厚禄代代相传，世袭爵位永葆　上海宝山闻道院　张余仁 摄

徽州木雕 冬瓜方梁，满雕“过五关斩六将”，寓意：希望后代像关羽一样忠义神武　上海宝山闻道院　张余仁 摄

中渗透着雕刻师的思想情感表达，抒发借物利生的情怀。首先要确立朴素而高远的价值取向，继而要有脚踏实地的鬼斧神工，以及指导这种行为的思想理念。心留红尘内，用一心一意、一刀一画刻画出心中的人生百态，酝酿出给与追求者瞻仰激赏时的一杯慷慨烈酒，传递出淡定、清明、高洁的艺术理念，求达天人合一的至善尽美。

中国木雕分布很广，此起彼衰，潮起潮落。因地域分布、民俗文化、取材不一，工艺不同，形成了具

注*：冬瓜梁，又称元宝梁，指断面为圆形的梁，和额枋两端圆混，立面如冬瓜者，多见于赣皖一带。为了更好地展示徽州木雕技艺，冬瓜方梁亦有之。

徽州木雕 上：雀替，下：牛腿 上海宝山闻道院 张余仁 摄

山西木雕 瑞兽花卉纹木雕花板
清（1644-1911） 山西省博物院 胡小兔 摄

山西木雕 人物故事纹木雕花板
清（1644-1911） 山西省博物院 武哲 摄

有浓郁地方特色、各有千秋的木雕流派。如浙江东阳木雕、乐清黄杨木雕、福建龙眼木雕、潮州金漆木雕、徽州木雕（常见于古建筑）、云南剑川木雕、山东木雕、宁波朱金漆木雕等，甚至山东木雕还可进一步细分为曲阜楷木雕、肥城桃木雕和阳谷人文木雕等。然而，在所有流派中还是前“四大流派”名气最响，流传最广，社会认可度最高，因此并称为“中国四大木雕”。至于福州民间艺人利用栓皮栎树皮、采用雕画结合技法独创的软木画的归属范畴问题有待探讨（详见《尾篇》）。

（一）东阳木雕

东阳木雕，因起源于浙江东阳而得名，至今已有千余年历史，居“中国四大木雕”之首。东阳木雕技艺精湛，以平面浮雕为主，在具有多个层次的同时，也保留了平面装饰。采取散点透视、鸟瞰式透视等构图，布局丰满，散而不松，多而不乱，层次分明，主题突出，故事情节性强。由于东阳木雕基本保留了原木的天然纹理色泽，故又称“白木雕”。总之，东阳木雕是中华民族最优秀的民间工艺之一，被誉为“国之瑰宝”。

东阳木雕　世界木雕之都　张余仁 摄

东阳木雕　红楼梦檀香 / 刀状黑黄檀人物屏
戴敦邦画　陆光正雕　上海木文化博物馆藏
张余仁 摄

东阳木雕 浙江东阳中国木雕博物馆藏 张余仁 摄

黄杨木雕 达摩 梁红 摄

（二） 黄杨木雕

黄杨木雕，起源于浙江温州乐清，因取材黄杨木而得名。黄杨木雕大致分为三种类型，即传统类、根雕类和劈雕类。黄杨木雕颜色年久渐深，古朴美观，色似象牙，别具一格。又因黄杨木有“千年矮”之称，少有大料，故其作品题材大多表现民间神话传说中的人物，如八仙、寿星、关公、弥勒佛、观音等，以元代至正二年保存于北京故宫博物院的“李铁拐”像最为著名。

黄杨木雕 放鞭炮 徐宝庆作 上海土山湾博物馆藏 张彦 摄

潮州木雕　花鸟鱼虫 / 人物故事　清代建筑构件
潮州博物馆藏　王进 摄

（三）潮州木雕

潮州木雕，因起源于广东潮州、汕头、揭阳一带而得名。其特点是，精雕细琢后上漆贴金，显得金碧辉煌，故又称“潮州金漆木雕”。以浮雕、通花透雕和立体通雕为表现形式，透雕经络通畅，层次丰富，刻工细腻，立体感强。最早用于古代造船，发展用于建筑装饰、神器装饰、家具装饰、案头装饰等。作品题材多来自民间喜闻乐见的神话、传说、戏曲和历史故事，也有飞禽走兽，花鸟虫鱼等。潮州木雕上的漆画种类主要有如下四种：

潮州木雕　安放圣旨处　广东潮州博物馆藏　王进 摄

宁波朱金漆木雕　物华号百子大花轿　上海历史博物馆藏　张余仁 摄
1927年，周渭澄（宁波镇海人、旧上海物华赏器店创始人）为子周宗余娶亲，从象山请来十名木雕艺人用时十年制作而成的“万工轿”，被誉为“中华第一大轿”，但因用时过长，周公子等不及了，花轿未完工就急匆匆先完婚了。幸运的是他的女儿出嫁时，花轿终于派上了用场。

1. 描金漆画：在光素面上用红漆绘就画面，将要干时贴上金箔或金粉，罩上透明漆再推光而成。

2. 磨金漆画：用松脂油调漆加金粉于漆面绘画，晾干后用木炭或磨石混水打磨至画面光亮平滑即可。

3. 彩漆画：在推光漆面上用画笔绘纹饰，然后用漆画笔蘸彩漆料以平涂法填入红、绿、黄等色，最后以铁笔开线，罩上透明漆即可。

4. 铁线描漆画：是在以上三种漆画基础上用铁笔在画面上刻画形象轮廓细部，从而使画面更加细腻逼真。

宁波朱金漆木雕，也称金漆木雕，两者相近，但有区别。宁波木雕起源更早，始于河姆渡文化，其工艺特点是在木雕上贴金漆朱，讲究的是漆（指漆料和漆艺）而不在于雕，主要应用于民间陈设、家居装饰等，尤其是婚娶喜事中的床和轿更具地方特色，富丽堂皇，故有“千工床”“万工轿”之誉。

宁波朱金漆木雕　“千工床”上海泰和茶馆提供　侯又郡 摄

丰都名山福地香樟木雕　龙眼木雕传人方文桃作
邵世海 摄

（四）龙眼木雕

龙眼木雕，起源于福建，因取材龙眼木（桂圆树）而得名。其特点有二：一是选料特殊，龙眼木纹细密，色泽柔和，虬根疤节，姿态万端，乃木雕良材；二是打坯方式特殊，雕刻小件作品时，工匠需“五头抱一头”，即膝盖头、手腕头、两肩膀头和头部都挤在一起，用脚板挟住加工件，放在一个约80厘米的木墩上，抡杆下刀。雕刻大件作品时，需使用斧头砍劈出坯，素有“一斧抵九凿”之功，几斧就能砍出作品的动态轮廓。技法以圆雕为主，也有浮雕、镂透雕。作品题材多为古典的老翁、仕女、仙佛、武士，也有鸟兽花果等。经磨光打蜡，近似红木，古朴稳重，具有古董之美。

除上述“四大木雕”外，台湾木雕自成一体，别具一格。台湾木雕源自闽粤，承袭着早年渡海先民赴台拓垦带去的传统技艺，又糅合了台湾原住民、平埔族文化、西洋美学和东洋文化等元素。时至今日，

龙眼木雕 思秋 林秀梅作品
上海木文化博物馆藏
罗英 摄

中国台湾木雕工艺主要形成了以彰化鹿港、桃园大溪和苗栗三义为代表的三大产地，被誉为台湾木雕“三大流派”，各具风格，各领风骚。上世纪五六十年代以来，台湾木雕外销日本及欧美等地，已发展成为台湾举足轻重的出口产业。台湾木雕能够取得如此成就，不仅继承和发扬了祖国大陆传统木雕的技艺，也有台湾木雕艺人的求新创新。台湾木雕的表现形式比祖国大陆的“四大流派”更加活泼、更具现代感，其特点是：既有传统木雕的基因，蕴涵着中华精神，又表现出坚韧开拓、调适自然的地方特征，还夹带着外来文化的渗透。

左：吴煜正　台湾艺术博物馆艺术总监　右：张余仁
张彦 摄

2021 年 4 月初，台湾艺术博物馆在上海朱屺瞻艺术馆举办的“传承——木雕艺术展”，在那里笔者有幸遇到了台湾艺术博物馆创始人吴照夫之子、现任艺术总监吴煜正先生，观赏了以印尼野生沉香、印度小叶紫檀、台湾桧木及檀香木为基料的 60 余件木雕精品，领略了来自台湾苗栗三义木雕的艺术风采。因材施艺，巧夺天工，又一次见证了两岸文化的同源同宗。

五谷丰登　印尼野生沉香　吴煜正作　张余仁 摄

至于国外木雕起源于何时何地，最早的记载是大英博物馆珍藏的四千年前古埃及的两尊木雕女像，大约是古埃及第十八王朝（相当于我国商代初期）早期的作品，差不多与中国的毛笔同时代。欧洲木雕的起源与基督教有关，进入中世纪（相当于我国南北朝至明初），基督教将木雕用于宗教中的神像、法器等物件的创作，用木材雕刻十字架及各种宗教人物和圣徒。由此可见，国外木雕的起源至少比中国晚了约三千年。

中国牌楼　狮子　上海土山湾博物馆　洪新卫 摄

中国牌楼（经修缮）正面　上海土山湾博物馆
洪新卫 摄

最后介绍一件特别的木雕珍品，上海蒲汇塘路55号土山湾博物馆*的镇馆之宝——中国牌楼（牌坊），高5.8米，宽5.2米，为四柱三间楼阁式，屋顶选用了我国古代宫殿庙宇中最为尊贵的“庑殿顶”，又称“四阿屋顶”，其基座、柱、枋、斗拱、屋顶比例均恰到好处。除了建筑造型的美，雕刻也是它的一大亮点。差不多囊括了我国木雕工艺技法中的全部种类，如圆雕、透雕、镂雕、高浮雕、浅浮雕、平浮雕等。整座牌楼庄重大方，精致华丽，实为一件不可多得的艺术珍品，曾在1915年美国旧金山举行的巴拿马太平洋世界博览会上获得最高荣誉——头等大奖章。旧金山博览会结束后，牌楼被美国芝加哥菲尔德自然历史博物馆（Chicago Field Museum of Natural History）收藏，在此期间被两次借展，先后参加了1933年和1939年的世界博览会，后来又几经转手，

注*：土山湾，位于徐家汇南端，肇家浜在此拐弯，1832—1837年在林则徐任江苏巡抚期间，率众疏浚蒲汇塘等河道，堆集淤泥成山而得名。清同治三年（1864年），法国天主教传教士在此成立了耶稣会，将土山削为平地，建立孤儿工艺院（前身为创办于1855年的横塘育婴堂），占地80多亩，建有30多幢建筑，200多间房屋，至1960年结束，历时百年。土山湾孤儿工艺院是由西方人开办的一所免费技工学校，下设木工间、画馆、印书馆和五金工场等四个部门，其中以木工间最早、规模最大、人也最多。孤儿长大能自食其力后，或留堂工作，或出外谋生，悉听自便。东西方文化在这里发生了碰撞与融合，创作了大量具有中西方审美与技艺的工艺美术品，见证了中西方文化交流，为中国工艺美术史涂上了一笔浓墨重彩。土山湾培养了一代代世界闻名的艺术家，如雕刻大师徐宝庆、雕塑大师张充仁和摄影大师简庆福，一代画界宗师徐悲鸿也曾在此学习，使土山湾成为中国西洋画之摇篮和近代上海工艺和海派文化的发祥地。土山湾亦因有著名教育家、耶稣会神学博士马相伯先生（1840—1939，江苏丹阳人）而流芳百世，他先后创办了震旦大学、复旦大学、复旦中学、向明中学等，培养出了杰出教育家蔡元培、民国高管于右任、邵力子等一大批优秀弟子，对海派文化的起源与发展产生了极其深远的影响。

中国牌楼　庑殿顶　上海土山湾博物馆　洪新卫 摄

最后被北欧建筑师 M. Woeler 买走。直至 1985 年上海筹建土山湾博物馆，在瑞典华人学者的帮助下，于 2009 年中国牌楼终于运回上海，经浙江省东阳木雕古建园林工程有限公司历时半年捐修（180 万元），修缮后的土山湾中国牌楼参展了 2010 年上海世博会。这件作品是 1913 年出自欧洲传教士在徐家汇开办的土山湾孤儿工艺院的 60 名孤儿之手，在木工间掌门人德籍耶稣会修士葛承亮（字卧冈，原名 Aloysis Beck，因崇拜诸葛亮给自己起的中文名）的带领下，以柚木为基料，按照西方人对东方大国故事的解读，指导中国孤儿雕刻的中国历史人物和民间故事。这座中国牌楼至少有如下六个特别之处：

1. 不是某位雕刻大师的作品，而是出自一群孤儿之手，是集体创作的才艺展现。

2. 这是外国人对中国传统文化的理解，是欧洲人诠释的中国故事，是东西方文化的碰撞与融合，是文化不分国界的历史见证。例如，中国人雕刻的狮子多是威武威严，而这些被西化的狮子憨态可鞠，喜气洋洋，特别是小狮子在母狮身边天真欢快的神态华夏罕见。

3. 海派文化兴盛于民国时期，土山湾孤儿工艺院是海派文化的发祥地，中国牌楼及该院木工间的许多作品可以佐证。

4. 土山湾孤儿工艺院以海派黄杨木

雕著称，著名雕刻家、工艺美术大师、海派黄杨木雕创始人徐宝庆曾是该院的孤儿学员，也参与了中国牌楼的创作。牌楼回到上海后是经东阳木雕工匠之手，遵循“补齐、补全、补美”之原则予以修缮的。不管怎样，欲想做到和原来一模一样是不可能的，或多或少还是留下了一些东阳木雕的痕迹，因此，现在土山湾博物馆展出的这件藏品也算是国内不同木雕流派融合之杰作。

5. 命运多舛，周游世界，回归祖国，曾经参展过四次世界博览会，获得了世界最高奖项，史无前例，后无来者。

6. 用柚木作为雕刻材料比较罕见，也是相当不错的选择。柚木具有油性重、材质稳定等特点，可以防虫防腐，不易变形开裂。但材质硬，气干密度高，雕刻难度比较大。

1915 年巴拿马世博会上海土山湾孤儿工艺院的参展木制作品除中国牌楼外，还有 84 座木制宝塔，是以全国 18 个省市的著名宝塔实体大小，按照 1:50 的比例仿真制作的，如杭州的雷峰塔、苏州的虎丘塔、南京栖霞寺舍利塔、广州六榕寺花塔等。这些宝塔模型均惟妙惟肖，真实客观，艺术性强。在雕刻手法上，既继承了我国古代一些传统技法，又融入了当时土山湾传授的西方透视学原理和雕塑的审美理念，所雕作品立体感强，极富冲击力，是中国传统雕刻工艺与西方雕刻艺术结合的产物。目前土山湾博物馆展出的上海龙华塔、上海松江方塔、北京天宁寺塔和北京多宝琉璃塔皆是采用山樟木雕刻的复制品，原件现存于美国。

北京天宁寺塔 1:33 复制品　土山湾馆藏
张余仁 摄

上海龙华塔 1:25 复制品　土山湾馆藏
张彦 摄

十——木镟

木镟工艺的起源与“文房四宝”之首——毛笔有关，因在制作笔斗（原料多为牛角）的过程中需要运用到木镟工艺。商周时期，在齐鲁大地上发明了毛笔，春秋战国（前770—前221）人才辈出，学术活跃，用笔多多，战国后期齐笔（现与浙江湖笔、安徽宣笔、河北衡笔并称为“中国四大名笔”）业兴起，1954年在湖南长沙郊外的左家公山出土的战国时代楚墓文物中，发现了多种古毛笔及其书写文物得以佐证。秦始皇在统一中国、统一文字的同时，也统一了毛笔的称谓（此前各国叫法不一）。秦国名将蒙恬（约前259—前210）改良了毛笔，而被奉为制作毛笔的笔祖。元末明初，把木镟工艺推广运用至木镟玩具（耍货）。陀螺，俗称“打不死”，可能是最早、最经典的木镟玩具，后来发展到制作木镟工艺品。时至清末，手工制作木镟工艺达到鼎盛时期。实际上，木镟与木雕和其他雕塑艺术一样，是伴随着人类的生存而产生，伴随着人类的进步而发展的，刚开始是一种不自觉的行为，直到人们有了审美，木镟才真正成为一门艺术。

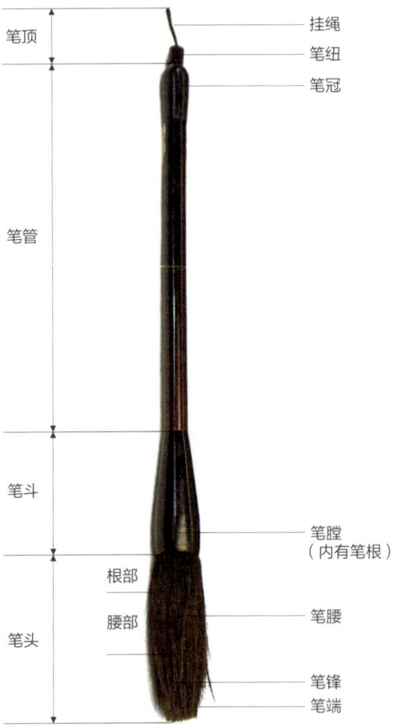

木旋工艺　牛角笔斗

木陀螺

北宋 葵口黑漆盆 1959年江苏省无锡市郊区河埒乡黎明村出土 江苏省无锡市博物馆藏

古埃及的芦管笔、欧洲的羽毛笔早已退出历史舞台，为何中国的毛笔却经久不衰？因为毛笔滋生出了一门独特的东方书法艺术，并由此引发出木镟艺术。至于国外的木镟工艺何时出现的，笔者没有找到相关资料。尽管我国的木镟艺术发明较早，但我国采用机械化制作木镟工艺品比西方晚，那是因为西方工业革命来得早。由于木镟工艺国内外皆有之，不能作为中国特色，本书不加过多评述，只作简单介绍。

木镟是一门相对独立的木作门类，是一项民间传统手工技艺。因制品必须随着镟轴一起旋转而得名。木镟主要通过手持刀具对旋转的木坯进行镟削，最终制成形状不一、生物轴对称造型的木器，如今，已全部由旋转机器取代人工手摇脚踏。

木镟工艺技法分为三大类：

1. **轴车削**，用以制作比较细长的物体，如楼梯栏杆、鼓棒等；

2. **端面车削**，用以制作球形把手、内部掏空物体，如花瓶、笔筒、碗、罐等；

3. **盘面车削**，用以制作宽大平整表面的物体，如类似盘子的容器等。

总之，木镟艺术家能充分利用每一块木头的天然纹理和色泽，通过不同的车床设计制作出简约且有冲击力的作品，完美彰显“用低调的形式探索安静的力量”之艺术魅力。

十二——圆木器

圆木器的历史悠久，早在新石器时代河姆渡文化遗址中就出土了圆木漆碗。圆木器在上世纪70–80年代之前还随处可见，如水桶、饭桶、马桶、澡盘、脚桶等，这些日常生活中的必备用具均出自圆木师傅（民间称“箍桶匠”）之手。明清时期，浙江乐清汤西村曾有四百多家圆木作坊，其技艺之精美，题材之多样，内容之丰富，闻名全国。然而，随着搪瓷、

昔日箍桶匠是用担子挑着修理工具走街串巷，如今改骑电动车了。 2021年张余仁摄于江苏高邮

塑料等现代洗漱用品的出现，圆木器物越来越少，民间箍桶技艺已近失传，现存下来的古旧圆木器物多已成为博物馆和爱好者的收藏，在那里默默记载着圆木作曾经的历史辉煌。不过，在崇尚自然的现代人眼中，圆木器物仍然是个好东西，比如，用木桶泡脚或洗澡既可贴近自然，又是一种复古的时尚。

十二——木模

最后讲一下木模问题。工具是人类文明进步的标志。生产工具的改进可以提高生产力，大大节约人工成本和时间成本。制作青铜器均需要模具，古人最早使用的模具是石头，因为石材具有耐高温、易雕刻等特点，先在石材上雕刻出比较简单的图案，再行铸造。之后，制作青铜器的模具是陶范，陶范的原材料是原生土、砂、植物纤维、草木灰、熟料（使用过的陶范粉）等按照一定比例混合而成。熔模的出现标志着精密铸造的开始，称之为“失蜡浇铸法”，简称失腊法。战国时期曾侯乙墓出土的不少青铜器，经考古学家考证就是用失蜡法制作的。现代文物保护需要复（仿）制传统青铜器，亦要在文物表面翻制模具，再利用模具浇铸制作复（仿）制品，所用的模具材料主要是石膏和硅橡胶两种。

至于铸造技术何时发展用到木模，可能与铁器

时代有关，具体年代暂无法考证。我国是世界上最早进行生铁冶炼的国家之一，春秋战国时期，我们不仅有了铁镰、铁铲、铁锹等生产工具，而且有了斧、锯、钻等木工工具。可见，我国在金属材料及热处理技术领域起步很早。十八世纪的英国工业革命，以及十九世纪的欧洲工业革命，对金属材料的利用提出了更高要求，在对全世界工业生产发生巨大影响的同时，中国也不例外。随着蒸汽机、纺织机和铁路等工业的兴起，铸件步入了为大工业服务的新时期，铸造技术也与时俱进。制造机器、机械需要用到铸件，铸造需要模具，早期加工模具的必选材料便是木材，为此，木模一直被全世界制造业广泛使用，木也助推了世界各国的工业发展。据中国船舶总公司上海新中动力机器厂的几位退休木模老前辈(都是笔者父亲张有炎的老同事)介绍：木模多采用松木、杨木和柚木。松木用得最多，具备易加工、强度高、不易变形等优点。杨木性脆，重而硬，纹理粗糙，一般不会单独使用，多用于覆膜板和模具的外框固定。最高档的是柚木模具，密度高，强度大，油性足，纹理细腻，不易变形，只有高档模具才会使用。早期的木模全是实木，后来采用各种人造板替代，加工更便捷，成本更低廉。上海海关原虹口关关长王骁先生说：他在上中学时曾去缝纫机厂学工，见到过蝴蝶牌缝纫机的外壳生产工艺，就是采用木模翻砂铸造而成的。现代模具材料也发生了很大变化，不再限于传统木质材料（已完成其历史使命），正逐步被塑料模具、铝模等各种金属模具所取代。

油泵木模

机械构建木模

总而言之，木材的用途相当广泛，人们的吃、穿、住、行、玩、乐等都离不开木材（详见第二篇《爱木》）。木模，虽然没有像木建筑、木家具、木雕等已发展形成一种文化或文化艺术，但木模对工业生产铸造构建的历史贡献功不可没。在这个领域木材是配角，任人摆布，木遂人愿。因此，木还有另一种品格：卑以自牧、含章可贞;奉献自己，成就他人。

俗话说：巧妇难为无米之炊。能工巧匠们需要有木料才能搞创作，才能发挥他们的聪明才智，才能谱写中国木文化的华丽篇章。如果没有中国木商前赴后继、不辞辛劳地去海外寻找木材资源，就不会有国内木材市场之繁荣，古典家具、木雕刻等传统工艺就难以传承，中国木文化发展的历史长河亦将干涸枯竭。

俗话说：巧妇难为无米之炊。能工巧匠们需要有木料才能搞创作，才能发挥他们的聪明才智，才能谱写中国木文化的华丽篇章。如果没有中国木商前赴后继，不辞辛劳地去海外寻找木材资源，就不会有国内木材市场之繁荣，古典家具、木雕刻等传统工艺就难以传承，中国木文化发展的历史长河亦将干涸枯竭。

第四篇

营木

进口木材历史悠久　全球采购供应链完善

琴背椅　航管红木提供

鸭绿江上放木排

明清时期，古典家具大流行、木文化大发展，木材用量也随之大幅增加，珍稀名贵树种木材告罄，必须去寻找新的红木树种来满足皇室贵胄、达官富商的生活需求。新中国成立后，尤其是改革开放以后，国民基本建设需要大量木材，加上国家限制森林砍伐，寻求新的木材资源迫在眉睫，因此，木材是我国纳入长期进口计划的大宗商品之一。

南京郑和公园　刘兵 摄

一 —— 进口木材历史

据史料记载，大约六百年前人们使用的木材均是自产自销的国内材。秦朝时期木材由官府经营；汉朝政策开放，贩卖木材是盈利最多的行业之一；唐朝商业发展，武则天父亲武士彟（yuē）* 就是靠做木材生意起家的；宋朝木材开始集市交易；元代收归官商专卖；明朝始有木材进口 **。我国进口木材历史大概分为如下四个阶段。

第一阶段：明永乐三年（1405 年），郑和（1371—1433）奉命七下西洋 ***，曾到过越南、印尼、斯里兰卡、印度和非洲东海岸，给这些国家带去了茶叶、丝绸、瓷器等中国特产。他们往往是满载而去，带回来的东西却寥寥无

注 *：中国历史上最早最成功的木材商人武士彟（yuē），字信明，并州文水（今山西省文水县）人，生于北周武帝建德六年，早期靠挑着担子走乡村卖豆腐谋生。隋朝大业年间，杨广大兴土木，他看准商机，与同乡许某合伙做木材生意，因致大富。其间与李渊结交，倾家荡产为李渊起兵反隋资助粮饷。尔后，他弃商从戎，在太原从一名队正做起，彻底改变了自己的身份和命运。李渊称帝后，名列“太原元谋功臣”之一，官至工部尚书，封应国公。李世民即位后，历任豫州、利州和荆州都督。可见，他经商与从政皆获成功。死后得到的谥号最多、追封最多，也是最高的，刚逝世时李世民赐谥为定。武则天受封皇后以后，先后被追封为周国公、太原郡王等，改谥忠孝。武则天称帝后，被追谥为无上孝明高皇帝，庙号太祖。唐玄宗先天年间，削除帝号，降封太原郡王。

注 **：汉武大帝、大唐盛世、成吉思汗等先帝开疆拓土时期，在被占领国曾伐木运往中原，属于在“自家领地”就地取材，不成交易，不能算是真正意义上的进口。而明朝郑和下西洋带出去的是礼物，换回来的是木材，属于“易货贸易”，可以视作进口。

注 ***：明成祖朱棣为提高威信，巩固皇位，选派郑和为正史、王景弘为副使率领中国船队到海外做宣传活动。1405 年 7 月第一次下西洋时共有 200 多艘船近 3 万人，是当时世界上规模最大的一支船队，从此拉开了人类走向海洋的序幕。在之后的 28 年里郑和共七下西洋，比哥伦布发现新大陆早了 87 年，比达·伽马绕过好望角早了 98 年，比麦哲伦到达菲律宾早了 116 年，成为十五世纪世界大航海的先行者。2005 年 7 月是郑和下西洋 600 周年纪念日，2005 年 4 月国务院批准将每年的 7 月 11 日作为“中国航海日”，同时也是“世界海事日”在中国的实施日。

压舱木置于水密隔舱内 “华光礁1号”沉船模型
广东省博物馆 张余仁 摄

儿，主要是东南亚出产的香料等当地的土特产品。为航海安全，郑和便下令就地伐木压舱，拉开了我国进口木材的序幕。压舱首选红木，如阔叶黄檀（*Dalbergia latifolia*）、条纹乌木（*Diospyros* spp.）等，其因是这些木材的密度高、比重大，压舱效果好。后人去东南亚、非洲采购木材，尤其是采购红木，乃步前人之后尘，走的是郑和下西洋之老路。

南京宝船厂遗址发掘现场 南京郑和纪念馆 刘兵 摄

郑和船队规模 南京郑和纪念馆

郑和宝船整体布置 南京郑和纪念馆

当年的马六甲，时称满剌加国，犹如当下美国在海外设立的军事基地，是郑和船队中途登陆补给、休整的地方。郑和七下西洋，其中有五次到过马六甲，他们在那里留下了许多历史痕迹，现已成为当地旅游景点。例如，在马六甲有一座山叫“三宝山”，马来西亚官方称之为

三宝山　又称中国之丘　马来西亚马六甲

三宝亭　由华人甲必丹蔡士章建于乾隆六十年（1795 年）
马来西亚马六甲　何迅　摄

青云亭　张颖　摄

“Bukit China”（中国之丘），曾是诸军驻守的攻防要地，后来成为华人义冢，山上保存了 2500 多座华人坟墓，其中包括逾 300 年的明清古墓，华人甲必丹（马来西亚语：Kapitan China）之墓，以及地缘性和血缘性组织的义冢。山下的社区为“三宝井”，此外，还有一座“三宝亭”，现已成为郑和下西洋的纪念馆。

青云亭是马来西亚历史最悠久的华人庙宇，由甲必丹郑芳扬创建于 1673 年。这是华人的信仰中心，亦是殖民时期华社头人的行政与仲裁中心，是料理华人丧葬、婚礼、救济贫弱、排解纠纷，以及召开华商和社团领袖会商民事对策之地。青云亭名下管理的产业，除了三宝山、三宝亭之外，尚有 272 英亩的日落洞义冢和 9 间华人庙宇。

郑和船队航行至非洲东部肯尼亚马林迪时，突遇飓风，“舵失针迷”，发生翻船事件。出身武术世家的水手李金龙为当地人斗蟒除害，获酋长批准留下定居，娶妻生子。如今，水手后裔帕泰村派出代表沙里夫小姑娘来南京中医药大学学习中医。她家堂柜上至今还放着一只祖先留下的青花瓷碗。

肯尼亚水手后裔来华学习中医

印尼三宝垄市三宝庙　又称三保大人庙　王宏亮 摄

华社曾一度引用郑和的封号三保太监，将三宝洞写成三保圣洞　王宏亮 摄

印尼三宝垄市鸟瞰图　南京郑和纪念馆

在印度尼西亚泗水有一座港口城市叫“三宝垄”，那里有“三宝洞”和“三宝庙”。这是当年郑和船队经过登陆的地方，历经数百年的沧桑更迭，三宝庙几经烧毁，却又几经修葺扩建，当地人对郑和的崇敬可见一斑。

三宝洞，是郑和副使王景弘（1368—1437）在航海途中养病栖身之处。病愈后，王景弘率随从垦殖建房，与当地女子通婚，传播中华文明，人丁渐繁，终成市镇。郑和第七次下西洋病逝于印度古里，王景弘率船队归返，于宣德八年七月初六（1433 年 7 月 22 日）回到南京。宣德九年（1434 年）六月，王景弘受命以正使身份最后一次率船队出使南洋诸国，完成了第八次下西洋。

第二阶段： 清顺治十三年（1656 年），朝廷颁布禁海令。康熙二十三年（1684 年），康熙皇帝取消禁海令，实行开海贸易政策，在东南沿海设立了粤、闽、江、浙四大海关，作为管理海上对外贸易的行政机构。乾隆二十二年（1757 年）“一口通商”，朝廷只保留了粤海关独家管理对欧美的贸易事务，广州成为华洋商贸中心，“十三行”垄断经营。当时的出口商品主要是茶叶、丝绸、瓷器、棉布和中药材等，进口商品主要是毛皮、毛织品、胡椒、西洋参和木材等。1840 年鸦片战争打开了中国大门，开启了中华民族半封建半殖民地的历史时代。19 世纪远东最著名的英国旗昌洋行（Russell&Co.）于 1851 年率先把“洋松”带进上海，上海国际饭店*、大光明电影院、金门大酒店、先施百货、永安百货、外滩万国建筑群（中国银行大厦**除外）等雄踞一时的著名建筑皆以“洋松”为桩基，此外，自吴淞口至黄浦江沿岸码头的许多基桩也是“洋松”。改革开放后，上海开发建设浦江两岸，废弃这些老码头、老仓库时还发现了许多“洋松”，材质依然完好，160 多年不朽不烂。

上海国际饭店（Park Hotel） 张余仁 摄

注 *：匈牙利犹太裔建筑设计大师邬达克（1893—1958），他设计的国际饭店原为 1934 年诞生的四行储蓄会大厦，高 83.8 米，24 层（地面 22 层，地下两层是车库和金库），是一家“抬头让人掉帽子”的著名老饭店。根据民国二十三年的《申报》记载，国际饭店是当时东半球最高的大楼。按照当时的技术条件，认为建造高层建筑的最大障碍是软土质，因为上海属于沉积地貌，在外力作用下承重能力差，变形大，甚至会出现不均匀沉降。为破解这个难题，承建方康益公司打下了五根一组的梅花木桩，深达 39.8 米，几乎是大楼总高的一半。大楼的基桩又密又深，使它在后来的岁月中沉降很少。据国际饭店文史馆特约讲解员彭育斌先生介绍，他所见到的文字资料显示，梅花木桩采用的是美国圆木（圆木是英文 round wood 的直译，业内人士意译为“原木”），与《上海宝爷》介绍国际饭店基桩使用的“美国洋松”基本一致。花旗松属于高大乔木，树干长度可达 40 米以上。

注 **：位于上海外滩的中国银行大厦的原址是德国总会，因第一次世界大战（1914—1918）德国战败，被中国政府作为敌产没收（上海历史博物馆的表述是：“1912 年 2 月中国银行在大清银行旧址开始营业。”笔者认为可能时间有误，有待考证），1934 年将原来这幢堪比慕尼黑城堡、虽然漂亮、却已陈旧、更显狭小的建筑拆除，建造了一座后来成为上海地标之一的中国银行大厦。中国银行是民国时期的“四大行”之一，其后台是四大家族之一的宋子文，原设计方案是 34 层，暗合着南京政府在公共租界欲与洋人试比高的隐秘心理，由近代著名建筑师陆谦受先生（1904—1992）设计，这是外滩万国建筑群中唯一一幢由中国人设计的建筑，也是唯一一幢未用细皮洋松（花旗松）作为基桩的建筑。当打下深达 50 米的钢筋混凝土基桩后，隔壁的维克多·沙逊跳出来说：此处属于英租界，周边建筑不得超过沙逊大厦（现为和平饭店）的金字塔高 77 米，公共租界工部局拒发建造许可证。官司打到英国伦敦后，英方依据《中英天津条约》作出裁决，结果满足了沙逊狂妄骄横的愿望，迫使中国银行不得不改动设计方案，将双塔改为单塔，主楼高度为 17 层 69 米。可见，这场建筑高度之战意味深长。

左：沙逊大厦（现为和平饭店） 右：中国银行 张余仁 摄

据上海收藏鉴赏家协会理事、上海松江收藏家协会会长、上海荟珍屋主人赵文龙先生在他所著的《从桂林公馆到荟珍屋》一书中介绍："上海市区洋松木结构房子最多的地方是黄浦江西岸的杨浦、黄浦、南市。浦西外滩的万国博览建筑和大型西洋建筑的地下，在当年没有水泥的情况下，按照传统做法，都密密麻麻地打满了40×40厘米见方，长8米左右的老洋松，以此作为承载基础。"花旗松在这个范围内被广泛使用，还与距离外马路"木行街"不远有关，就近采购，运输方便。

"洋松"是老上海人对舶来品的称谓，俗称花旗松（Douglas fir），学名为北美黄衫（*Pseudotsuga*

menziesii）。当初进口的“洋松”全是砍伐的原始森林，年轮窄，材质密，新鲜的木材刨面看上去是“细皮嫩肉”，故又得美名“细皮洋松”。改革开放后，进口的美国花旗松全是砍伐的人工林，属于速生材。

花旗松树　童烨 摄

花旗松板材　童烨 摄

上海港务集团有限公司采用黄浦江码头花旗松旧基桩制作的会议桌　沈伟 摄

“五口通商”以后，据嘉庆和道光年间上海江海关史料记载，进口木材主要来自马六甲、槟榔屿、爪哇、苏门答腊、婆罗洲等，1864年上海进口南洋硬木价值有40千关两（银两按1.11折成关两）。在英、美、德、日等外国洋行用进口木材霸占中国市场的同时，福建、宁波、安徽等地商贾采用国内木材与其竞争。经两江总督曾国藩批准，内地木船可以直运上海，停靠在董家渡附近。木商们在十六铺南面的外马路纷纷开设木行，店多成市，遂成闻名十里洋场的“木行街”，并为南市邦的形成聚集了人气。后来闽邦、广邦、潮邦等有海外关系的商家也纷纷从东南亚进口木材参与竞争。于1844年（清道光二十四年）在上海南市生义弄14号（今大概在绿地外滩中心位置）建造并成立了上海木商会馆。一是维护同行权益，对外交涉；二是团结起来与洋人竞争市场；三是联手应对福建、温州一带的海盗，不再孤掌难鸣。

民国时期，上海逐步形成了以贸易为主的“南市邦”，和以锯木加工为主的“北市邦”。1940 年太平洋战争爆发，日军进占租界，欧美木商纷纷撤离，日本洋行取而代之，掠夺我国东北森林资源，强占并垄断了旧上海的木材市场。

凭结婚证购买柳安板材喜气洋洋

第三阶段： 新中国成立后，步入计划经济时代，主要是砍伐国内木材来满足国家基本建设需要。虽有一些进口，但多系政府间贸易（俗称大贸）。例如，我国和前苏联开展的易货记账贸易，两国政府每年谈判一次，我们供应他们水果、猪肉、鸡蛋、轻纺产品等，他们则给我们木材，以保持双方的贸易平衡，直至前苏联解体才终止。又如，为支持社会主义阵营，向越南、柬埔寨等国家进口硬杂木。再如，为进联合国拉票，开始从非洲一些国家进口木材。此外，对国内稀缺的木材品种按国家计划准予进口，尤其是用于工艺美术品出口换取外汇所需的高档木材原料，如酸枝木、花梨木、檀香木等。仅以上海口岸为例，当时进口红木原木、出口红木家具，国家外经贸委指定由上海市工艺品进出口公司负责经营，出口红木家具最早、最多的是销往日本，后来扩大至新加坡、马来西亚及中国香港、澳门等国家和地区。

上海木材供应公司（后更名为上海木材总公司）小额供应站下属木材店负责供应市民家用木材

这段时期，计划内木材勉强满足国民建设需求，农民可以植树自用，城市居民用木十分困难。仅以上海为例，1972 年每户只能买价值 2 元的木料，后来逐渐有所增加，1977 年可买 4 元，1981 年可买 6 元，若报经上海木材供应公司小额供应站领导批准，最多可买 8 元。供应品种仅限于 0.9 米以下的非规格材，或 2 米以下的旧木料。一律称重计价，每公斤 0.2—0.4 元，旧木料每公斤 0.16 元。凭户口簿购买，并加盖“木材供应”印章，每户限购一次，规定用途仅限于房屋维修，至于买回家到底做什么没人管你。侨眷可凭侨汇券购买 1 元，收券 2—4 张。1981 年开始，凭结婚证可买进口柳安板材 0.3 立方米、胶合板 5 张、纤维板 5 张，正好可以制作婚房家具五件套。那时的年轻人，现在都已经过了花甲之年，对这段陈年往事是抹不去的记忆，每当谈起他们艰苦奋斗的革命婚史，依然记忆犹新，津津乐道。

第四阶段：改革开放后，随着国民经济的飞速发展和人民物质生活水平的大幅提高，对木材的需求量连年攀升。同时，党和国家越来越重视生态环保，禁止滥砍滥伐，不断扩大开放进口木材政策，主要表现为：

- 由专营变多营，即由只准许外经贸部指定的专业公司才能进口，逐步开放至凡有外贸资质的公司都能进口。
- 进口关税一降再降，直至零关税，鼓励进口，让利于民。
- 国家“一带一路”倡议，为进一步扩大进口木材采购市场铺平了道路。

如今，我国年进口木材数量超过 1 亿立方米，已经成为全世界进口木材数量和出口木制品数量最大的国家。与此同时，国家取消了木材供应计划，放开市场经营，单位或个人用木可以自由采购，各尽所需。

在此，再简单介绍一下进口木材国别地区变化的历史情况。新中国成立后，进口国只有前苏联、越南、柬埔寨、泰国及几个非洲国家。改革开放后，增加了美国、加拿大、智利、巴西、马来西亚、印度尼西亚、西欧及中国台湾等国家和地区。其间，新西兰辐射松取代了智利辐射松。上世纪末，与太平洋岛国建交后，进口过西萨摩亚板材，但因在加工过程中发生了锯木工人鼻子不明出血而终止（其因迄今仍是一个谜）；进口过斐济原木，但因太平洋上风云变幻，造成木材扭转纹严重，影响加工使用而终止。

随着改革开放的力度不断加大，进口木材的国别地区也越来越多，欧洲国家几乎全覆盖。上世纪曾有一段时间，采用欧洲榉木（水青冈 *Fagus sylvatica*）木材装修房屋成为一种时髦，红遍祖国大江南北。非洲加蓬奥古曼（奥克榄 *Aucoumea klaineana*）进入中国市场一炮打响，因木材粗大，出材率高，被公认为是旋切胶合板用材之首选。随后喀麦隆、加纳、刚果、中非、马达加斯加等其他非洲国家木材纷纷跟进。特别是在巴西、智利等南美国家遭到国际社会谴责，破坏“地球之肺”之后，木商们便把目光更多地投向了非洲，以及巴布亚新几内亚、所罗门、澳大利亚等太平洋岛国。此外，在全民奔小康的路上，先富起来的小部分人振兴了红木市场，过去进口红木树种只有东南亚，如今大力开发非洲红木树种，以满足国内红木市场的需求，国家标准也不断扩大红木树种范围。又因过度砍伐，导致这些树种不断被濒危野生动植物种国际贸易公约（CITES）列入濒危管控范围。可以说，中国人对木的迷恋如痴如狂，对木的开发利用登峰造极。全世界只要有木材资源的地方，一定有我们华人寻觅采购的足迹，正是有中国木商孜孜不倦的追求，不断拓展海外木材供应市场，源源不断地为工匠们提供创作的原材料，才使中国木文化得以传承与发展。

欧洲水青冈树　又称山毛榉　冯思源 摄

欧洲水青冈原木　冯思源 摄

奥克榄原木　又称加蓬榄　陈旭东 摄

奥克榄板材　陈旭东 摄

在改革开放进程中，进口木材也发生了“国退民进”的历史变革，即进口木材不再作为国家控制的计划物资，不再统购统销，而是接受市场调节，导致私营木材企业异军突起，国营木材公司虽然有资金优势，但经营手段呆板，没有私营企业灵活，不得不先后改制退出市场。由于起初国营外贸公司拥有国外供货渠道优势，私营企业只能委托外贸公司做进口木材贸易代理，他们自己在国内市场销售，几次生意一做，他们与供应商熟悉了，便抛开外贸公司直接与外商沟通，谈成生意后再委托外贸公司做外贸代理，对外签约付汇，双方优势互补，合作共赢。后来发展到私营木材企业不仅可以自营进口，也可以做外贸生意。最厉害的是有实力的私营企业还能直接去国外木材产地买下木山，自伐自销，既可以销售到国内，也可以销往其他国家。如今，只有央企中林集团还在坚守阵地，经营进口木材，彰显社会责任，其他国企几乎已全部退出，被私营企业逐步取代了。

作为这一历史的见证人，有必要介绍一下私营企业进口木材第一人：林金清先生，1968 年出生于福建莆田，早年离家远赴内蒙古学习做木材生意，然后带着两个弟弟自主创业，委托内蒙古一家外贸公司代理进口外蒙古松木板材，通过铁路运输销往上海。上世纪 90 年代初，他又独闯上海滩，二次创业，委托中土畜中国木材进出口公司代理进口前苏联的樟子松、落叶松等原木，通过大轮运至上海港，销往全国各地。再后来，他又拓展了欧洲木材市场……他可能是新中国私营企业进口木材铁路运输和大轮海运木材第一人。本想借本书一角作详细介绍，但因林先生相当低调，十分谦逊，不肯透露，拒绝分享他的故事。然而，作为这段历史为数不多的见证人之一，有着强烈的使命感，有责任如实记录这段真实历史，如果不写进书里，它将永远被淹没在滚滚向前的历史长河中。在此，也向林先生打声招呼：没有尊重您的意愿，为履行笔者操守，忠于历史，对后人负责，敬请原谅！

左：林金清　右：张余仁　1997 年摄于瑞士　陈宁宁 摄

二——伐木

从古至今，伐木作业发生了巨大变化，主要表现在伐木工具的不断改进。从石器时代开始，石斧就贯穿于劳动生产过程之中，人们使用磨制粗糙的石斧伐木、劈木。随着生产力的发展，人们对齿石器切割性能有了进一步认识，金属大锯应运而生。随着工业化程度日益提高，伐木业也发生了翻天覆地的变革，电锯的出现，极大地节省了切割木料所耗费的时间和人力。如今，欧美、新西兰、澳大利亚等国家和地区，已基本实现全机械一体化作业，从伐木、去枝、造材*到装车，一气呵成。

注*：造材是指按照标准规定的木材长度进行截锯。

人工拉大锯　邵志明 摄

三——运木

先讲一个《动物世界》里关于运木的小故事。

动物运木的故事

有一天，大笨熊、大肥猪和小瘦猴商量决定到小河上游森林里搬运木头回来造房子，每人搬运一根，比赛看谁最快。大笨熊认为自己力气大，扛起一大根木头就往回跑，结果没跑多远就累得满头大汗。大肥猪心想我虽然没有大笨熊力气大，但可以发挥自己大鼻子的优势，于是就选中一根大木头，用鼻子来拱，让木头滚动前行比扛省力多了，但没多久还是腰酸背痛了。小瘦猴心想自己这么瘦小，扛不动也拱不动大木头，灵机一动，慢慢把木头移到河里，纵身一跃坐到木头上面，顺流而下，很轻松地赢得了这场比赛。

这个“动物运木”故事的本意是想说明一个道理：世上无难事，只怕有心人，做什么事都要动脑筋。但对“木头人”来说却另有解读：大自然是人类最早的老师，运木也不例外。也许是一场地震造成了木头的滚动，有的滚到了河里，滚动时还把其他东西带到了河里，然后，一起在水上漂浮，给人们带来如下启迪。

动物运木　崔金璐 作

启迪一：笨猪滚木可能是车轮的起源，中国古代有轩辕黄帝把木头插在圆盘中央，使它运转造车的传说，并因此得名“轩辕”。有人认为他的灵感来自一阵大风刮走了他头上的草帽，草帽在半空中飞舞盘旋。

人抬木头

启迪二：猴子漂木教会了人们水运木材，后人扎成木排大大提升了水上运木效率。此外，水上漂木可能也是制作独木舟的灵感来源。

启迪三：利用滚动木头运送大石头等重物，被后人广泛运用于建筑工程。中国人如此，外国人也是如此，如古埃及金字塔的建造等。

运输是木材开发利用过程中的重要环节之一。古时运木全靠肩扛人抬，利用山坡自由滑体，利用江湖河流扎成木排进行运输。随着科技的进步，运输工具的多样化，木材运输方式也随之发生了巨大变化，常见的有以下几种。

（一） 水上运输

1. 木排水上运输，又称放排，这是古老而传统的运输方式。木排（木筏）的大小是根据当地河流、水系水位、河床宽窄、航道平坦等情况而定。在林区先扎成小排（原排或内河排）放入河流送至江湖水泊，再改扎成几百或上千立方米的大排（江排），最早由人工拉纤、借助水流和风力运输，后来改由拖轮运输。其优点是运量大、费用省。缺点是速度慢、时间长、易散落。通常在木排上要搭建小木屋，供放排人员协助调整航向及吃住生活之用。如从宜宾到上海路程为2867公里，正常航行约需三个月。海排是1954年上海海运局在北方大连港，在前苏联专家巴雪维奇指导下做出的创举，史称“雪茄海排”，后来又引用到南方福建木材的运输，以满足建设新中国的物资需求。

木排运输水上作业　燕虹作

排筏工人作业场景　王洪根 摄

计划经济时代，国内木材调运多在春季，山区会发“桃花水”，即利用河水上涨放运木排。1959年3月18日，《新民晚报》曾做过一篇题为《一江春水送木材》的报道，讲的是山谷里水量不足，就采用分段堵塞的办法，等水量蓄储到达水位后再放运，使工作效率大大提高的故事。1960年5月14日，《新民晚报》又做过一篇题为《巨龙飞越长江天险》的报道，当初上海市木材供应公司的调运员写下了如下豪言壮语：

英雄不怕鬼门关，
三峡天险只等闲；
排推长江千里浪，
吓坏水底老龙王。

人工拉纤

龙门吊装卸木材 原上海木材供应公司吴泾供应站

2. 船舶运输，这是用货轮在沿江或沿海港口装卸木材的运输方式。因进口木材运量大，故又称大轮散装运输。共有两种卸货方式：一是将木材由大轮直卸到码头上；二是将木材先卸到水上，扎成“横峰排”，用拖轮拉至木材水库，再予拆排、检尺、记码、改扎成商品排。后者的条件是木材必须浮水，如北美花旗松、东南亚柳安、非洲奥古曼等都是浮水的。其优点是运量大、速度快，用拖轮拖运木排，既可顺流而下，也可逆流而上，更加安全可靠。缺点是装卸环节多、装卸难度大。为解决码头装卸问题，上海港发明了专门装卸原木的抓斗，发明人包起帆也因此被誉为“抓斗大王”，成为中国工人阶级改革开放的创新先锋模范。

上世纪80—90年代，大轮卸货到黄浦江上，扎成“横峰排”拖运至木材水库，经拆排、检尺、记码，再改扎成商品排进入流通市场 张达亚 摄

（二）汽车运输

通常采用各式卡车（包括拖拉机），是短途木材运输的常用方式。其优点是机动灵活，速度快、效率高，可以做到“点对点”“门到门”。缺点是若路况不好，容易被困在山沟里，发生翻车事故也比较多。

专用机械装运木材　朱永平 摄

汽车运输木材　陆建明 摄

拖拉机运输木材　张余仁 摄

（三） 铁路运输

自中国铁路开通以后，在林区采用专门的小火车运输木材，跨省市长途运输则采用火车专列运输木材。其特点是运量大、速度快、不受气候和季节影响，可以连续作战，而且安全准点、运费也相对便宜。

计划经济时代至改革开放初期，在各大国营林场和原中国木材总公司属下的木材转运站，以及省（市）级木材公司储木场都铺设了铁路专用线，方便直运木材。如华东木材一级站（前称农林部上海木材管理处）、上海木材供应公司吴泾供应站和日晖港供应站，都位于黄浦江畔，既有专用码头，又有铁路专用线，通过江铁联运，将国家计划进口木材运往内地，也可把内地木材调往上海。

山地履带运输车拖运木材　小兴安岭　杨秀明 摄

上海木材供应公司吴泾供应站铁路专用线

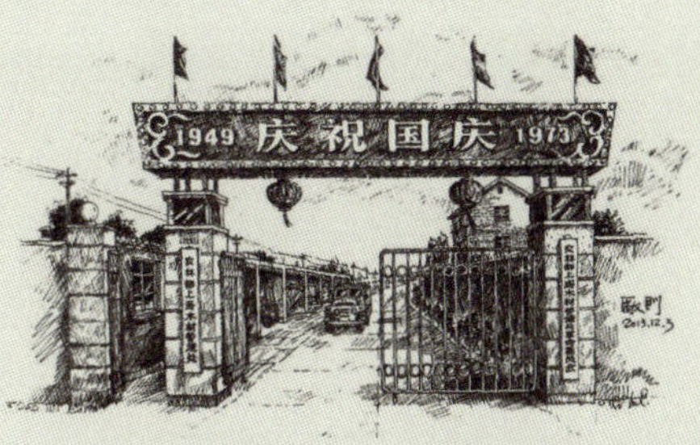

中国木材总公司华东一级站大门　燕虹作

木材装卸作业平台　中国木材总公司华东一级站　燕虹作

中国木材总公司华东一级站铁路专用线　燕虹作

上海木材供应公司吴泾供应站码头

（四） 集装箱运输

上世纪 40 年代，美国一家运输公司老板马尔科姆·麦克莱恩先生（1913—2001），因发明了集装箱，并推广运用于汽车、铁路、轮船和飞机运输，而被尊称为“集装箱运输之父”，使全球运输业发生了革命性的改变。如今，有实力能够买下整船木材的商家越来越少，人们更倾向于采用集装箱运输木材。因为集装箱具有小额、灵活、安全、装卸方便等特点，亦可做到“点对点”“门到门”，故采用集装箱运输的进口木材会越来越多。

集装箱船舶运输木材　上海洋山深水港

集装箱装卸木材　虞天华 摄

上面讲述了国内木材流通的五种运输方式。在东南亚国家还有另外一种木材运输的特殊方式，他们借力驯服的大象在林地拖木运输。伐木工人需在原木的末端凿一个供大象运木扣住绳子或铁丝的“洞眼”，待拖到就近的内陆河流，这个“洞眼”就变成扎排的“水眼”，即用铁丝穿过“水眼”扎成木排，用拖轮运至国际航运货轮旁边吊装上船。如今有了集装箱，为方便集卡通行，伐木前先开路，集装箱可以直达林区装运木材，逐步取代了这种古老的大象运木方式。

大象运木　由上海坤铭木业有限公司提供　董权坤 摄

（五）木材仓储

木材仓储也是营木中不可或缺的环节之一。不论哪家木材公司都会下设储运部门，专门负责木材的到货接卸、入库验收、堆存保管和出库发货等。因木材体重量大，板材过去多存放于室外仓库，堆存时捆与地面之间、捆与捆之间甚至块与块之间要摆放木条（木楞）确保通风，现在条件好、批量小了，多存放于室内仓库。原木则全部露天堆存，过去除了堆存在陆地仓库外，人们更喜欢存放在水上仓库，因为水中浸泡木材不仅可以杀虫、防腐，还可以降低储运成本，国内外通用。改革开放后，百业待兴，国家大量进口木材，进口最多的是北美花旗松，多是人工林种植的速生材，扎成木排，储运水上，遍布黄浦江的中上游航道两侧和上海市郊及周边江浙地区可以拖运木排的河流水塘。那时，每有木材到货，当地居民便纷纷爬上木排铲剥树皮，运至家前屋后，层层叠放，自然风干，用作柴火，曾是乡村一景。随着木材行业的国退民进，如今木材水库已经消失，成为不会重现的历史记忆。

上海市木材交易市场曹家宅水库

上海自贸新片区　洋山深水港四期自动化码头

（六）进口木材入境口岸变化情况

计划经济时代，能够吞吐进口木材的海港口岸不多，主要是“广、大、上、青、天”，即广州、大连、上海、青岛和天津，铁路口岸主要是满洲里、二连浩特和绥芬河等。改革开放后，进口木材数量连年增加，由于受到能够接卸进口木材对外开放口岸布局及吞吐能力的限制，经常发生在港口压船滞港、在铁路压车排队等候卸货的现象，因此催生了许多新增对外开放口岸。

上海自贸新片区　洋山深水港一期集装箱码头

海港码头，从国家最早批准的 14 个沿海开放口岸，发展到现在的沿海城市几乎全覆盖，有的甚至有好几个，其中以广东、广西、福建、浙江海港码头增加数量最多。

长江沿岸码头云集，南京长江大桥下游两岸几乎全是木材码头（多是散货），其因是上海开发建设黄

江苏靖江盈利码头　江苏万林现代物流股份有限公司提供　毛兴味 摄

江苏新民洲港务有限公司　周旭 摄

“一带一路”成都铁路口岸　成都国之丰货代公司提供　赵明 摄

浦江两岸，上港四区和六区等老木材码头撤港还城，同时，上海港口产业调整，大力开拓集装箱业务，把木材散装货轮统统赶到了长江下游，给长江沿岸三、四线城市带来了建港兴城的发展良机，除原有的南通港、镇江港、南京港、张家港4个港口外，先后增加了太仓、江阴、常熟、武进、大港、如皋、靖江、泰州、扬州、江都、新民洲，加上原来的共有15个。最近，为落实长江大保护的国家战略，据说张家港即将退港还城，太仓港准备产业升级，靖江港、新民洲有望成为长江沿岸乃至全国最大的进口木材散货码头。

铁路和汽车陆运口岸也增加不少。铁路口岸主要是“一带一路”倡议给内陆城市带来了发展商机，如成都、西安等。为搞好与周边国家之间的关系，改革开放后，大力发展边境贸易，使汽车陆运口岸也增加不少，进口木材主要集中在与越南、老挝、缅甸等接壤国家的边陲城镇。

四——检木

明末之前，我国木材买卖尚无检尺标准，木材检尺标准的形成经历了一个从无到有、推陈出新、不断完善的历史发展过程。

郭维经（1588-1646） 张余仁 摄

（一）发明龙泉码*开世界木材检尺之先河

明末抗清忠臣郭维经（1588—1646），在回江西龙泉县（今遂川县）五斗江三溪老家为母丁忧六年期间，发现当地木材交易仍用古老的“估堆法”或“称重法”，不甚合理，林农多有吃亏。便与长女郭明珠一起研究发明了全球最早的木材检量法，史称“龙泉码”。这是一种采用蔑尺**围量原木周长，用《龙泉码材积表》查定材积的科学方法，并得到了各地木商的认可，很快推广到全国使用，直至1953年新中国实行公制检尺才予终止。龙泉码流行了300多年之久，比1840年德国人发明的国际公认的《柯达山毛榉材积表》早了将近200年。

龙泉码的发明填补了国家在这个领域之空白，也是世界上

原始写法	围尺码分	[illegible]	[illegible]	[illegible]	[illegible]	[illegible]	[illegible]	[illegible]	[illegible]	[illegible]	[illegible]	[illegible]	[illegible]
注释	围尺码	0.8	0.9	1.0	1.1	1.2	1.3	1.4	1.5	1.6	1.7	1.8	1.9
注释	分	0.015	0.02	0.025	0.035	0.045	0.06	0.075	0.09	0.12	0.15	0.18	0.23

原始写法	围尺码分	[illegible]	[illegible]	[illegible]	[illegible]	[illegible]	[illegible]	[illegible]	[illegible]	[illegible]	[illegible]	[illegible]
注释	围尺码	2.0	2.1	2.2	2.3	2.4	2.5	2.6	2.7	2.8	2.9	3.0
注释	分	0.28	0.33	0.38	0.43	0.48	0.53	0.63	0.73	0.83	0.93	1.03

龙泉码

注*：龙泉码采用围量原木周长计算材积的方法，说明当时郭氏父女已经掌握并运用了祖冲之（429—500）发明的圆周率。

注**：围量原木周长的篾尺（围篾），系用篾青制成，宽约2-5毫米，厚约1毫米，尺面系用黑色生漆绘上刻度。

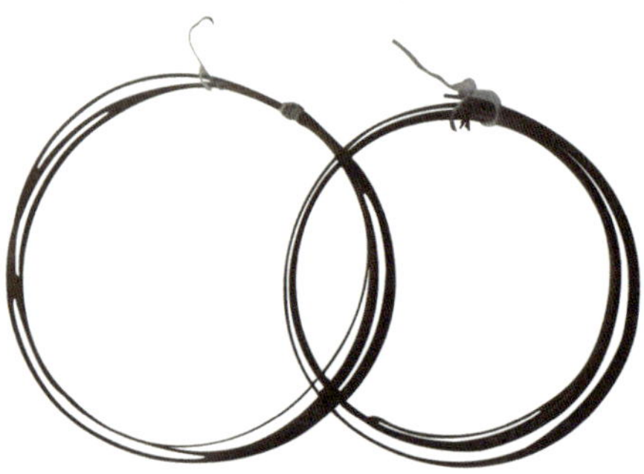

龙泉码篾尺

龙泉码凿字传人　陈富民（1957 年出生于江苏泰兴）陈颖 摄

最早出现、最科学的木材检尺方法。如今，马来西亚是通过检量原木长度和围径（沙巴围量原木两端、沙捞越围量原木中间），印度尼西亚与沙巴一样也是围量原木两端，极有可能是由中国木商传去被当地政府采用的，使龙泉码之精髓得以在东南亚国家传承，并在那里开花结果了。

与此同时，郭氏父女还发明了一套特殊字符和工具，在木材上凿字记码。这种古老的龙泉码字符一直沿用至 19 世纪末不再使用木排水运才消失，记号笔的出现替代了凿字记码，凿字技艺也随之失传。

据《上海木材流通志》介绍，继龙泉码之后，历史上还出现过“松段、麻栗两码检量法”，为浙江地区木商所用。抗日战争期间，上海木商亦曾按此方法计算。

检量原木长度　张家港信业木材检测有限公司提供　陈颖 摄

围量原木直径　张家港信业木材检测有限公司提供　陈颖 摄

（二） 新中国实现公制检尺

解放后，党和国家对木材检验工作进行了整顿规范，废除了所有旧社会遗留下来的一些约定俗成的检尺方法，参照前苏联国家标准，建立了统一的公制检量法，自 1953 年起在全国试行。1958 年由林业部提出，经国家科委批准，将该试行的方法上升为国家标准。

（三） 进口木材需“一木双检”

进口木材检验标准的选用原则：按照国际贸易惯例，首选进口国标准（下称外标）；若进口国没有标准，可选国际通用标准，如 ISO 等；若前两者皆无，可采用买卖双方共同认可的第三国标准，如进口智利、新西兰辐射松原木就采用了日本 JAS 标准；若前三者皆无，可以采用本国标准，如进口蒙古国板材等。

进口木材到货需要经过“一木双检”方可准入国内木材市场。也就是说，既要按外标进行到货验收，又要按国标进行检尺记码后才能进入市场流通。在执行外标施检过程中，原商检部门发现几乎每个供货国

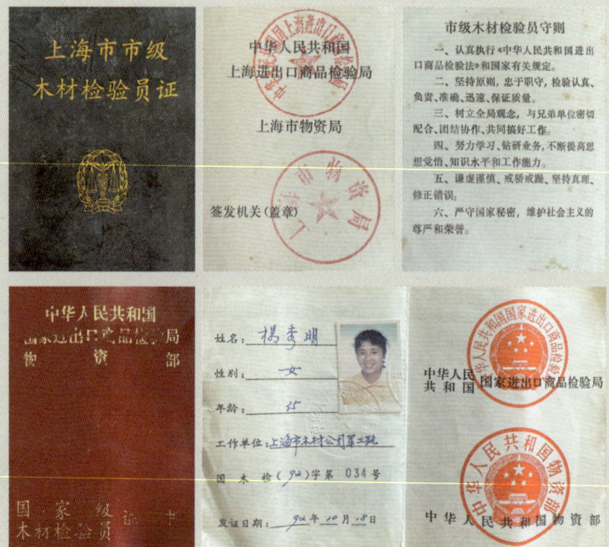

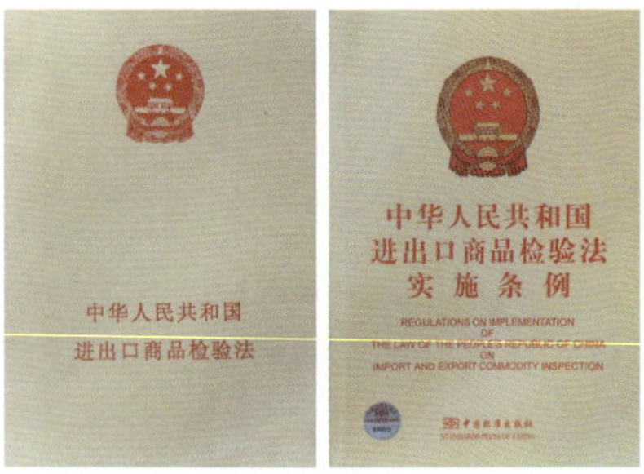

家标准都或多或少存在一些不明确或不够明确的问题，容易造成争议，不够公平公正，会对买方造成不利。为此，商检部门在尊重外标的前提下，结合工作实际，研究制定了相关执行细则，并以原上海商检局SCCIB标准形式发布施行，经过推广使用，得到了国内外商人的普遍认可。于2016年11月，笔者主编出版了《进口木材检验检疫实用指南》，为正确解读和掌握世界各国木材检验标准提供了一本工具书，解决了在使用外标过程中出现的一些争议问题。

在1989年8月之前，进口木材由货主自主验收，若发现问题，向商检部门申请抽查复验，对外出证索赔。自1989年2月《中华人民共和国进出口商品检验法实施条例》出台之后，于同年8月1日起被原国家商品检验局（简称国家商检局）* 列入《商检机构实施检验的进出口商品种类表》，开始对进口木材的材积、树种、品质、等级和规格等项目实行强制性检验（俗称“法检”）。为进一步提升贸

注 *：国家商检局于1994年更名为国家商品检验总局，于2001年更名为国家质量监督检验检疫总局，于2018年撤销转隶中国海关。

1990年原上海商检局与上海市物资局联合举办第二期市级木材检验员培训班全体师生合影

上世纪80年代，上海港进口一船美国花旗松，因数量短少对外索赔，买卖双方在苏州木材水库共同抽检复验

进口木材到货验收　陆建明 摄

易便利化，与国际通行做法接轨，于2017年11月国家取消了材积、品质、等级和规格的法检，于2018年2月又取消了树种的法检，至此，总共实行了长达29年的进口木材法定检验工作宣告结束（法定检疫仍然保留）。

过去，国家对木材检验人员实行三级管理，初级为经上岗培训考试合格者，由培训机构或所在单位发给从业资格证书；中级为“省（市）级木材检验员”，对通过所在省或直辖市商检和物资管理部门联合考试考核合格者，发给资质证书；高级为“国家级木材检验员”，在获得中级资质者中选拔优秀的向上推荐，经原国家商检局和原物资部联合考核合格后，发给资质证书。这项工作，自撤销国家商检局和物资部后，由中国木材流通协会与地方木材流通协会及有关部门接管。

由于木材属于天然产品，原木形状千变万化，直径的检量只能采用人工检量，迄今为止，尚无高科技手段替代。

五——当代营木走向

不断完善的全球采购供应链逐渐成为现代营木的发展趋势，为中国木文化的传承与发展持续提供原材料保障。既要保护有限的森林资源，又要满足国民经济建设和人民生活对木材日益增长之需求，拓展海外市场，实施全球采购是中国木材产业发展的必由之路。我国木材产业全球采购供应链已经基本形成，并不断完善，大概表现在如下六个方面。

（一） 资源开发

森林资源是人类赖以生存与发展的物质基础之一，也是地球上最重要的生态系统，虽可再生，但需呵护。在了解全球森林资源信息的基础上，在保持森林生态系统平衡稳定的大前提下，合理砍伐，科学利用，实现有限资源使用价值的最大化，造福人类，是营木之本。

（二） 现代物流

传统木材物流相对于现代物流来说，是一个狭义的概念，通常是指采购、运输、通关、接卸、仓储等

上海同华集团太仓汇大木材交易中心
上：卫宇军 摄
下：张颖 摄

环节。在全球经济一体化和电子商务的双重推动下，木材流通完成了从传统物流到现代物流的转型升级。有效整合商流、物流、资金流与信息流，提供从原木采购、装运配送、加工制造等诸多环节，最后把最终产品送到消费者手中的集成供应链管理一体化的物流服务，并与国际同行接轨，形成了具有时代特征的营木新模式。可以做到从森林到家庭，由原木到家具的全程受控。

江苏万林现代物流股份有限公司（创始人黄保忠）
王骁 摄

（三） 信息平台

云计算、大数据、区块链、物联网等信息技术为全球采购供应链的形成插上了腾飞的翅膀。搭建跨境采购、行业资讯、智慧物流、木材交易、融资服务等产业互联网服务平台，实现木材传统产业的转型升级。利用木材实体交易市场及线上交易平台、线上线下交易联动，为客户提供量身定制的精细化服务，可以满足不同消费者的不同需求。拓展了现代营木的内涵，丰富了木材交易的渠道和方式。

上海进津国际贸易有限公司　李念冰 摄

（四） 产品加工

传统木材物流不包含产品加工。如今，产品加工已经成为全球采购木材产业链的一个重要组成部分，这是实现由原料到产品的过程，是交付使用直面终端用户的关键环节。不断提高木材加工水平，创新加工工艺，提高产品质量，让消费者满意，发展智能制造是现代营木的时尚追求。

江苏杰恒国际货运代理有限公司　李轶伟 摄

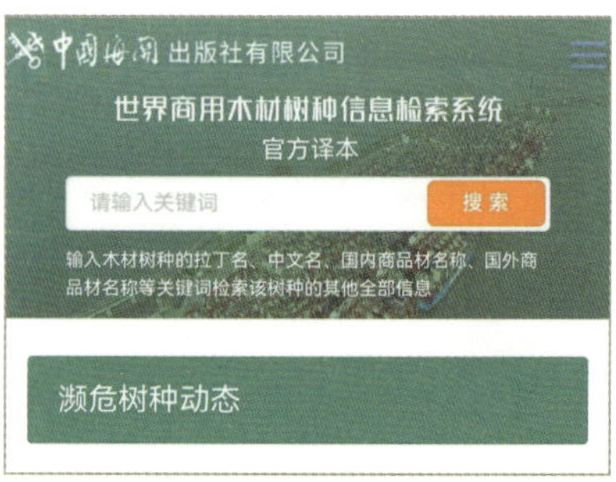

黄保忠 摄

（五）技术支撑

科学技术是第一生产力。资源共享，产教融合，优势互补，合作双赢，是现代营木的技术支撑。开展新材种、新技术、新产品的科学研究，不断提高森林资源的开发利用水平，推动木材产业的科学发展。此外，根据2017年国际植物园保护联盟（BGCI）携手全球植物学机构的最新权威统计，全世界树木种类共约有60065种，我国进口木材涉及五大洲的100多个国家和地区，目前进口树种约有7000余种。根据海关总署的有关规定，进口木材报关仅有拉丁文学名和英文名称是不行的，必须要有规范的中文名称；根据《产品质量法》的有关规定，木材及木制品在国内市场流通也必须使用规范的中文名称，由笔者主编的《世界商用木材名典》（中国海关出版社）共收录并翻译了20231种，完全能够满足目前国内外木材市场的发展需要。2024年笔者与中国海关出版社进一步合作开发，推出《世界商用木材树种信息检索系统》（官方译本），用户注册下载APP后，只要在电脑或手机上输入任何一个树种的拉丁文学名，或英文名，或中文名，即可立马检索到所查木材所属科、属的其他名称，主要产地，HS编码，是否濒危等。若进一步查询，还可提供其实物照片及宏观特征、微观特征、木材性能与木材用途等相关信息，为广大用户提供更加便捷高效的优质服务。

上海浦检熏蒸消毒有限公司木材检验鉴定实验室

张家港海关　国家材种鉴定与木材检疫重点实验室

（六）相关配套

服务木材产业发展需要有关各方的通力协作。例如，设立第三方检验鉴定机构，为木材市场提供公平、公正、公开的检验鉴定服务，保护贸易有关各方的合法权益，让消费者放心。研究木材的开发利用，挖掘木材的潜在价值，引导消费者合理使用，节约木材资源，努力实现木材功效的最大化。

木材行业组织，是营木的桥梁和纽带，在政府与企业之间、木材生产加工与消费者之间产生良性互动。维护木材市场秩序，制定木材行业规范，开展对外合作交流，促进木材产业的健康发展。

树种鉴定专家　国家劳模　陈旭东

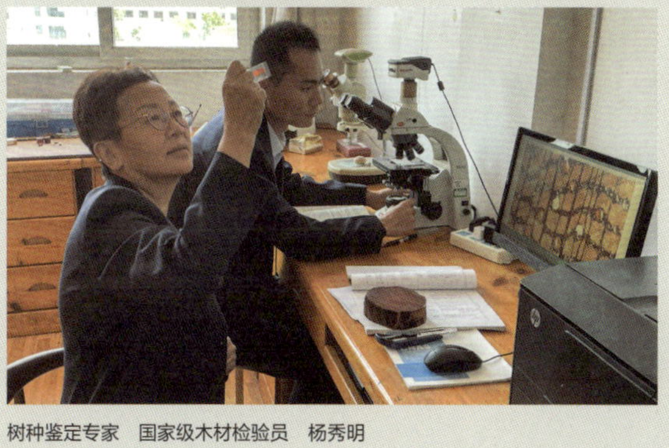
树种鉴定专家　国家级木材检验员　杨秀明

中国木材流通协会委员会

CTWPDA
中国木材与木制品流通协会
China Timber & Wood Products Distribution Association

中国家具协会
CHINA NATIONAL FURNITURE ASSOCIATION

鹿角椅　航管红木提供

六——营木商人的艰辛与贡献

鉴于国内所用木材主要依赖于进口的客观原因，尤其是国家严禁滥砍滥伐，把生态文明作为国策之后，进一步凸显了进口木材的重要性和必要性。在本篇结束之际，有必要讲一下营木商人的艰辛与贡献，如果没有他们不畏艰辛跑到国外去寻找森林资源，源源不断地进口木材，单单依靠国内这点木材资源是根本不能满足国民建设和人民生活需要的，因此，营木商人对国家的发展和对人民的日常生活都有重要影响，对中国木文化的传承与发展也至关重要。同时，木材是木文化传承与发展的必须载体，如果没有木材原料，再好的工匠也将无用武之地。

前文已讲述进口木材的历史沿革，下面再简单介绍一下改革开放给进口木材行业带来的巨大变化。上世纪 80 年代以后，国家逐步开放到全面开放进口木材政策，允许所有外贸公司从事进口木材业务，可以自营，也可以做外贸代理；允许所有内贸公司经销进口木材，也可以申请外贸资质。一时间，进口木材企业，尤其是民营企业如雨后春笋，遍布祖国大地，数不胜数。刚开始还是以国营为主，民营为辅，后来就是国退民进了，国营木材公司逐步被民营企业取而代之，其中以福建民营企业居多，且以莆田最旺。仅以各省市、自治区的林业厅或物资局属下的木材公司为例，在市场经济的大潮中优势不再明显，竞争力不断下降，业务不断萎缩，被迫相继改制，许多公司领导也下岗下海，摇身一变成为民企老板。

在整个木材产业链的最前端是森林砍伐，欲掌握第一手木材资源，国内没有，只能到国际木材市场上去参与竞争。于是，营木商人（国营民营皆有之）开始八仙过海，各显神通，迈开了全球采购的步伐，争先恐后地去国外买木山，自主砍伐，运往国内销售，或转口到其他国家。从印尼、马来西亚、巴布亚新几内亚等东南亚国家，到非洲的加蓬、刚果（金）等非洲国家，再到新西兰、澳大利亚等大洋洲国家，中国营木商人的身影无处不在。可以毫不夸张地说：哪里有太阳，哪里就有华人；哪里有可砍伐的林地，哪里就有中国商人的身影。但必须声明：中国商人到国外买林伐木之前提，都是遵循当地的法律法规，获得了砍伐许可，属于合法经营。同时，这也是一个十分艰难和痛苦的过程。首先，是要打通当地政府有关部门的各个环节十分不易；二是原始森林的特点就是“原始”，要伐木必先开山筑路，没有任何生活基础设施，一切从零开始，工作和生活都十分艰苦；

三是有些国家的法律规定，砍伐后还得栽上树苗；四是随时都有生命危险，在原始森林极易遭到毒蚊子、毒蜘蛛的叮咬，感染非洲疟疾、黄热病等传染病，极易碰到毒蛇、鳄鱼等野生动物的攻击，威胁生命安全；五是远离他乡，远离亲人，没有信号，除孤独和寂寞外，还存在语言交流不畅、与本土文化交融、对聘用当地员工的管理等一系列问题。总之，在国外林区伐木和运输是相当艰苦的，其间就有不少人客死他乡，发生了许多营木商人可歌可泣的动人故事，限于本书篇幅，只讲一个在森林中迷路、靠喝尿求生的故事与读者分享。

俞世卯先生，1962 年出生于浙江温州，1982 年由浙江农林学院林学专业毕业分配到原浙江省木材公司工作，于 1996 年任公司总经理，于 2000 年改制成为民营企业老板，创办了浙江省林产有限公司，开始走上全球采购的营木之路，在刚果（金）买了一块林地，发生了一段从林求生、终生难忘的经历，以下是他的自述：

故事发生在 2019 年 8 月 13 日凌晨，我搭乘埃塞俄比亚航空公司飞机，从上海浦东机场飞往埃塞俄比亚首都亚的斯亚贝巴转机，于当地时间 13:00 抵达刚果民主共和国第三大城市基桑加尼。随后的几天是去基桑加尼秋波省环保厅、税务局、林业局办理相关手续，16 日乘坐自己公司快艇到达林区【刚果（金）58 号基地】。19 日在基地总部用过早餐，由林区经理杨先生（东北人）驾车进山，早上 7:30 出发，8:30 到达买下的原始森林区域，公司新筑的上山道路到此为止，只能下车步行至伐木现场。杨先生说：走去现场很近，最多半小时，建议轻装上阵，不要带任何东西，便把食物、饮料和工具都留在了车上。于是，我换下旅游鞋，穿上套鞋，边走边检查工作，对现场工作表示满意，准备返回到车上再去其他地方查看。此时，黑人伐木工要陪我们出来，但杨经理逞强，婉拒了黑人的好意，我连问三次：你有把握走出去吗？他都信誓旦旦地回答：没有问题！

当地时间上午 11:00，我们开始往外走，时至 12:00 还没有走出林区，感觉迷路了，但这时并不惊慌，觉得问题不大，毕竟只走了 1 小时，肯定不会走远。我在早上 8:30 下车步行之前曾抬头看了一下太阳，是往太阳方向走的，说明是往东走，虽然林区手机没有信号，但指南针还是可以用的，于是决定调整方向往西走。走到 14:00，并无任何走出去的迹象，还在沼泽地周边打转。林区面积是 2600 平方公里，相当于浙江省遂昌县的国土面积，属于刚果盆地，没有高山，沼泽地里经常有鳄鱼出没。这时我开始害怕了，感觉到了饥饿、口渴、乏力和无助，由于没有带刀，无法割藤放水解渴，只能忍着。我们找到一根伐倒的原木，躺在上面休息了 20 分钟后，感觉有点力气了，便继续往前走。这时，杨经理开始内疚，边走边道歉，都是他的错，对不起我，不应该拒绝黑人送行的好意。而我的感觉是不能埋怨，倒过来安慰他，希望冷静，不要烦躁，需要相互打气。

时至 16:00，由于虚脱实在走不动了，便想到尿液里有氯化钠，可以补充身体盐分。为了活命，我第一次喝下了自己的尿液。喝尿后，感觉有点精气神了，开始检讨是不是自己犯了方向性错误。11:00 到 12:00 出林区时是凭感觉走的，好像方向并不明确，一直往西走可能是个错误，凭着我的灵感和悟性，决定改往南走。有时指南针会指向一片藤林，这种情况一共出现了三次。杨经理为将功补过，总是勇往直前，我凭着自己的专业素养，觉得这类藤林可能从形成到现在还没有人类进去过，进去必死无疑。于是，我决定微调走向，但大方向不变，继续往南走。原始森林里到了下午 4:00 太阳不能直射进来了，天黑后气温明显下降。走到 17:00 时，我们又开始惊慌了，又一次感觉到了恐惧和失望，估计要被困在原始森林里，因为我们太累实在走不动了，假如当时能找到一块可以坐或躺的地方，可能会先选择坐下休息，最好能躺下睡上一觉，生死存亡就听天由命吧。但当想到原始森林里有大蟒蛇、鳄鱼、毒蜘蛛等其他野生动物，夜间人的体味对这些野生动物吸引力巨大，如果在林区过夜，极有可能会提前去见马克思。不仅如此，林区夜间温度会降到16℃以下，我们只穿了一件衬衫，会受冻感冒发烧，其后果不堪设想。杨经理看到我疲惫不堪，提出让他先走，到前面探路，然后再回来找我，遭我断然拒绝，因为此时此刻、此情此景最担心的是人的寂寞和外来威胁，如果两人分开，都会更加危险。我们统一意见后，没有停下脚步，途中克服了许多艰难险阻，如被蚊虫叮咬、偶遇大蜘蛛、与大蟒蛇狭路相逢等。此外，感觉非洲森林里的蚂蚁铺天盖地，我们穿过丛林，它们不仅会从地上顺着裤腿往上爬，而且会从树上掉落到头上和脖子上，其中有一种“钳子”大、身子小的黄蚂蚁特别厉害，一旦被它咬上就不肯松口，哪怕把它揪成两半，它的牙齿还会嵌在你的肉里面……

走到傍晚18:30，突见一片亮光，在一个小小的空地上惊喜地发现公司推土机拉过木头的痕迹，因为拉木头的作业区距离主路（公路）一般不会超过5公里。这时，我们两人异口同声地说：有救了！兴奋之余我又虚脱了，第二次喝尿自救后躺在地上休息了10分钟，感觉有些恢复即起身。在希望之神眷顾之时，我们必须把握好方向，绝对不能再犯方向性错误，否则就会错失良机，违背天意了。凭我多年的工作经验去寻找枝条压倒的朝向，用以判别走出去的方向，我们大约走了半小时，终于在19:00走到了公路上。躺下休息时，刚好过来两个寻找我们的黑人。当地土语是林加拉语，虽然听不懂，但我是会说关键词的，便大喊：Mayi！Mayi！要喝水。一个黑人留下陪伴，另一个黑人奔向小基地取水。尽管他是用柴油桶盛装的井水，全是柴油味，还掺杂着沙子，此时我只感到喉咙冒烟，其他无法顾及，我一咕隆地喝了下去。小歇后，我们四人一起走到早晨下车的地方，找到了自己的车子。其实，下午4:00黑人员工发觉我们失踪了，便兵分两路开始寻找，直到我们走出森林才被他们发现。这时天上下起了大雨，开始为自己庆幸，真可谓：一切都是最好的安排！在回总部基地的路上，我告诫杨经理，今天我们用生命换来了两条教训：

第一：生命安全永远高于一切！从今往后，绝不允许单独进出林区，必须由当地黑人员工陪进陪出，这是铁打的纪律底线。

第二：靠什么走出来的？是靠冷静和智慧，如果像你一样烦躁不安，无穷自责，很有可能是走不出来的。因此，今后万一遇到类似意外，必须像我今天这样，冷静处置。

故事讲完了，至此引出另外一个话题，由于中国营木商人的不辞辛劳，全球采购，引发了一些国际社会争议，把全球气候变暖甩锅中国。作为从事进口木材检验检疫工作研究多年的“老木头

左：俞世卯　右：刚果（金）林业局局长 Joighu

人”，借此机会，有责任、有义务澄清一下这个问题。因为我们中国人是有担当的，是积极履行国际义务的，中国人不仅善于用木，而且惜木、护木，这个问题将在第六篇《护木》中作专门论述。

目前我国年进口量已超过1亿立方米，已成为全世界进口木材数量最大的国家，并因此遭到指责。其实不然，中国人本着惜木、护木之原则，凭借世界一流的加工技术和较低的加工成本，把有限的进口木材资源用到了极致，逐步赢得了国际木制品市场份额，中国生产的木制品质量和价格得到了全球用户的普遍认可，因而我国出口木制品数量和品种也是全球最大最多的。可见，我们进口的木材并没有全部留在国内消费，而是有一大部分返销国际市场与全世界人民分享了。

树木既不能滥砍滥伐，也不能只种不伐。如何合理砍伐、永续利用有限的森林资源，服务人类社会的健康发展，已成为全人类共同关心和必须应对的课题。若只植不用，就不能满足国民建设与人民的日常生活需求，与木有关的工匠们都将歇业，木文化之舟也必将搁浅。如何妥善处理好这对矛盾，是本篇章讨论的话题。

树木既不能滥砍滥伐，也不能只种不伐。如何合理砍伐，永续利用有限的森林资源，服务人类社会的健康发展，已成为全人类共同关心和必须应对的课题。若只植不用，就不能满足国民建设与人民的日常生活需求，与木有关的工匠们都将歇业，木文化之舟也必将搁浅。如何妥善处理好这对矛盾，是本篇章讨论的话题。

第五篇

惜木

合理砍伐　永续利用

非洲坦桑尼亚马塞马拉国家公园　袁佳青 摄

故宫亭台楼阁藻井特写

藻井最早见于汉赋，常见于皇帝宝座和供奉神佛的龛上方。故宫里的藻井是这种装饰技术的杰出代表。在木建筑最高处作井，饰以荷、菱、藕等藻类水生植物，除有华丽、吉祥等寓意外，还取五行学说中的“水克火”之意，希望借以压伏火魔，护祐安全。

二十世纪上半叶之前，尚无“生态安全”一说，那时候的木材都取自天然森林，对森林资源的利用率也没啥讲究。到了二十世纪下半叶，全球经济复苏，步入高速发展时期，对生态系统的破坏日趋严重，大自然不断给人类的惩罚教训让人们开始警觉到生态安全问题的重要性。森林资源减少，生态环境变差，人们不得不开始重视森林资源的保护与利用。这是人类认识自然，敬畏自然、实现人与自然和谐发展的进步表现，也是关系到木文化存在的根基与可持续发展的大问题。

昆虫旅馆　又称昆虫屋　上海植物园　张余仁 摄
最早出现在欧洲，现在国内许多城市可见。这是人类回收废弃木材、树皮、竹子、芦苇等可循环再利用材料，为昆虫城市生活设计建造的避难所，帮助它们越冬或越夏，度过极端天气。在保护生物多样性的同时，还能科普，帮助人们了解昆虫生活习性等。

森林是陆地生态系统的主体，是人类社会赖以生存和发展最重要的生态基础，在维护全球生态平衡、保障生态安全、改善人类居住环境、满足人民生活需要等方面，发挥着不可替代的作用。近年来，世界森林资源的保护与发展越来越受到国际组织、各国政府及社会公众的广泛关注。在应对一系列全球性问题的冲击和挑战下，重视森林、保护生物多样性已经成为国际社会的广泛共识，林业发展问题已不是某一个国家或某一个地区的问题，而是要求世界各国各地区共同合作、共解难题、共求发展、共谋福祉。

一　世界森林资源概况

据联合国粮食及农业组织（简称粮农组织，FAO）的最新《2020 年全球森林资源评估》，全球森林面积 40.6 亿公顷，约为陆地面积的 31%。

（一） 森林面积在各大洲的分布情况

2020 年，美洲占全球森林面积的 39%，欧洲（包括俄罗斯）占 25%，非洲占 16%，亚洲占 15%，大洋洲占 5%。

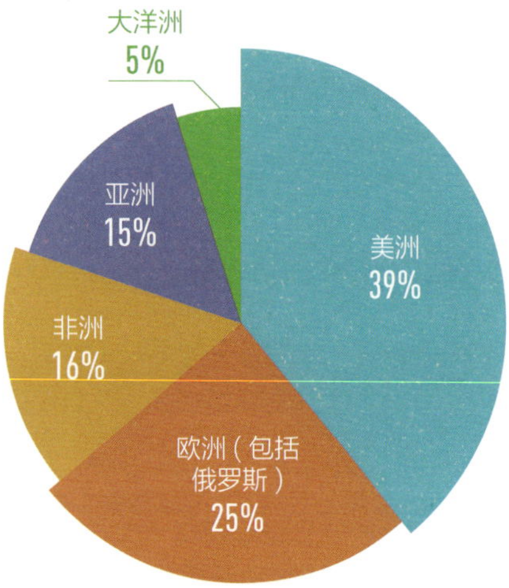

全球森林面积在各大洲分布占比情况

（二） 森林资源最丰富的前十位的国家

1. 全球森林面积排名前十位的国家如下图：

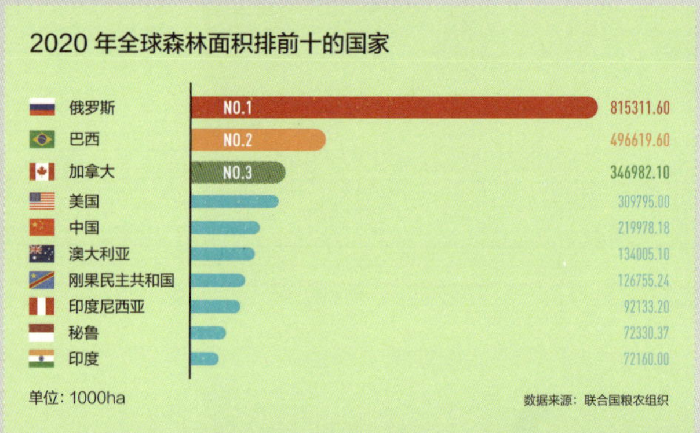

2. 全球人工林面积排名前十位的国家见下图：

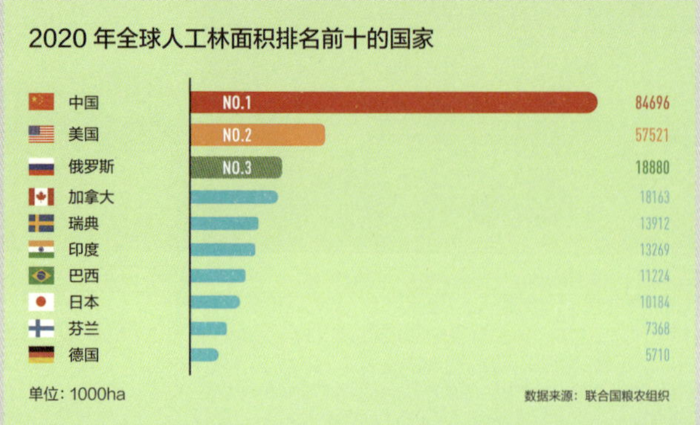

（三）世界各国和地区森林覆盖率前十名排行榜

2022 年，森林覆盖率前十名的国家和地区依次排列为：

第 1 名：苏里南，94.6%；

第 2 名：密克罗尼西亚（联邦），91.5%；

第 3 名：塞舌尔，88.5%；

第 4 名：帕劳，87.6%；

第 5 名：加蓬，85.4%；

第 6 名：不丹，84.1%；

第 7 名：所罗门群岛，79.5%；

第 8 名：圭亚那，77.2%；

第 9 名：圣卢西亚，77.0%；

第 10 名：芬兰，72.9%。

……

第 137 名，中国，24.02%。

二——世界森林变化情况

总体来看，全球森林呈现变化情况如下。

（一）森林面积不断减少，但减速趋缓

人类文明初期世界森林面积约 76 亿公顷，1990 年之前持续减少，森林覆盖率快速下降。此后，1990—2020 年间损失森林 1.78 亿公顷，下降速度明显减缓，森林净损失率大幅下降。这是因为有些国家减少了毁林，有些国家大力植树造林之结果。

（二）森林面积年均净损失最多的十个国家

2010—2020 年，森林面积年均净损失率最多的十个国家，依次排列为：巴西、刚果民主共和国、印度尼西亚、安哥拉、

世界各国和地区森林覆盖率前十名排行榜

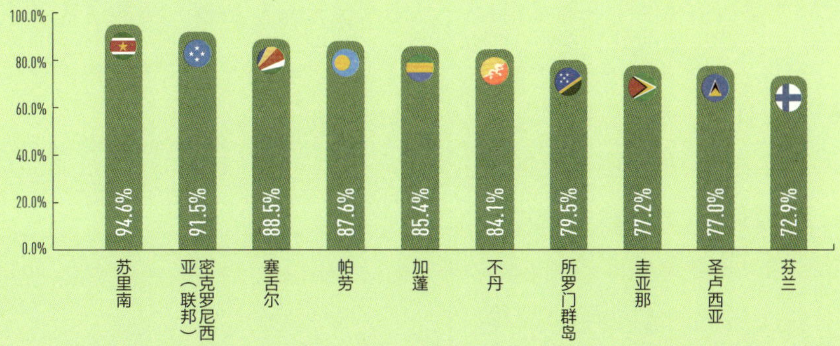

坦桑尼亚、巴拉圭、缅甸、柬埔寨、玻利维亚、莫桑比克。

从国家发展与森林变化趋势看，低收入国家森林面积年均净损失率在过去的25年中始终徘徊在0.57%—0.64%之间，中等收入国家则从0.60%减小至0.35%，高收入国家已由过去的面积削减扭转为正增长态势。

（三）森林面积年均净增长最多的十个国家

2010—2020年，森林面积年均净增长最多的十个国家依次排列为：中国、澳大利亚、印度、智利、越南、土耳其、美国、法国、意大利、罗马尼亚。

（四）由于森林退化等原因导致的森林质量下降日趋严重

全球森林退化和消失的原因有很多，包括农业扩张、采矿、基础设施建设、森林火灾等，而造成全球森林破坏的最主要原因仍是大规模的工业性采伐，这影响着70%以上的濒危森林及生物多样性，森林生态服务功能，包括固碳能力也因此大大减弱。另外，由于农业及其他林地转化原因而导致的林地消失面积，每年高达1300万公顷左右。2000—2010年，拉丁美洲约有70%的毁林是因为商业性农业开发，特别是在亚马逊地区，养牛牧场、大豆农场和油棕榈种植园等面向国际市场生产的农业企业，被认为是20世纪90年代后毁林的主要祸端。在非洲，大规模的商业性农业开发导致的毁林占比约1/3。

（五）永久性森林的划定促进了森林保护和可持续经营

为了抑制森林转化为农业用地或其他用途而导致的毁林，政府只能将国家所有的森林划定为永久性森林，部分私有林在达成意向后也可能划定为永久性森林。1990—2010年，被国家划为永久性森林的面积占森林面积的比例从34%增加到37%，如加上作为永久性林地的私人林地面积，此比例可达54%，面积约为22亿公顷。高收入国家与低收入国家相比，其永久性森林面积所占比例更高。目前，几乎所有拥有永久性森林的国家都制定了促进开展森林可持续经营的法律法规与政策，覆盖了全球约98%的永久性森林。未来这些森林将按照可持续经营方式进行管理。

三 —— 世界林业产值与社会价值评价

根据联合国粮农组织（FAO）定义，林业部门的总附加值是其生产活动所创造的总收入的有效估值，包括原木、锯材等初级产品，以及人造板、纸和纸浆等加工产品的产值。全球生态系统提供的产品和服务总价值约 30 多万亿美元，其中，生物多样性产生的经济效益每年约为 3 万亿美元。

森林提供了人类赖以生存的食物、水、能源和居住环境，超过 16 亿人依靠森林和林产品谋生。全球有约 7.5 亿人口生活在密林中；5 亿人口生活在疏林里，他们中的大部分人依靠森林维持生计。目前，主要使用木材等林产品建筑房屋的国家超过 90 个。

生活在云南疏林里的翁丁佤寨 *（2021 年火烧前）于福成 摄

中国最后一个原始部落翁丁佤寨（2021 年火烧后重建） 黄成 摄

注 *：位于云南临沧市沧源佤族自治县的翁丁佤寨，距今已有 400 多年的历史，是世界佤文化的原生地，是中国部落文化最后的活体，是佤族文化的活态博物馆。“翁丁”在佤语中的意思是云雾缭绕的地方，整个部落被山峦环抱，古寨茅屋林立，寨内小径通幽，至今仍保留着完整的佤族寨门、图腾柱、寨桩、神林、木鼓房及传统手工艺作坊和佤族干栏式茅草房等。翁丁佤寨的民风民俗是整个佤族地区文化传承发展的缩影，被《中国国家地理》杂志誉为“最后的原始部落”，2020 年 3 月 31 日被评定为国家 4A 级旅游景区。2021 年 2 月 14 日下午发生严重火灾，105 间房屋被烧毁掉 101 间，所幸无人员伤亡。经过两年重建，于 2022 年 12 月 28 日重新对外开放接待游客。

四 —— 世界林业发展趋势

联合国《2030年可持续发展议程》为生态可持续保护和林业可持续发展指明了方向，其中目标15提出：保护、恢复和促进可持续利用陆地生态系统，可持续管理森林，防治荒漠化，制止和扭转土地退化，遏制生物多样性的丧失。围绕这些目标，世界林业发展将呈现如下趋势。

（一） 应对气候变化，林业概念正在重构

世界各国充分认识到林业在应对气候变化中的重要作用，积极采取多种措施，保障本国林业可持续经营，并积极创新，寻求诸如林业碳汇、生物质能源等方法，减缓和适应气候变化，以便减轻工业、能源领域的减排压力。低碳发展的理念正在促使人们重新思考，导致林业概念趋向重构，诸如低碳林业、低碳造林、低碳经营、碳汇造林、生物质能源林等新概念不断涌现。

林业新概念的实质体现在对林业的重新定位，森林经营目标的拓展和选择标准的变革，发展林业生物质能源产业，重新检视消费领域的传统观念等。

（二）“三区式”管理模式受到普遍重视和认可

该模式在美国、加拿大等国家得到广泛应用，其核心是将林地划为三个区域，即保护区、生态系统管理区和木材生产区，每个区域都被赋予特殊的管理和经营目的。在保护区，任何采伐行为和工业化经营措施都是被禁止的，森林经营仅以保护为目的开展。在生态系统管理区，生态保护与森林资源的持续经营利用同等重要，鼓励以促进林木生长及提高林分*质量为前提的经营活动，即在保证木材产量和服务价值的过程中实现最大化资源利用和最小化环境影响。在木材生产区，因地制宜地采取任何森林经营方式均被允许，以实现经济效益最大化。法国森林经营已由全面经营向木材培育、公益森林和多功能森林三大模块转变。

注*：林分是指森林的内部结构特征，即树种组成、森林起源、林层或林相、林型、林龄、地位级、出材量及其他因子大体相似，并与邻近地段又有明显区别的森林地段。

（三） 自然生态系统修复与恢复理念得到系统化发展

森林及生态系统退化是个普遍问题，解决这一问题必须坚持尊重自然、顺应自然理念，以自然修复为主。地球生态系统大多处在不同程度的退化阶段，因而需要不同对待和处置。由于人类活动已经导致地球上原始生态系统所剩不多，对原始

森林、草原等大部分原始生态系统，应设立各种自然保护区或保护地实施封闭式保护；相当一部分自然生态系统处于轻度退化状态，如有些森林残缺稀疏，或转变为天然次生林，对这些生态系统要在优先保护的前提下，以抚育管理、促进更新等培育措施进行生态保育或生态保护；有一部分自然生态系统由于过伐、过牧、过垦导致其结构和功能严重退化，要采取改造（如低效次生林改造）、改良（如草场改良）等有力措施予以修复；在原来自然生态系统已经彻底破坏消失的土地上，需要采取决然的重建或新建的措施，如退耕还林、退牧还草、退耕还湿、造林种草，以仿造重建原有的生态系统或新建适合于当地自然条件的新人工生态系统。

（四） 近自然经营和森林生态系统经营成为森林可持续经营的主流模式

德国对森林的近自然多功能经营孕育了上百年时间，上世纪 90 年代后，近自然多功能经营成为德国林业政策的重要组成部分和实践途径。目前，瑞士、奥地利、法国等主要欧洲国家普遍接受了近自然的森林经营理念，并不同程度地付诸实践。北美、日本等国家也很重视这种经营理念，满足多种经营的目标树经营体系已经在西弗吉尼亚州、伊利诺伊州等美国东部各州得到应用和推广。实践证明，近自然的森林经营技术不仅适合于一般用材林经营，也适于风景林、生态功能林，以及各类保护区林的经营。1992 年，美国林务局宣布采用生态系统经营，作为美国 7729.77 万公顷国有林森林经营的基本方针，并在美国俄勒冈州和北卡罗来纳州等规划林区进行实践。一般认为，生态系统经营是景观尺度经营，而近自然经营为林分或区域尺度经营。目前，各国大范围的生态系统经营实例还不多见，但这种经营设计理念具有广泛的认可度。

（五） 林业产业化的内涵和绿色制造技术的应用不断扩大

林业产业的内涵已延伸至林业资源生物利用、森林旅游资源开发、野生动植物保护繁育、森林生态食品、森林文化创意等领域。在技术应用方面，以节能降耗、清洁生产、增值高效、综合利用为核心的林产加工技术，以木基纳米材料、木基结构材料、木制品生产有机挥发物减控、活性物绿色提取与利用等为代表的绿色制造技术，以木制品数控加工和柔性制造等为标志的智能制造技术等，正得到广泛应用。遥感、全球定位、数字模拟等信息化技术在林业资源管理、生态监测、灾害防控等领域发挥了重要的作用，开发具有林业特色的天地一体化林业空间信息采集、加工、分发、表达和决策支持系统，已成为世界林业发展的必然趋势。

五 —— 中国森林资源概况

2021年国家林业和草原局颁布的《中国林草资源及生态》报告显示，全国森林面积2.31亿公顷，居世界第五位，森林覆盖率24.02%。森林蓄积194.93亿立方米，居世界第六位。其中，天然林面积1.43亿公顷，居世界第五位，人工林面积0.88亿公顷，居世界第一位。

注*：古树是指树龄在100年以上。名木是指具有重要历史、文化、景观、科研价值或者重要纪念意义的树木。古树分为三个级别，树龄500年以上的树木为一级古树，树龄在300至499年的树木为二级古树，树龄在100至299年的树木为三级古树。名木不分级别。

2022年9月9日，在国家林业和草原局举办的新闻发布会上，生态保护修复司司长张炜公布了第二次全国古树名木*资源普查结果，普查范围内的古树名木共有508.19万株，其中千年以上超万株。古树名木是自然界和前人留下来的珍贵遗产，是森林资源中的瑰宝，是有生命的文物，具有重要的生态、历史、文化、科学、景观和经济价值。

2023年9月25日，全国古树名木保

根据我国第二次
全国古树名木资源普查结果
全国普查范围内的古树名木
共计 **508.19** 万株

全国散生古树树龄

100-299年	98.75 万株
300-499年	16.03 万株
500年以上	6.82 万株
1000年以上	10745 株
5000年以上	5 株

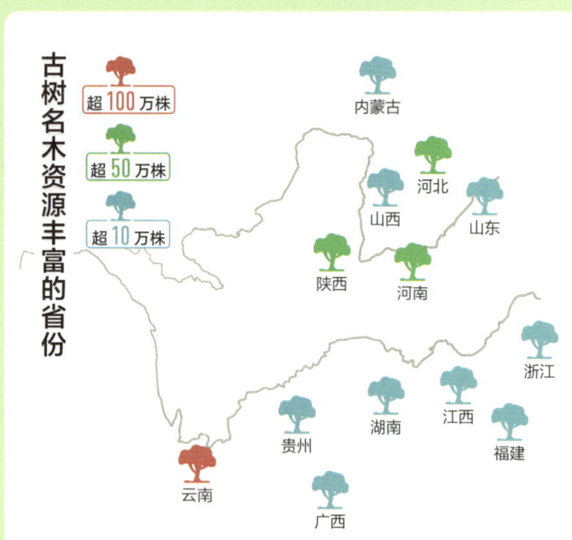

2021年全国各省（自治区、直辖市）森林覆盖率前十名排行榜

排　序	省市名称	森林覆盖率（%）	面积（万公顷）	其中人工林面积（万公顷）
第1名	福建	65.12	807.72	412.24
第2名	江西	58.97	984.50	372.41
第3名	浙江	56.64	598.91	269.08
第4名	云南	55.25	2117.03	1522.27
第5名	湖南	53.03	1123.44	722.75
第5名	广东	53.03	953.29	715.33
第7名	广西	49.70	1181.30	311.94
第8名	海南	48.29	169.47	110.47
第9名	黑龙江	44.47	2012.35	271.14
第10名	吉林	43.88	838.99	197.15

护科普宣传周启动仪式在陕西省延安市黄陵县举行，暨公布“双百”古树推选宣传活动结果。经过地方推荐、推选办初审、公众投票、专家评审、全网公示、核查确认等环节，从全国各地推荐的295株古树和222个古树群中推选出100株最美古树和100个最美古树群。活动旨在展示宣传我国古树名木丰富的历史文化内涵、自然绝美的奇特景观，以及各地古树名木保护典型做法，提升社会公众保护意识，促进人与自然和谐共生。最美古树评选的树种包括银杏、松树、侧柏、柏木、杉木、樟树、楠树、槐树、榕树、榆树10种，共100株，以及不限树种的100个古树群。同时，“全国古树名木智慧管理系统”也正式上线运行，该系统融合了古树名木资源普查和补充调查的最新数据，形成一张图，可以实现对古树名木的动态精准管理。

六——全球树种资源概况

根据国际植物园保护联盟（BGCI）携手全球植物学机构的最新权威统计，全世界树木种类有六万余种，树种最多的国家是巴西。

我国是世界上森林树种（特别是珍贵稀有树种）最多的国家之一，大约有八千余种，其中乔木大约有两千多种。

七——合理砍伐　永续利用

生灵万物都有一定的生命周期，树也不例外。根据树种的不同，一棵树木一般在60—120岁之后生长力开始衰减，也就是到了该砍伐的时候了。树木在到达一定成熟度后，其生态价值和使用价值都会逐渐下降，因此，要及时砍伐那些过成熟的老树，给小树让出生长空间，

小树在母树下只能得到大约 3% 的阳光雨露　薛达远 摄

保持森林生态系统年轻，代谢旺盛，生生不息。

（一） 合理砍伐

合理砍伐系指不能滥砍滥伐、只砍不植，也不能只植不伐。这就是“树联网”知识带给我们的科学启示。日本人森林保护意识超强，过去树木只植不伐，如今已改变观念，开始实行合理砍伐了。

（二） 树的“教子”方式

据科学家研究发现，树的“教子”方式很特别，小树在母树下一般只能得到大约 3% 的阳光雨露，看起来似乎压制了后代的成长。对树而言，其实不然，母树是为了让小树长得更坚实、更致密、更具有韧性和弹性，更能抵抗有害真菌侵蚀和抗击自然灾害，为后期“长大成人”积蓄能量。一旦母树老死或病死，小树就能获得足够的阳光和空间，拔地而起，茁壮成长。

（三） 新老更替 优化生态

然而，母树是不会主动让位的，需要我们适时砍伐，不仅可以给其后代让出生长空间，而且可以保持森林生态系统更年轻、更稳定。合理砍伐过成熟林，还可增加景观异质性和生物多样性。

合理砍伐过成熟林，让森林生态系统保持年轻，更具活力，有如下四点益处：

1. 首先，可以增加景观异质性和生物多样性。

2. 不仅可以从空气中回收更多的二氧化碳（CO_2），而且可以生产更多更好的木材，给人类创造更大的生态价值和使用价值。

3. 可以避免或减少森林火灾，因为过老的树木吸收二氧化碳的能力下降，死树朽木会释放二氧化碳，二氧化碳浓度过高会导致全球变暖，容易着火。科学家研究认为，单纯林或同龄林区，抵御火灾的能力相对较差，更容易引发森林火灾。

4. 可以防止森林病虫害蔓延。对已受病虫害侵蚀的树木而言，若不及时砍伐会加重“病情”；对其周边健康树木而言，及时砍伐可以免受其害。这和我们地球人一样，习近平总书记在《共同构建人类命运共同体》一文中指出：“世界好，中国才能好；中国好，世界才更好。”

据北美有关研究机构报道，1970 年美国森林因病虫害造成损失的木材，大概相当于全年采伐量的 40%。加拿大森林因病虫害，每年损失的木材约 3600 万立方米。

八——深度加工　综合利用

中国自古少林，用木又多，更应该讲究节约木材资源，提高木材综合利用率，维护森林生态系统平衡，也有助于中国木文化的可持续发展。

既要满足人们喜木之需求，又要保护生态环境，还要节约木材资源，如何做到“三全齐美”？这是需要全人类共同解答的一道难题。在讲解本章节之前，先介绍一下有关木材加工利用的历史故事——中国人造板工业及市场发展概况。

（一）人造板工业与市场发展历史概况

解放前，中国林产工业十分落后，人造板行业也不例外。解放后，进入计划经济时代，人造板工业虽有所发展，但变化不大，与欧美、日本等先进国家相比，加工技术落后，产量与质量皆差，甚至比不上印度尼西亚和中国台湾。究其原因，是受制于木工机械的落后和林业资源的限制，生产原料短缺，影响了中国林产工业的发展。

改革开放以后，国家基本建设大干快上，人民生活水平逐步提高，人造板供需矛盾愈加突出。仅以上海为例，在市轻工业局旗下设立的木材工业公司管辖三家人造板厂，即上海胶合板一厂、上海胶合板二厂和上海人造板厂，这三家工厂即使 24 小时连轴转也满足不了上海建设发展的基本需求。为解决这个问题，国家只能大量依赖进口，从印度尼西亚进口胶合板、从马来西亚进口单板、从新西兰进口纤维板等。

1. 进口胶合板数量与售价的历史巅峰

上世纪 80 年代末至 90 年代中叶，是印度尼西亚胶合板工业的黄金发展时期，最多时，全国拥有 120 多家胶合板

来自全国59家单位的首批会员率先入市

上海建材交易所今天开业

本报讯（记者 习慧泽 通讯员 汤庆荣 陈乃美）本市又一大型期货交易市场上海建材交易所今天在宜山路407号正式鸣锣开业，来自全国59家单位的首批会员率先入市交易。

由国家建材局和上海市政府共同决定组建的这所国家级建材交易市场，627平方米的交易大厅内共设有84个交易台，设有电讯、电视、计算机等4大系统的交易设施，为方便全国各地客商驻场交易，另配备有20套商务办公用房和40套客房。据悉，首批会员来自华东、东北、西南、中南、西北和上海地区。

该所总裁钟福棠充满信心地表示，交易所除每周每月定期公告交易所信息，以充分发挥交易价格导向性作用外，还将在各界配合下，将市区西南部的宜宾地区发展成以建材交易为特色的商城

剪自 1993 年 11 月 18 日《新民晚报》

工厂，成为该国的主要经济支柱产业之一，凡有新厂开业，时任总统苏哈托都会莅临剪彩。政府成立了印尼胶合板公会（APKINDQ）（下称夹板公会），由苏哈托的亲信莫哈森出任公会主席，垄断经营，统一定价。于 1991 年印尼政府授权夹板公会对工厂实行出口配额管理制度，该公会在香港设立派驻机构，总裁是莫哈森的亲信欧盈源，副总裁是香港中间商代表、印尼爱国华侨林珀瑚，专门负责中国、日本和韩国市场。当时正值中国经济高速发展的起步阶段，胶合板供不应求，进口数量连年攀升。1993 年 11 月，由此催生了新中国第一家期货市场——上海建材交易所的诞生，交易品种就是进口胶合板（仅限三夹板），随后苏州商品交易所上市品种亦增加了进口胶合板。由于胶合板实体市场总是断货，加上期货市场的炒作，曾几何时三夹板变成了紧俏商品，最高售价高达 70–80 元 / 张。同时，还吸引了在国内其他口岸到货的进口胶合板再转运至上海进行期货交割，甚至有香港中间商受利益驱使，敢冒被印尼夹板公会处罚之风险，把出口到日本或韩国的货船在公海上调头改航上海，一时间把中国进口胶合板的数量及售价都推向了历史巅峰。胶合板上市交易的火爆也给不法分子带来了诈骗空间。例如，江苏常熟川源装饰材料有限公司沈耀芳本来是与新加坡东源公司颜钧陶合作做进口马来西亚“大象牌”胶合板贸易的，看到期货交易赚钱更快、更多、更容易，便通过朋友认识了一位自称能搞到印尼胶合板的香港人陈某，并支付定金 1080 万。事后，陈某提供了印尼胶合板的装船信息，但就是迟迟不到货，笔者曾通过港商郑世仪向印尼夹板工会派驻香港机构私下打听，证实了所装船名、数量等信息都是真实的，但这艘船是开往韩国的，不会来上海。结果，沈先生竭尽全力只追回了 300 万，其余全部打了水漂，陈某却逃之夭夭。

在胶合板期货上市的前前后后，进口胶合板外贸配额主要掌握在中国轻工建材进出口公司（下称中轻建材）和中国木材进出口公司手中，他们的工作人员也因此成为业内争相追逐拍马的对象。那个时期，全国大兴土木，内装修时兴护墙板，胶合板生意风起云涌，内贸商

家以广东最盛。笔者仅认识销往华东地区生意做的最大的广东省日杂公司，该公司最有名的管理人是任桂娟（女）、邓文艺、蔡一儒，起初他们与上海市日杂公司合作赚得盘满钵满。后来，该公司负责与广东合作的部门经理包文鸣凭借此前积累的人脉，跳过广东日杂，挂靠上海日杂，率先下海，直接向中轻建材下单，一跃成为华东地区进口胶合板最大的私营贸易商，可与广东的孙亚飞等牛人媲美。再后来,他的跟班赵鸣另起炉灶，又拉出一班人马，走了同样的路，干了同样的事，并迅速赶超了他的师傅包文鸣。然而,他们师徒两人均由于种种原因，能生财而不能守财，成为这个行业的“一代枭雄”，慢慢消失在了茫茫人海中。

2. 严把进口胶合板检验质量关

这个时期，进口胶合板品牌繁多，质量参差不齐，以次充好、以少冒多的索赔案例屡见不鲜。期货交易所制定的交易规则，必须凭商检合格证书方能交割。针对这些情况，原上海进出口商品检验局（下称上海商检）依法严把进口胶合板质量检验关，通过年终总结进行质量分析（相当于现在的大数据），对进口印尼胶合板到货质量实行三级排名分类管理，例如：优等是“蝴蝶牌”“海鸟牌”等；中等是“砖石牌”“三星”等；最差的是“金鸡牌”“大象牌”等。倒逼印尼厂家提高产品质量，竞争中国市场。此举引起印尼夹板公会的高度重视，于1990年主动来沪与商检部门开展技术交流，并邀请上海土产进出口公司组团赴印尼实地考察，向生产厂家宣传中国商检对进口胶合板管理的有关政策法规。商检部门把关与服务并举，获得了有关各方的一致好评。

3. 胶合板期货交易上市传奇

胶合板上市属于新中国的新生事物，“游戏规则”尚处于“摸着石头过河”的探索阶段，受投资少、利润大、赚钱快的巨大诱惑，交易所成了冒险家的乐园。大户操盘，“多头”与“空头”之间的实力较量，相互厮杀，难解难分，使期货价格跌宕起伏，险象环生。有的人一夜暴富，有的人“一夜回到解放前”，真是“几家欢喜几家愁”，一时间悲剧与喜剧同时上演。时至1998年，国家有关主管部门对全国期货市场开展整顿，于1999年终止了进口胶合板的期货交易，并将上海建材交易所与上海金属交易所、上海粮油商品交易所及石油、农资、化工等四家交易所合并成立了如今的上海期货交易所。

4. 我国人造板工业的崛起

在改革开放的浪潮中，大力引进外资和设备，成立人造板中外合资企业，推动了中国林产工业的科技进步与产业升级，为日后的迅猛发展奠定了基础。1981 年江苏省第一家中外合资企业，也是全国木材行业第一家合资企业——无锡江海木业有限公司，由江苏轻工集团等国企与香港维德集团（掌门人庄启程）共同投资成立。上海木材行业也有两家名噪一时的合资企业，一家是中美合资的“福海木业”（美方投资人是杨美琦，委派的管理代表是台湾人刘清仁、中方投资人是川沙北蔡地方政府企业和上海市土产进出口公司，他们委派的管理人分别是潘同兴和王宜敏），以生产胶合板（plywood）、宝丽板（polyester plywood）和细木工板而著称，鼎盛时期，卡车在厂门外排成长龙立等拉货，有时还会引发交通堵塞，有时人们看到出厂卡车上的货物还冒着热气，全部是新鲜出炉。另一家是台资“森大木业”

无锡江海木业是江苏省第一家暨全国木材行业第一家中外合资企业　邓根林 摄

上海森大木业有限公司　冯思源 摄

（台湾人梁绍光通过香港大宏公司投资大陆、中方投资人是上海市木材供应公司，委派的管理人是黄耀祖、赵祥生和物资集团代表冯思源），生产的装饰胶合板（fancy plywood）等各种贴面人造板，质量上乘，供不应求，畅销海内外。浙江嘉善利用台资办起了多家胶合板工厂，并孕育了一座“中国木材城”，刚开始他们缺少销售渠道，是上世纪80年代全国胶合板市场销售明星刘兵先生（教师下海）出手相助，帮他们打开销路，一路向好。此后，各种人造板生产厂以“长三角”为龙头，在全国各地如雨后春笋，前赴后继，层出不穷。许多贸易商看到赚钱商机放弃了“搬砖头”，也纷纷去找地方、开工厂，其中比较成功的算是安徽人刘树华（女）。通过引进国外先进设备，充分发挥中国人的聪明才智和工匠精神，在使用中不断学习总结、不断创新改进，逐步实现了木工机械国产化，使全国林产工业得到了全面升级，把各种人造板的生产、贴面板的加工和木材利用水平都做到了极致，令世界瞩目，并赢得了国际市场。如今，中国已经成为全世界出口木制品品种最多、数量最大的国家，让以往出口木制品最多的印度尼西亚和马来西亚等国都望尘莫及，迎来了中国林产工业崛起的历史辉煌。

在此，要讲一下福海木业潘同兴的故事，否则，这段历史将被永久遗忘。在那个胶合板疯狂口爆炒的年代，潘同兴是公司实控人，他妻子王智琴负责公司财务。后来，以王智琴的名义与有关人员合伙在南汇航头开办了“百霖木业”，由王智琴任董事长，与福海木业同时同船进口同样的木材原料，放在同一个木材水库，生产同样的产品，两家公司业务由他们夫妇两人统一掌控，其中猫腻可想而知。最终因福海木业严重亏损，造成公司倒闭，百霖木业得到彻底清算。事发后，潘同兴携两个女儿逃往澳洲，留下王智琴顶罪判刑17年，刘清仁判刑15年。

据刘兵先生介绍，广东有一位刘锦安先生，他于1984年涉足木材行业，于1990年创办东莞嘉司木业有限公司，开始生产宝丽板并一直坚守至今。工厂规模从鼎盛时期的一千多人裁员到现在的几十人，算是国内从事胶合板加工行业最早的企业之一，可能也是目前国内仅存的一家宝丽板加工厂了。

5. 人造板产业基地大迁徙

人造板产业基地转移与中国经济发展、世界经济发展同步，此起彼伏。上世纪，东南亚木材出口大国马来西亚是以原木和板材出口为主，当看到印尼胶合板在国际市场上赚钱的时候开始仿效，纷纷办厂，可是好景不长，遇上了国际金融危机，只能退而求其次，生产半成品旋切单板出口。印尼夹板公会也被迫于 1998 年放弃了对 120 多家工厂的出口配额管制，生产厂家可以直接做对外贸易。然而，中国没有受到这场金融风波的影响，开足马力，人造板工业迅速崛起，抢占了国际市场份额。随着“长三角”的产业升级，于上世纪末本世纪初，人造板生产厂家逐步迁徙至依托青岛港和日照港，以山东临沂为中心的周边地区。如今，中国人民奔小康劳动力涨价了，加上环保要求越来越严，这个产业又开始迁往发展相对滞后的其他国家，如越南、老挝、柬埔寨等。例如，木材行业的后起之秀卢建国先生，1996 年由上海交通大学毕业后到江苏海企上海浦东进出口公司从事进口木材工作，于 2001 年下海自主创业，投资注册了上海福策贸易有限公司，经营人造板出口。2017 年美国第 45 任总统特朗普上台挑起中美贸易大战，对中国人造板展开反倾销和反补贴调查，并大幅增加出口木材和进口木制品关税。面对美国发难，卢先生沉着应战，赶赴越南兴安省开办工厂，创办了越南伟木兴安股份有限公司（GREATWOOD HUNG YEN JOINT STOCK COMPANY），充分利用美越关系正常和当地劳动力等优势，从国内选派管理人员和技术人员，采用当地出产的相思木、桉树等做芯板（基板），从山东临沂和俄罗斯采购面板和底板（单板），最后，加工成各种贴面人造板，从越南出口到欧美市场。虽然，山东临沂生产的面板和底板中有一部分是从美国进口的

越南伟木兴安股份有限公司（GREATWOODHUNG YEN JOINT STOCK COMPANY） 卢建国 摄

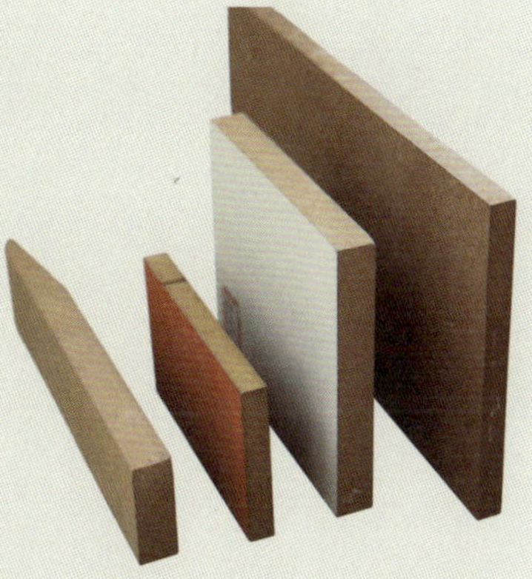
中密度纤维板

科技木

中高档木材，如黑胡桃、白橡木、樱桃木等，美国增加关税提高了成本，但是，中国人凭借世界一流的单板刨切和旋切技术，通过提高出材率，使多缴给美国人的关税摊派到每张单板时已忽略不计。如此这般运作，曲线救国，合法合规，消减了美国贸易制裁带来的不利影响，这个夹缝里面求生存的故事在业内被传为佳话。

小木大用　南京林业大学木工学院会议桌　骆嘉言 摄

定向刨花板　丁雨龙 摄

（二）劣木优用，变废为宝

随着木工机械的不断升级和加工技术水平的不断提高，利用旋切、刨切、拼接、粘合、压制等技术，通过深度加工，进行综合利用，把小木变大木；把刨花、木屑、树皮等变废为宝，生产出各种人造板、指接材（集成材）、实木复合地板等，再在其表层贴上珍贵材种木片，实现了劣木优用，可以进一步用作加工各式家具、花样木器和建筑装饰的原材料。

深度加工，综合利用，不仅可以节省名贵木材、缓解对大径级木材之需求，而且可以有效增强木材的稳定性，最为关键的是节省了木材资源。1 立方米人造板可代替 3—5 立方米原木使用。

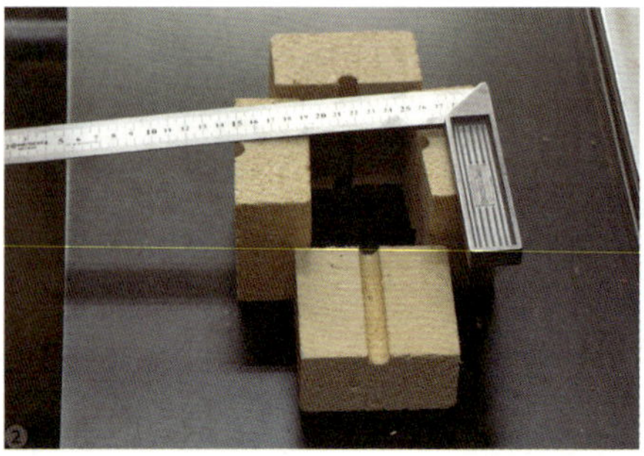

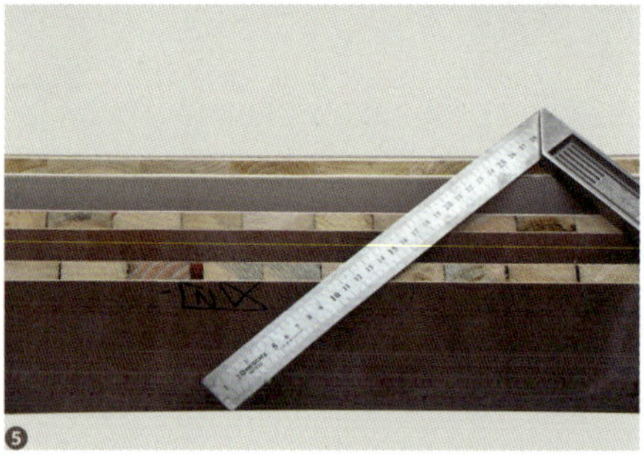

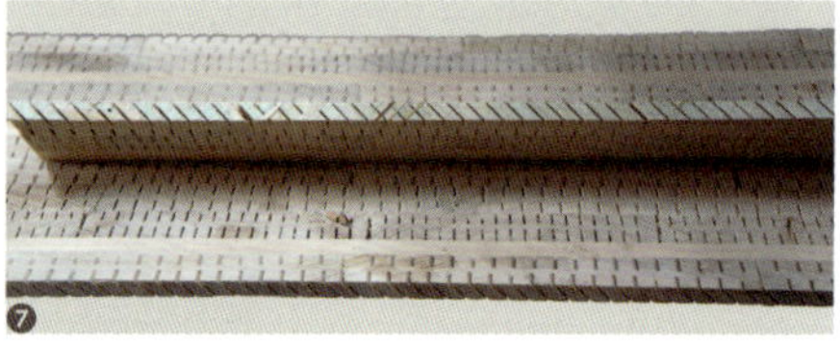

❶ 刨花板

❷ 刨花脚块　木托盘用

❸ 空心刨花板

❹ 实木复合地板

❺ 细木工板

❻ 单板层积材（LVL）

❼ 门芯板

❽ 木丝板

❾ 平行单板胶合木　又称单板条层积材

❿ 三夹板　又称三合板

⓫ 旋切单板　上海福策贸易有限公司提供　卢建国 摄

贴面胶合板 上海福策贸易有限公司提供 卢建国 摄

在生产加工人造板的过程中，一定要选用环保达标的胶水粘合，谨防甲醛超标，危害人体健康。上世纪80年代之前，胶合板国标缺失，只好按照国际贸易惯例跟随印尼、马来西亚、新西兰一起采用日本JPIC（1968）标准。规定供室内用的普通胶合板必须选用II类胶水（脲醛胶），供室外用的必须选用防水、防潮的I类胶水（酚醛胶）。如今，各类人造板国家标准门类齐全，并在国际上已经拥有相当大的话语权。

有关人造板国家标准

标准编号	标准名称
GB18580-2017	室内装饰装修材料——人造板及其制品中甲醛释放限量
GB18581-2009	室内装饰装修材料——溶剂型木器涂料中有害物质限量
GB/T9846-2015	普通胶合板
GB/T11718-2009	中密度纤维板
GB/T4897-2015	刨花板

集装箱地板采用的是多层胶合板（下称集地板），但其质量要求特殊，一是材质硬、能承重，二是需用酚醛胶。上世纪，集装箱制造业主要集中在韩国。上世纪末本世纪初，几乎全部迁移至中国。起初集装箱地板需从印度尼西亚或韩国进口，如今，随着人造板工业的兴起，已经全部使用国产板。不仅如此，国人大胆创新，有些厂家采用原料成本更加低廉的竹地板取代木地板，并得到了西方船级社的普遍认可，在全球通行无阻。

检测集地板甲醛含量　马春雨 摄

木材加工厂生物质原料收集　大艺树地板提供　沈小红 摄

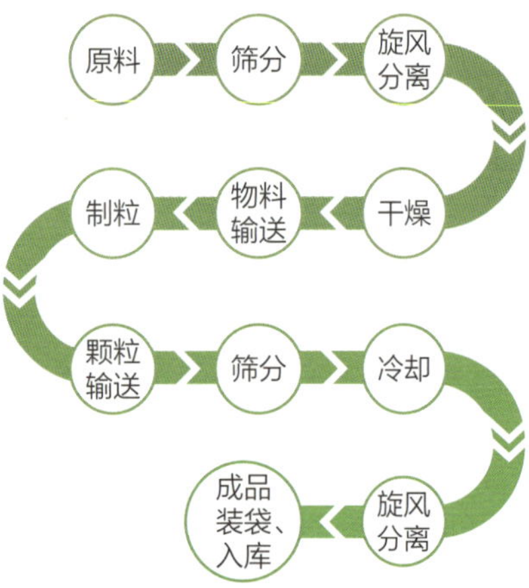

木质颗粒燃料生产流程图

块状生物质燃料　大艺树地板提供　刘振江 摄

四大优势　八大特点

效率更高　火力更旺

·生物质燃料热值可达3700-5000大卡/KG，火力强旺

·热效率可达90%以上，远远高于燃煤的效率，节约大量能源

循化利用　成本低廉

·利用秸秆、水稻壳、木屑、花生壳等废弃的农作物

·使用生物质燃料运行成本低，燃烧成本降到与普通煤等同

绿色环保　低碳排放

·生物质燃料在燃烧过程中，既不排渣、无烟，亦无二氧化硫等有害气体，不污染环境，二氧化碳接近零排放。

·每1万吨生物质燃料可替代标准煤0.8-1.0万吨，减少烟尘排放80吨左右，减少二氧化碳排放1.44万吨左右。

易于运输　利国利民

·燃料密度达到0.9-1.2吨/m^3，易于运输及储存

·为农民增收，利国利民

生物质燃料的优势与特点

（三）生物质燃料

生物质燃料有多种多样。本书讲述的是利用林业废弃物加工而成的生物质燃料，即将林场废料和木材锯末、刨花、木屑、树皮等林业生产废弃物和边角料，经加工成为生物质环保能源。这种新兴的可再生燃料具有体积小、便储运、易燃尽、残留少等特点，燃烧释放的二氧化碳会重新被植物吸收，参与地球生物学循环，做到零排放，因此被誉为“绿色煤炭”，变废为宝。

此外，可以把一些不成材的小木料加工成木炭，即将木材或木质原料经过不完全燃烧，或在隔绝空气的条件下热解而成。我国商代的青铜器和春秋战国时期的铁器冶炼都是用木炭为燃料，据说古人还可以根据木炭的吸湿性能来观测气候变化。但因木炭的原料是树木，属于毁坏资源的产业，已被国家严令禁止，但在盛产木材的国家（如俄罗斯等）仍然允许生产木炭并出口。而机制炭也是以木屑为原料，工艺上是把木屑经机器高温、高压成型后再送入炭化炉中炭化而成，全过程无需添加剂，并且具有燃烧时间长、热

值高、不冒烟、不发爆、很环保等特点，是传统木炭的理想替代品。若将木炭再进行深加工，炭元素更纯，杂质更少，重量更轻，其作用不再是燃料，可用来吸附重金属元素等杂质，变成经济价值更高的活性炭了。

（四）碎木还土，回归自然

对废旧木料处理的传统做法都是用作燃料，当柴火烧掉，留下草木灰，向大气层释放二氧化碳。前文已述，树木生长会吸收大气中的二氧化碳并释放氧气，这是一个“碳汇”的过程，也是一个净化空气的过程。而燃烧废旧木料则是将二氧化碳“放虎归山”，又回到了大气层，看似完成了二氧化碳的闭环流转，实际上是一个大气污染的过程，与当代绿色环保理念相悖。然而，制作生物质燃料是需要有条件的，不可能普及全社会。那么，废旧木料除了可以制作生物质燃料外，还有什么更加简单有效的绿色处理方法呢？业内人士一直在苦苦思索。

上海树人木业有限公司，是一家在上海市首批获得木包装出口 IPPC 热处理资质、具备欧标木托盘生产及维修资质的企业。过去，他们工厂生产的木材下脚料也是当柴烧，用作热处理烘房的锅炉燃料，可谓一举两得。自从上海启动蓝天白云计划，不准工厂烟囱再冒烟，他们开始研究废旧木包装的处理新工艺。功夫不负有心人，现已收获成果。随进口商品入境的木托盘等木包装回收后，他们通过分拣，把不能再利用的不成材废旧木料用机器先打成木片，然后再打成木屑，这两次粉碎过程均不会对环境造成任何污染，全部安装了吸尘装置，所用机械皆为自主研发。一般来说，这些木屑可以用作加工刨花板、纤维板等人造板的原材料，亦可制作生物质燃料，然而，他们另辟蹊径，与牧场合作，将木屑用作奶牛场的垫料，与动物的排泄物混合后作为一种新型的有机肥回归大地。这一创新之举是“碎木还土”，回归自然，相当于农作物的“秸秆还田”。

木屑用作奶牛场垫料　树人木业提供　王亚东 摄

（五）木屑菌棒

木屑加上玉米芯、麸皮等辅料可以制作成菌棒，种植香菇、木耳、平菇、杏鲍菇等各种菌菇，这些菌菇不仅可以供国内消费者食用，还可出口创汇。据上海市农业科学院高级农艺师周峰先生和上海才荣果蔬种植专业合作社总经理张昌国先生介绍，一般阔叶树的木屑及其枝叶经粉碎后均可用作制作菌棒的主要原材料，但有些含有有害物质（对菌菇生长而言）的阔叶树种，如香樟树、桉树、槐树、苦楝等，以及含有松节油、萜烯类等有机物质的松、杉、柏等针叶树种，皆不宜直接使用，需堆积发酵3—6个月或更长时间，等到那些不利于菌丝生长的有害物质得以分解后方可使用，这是其一。其二，种植不同的菌菇需配置不同的辅料，如：种植香菇，主料是木屑，辅料是麸皮；种植金针菇和杏鲍菇，除了木屑、麸皮还需添加米糠、啤酒糟、甜菜渣等。据《中国国门时报》报道，山东御苑生物科技有限公司所在的沂蒙老区，果树种植普遍，每年都会修剪掉大量果树枝叶，过去这些枝叶要么焚烧，要么烂掉，增加环境负担。如今，在当地海关人员的指导下，将其粉碎后制作成香菇菌棒，直接出口到RCEP成员国和欧洲市场，将废树枝换成了“金元宝”。

香菇菌棒（木屑基料） 上海才荣果蔬种植专业合作社提供 张昌国 摄

卡车拖挂树木枝叶粉粹机 张余仁 摄

（六）木屑树穴和木屑步道

在上海每到行道树的修剪季节，你会发现城市绿化工程师在安全防线内一体化作业，将修剪下来的树木枝叶投入卡车拖挂的机器当场粉粹，一是缩小了体积便于运输，二是将粉粹之物提供给中科庆华（上海）科技有限公司，采用该公司总经理朱杰先生研发的特殊胶水（专利产品）制成环保透水性树穴，具有如下九大优点：

1. 覆盖性：可适应各类树根凸起，完全锁住尘土。

2. 柔韧性：树根自由生长。

3. 透气性：树根与地下生命自由呼吸。

4. 透水性：海绵状结构使水自由渗透，持续为大树提供水分。

5. 保水性：锁住水分，提升树木蓄水功能。

6. 保温性：夏季土壤低于裸土 5℃—10℃，冬季升高 4℃—8℃。

7. 美观性：可设计多种色彩，多种形态，美化城市。

8. 方便性：易清洁，好打扫。

9. 安全性：与路面齐平无高差，可有效避免行人不小心被凸起的树根绊倒。

木屑树穴 上海闸北公园 朱杰 摄

木屑铺设社区健身场所地　上海闸北公园　朱杰 摄

该项专利产品还可用于健身步道，避免塑胶跑道由于甲醛超标给人们带来的卫生安全问题。

综上所述，树木浑身是宝，哪怕是木屑和木片皆有很多用途，除了可以用作生产刨花板、纤维板外，还可以用作纸浆造纸、生物燃料、动物垫料、树穴和步道等，随着人们思想的不断解放和科技进步，可能还会开发出更多用途。

浙江安吉山川竹屋　李雪涛 摄

（七）以竹代木

除了上述各种节约木材资源的做法外，人们还想出了以纸代木、以塑代木、以竹代木等方法。仅以以竹代木为例，我国是世界竹子资源最为丰富的国家，开发利用竹资源历史悠久。上世纪 80 年代，南京林业大学率先开展竹材工业化利

户外竹地板步道　丁雨龙 摄

厨房竹家具、竹地板　丁雨龙 摄

用研究，提出“以竹代木、以竹胜木”的理念。现在，竹材产品已经广泛应用在建筑、家具、室内和户外装饰以及造纸等多个领域，每年可替代木材约2000万立方米。

全竹材装饰　西班牙马德里国际机场天花板

全竹材装饰　江苏无锡大剧院　丁雨龙 摄

竹子造纸（我国年产竹浆250万吨）　丁雨龙 摄

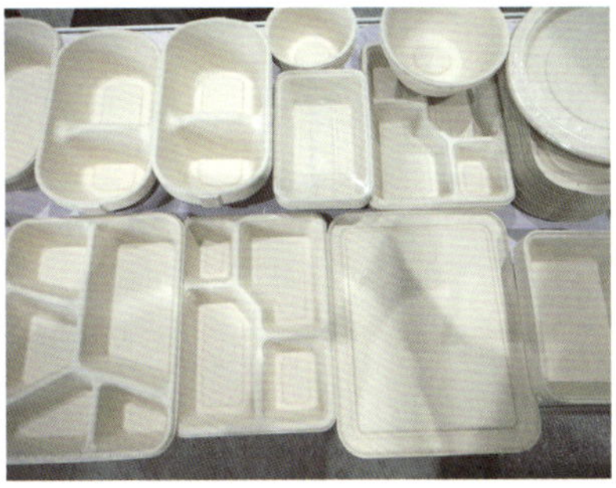

以竹代塑——竹浆制一次性餐具

九 —— 国际森林认证

为合理开发利用森林资源，国际上成立了一些相关认证机构，如森林管理委员会（FSC）、森林认证体系认可计划（PEFC）等，都是独立的、非营利的非政府组织，其成员由相关国家的有关部门自愿参加。这些组织在尊重所在国家或地区法律法规的前提下，在承认并履行有关国际组织协定的基础上，通过制定一些森林保护、合理砍伐等一系列原则和标准，申请第三方认证来促进可持续发展的森林管理，并充分考虑砍伐的合理性、可追溯性及与当地居民和森林动物的生存关系等。采用评估、授权和监控等措施，以保证带有认证机构标识之木材及其制品不属于濒危树种，也不属于非法砍伐，而是来源于能满足当代和后代社会、经济、生态需求的森林。因为森林再生要具备生物多样性与基因多样性，以利于森林生态系统的自我修复。而人工林树种少，生物多样性差，经不起气候变化的影响，极易遭受病虫害的危害。

《森林可持续规划砍伐特许证》(Concession Forestières sous Aménagemrng Durable，CFDA)制度简介：

CFDA 是由加蓬、喀麦隆、中非和刚果（金）等四国共同批准执行的一项区域性法案，根据原始森林的自我修复更新周期之规律，制定了一整套可持续

奥克榄树 许杰 摄

奥克榄原木 许杰 摄

管理模式：

同一块林区轮伐间隔周期不得少于 25 年，每次砍伐要在 3 年内完成，若超过时限没有伐完也要终止，必须等到下一个轮伐周期才能重启砍伐。

砍伐只能“拔大毛”，即对那些允许砍伐的树木大小有严格的要求，一是径级不达标的不得砍伐，如奥克榄径级必

非洲崖豆木树 许杰 摄

须超过 70 厘米。二是不论什么树种，凡径级超过 2 米者亦予保护，禁止砍伐。

原始森林里树种很多，但只准许砍伐其中的 20 余种，如奥克榄（*Aucoumea klaineana*）、非洲紫檀（*Pterocarpus soyauxii*）、非洲崖豆木（*Millettia laurentii*）等，并且，准伐树种不是固定的，会随形势的变化而变化。

非洲崖豆木原木 俞世卯 摄

有些树种的枝叶或果实是野生动物赖以生存的食物，如奥特山榄（*Autranella congolensis*）、非洲猴子果（*Tieghemella africana*）的果实是大象的食物，不论其树木大小，一律禁止砍伐。

非洲紫檀树 许杰 摄

非洲猴子果树 许杰 摄

左：非洲紫檀原木 右：非洲猴子果原木 许杰 摄

弘扬木文化也需要树立科学发展观，我们不能脱离实际来空谈文化。皮之不存，毛将焉附。因此，我们要吸取大自然给人类的历史教训，保护生物多样性，守护生物安全，保护森林，大力植树造林，造福子孙后代，维护人类和所有地球生命的共同家园，为木文化的传承与可持续发展筑牢根基。

弘扬木文化也需要树立科学发展观，我们不能脱离实际来空谈文化。皮之不存，毛将焉附。因此，我们要吸取大自然给人类的历史教训，保护生物多样性，守护生物安全，保护森林，大力植树造林，造福子孙后代，维护人类和所有地球生命的共同家园，为木文化的传承与可持续发展筑牢根基。

第六篇

护木

绿水青山就是金山银山

袁佳青 摄

袁佳青 摄

森林资源是有限的，而人类对木材的需求是无限的。过度开发利用森林，会影响地球生命的生存环境，造成全球气候变暖，加快沙漠化进程等等，会遭到大自然的惩罚，给人类带来灾难。

人与大自然之间也存在一种“善有善报、恶有恶报”的因果关系。敬畏自然，善待自然，才会得到天佑地护，得到大自然的厚爱与馈赠；反之，就会受到大自然的惩罚。所以，中国儒家倡导“天人合一”，道家主张“顺应天道”，与大自然和谐相处，达到“天地与我并生，而万物与我为一”之境界。

人定胜天，只能在顺应自然的特定条件下才有其可能性，我们千万不能因为某一次对天的胜利而沾沾自喜，要经得起时间的检验，让事实说话。如果对“天”的胜利是建立在违背天道、违背自然规律的基础之上，迟早一天，大自然将会以更大的惩罚来报复人类。战天斗地，早已成了过去式，无数的事实证明，人与天地相比就太渺小啦，人类根本不是大自然的对手，那是自不量力，是瞎折腾。老子说：“不知常，妄作凶。”这个“常”字有两个意思，一个是日常，另一个是经常，经常就是规律。老子又说：“天长地久，天地所以能长且久者，以其不自生。”这里的“天地”可以理解为大自然，大自然颐养万物，泽被苍生。也就是说，天地为万物生长提供了必不可少的阳光雨露、土壤养分等等，并且，不求回报，无私奉献，故能长久。而人类为了自己的利益不惜去破坏自然，无序开发，即使伤害了它，它依然爱你，不离不弃。然而，宇宙法则不会放过你，会让你罪有应得，最终倒霉的还是我们人类自己。其实，对于我们人类而言，不单是人与自然要和谐，人类社会更需要和谐，如果你妄作为，同样会遭到报应。这就是：人在做，天在看，举头三尺有神明。善有善报，恶有恶报，不是不报，时辰未到，善恶到头终有报。

如今，党中央已决定把生物安全纳入国家安全体系，其中首要关注的就是生态安全。既要敬畏自然、敬畏生物，使生物处于自然的安全状态，保持生物物种的延续性和多样性，又要谨防外来有害生物的入侵，对我国的农林牧副渔生产造成不良影响。这就是号召我们恪守天道，尊重宇宙法则，遵循自然规律，顺理而为，顺势而为，不要乱作为，要与自然万物和睦相处。

一——拯救濒危物种

生态环境是物种生存与发展之基础。

然而，随着人类对自然的改造，逐渐打破了生态系统的平衡，甚至有些崩溃，造成森林减少、草原退化、水土流失、水源枯竭、环境污染、气候异常等一系列生态安全危机，破坏了生物多样性和生态系统的稳定性，也影响了野生动植物的生存与发展。

地球之大，没有一种生物可以独立存在，每一个物种都与我们休戚相关，拯救濒危物种就是保护生物多样性。我国自然禀赋优越，生物资源总量约占全球总量的10%，我国也是世界上生物多样性最丰富的国家之一：有高等植物3.6万多种，排全球第三，仅次于巴西和哥伦比亚；有栽培作物1339种，其野生近缘种达1930个，是水稻等重要农作物的起源地；有家养动物品种576个，是世界上家养动物品种最丰富的国家之一。就地保护、迁地保护、野外回归……通过持续开展珍稀濒危野生植物保护，如德保苏铁、华盖木、百山祖冷杉等120种极小种群野生植物在我国得到了抢救性保护，部分濒危物种种群数量正在逐步恢复。

一个物种就是一个基因库。如果物种基因还未开发就永远失去，损失无法估量。在生物技术快速发展的今天，生物资源的独特价值更加凸显。1954年，美国大豆产业遭受孢囊线虫病的沉重打击，最终依靠美国传教士几十年前在中国收集到的北京小黑豆样本提取出的抗病基因，才得以免受灭顶之灾。正是那几株在风雨中摇曳的青蒿，屠呦呦才会发现青蒿素，为世界带来全新抗疟药。正是有了野生稻基因的留存，袁隆平才培育出杂交水稻，为中国人的口粮安全带来沉甸甸的保障，为世界粮食安全增添了中国贡献。

据笔者老同学中国民族大学教授薛达元先生研究，他在中国环境科学出版社发表的题为《中国生物遗传资源现状与保护》一文中说道："中国被引种或流失到国外的森林植物遗传资源记录在案的共有168科392属3364种，没有记录的更是不计其数。"从世界上主要植物园的情况看：英国邱园引进的中国植物达3000多种；英国爱丁堡皇家植物园引进约2000种，其中仅杜鹃花有近400种；美国哈佛大学的阿诺德树木园也有来自中国的植物400多种；法国花木的50%、荷兰花木的40%都来源于中国。

2020年9月30日，中国国家主席习近平在联合国生物多样性峰会上通过视频说："我们要站在对人类文明负责的高度，尊重自然、顺应自然、保护自然，探索人与自然和谐共生之路，促进经济发展与生态保护协调统一，共建繁荣、清洁、美丽的世界。”

2021 年 10 月 11 日至 15 日，在我国昆明举行了《生物多样性公约》缔约方大会第十五次会议（COP15）第一阶段会议，“生态文明：共建地球生命共同体”既是本次大会的主题，也是人类对未来的美好寄语。作为联合国生态环境领域的一次重要会议，未来十年全球生物多样性治理的蓝图已从美丽的春城走向世界。

几乎每天都会有许多物种在地球上消失，平均每隔 20 分钟一个，人类又失去了一个同住地球村的朋友。

然而，全球物种灭绝速度不断加快，生物多样性丧失和生态系统退化对人类生存和发展构成了重大风险。全世界每天约有 74 个物种灭绝，每小时就有 3 个物种被贴上死亡标签，甚至有许多物种还没来得及被科学家描述和命名就已经从地球上消失了。2021 年 9 月 4 日，世界自然保护联盟（IUCN）更新了濒危物种红色名录，在 IUCN 评估的 138374 个物种中，38543 个物种面临灭绝威胁，占 27.8%。

（一）野生动植物国际保护组织

为维护生物多样性，拯救濒危物种，于 1973 年 3 月 3 日在美国华盛顿首次正式召开《濒危野生动植物种国际贸易公约》（CITES）缔约国大会，又称《华盛顿公约》，迄今共有缔约国 180 多个。我国于 1980 年加入 CITES，并设立中华人民共和国濒危物种进出口管理办公室（简称濒危办），代表中国政府履约。

世界野生动植物日
3月3日

2013 年 3 月，CITES 在泰国曼谷召开第十六次缔约国大会，会议决定将 3 月 3 日设立为“世界野生动植物日”。同年 12 月 20 日，联合国大会第六十八次会议也作出了同样的决定，希望以此来提高人们对野生动植物的保护意识。

CITES 将濒危物种分为三级管控：

一级管控（CITES 附录 I）：指有灭绝危险的物种，禁止商业贸易，特殊情况除外。如经 CITES 批准，有些国家特有的珍稀动植物可以用作展示交流、科研教学或拯救性保护等。

二级管控（CITES 附录 II）：指那些目前虽未濒临灭绝，但若对贸易不严加控制，就很有可能灭绝的物种。

三级管控（CITES 附录 III）：是某一缔约国提出在其管辖范围内应当管控开发利用，需要得到其他缔约国合作控制贸易的物种。

（二） 中国政府的履约行动

中国政府高度重视野生动植物保护工作，实行了比 CITES 要求更为严格的濒危物种管控方式，制定了以《野生动物保护法》《野生植物保护条例》《濒危野生动植物进出口管理条例》为主题的野生动植物保护法律体系，建立了部门间 CITES 执法工作协调小组和打击野生动植物非法贸易部际联席会议制度，我国对进出口 CITES 附录物种商品均实行允许进出口证明书管制（豁免情形除外）。

根据《中华人民共和国海关法》第八十二条规定，凡运输、携带、邮寄濒危木材均属走私行为，构成犯罪，依法追究刑事责任。生物多样性保护不仅有中国的声音，更有中国的贡献。中国海关在履行国际义务，保护濒危野生动植物方面成绩显著，2019 年 1 月至

上海海关查获走私濒危木材 檀香紫檀 上海缉私局提供

上海海关 丁志毅 摄

上海海关查获走私濒危木材 特氏古夷苏木 上海缉私局提供

2021 年 9 月，中国海关共侦办濒危野生动植物及其制品走私犯罪案件 923 起，查获各类濒危野生动植物及其制品 1552.7 吨。据 2019 年 8 月 29 日《中国国门时报》头版头条报道，在 8 月 20 日瑞士日内瓦举行的 CITES 第十八次缔约方大会上，中国海关与来自十个国家的野生动植物执法部门一起荣获克拉克·巴文野生动物执法奖，此次是中国海关近十年来第四次获此殊荣。

（三）濒危木材树种情况

2023 年被 CITES 列入濒危野生动植物保护目录的物种总数为 40900 多种，其中植物 34310 种（包括木材 670 余种）。我国约有 2000 个物种被 CITES 列入濒危物种保护目录。

据国际植物园保护联盟（BGCI）统计，在地球上共有 60000 多个树种，其中约有 1500 个树种处于濒危状态。已被 CITES 列入濒危保护目录的木材树种，2016 年为 490 多种，2019 年上升到 520 余种，2023 年又增加到 670 余种，随着时间的推移，这个数字还在悄然上升。

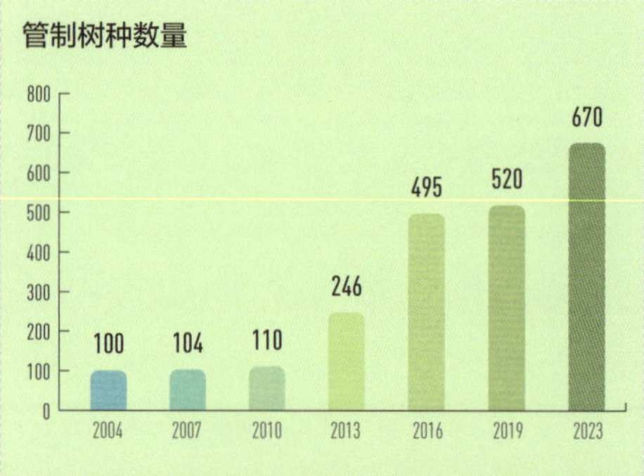

濒危木材树种管控态势

年份	管制木材树种数量
2004 年	100 个
2007 年	104 个
2010 年	110 个
2013 年	246 个
2016 年	495 个
2019 年	520 个
2023 年	670 个

CITES 附录木材树种

第 19 届缔约国大会 2023 年 2 月 23 日以后共计 670 种

CITES 濒危木材树种一级管控：7 种		
科　目	名　称	附录
南洋杉科 Araucariaceae	智利南洋杉 *Araucaria araucana*	I
柏科 Cupressaceae	智利肖柏 *Fitzroya cupressoides*	I
	皮尔格柏 *Pilgerodendron uviferum*	I
豆科 Leguminosae	巴西黑黄檀 *Dalbergia nigra*	I
松科 Pinaceae	危地马拉冷杉 *Abies guatemalensis*	I
罗汉松科 Podocarpaceae	弯叶罗汉松 *Podocarpus parlatorei*	I
茜草科 Rubiaceae	巴尔米木 *Balmea stormiae*	I
备注	2023 年 2 月 23 日生效	

CITES 濒危木材树种二级管控: 656 种		
科 目	名 称	附录
多柱树 Caryocaraceae	多柱树 *Caryocar costaricense* #4	II
柏科 Cupressaceae	姆兰杰南非柏 *Widdringtonia whytei*	II
柿树科 Ebenaceae	柿属所有种 *Diospyros* spp. #5（马达加斯加种群）	II
胡桃科 Juglandaceae	枫桃 *Oreomunnea pterocarpa* #4	II
樟科 Lauraceae	玫瑰安妮樟 *Aniba rosaeodora* #12	II
豆科 Leguminosae	★黄檀属所有种 *Dalbergia* spp.（除被列入附录 I 的树种）#15	II
	德米古夷苏木 *Guibourtia demeusei* #15	II
	佩莱古夷苏木 *Guibourtia pellegriniana* #15	II
	特氏古夷苏木 *Guibourtia tessmannii* #15	II
	巴西苏木 *Paubrasilia echinata* #10	II
	大美木豆 *Pericopsis elata* #17	II
	多穗阔变豆 *Platymiscium parviflorum* #4	II
	紫檀属所有种 *Pterocarpus* spp. #17（非洲种群）	II
	缅茄属所有种 *Afzelia* spp. #17（非洲种群）	II
	檀香紫檀 *Pterocarpus santalinus* #7	II
	南方决明 *Senna meridionalis*	II
	二翅豆属所有种 *Dipteryx* spp. #17（延期 24 个月，自 2024 年 11 月 25 日起生效）	II
楝科 Meliaceae	洋椿属所有种 *Cedrela* spp. #6（新热带种群）	II
	矮桃花心木 *Swietenia humilis* #4	II
	大叶桃花心木 *Swietenia macrophylla* #6（新热带种群）	II
	桃花心木 *Swietenia mahagoni* #5	II
	卡雅楝属所有种 *Khaya* spp. #17（非洲种群）	II
蔷薇科 Rosaceae	非洲李 *Prunus africana* #4	II
檀香科 Santalaceae	非洲沙针 *Osyris lanceolata* #2（布隆迪、埃塞俄比亚、肯尼亚、卢旺达、乌干达和坦桑尼亚联合共和国种群）	II
紫杉科 Taxaceae	★红豆杉 *Taxus chinensis* 和本种的种下分类单元 #2	II
	★东北红豆杉 *Taxus cuspidata* 和本种的种下分类单元 #2	II
	★密叶红豆杉 *Taxus fauna* 和本种的种下分类单元 #2	II
	苏门答腊红豆杉 *Taxus sumatrana* 和本种的种下分类单元 #2	II
	★喜马拉雅红豆杉 *Taxus wallichiana* #2	II
瑞香科 Thymelaeaceae	★沉香属所有种 *Aquilaria* spp. #14	II
	棱柱木属所有种 *Gonystylus* spp. #4	II
	拟沉香属所有种 *Gyrinops* spp. #14	II

科 目	名 称	附录
蒺藜科 Zygophyllaceae	萨米维腊木 *Bulnesia sarmientoi* #11	II
	愈疮木属所有种 *Guaiacum* spp. #2	II
紫葳科 Bignoniaceae	风铃木属所有种 *Handroanthus* spp. #17（延期 24 个月自 2024 年 11 月 25 日起生效） 金铃木属所有种 *Roseodendron* spp. #17（延期 24 个月自 2024 年 11 月 25 日起生效） 蚁木属所有种 *Tabebuia* spp. #17（延期 24 个月自 2024 年 11 月 25 日起生效）	II

CITES 濒危木材树种三级管控：7 种		
科 目	名 称	附录
壳斗科 Fagaceae	★蒙古栎 *Quercus mongolica* #5（俄罗斯）	III
豆科 Leguminosae	巴拿马天蓬树 *Dipteryx panamensis*（哥斯达黎加、尼加拉瓜）（将在 2024 年 11 月 25 日删除）	III
木兰科 Magnoliaceae	★盖裂木 *Magnolia liliifera* var. *obovata* #1（尼泊尔）	III
木樨科 Oleaceae	★水曲柳 *Fraxinus mandshurica* #5（俄罗斯）	III
松科 Pinaceae	★红松 *Pinus koraiensis* #5（俄罗斯）	III
罗汉松科 Podocarpaceae	★百日青 *Podocarpus neriifolius* #1（尼泊尔）	III
水青树科 Trochodendraceae	★水青树 *Tetracentron sinense* #1（尼泊尔）	III
备注	1. 2023 年 2 月 23 日生效。 2. #？：是对濒危物种附录的说明，可查 CITES 公约了解详情。 3. ★：物种，亚种或较高级分类单元中文名前附有“★”者，系指该种或该分类单元所含物种在中国有自然分布的记录，以亚种列入的，则指该亚种在中国有自然分布的记录；因分类系统差异、分类命名变动及专业和行业习惯，中文名时有不同或变化，使用本附录时应以物种及较高级分类单元的拉丁名为准，中文名供参考；拉丁名与现行公约附录不一致的，以公约秘书处颁布的版本为准。	

（四）近四届 CITES 缔约国大会对濒危木材树种管控变化详情：

近十年来，CITES 共召开了四次缔约方大会，每次大会均有木材树种提案提出，被列入附录的濒危树种从 2010 年的 112 种逐渐增加至 670 种，被列入附录的树种不断扩大，详情如下：

1. 2013 年，第 16 届 CITES 缔约国大会（泰国曼谷）

（1）48 种黄檀属 *Dalbergia* 列入附录 II。

（2）柿属 *Diospyros* 所有种（马达加斯加种群）列入附录 II。

2. 2016 年，第 17 届 CITES 缔约国大会（南非约翰内斯堡）

（1）黄檀属所有种（约 300 种）列入附录 II，被列入附录 I 的巴西黑黄檀 *Dalbergia nigra* 除外。

（2）三种古夷苏木（德米古夷苏木 *Guibourtia demeusei*、佩莱古夷苏木 *Guibourtia pellegriniana* 和特氏古夷苏木 *Guibourtia tessmannii*）列入附录 II。

（3）刺猬紫檀 *Pterocarpus erinaceus* 从附录 III 升级至附录 II。

3. 2019 年，第 18 届 CITES 缔约国大会（瑞士日内瓦）

（1）染料紫檀（血檀）*Pterocarpus tinctorius* 列入附录 II。

（2）洋椿属 *Cedrela* 所有种列入附录 II。

（3）姆兰杰杉（南非香柏）*Widdringtonia whytei* 列入附录 II。

4. 2022 年，第 19 届 CITES 缔约国大会（巴拿马）

在本届大会由各缔约方提交的附录修订提案中，有 7 项关于木材树种，新增 151 个树种，是四次大会增加最多的，目前已超过670种，其中附录Ⅰ 7种，附录Ⅱ 656种，附录Ⅲ 7种。

本届大会的变动于2023年2月23日起生效，其中有部分南美的树种变动延期24个月生效，于2024年11月25日起生效。注释#17的定义为：原木、锯材、饰面用单板、胶合板和成型木。

（1）将缅茄属所有种 *Afzelia* spp.（非洲种群）列入附录Ⅱ，带注释#17，一共7个树种。提案指出，缅茄属的4个树种（非洲缅茄 *A.africana*、喀麦隆缅茄 *A.bipindensis*、厚叶缅茄 *A.pachyloba* 和安哥拉缅茄 *A.quanzensis*）在其分布国的大部分地区遭到了不可持续的砍伐，因此符合列入标准。同时，由于缅茄属木材在国际贸易中通过解剖学方法难以进行树种鉴定，该属的其他树种（雅洁缅茄 *A.bella*、小花缅茄 *A.parviflora*、弯荚缅茄 *A.peturei*）符合“相似性”标准。

（2）将紫檀属所有种 *Pterocarpus* spp.（非洲种群）列入附录Ⅱ，带注释#17。紫檀属包括约46个树种，非洲种群有12个树种。非洲紫檀 *P.soyauxii*、药用紫檀 *P. officinalis*、特斯曼氏紫檀 *P.tessmannii*、安哥拉紫檀 *P.angolensis*、布伦南氏紫檀 *P.brenanii*、光亮紫檀 *P.lucens*、米特布拉氏紫檀 *P.mildbraedii*、奥逊紫檀 *P.osun*、圆叶紫檀 *P.rotundifolius*、茜草叶紫檀 *P.santalinoides*、刺猬紫檀 *P.erinaceus* 和染料紫檀 *P.tinctorius*。

（3）将卡雅楝属所有种 *Khaya* spp.（非洲种群）列入附录Ⅱ，带注释#17。卡雅楝属包含5个树种，白卡雅楝 *K.anthotheca*、大叶卡雅楝 *K.grandifoliola*、红卡雅楝 *K.ivorensis*、马达加斯加卡雅楝 *K.madagascariensis* 和塞内加尔卡雅楝 *K.senegalensis*。

（4）将二翅豆属所有种 *Dipteryx* spp. 列入附录Ⅱ，带注释#17。延期24个月，自2024年11月25日起生效。本属共有14个树种。

（5）风铃木属所有种 *Handroanthus* spp. 金铃木属所有种 *Roseodendron* spp. 蚁木属所有种 *Tabebuia* spp. 列入附录Ⅱ，带注释#17。延期24个月，自2024年11月25日起生效。这三个属的木材在市场均称为“蚁木”，共包含113个树种，其中风铃木属35种、金铃木属2种、蚁木属76种。

（6）巴西苏木 *Paubrasilia echinata* 继续保留在附录Ⅱ，以新注释取代原注释#10。即“所有部分、衍生物和制成品，但不包括乐器及其零配件的再出口。”

地球是我们人类与野生动植物的共同家园，保护濒危物种是全人类共同的职责和义务，让我们一起携手来保卫绿色家园，共筑碧海蓝天，共享绿水青山。

二——森林保护的法律法规

往事千年，沧海变迁。我国运用法律手段治理、培育、保护、发展林业资源的历史源远流长。

（一）生态文明的启蒙教育

民间传说，黄帝将部落联盟定居在桥山，教化他的臣民以树居或穴居，在临水靠山的半坡上砍树造屋。当时人们并不知道毁坏森林会带来什么样的恶果，没过多久就砍光了桥山周边的树木。后来，一场大雨，引起山洪暴发，洪水冲跨了居所，卷走了臣民。灾后，黄帝亲自上山查看，发现凡是树木被砍光的山岇（áng）都挡不住水，连地上的草也被冲得一干二净。于是，黄帝带头栽了一棵小柏树，臣民们学着黄帝的样子也纷纷栽树。几过后年，桥山变得一片葱绿，林草茂盛，风调雨顺。这件事让黄帝得到了感悟，从此，“前人栽树，后人乘凉”便成为中华民族的一个优良传统。

华夏民族的生存与发展依赖于农耕，以农立国，从农为本。上述故事告诉我们，是大自然给炎黄子孙上了第一堂生态文明教育课，让人们开始认识到了植树造林、保护环境对人类生存与发展的重要性。在长期的农业生产实践中，人们也逐渐体会到了森林对农业生产起着重要的保障作用，正如《齐民要术》所述：“五木者，五谷之先，欲知五谷，但视五木。择其木盛者，来年多种之，万不失一也。”由此可见，我国人民自古以来就比较注意对森林的保护。历朝历代的统治者，一旦坐稳了江山，都会提倡植树造林，限制砍伐，维护生态平衡，只是重视程度各有不同，执行力度有大有小。俗话说得好：“要想富，多栽树。”“千错万错，植树造林不会错。”

（二）历史变迁

自有文字记载以来，最早可以追溯到夏朝，据《逸周书·大聚解》记载：“禹之禁，春三月，山林不登斧，以成草木之长。”即在阳春三月，不能用斧头到山中砍伐，这样有利于草木生长。周文王颁布的《伐崇令》规定：“毋乱伐树木，毋滥杀六畜。有不如令者，死无赦。”《周礼》曰：“凡窃木者，有刑罚。”“凡庶民不树者无椁（guǒ）。”即盗窃林木者要判刑，平民百姓不种树者，死后不给棺椁。

秦始皇统一六国后，曾下诏：“无伐草木”“道旁植树。”《秦律》规定：“盗采人桑叶，赃不盈一钱，何论？赀（zī）徭三旬。”即使盗采他人不值钱的桑叶，也要判盗窃者服苦役30天。秦律之严苛，可见一斑。

十六国的后燕后期，因统治者的荒淫无道，相互残杀，结果导致鲜卑族的慕容氏家族政权落入汉人手中，冯跋建立北燕取而代之。他在位期间，曾动员百姓每人种桑树100棵，柘树20棵。提倡薄葬，不用厚木棺材，减轻活人负担。

隋炀帝酷爱柳树，在大运河两岸种柳，诏令民间：“每种活一棵柳树，赏细绢一匹。”唐代王公贵族皆有永业田（又称世业田，为私有土地），规定永业田里必须种上一定数量的树木。开元年间，还下令各地在通衢两旁都要种上各种树木，以荫蔽行旅。

宋太祖赵匡胤对桑枣情有独钟，下令：“课民种树，定民籍为五等，第一等种杂树百，每等减二十为差，桑枣半之。”即根据植树多少把百姓分成五等，并下令凡垦荒植桑枣者，不缴田租。对率领百姓植树有功的官吏，可晋升一级。

元祖忽必烈颁布《农桑之制》规定：“每丁岁种桑、枣二十株。土性不宜者，可种榆、柳等。”明太祖朱元璋*的植树力度更大，他一登基就下诏：“令天下广植。凡民户有田者，须种桑麻、栗枣各二百株。”《明户律》规定“凡毁伐林木稼穑者，计赃，准窃盗论。”清朝也曾严令禁止在天然林中“伐森林、采矿及渔猎、农牧”。

可见，各个朝代都或多或少制定了一些植树造林、保护树木的法令，在当初的时代背景下，具有针对性和有效性，都发挥了一定的作用。有些统治者还设“山泽之禁”，主观上是保护皇陵不受侵犯，维护皇家风水，在客观上也起到保护森林的作用。但因我国古代的法律是“刑民不分，诸法合一”，虽有关于森林培育、保护的零散规定，但并没有形成专门的、统一的、全面的、系统的森林法规。

我国历史上出现的第一部专门的有关森林培育、管理和保护的法律法规，当是1912年辛亥革命成功后北洋政府制定的“林政纲要”，该“纲要”共分十一条，算是我国历史上最早的森林法雏形。在此基础上，民国政府制定了《森林法》，于1914年11月3日颁布实施，共六章三十二条。1915年6月30日，又颁布了《森林法施行细则》和《造林奖励条例》。1932年民国政府又重新颁布了修订后的《森林法》，共十章七十七条。这些森林法律，由于国民党政府的腐败，以及战乱不断，基本上徒具形式，都没有得到真正实施。

被封侯的树

朱元璋（1328—1398）是明朝开国皇帝，幼时家境贫寒，先给地主家放牛，后因家乡发生旱灾、蝗灾和瘟疫，庄稼颗粒无收，父母和家人相继饿死，只剩下他和二哥朱重六。经隔壁邻居帮忙，介绍他进庙当了小和尚，但因灾情越来越严重，大约 50 天后庙里也弹尽粮绝。无奈之下，17 岁的朱元璋不得不背起行囊，带上木鱼，开启了他三年的流浪生活。有一年秋天，朱元璋步履满跚地来到一个叫“剩柴村”的小村庄时，他已几天没吃东西了，饿得头昏眼花，四肢无力，只恐小命难保。正在这时，他抬头发现村边的一棵柿子树，树上还有几个被霜打过的红柿子，咽了咽口水，就拼尽最后的力气爬上树去摘柿子，一连吃下好几个，捡回了一条性命。朱元璋发迹后，有一次领兵打仗路过剩柴村时发现那棵柿子树上挂满了金灿灿的柿子，想到它的救命之恩，禁不住痛哭流涕，便把身穿的红色战袍披在柿子树上，还封它为“凌霜侯”。

（三）中华人民共和国森林法

中国古代森林多归国家所有，仅有少数朝代出现过私有情况。如在东晋南朝时期，朝廷允许世家大族通过凿山浚湖，把一些山林川泽开辟为自家庄园，造成国家掌握的土地越来越少，使劳动人民失去了在林中砍柴、湖中捕鱼的自由，不得不投靠依附世家大族求生存。萧齐代宋后，萧道成在位时明确规定皇室不得封山占水，还地于民，既制约了世家大族和贵族官僚的权力，又增加了国库银两。

解放前，我国森林分归国民党政府、地方统治者（如军阀等）和大地主所有。新中国成立后，自 1950 年 6 月 30 日起政府将私人林地全部收归国家或集体所有，并陆续出台了若干管理规定。于 1984 年 9 月 20 日经第六届全国人大第七次会议审议通过《森林法》，该法分别于1998年和2009年做过两次修订，最近一次是2019年12月28日第十三届全国人民代表大会常务委员会第十五次会议修订，自2020年7月1日1起实施。新的《森林法》是为积极践行“绿水青山就是金山银山”的理念，保护、培育和合理利用森林资源，加快国土绿化，保障森林生态安全，建设生态文明，实现人与自然和谐共生制定的法律。

在改革开放过程中，为搞活经济，也有一些国营山林出租给私营企业或个人承包，但国有性质不变。

刘舒岩 作

三——森林防火

火灾是森林最危险、最可怕的敌人，它会给林业发展造成毁灭性的灾难。火灾不仅会烧毁大片树木，而且会伤及林内所有动植物，引起土壤贫瘠，破坏水源涵养，导致森林生态系统失衡，造成很多衍生的自然灾害。尽管当今世界科技进步日新月异，也没有哪个国家有能力去迅速扑灭一场森林大火。森林火灾还是防不胜防。全球气候变暖容易引发火灾，由雷电引发的森林火灾，虽然规模不大，但是概率很小。真正引发森林火灾的罪魁祸首都是我们人类活动的粗心大意，因此，森林防火必须警钟长鸣！

1987年在我国大兴安岭发生的森林火灾，绵延17000多平方公里，连续燃烧了20天，经过数万军民的顽强奋战，于5月26日扑灭。这次森林火灾是新中国成立以来最为严重的一次，引起了党和政府的高度重视，通过宣传教育，使全民森林防火意识不断增强。

自步入21世纪以来，地球上发生的森林大火引起的灾难连续不断。例如：2016年在印度尼西亚苏门答腊岛发生的“烧芭”火灾、2017年在美国加州发生的森林火灾、2018年分别在加拿大东部安大略省和不列颠哥伦比亚省发生的两次火灾、2019年在亚马逊发生的森林火灾等。最近，最严重的一次是2019年

9月至2020年1月发生在澳大利亚长达4个月之久的特大森林火灾，大火烧死了15亿只动物，很多物种直接灭绝，这场大火共向地球排放了4亿吨二氧化碳（CO_2），相当于116个二氧化碳排放量最低国家的年排放总和还要多。

所有这些森林火灾大约有97%都是人为原因造成的，总是“一不小心”……只要人类还有不当活动存在，森林火灾风险将永远与我们同在！

四 ——国门生物安全

国门生物安全中的“国门”，顾名思义是指国家的门户，通常的理解是连通两国的口岸。若两国接壤。陆路口岸是国门；若两国不接壤，是通过交通运输工具的，则空港、海港口岸是国门。国门生物安全，实际上是指生物因子跨境移动带来的安全问题和风险。

公元前200多年的秦律规定，凡从其他诸侯国来的客人，都要用火燎烧其马车衡轭和牵挽用具。这一在睡虎地秦墓竹简中的规定，可能是目前为止发现的世界上最早的有关国门生物安全管理的法律文献。

生物安全是国家安全的重要组成。《生物安全法》出台前，国门生物安全涉及“国家安全”概念中的经济安全、社会安全、生态安全、资源安全等四个方面。《生物安全法》出台后，在原来基础上增加了生物安全，共包括五个方面，均属于国家非传统安全，是国家安全的重要组成部分。

（一）国门生物安全概念的由来与发展

2004年4月16日，原国家质检总局动植司生物安全处游忠明处长第一次正式提出了“国门生物安全”概念。据他本人回忆说：经过2003年非典疫情的严峻考验，接踵而至的是2004年1月开始的国内禽流感大暴发，作为生物安全处处长，深深感到进出境动植物检疫工作对保障国家经济社会健康发展的重要意义。《中华人民共和国进出境动植物检疫法》的宗旨是：防止动物传染病、寄

游忠明，1967 年 4 月出生于湖北利川

生虫病和植物危险性病、虫、杂草及其他有害生物传入、传出国境，保护农、林、牧、副、渔生产和人体健康，促进对外经济贸易发展。这种法制语言虽十分专业，但太过复杂，不利于社会普及传播。在实际工作中，动植物检疫通常与卫生检疫一起被质检系统表述为“防止疫病疫情传入传出”，既不够准确，也毫无部门特色，甚至国家领导人看到这样的标题还以为是其他部门的工作。恰逢时任动植司夏红民司长带领大家一起研究如何贯彻《国务院办公厅转发质检总局关于防止外来有害生物传入的意见》，经过反复思考认为，动植物检疫问题本质上就是以人类利益为中心，分析、判断和管理人与其他生物之间的利害关系，实际上是一个生物安全问题。它至少包含了三个层次的利害关系：一是直接危害人体健康；二是通过侵染其他动植物而危及人类食品供给或生活来源；三是通过侵染其他动植物影响生物多样性或改变生态环境，进而危及人类生存。进出境动植物检疫工作主要是把好国门，“国门生物安全”概念不仅易于社会普及传播，更重要的是将动植物检疫工作标签化、品牌化，国家领导人看到国门生物安全一定知道是哪个部门的工作。为防止外来有害生物传入，在“十一五”规划中，进一步将境内、口岸和境外开展的动植物检疫工作系统纳入国门生物安全防御体系建设，使国门生物安全概念很快得到了上上下下、方方面面的普遍认同。

2014 年 4 月 15 日，自习近平总书记提出总体国家安全观以来，国门生物安全科学普及工作在全系统竞相开展，轰轰烈烈，有声有色。第一批“国门生物安全进校园活动”，于 2013 年在上海、浙江、江苏等地率先开展，并逐步扩大到全国各地。第一批“国门生物安全进展馆活动”，于 2016 年由原上海检验检疫局动植处白章红处长率先提出，上半年进上海自然博物馆，下半年进上海崇明生态科技馆。第一本《国门生物安全知识（中学读本）》的编写，于 2015 年由张余仁（时任上海崇明检验检疫局局长）提出，并得到原上海检验检疫局和

上海自然博物馆 袁银昌 摄

上海崇明生态科技馆 顾陶 摄

全国第一本“国门生物安全”教材

国门生物安全展板 上海崇明生态科技馆 顾陶 摄

原国家质检总局的认可与支持，于2017年12月由中国标准出版社出版，并被科学技术部评为“2019年全国优秀科普作品”。

最早确定的国门生物安全概念，是指通过在出入境口岸设置防线，对出入境货物、人员、运输工具等实施检疫查验，防止外来有害生物入侵和物种资源流失，避免和减少对我国的生态系统、生物多

样性、农林牧副渔业生产以及人类健康造成危害。换句话说，维护国门生物安全，实际上是在管控两种风险：一是管控危险性生物因子跨境传播的风险；二是管控生物资源流失的风险。

新冠肺炎疫情发生后，党中央从保护人民健康、保障国家安全、维护国家长治久安的高度，把生物安全纳入国家安全体系，加快构建国家生物安全法律法规体系、制度保障体系，推动了生物安全的立法工作。

《中华人民共和国生物安全法》由第13届全国人大常委会第22会议于2020年10月17日通过，以中华人民共和国第56号主席令发布，自2021年4月15日起施行。至此，国家安全体系概念已由原来的12个方面增加到16个方面。

对进口木材而言，除会携带林业病虫害外，也有携带其他病媒生物入境传播的风险。例如苍蝇、蚊子、蟑螂、老鼠等，都极有可能随木材及其制品、木质包装或运输工具夹带入境。有人做过实验，在特定条件下，人类冠状病毒附着在木材上能够存活4—5天，一些动物冠状病毒存活时间更长，最长能超过28天，阳光、紫外线等都会抑制病毒的活性，因此，在实际状况中病毒的存活时间比在实验室内要短得多。不管怎样，来自疫区的货物存在夹带病媒生物和病毒的风险更大，国家如何应对处置，已经成为海关及相关部门必须共同面对的新课题。因这方面的具体政策尚未出台，本书只介绍进口木材的入境检疫。

外来有害生物入侵风险巨大。2008—2010年原

生物安全图标

生物安全标识

环保部开展的第二次全国性外来入侵物种调查结果是488种，而生态环境部发布的《2019年中国生态环境状况报告》显示已增加到了660多种，较10年前增加了三成以上。在全球100种最具威胁的外来入侵物种中，我国有50种，也是世界上遭受外来生物入侵最为严重的国家之一，每年造成的经济损失超过2000亿元。2023年，全国海关严格进出境动植物检疫，严防外来物种入侵，检出检疫性有害生物7.5万种次，从进境寄递和旅客携带物品中查获外来物种1186种、3123批次。

动植物检验检疫内容

（二）林木虫害知多少

树木在生长过程中及砍伐后的木材都会受到各种病虫害的侵蚀。全球森林有害生物种类迄今尚无权威数据统计，只有部分国家或地区有一些严重危害林木的数据报告，如非洲七国约有99种、亚太五国约有138种、欧洲国家约有44种、拉丁美洲和加勒比地区八国约有113种等。

森林有害生物的传播途径主要是木材、木制品及运输工具（包括木包装、木托盘、集装箱等）。世界各国政府都非常重视防治森林病虫害及其传播蔓延，一是国内防治，二是防止跨境传播。我国政府也不例外，于1991年10月30日第七届全国人大常

动植物检验检疫法规体系

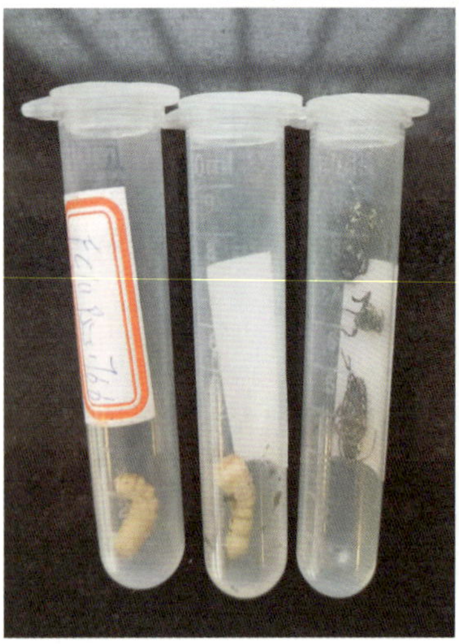

海关检验　钻蛀性害虫藏得深　虞天华 摄

海关查验图　虞天华 摄

海关查验　树皮底下虫较多　虞天华 摄

进口木包装查验　虞天华 摄

委会第 22 次会议审议通过了《中华人民共和国动植物检疫法》，自 1992 年 4 月 1 日起施行。

（三） 35 种外来入侵并造成危害的有害生物

我国森林有害生物种类共有 16500 多种，经确认的外来入侵物种已有 544 种，仅松材线虫、加拿大一枝黄花等 13 种对我国农业和林业造成的直接经济损失每年就高达 1200 多亿元。

那么，作为外来生物，它们是靠什么在异国他乡的土地上生存，与本地物种竞争，克服自然条件的限制，最后反客为主，在某一区域占据绝对优势的呢？外来生物的个体都是狠角色，进入新地区后经过一段时间对气候、环境的适应和一定种群数量的扩增积累，这段逐步适应的过程即为外来生物的“定植期”。外来生物能够逃避原产地物种的捕食和竞争，发挥自身潜力建立新的种群，适应环境，迅速繁衍，抢夺其他物种的生存空间，使与之相关的本地物种减少甚至灭绝，改变原有的自然生态系统结构，导致生态平衡失调。据科学研究显示，自公元 1500 年以来，全球超过 25% 的物种绝灭事件与外来物种入侵有关，目前约有 41% 的濒危物种是外来物种入侵使然。1965—2017 年，外来入侵物种对中国造成的经济损失高达 1747 亿美元，仅 2000 年，外来物种入侵导致国内经济损失约 145 亿美元，占当年中国 GDP 的 1.36%。

林木虫害是一个专门学科，本书只能科普一下，列举外来入侵在我国定植并对林业已经造成直接或间接危害的 35 种有害生物名称，从中挑选几个比较常见的作些介绍。

1 松材线虫* *Bursaphelenchus xylophilus* (Steiner et Buhrer) Nickle

松材线虫 受害的松树林呈“火烧”状

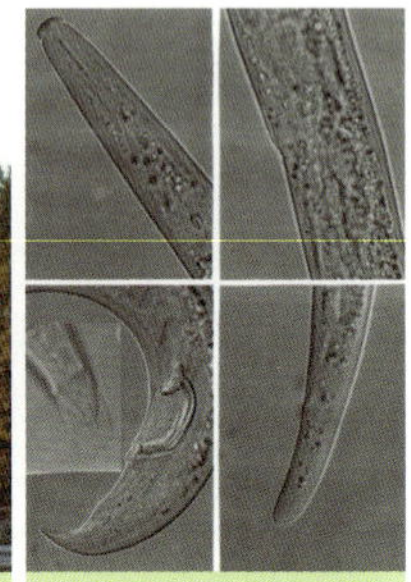

松材线虫 显微镜下形状

松材线虫，原产于北美洲，由于当地树种抗病、传媒天牛传播的效率不高、并存在天敌等原因，在美国、加拿大的危害并不严重。1905 年该虫随进口木材传到日本，由于控制不力，在日本造成扩散、蔓延。二战期间，日本发动侵华战争，随武器弹药的木包装传入中国。1982 年首次在南京中山陵发现了松材线虫，此后逐步蔓延，发生面积已近 1000 平方公里，死亡的寄主树木多达 3000 万株以上。松材线虫不仅影响松树的生长，被感染的松树针叶萎蔫下垂，树脂分泌停止，呈黄褐色或红褐色，似火烧状，因此被称为“不冒烟的森林火灾”。被松材线虫侵染的病树最快 40 天就会枯死，故有“松树癌症”之称。松材线虫的危害还波及到了我国的旅游业，除南京中山陵外，已入侵浙江普陀山、西湖、千岛湖，福建武夷山，江西井冈山，湖南张家界，广东北云山、丹霞山，长江三峡，以及被列入世界自然与文化遗产以“奇松”闻名天下的黄山，享有“世界文化景观”和“世界地质公园”之称的庐山等著名旅游风景区均无一幸免。

2 松突圆蚧* *Hemiberlesia pitysophila* Takagi

4 湿地松粉蚧* *Oracella acuta* (Lobdell) Ferris

5 曲纹紫灰蝶* *Chilades pandava* (Horsfield)

3 蔗扁蛾* *Opogona sacchari* (Bojer)

蔗扁蛾 虫蛹

蔗扁蛾 幼虫

蔗扁蛾 危害状

蔗扁蛾 危害状

6 茶藨子兴透翅* *Synanthedon tipuliformix* Clerc

注 *：直接危害林木害虫共计 28 种，其他为间接危害。

7 红脂大小蠹* *Dendroctonus valens* LeConte

红脂大小蠹

红脂大小蠹 幼虫

红脂大小蠹 危害状

8 锈色棕榈象* *Rhynchophorus ferrugineus* (Olivier)

锈色棕榈象 成虫 唐进根 摄

锈色棕榈象 危害状

锈色棕榈象 虫蛹

锈色棕榈象 幼虫

9 椰心叶甲* *Brontispa longissimi* (Gestro)

10 水椰八角铁甲* *Octodonta nipae* (Maulik)

11 褐纹甘蔗象* *Rhabdoscelus lineaticollis* (Heller)

12 西花蓟马* *Frankliniella occidentalis* (Pergande)

西花蓟马

西花蓟马 危害状

14 刺桐姬小蜂* *Quadrastichus erythrinae* Kim

刺桐姬小蜂 成虫

刺桐姬小蜂 危害状

13 红火蚁* *Solenopsis invicta* Buren

红火蚁 虫蛹——> 幼虫——> 成虫

红火蚁 蚁丘剖面

红火蚁

15 刺槐叶瘿蚊* *Obolodiplosis robiniae* (Haldemann)

16 悬铃木方翅网蝽* *Corythucha ciliata* (Say)

悬铃木方翅网蝽 唐进根 摄

悬铃木方翅网蝽 唐进根 摄

17 桉树枝瘿姬小蜂* *Leptocybe invasa* Fisher & LaSalle

桉树枝瘿姬小蜂 成虫

桉树枝瘿姬小蜂 危害状

18 扶桑绵粉蚧* *Phenacoccus solenopsis* Tinsley

扶桑绵粉蚧 唐进根 摄

扶桑绵粉蚧 唐进根 摄

扶桑绵粉蚧 唐进根 摄

19 薇甘菊* *Mikania micrantha* H.B.K

20 苹果绵蚜* *Eriosoma lanigerum* (Hausmann)

苹果绵蚜 危害状

21 苹果蠹蛾* *Cydia pomonella* (L.)

苹果蠹蛾　虫卵

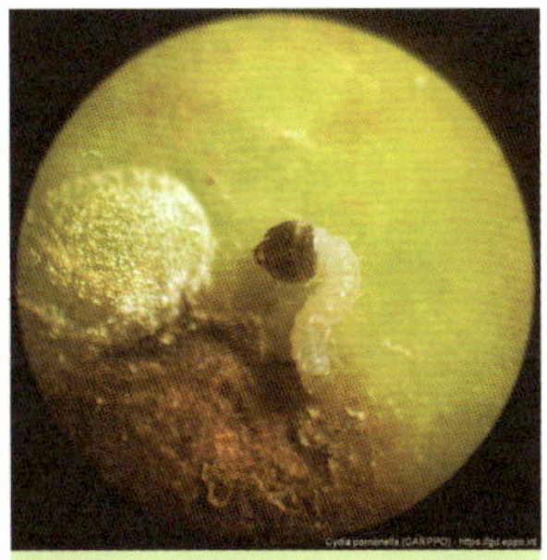
苹果蠹蛾　初孵幼

苹果蠹蛾　成虫

苹果蠹蛾　危害状

22 松疱锈病菌* *Cronartium ribicola* J.C. Fischer ex Rabenhorst

松疱锈病菌危害状

松疱锈病菌危害状

23 落叶松枯梢病菌* *Botryosphaeria laricina* (Sawada) Shang

落叶松枯梢病菌　危害状

24 杨树花叶病毒* *Poplar mosaic virus* (PopMV)

25 松针褐斑病菌* *Lecanosticta acicola* Sydow

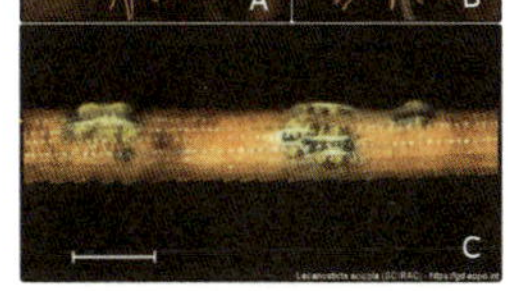

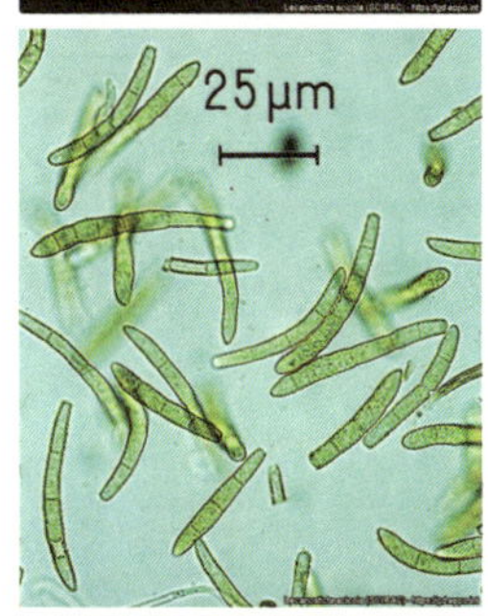

松针褐斑病菌　危害状

26 双钩异翅长蠹[*] *Heterobostrychus aequalis* (Waterhouse)

食木饕餮——双钩异翅长蠹，属于钻蛀性害虫，与木并存，危害不止。除了危害活立木外，树木伐倒后继续危害，并随着木材的运输、仓储一路蛀蚀不断，日日饱腹，即使做成家具等木制品后其危害仍然不会消失。

2016年南京林业大学曾经接受湖北邯郸机械厂的申请，唐进根教授负责对危害弹药箱的昆虫进行了检验鉴定。事由是广州军区某军械库的弹药箱存放在洞库，外表完好，某天军事演习时士兵运送弹药，发现木箱两侧把手掉落，箱体粉粹性破裂。经查验结果，系双钩异翅长蠹所为，由于弹药箱存放环境长期密闭，不通风导致危害加剧，其因是生产加工弹药箱的木材未经除害处理，双钩异翅长蠹潜伏蛀蚀所致，排除了“阶级敌人”搞破坏的嫌疑。

遭受双钩异翅长蠹危害的弹药箱　唐进根 摄

28 枣实蝇[*] *Carpomyia vesuviana* Costa

29 温室白粉虱 *Trialeurodes vaporariorum* (Westwood)

30 美洲斑潜蝇 *Liriomyza sativae* Blanchard

27 美国白蛾[*] *Hyphantria cunea* (Drury)

美国白俄　唐进根 摄

美国白蛾　危害马褂木　唐进根 摄

美国白俄　背、腹、侧　刘静远 摄

31 凤眼莲 *Eichhornia crassipes* (Mart.) Solms

32 紫茎泽兰 *Eupatorium adenophorum* Spreng.

33 飞机草 *Eupatorium odoratum* L.

34 加拿大一枝黄花 *Solidago canadensis* L.

加拿大一枝黄花，又称黄莺，1935 年作为观赏植物由北美引入中国。系多年生植物，根状茎发达，繁殖能力超强，传播速度极快，生长优势明显，生态适应性广阔，与周边植物争阳光、争肥料，直至其他植物死亡，是名副其实的“我花开后百花杀”。如今，祖国大地随处可见，已泛滥成灾，变成恶性杂草，大有“黄花过处寸草不生”之势。对生物多样性构成严重威胁，也影响到了树木的生长，被业内人士惧称为“生态杀手”“霸王花”。

据江苏绿大海永农业发展有限公司总经理秦小明观察发现，“崇明三白”中的白山羊特别喜食加拿大一枝花嫩头，叶子次之。他正在研究喷洒一种白山羊喜欢的味道，让羊吃得更干净。倘若成功，一举两得，在生物防治中还能获得经济效益。

35 大米草 *Spartina anglica* C.E. Hubb.

大米草，又称互花米草，原产于美国大西洋沿岸和墨西哥湾。因围海造地需要，固滩效果较好，1979 年被引入我国，主要分布在上海崇明岛、江苏、浙江、山东、福建、广东等沿海地区。虽然初期产生了一些经济效益，但久之酿成了草患。它会破坏近海生物栖息环境，影响滩涂养殖，堵塞航道，导致水质下降，诱发赤潮，威胁海岸生态系统，使大片红树林消失。崇明东滩是全球鸟类八大迁徙路线的中转栖息地之一，如今，为消除互花米草带来的危害，上海市花费了数十亿元资金正在进行清理。

舞毒蛾集群产卵　唐进根 摄

除上述35种外，再讲一个关于舞毒蛾（秋千毛虫）的故事，因为它与国际贸易有关。

秋千毛虫的故事

19世纪法国画家特鲁维特喜爱昆虫研究，1852年路易·拿破仑发动政变，他因政见不同携家人移民美国，靠画画为生。特鲁维特还有一个发财梦，那时的丝绸很时髦，也很赚钱，于是，他一心想培育出美洲本土的大型丝蚕，用它们来产丝。他选定了多音天蚕，在住家后院树上繁殖了上百万只，蚕多了就容易生病，因得了一种传染性很强的微孢子虫病，损失惨重。特鲁维特想到一个预防办法，便跑回法国，带了一些欧洲舞毒蛾卵块，计划用舞毒蛾和多音天蚕杂交，让多音天蚕能够抗微孢子虫病。1868年或1869年的某一天，一些舞毒蛾的幼虫逃离到附近森林，这个异想天开的计

舞毒蛾成虫雌雄交尾　唐进根 摄

舞毒蛾产卵在向阳岩石上　唐进根 摄

舞毒蛾幼虫　唐进根 摄

划带来了灾难性后果，并载入史册。十几年后，舞毒蛾虫灾首先在特鲁维特家附近暴发，它们吃光了所有树木的叶子，甚至占领了屋顶和道路。邻居抱怨说："我们失去了在室外活动的乐趣，只要抖一下树，舞毒蛾就像下雨一样落下来。"到19世纪90年代，舞毒蛾已占领整个麻省，并以每年20平方公里的速度向南扩展，迅速占领了美国东西部各州，成为美国林业最大的害虫之一。

这种舞毒蛾在亚洲也有，为防止亚洲舞毒蛾的传入，美国、智利等国家要求对来自亚洲舞毒蛾疫区（包括中国）相关港口的船舶实施管制措施，要求这些船舶在靠港之时出示不携带亚洲舞毒蛾的第三方证明。否则，将拒绝船舶靠港，并对该船舶实

表　2012-2017年我国进口木材主要来源国或地区截获有害生物情况

来源国或地区	全部有害生物		其中检疫性有害生物	
	种类数	种次数	种类数	种次数
俄罗斯	755	64256	51	18058
新西兰	661	54412	42	9981
加拿大	1100	44198	84	7173
美国	1902	73 637	126	8044
亚洲	2214	133876	132	39456
大洋洲（不含新西兰）	999	87663	68	19218
非洲	1729	278205	85	39260
拉丁美洲	1453	32171	78	3824
欧洲（不含俄罗斯）	1 511	56036	84	6173

注：2018年以后国家有关管理部门不再统计此类数据

表 2012-2017 年全国口岸截获的主要检疫性有害生物（截获 100 次以上）

中文名	拉丁名	次数	中文名	拉丁名	次数
中对长小蠹	*Platypus parallelus*	32815	希氏长小蠹	*Euplatypus hintsi*	445
云杉八齿小蠹	*Ips typographus*	17508	菊长小蠹	*Platypus compositus*	445
长小蠹属（非中国种）	*Platypus* spp. (non-Chinese)	13353	单刻材小蠹	*Xyleborus monographus*	361
材小蠹属（非中国种）	*Xylebonus* spp. (non-Chinese)	13045	大小蠹属（非中国种）	*Dendroctonus* spp. (non-Chinese)	345
乳白蚁属（非中国种）	*Coptotermes* spp. (non-Chinese)	12586	白条天牛属（非中国种）	*Batocera* spp. (non-Chinese)	301
长林小蠹	*Hylurgus ligniperda*	9700	松材线虫	*Bursaphelenchas xylophilus*	275
橡胶材小蠹	*Xyleborus affinis*	7109		*Platypus excedens*	275
双钩异翅长蠹	*Heterobostrychus aequalis*	4020	家具窄吉丁	*Agrilus omatus*	246
南部松齿小蠹	*Ips grandicollis*	3349	大家白蚁	*Coptotermes curvignathus*	232
红火蚁	*Solenopsis invicta*	2933	外齿异胫长小蠹	*Crossotarsus cxtemedentatus*	227
黄杉大小蠹	*Dendroctonus pseudotsugae*	2895		*Platypus porcellus*	197
非洲乳白蚁	*Coptotemes sjastedti*	2395	栗粒材小蠹	*Xyleborus volrulus*	191
宁氏长小蠹	*Plarypus hintzi*	2263	喜马拉雅木蠹象	*Pissodes nemcrensis*	191
黑腹尼虎天牛	*Neoclytus acuminatus*	2092	澳刀乳白蚁	*Coptotermes acinaciformis*	189
赤材小蠹	*Xyleborus ferrugineus*	1858	红角双棘长蠹	*Sinoxylon ruficome*	184
欧桦小蠹	*Scolytus ratzeburgi*	1659	狡诈材小蠹	*Xyleborus fallax*	170
双棘长蠹属（非中国种）	*Sinoxylon* spp. (non-Chinese)	1556	印缅乳白蚁	*Coptotermes gestroi*	162
窄吉丁（非中国种）	*Agrilus* spp. (non-Chinese)	1492	巨长小蠹	*Platypus magrus*	150
红翅大小蠹	*Dendroctonus rafipennis*	1284	薇甘菊	*Mikania micrantha*	149
美松齿小蠹	*Ips pini*	1165	北美西部松齿小蠹	*Ips latidens*	144
墨天牛属（非中国种）	*Monochamus* spp. (non-Chinese)	1 107	非洲大蜗牛	*Achatina fiulica*	143
齿小蠹（非中国种）	*Ips* spp. (non-Chinese)	1068	锡特加云杉齿小蠹	*Ips concinnus*	135
四纹豆象	*Callosobruchus maculatus*	882	三胝双棘长蠹	*Sinoxylon senegalense*	133
异胫长小蠹属（非中国种）	*Crossotarsus* spp. (non-Chinese)	882	豚草	*Ambrosia artenisifolia*	132
美雕齿小蠹	*Ips calligraphus*	818	横坑切梢小蠹	*Tomicus minor*	118
短体长小蠹	*Platypus cartus*	782	美云大小蠹	*Dendroctonus punctatus*	118
小杯长小蠹	*Plarypus cupulatullus*	736		*Xyleborus bispinatus*	111
粗双棘长蠹	*Sinoxylon crassum*	663	菟丝子属	*Cuscuta* spp.	106
似筒长小蠹	*Platypus pseudecupulatus*	550	似混齿小蠹	*Ips paraconfurus*	102
柱体长小蠹	*Platypus cylindus*	546			

注：2018 年以后国家有关管理部门不再统计此类数据

施锚地检疫、罚款，甚至退运处理。目前，中国海关也依法对所有入境船舶实施登轮检疫，其中包括对亚洲舞毒蛾的查验工作。

（四） 进口木材除害处理

进口木材在入境口岸经海关检疫，若发现检疫对象或其他危险性有害生物，将视具体情况进行除害处理，处理方法包括熏蒸处理、热处理、喷洒药剂或沉水浸泡等。由于林木虫害多为钻蛀性害虫，在入境口岸通常采用穿透性、扩散性极强的溴甲烷（CH3Br Methyl brominde）进行熏蒸处理，但需注意如下事项。

1. 溴甲烷低浓度时无气味，高浓度时略带甜味，近似乙醚或氯仿的气味。不仅对昆虫有毒，对人体及其他动物也同样有毒，因此，一定要按照有关规定操作，确保生命安全。

2. 溴甲烷的沸点为3.6℃。温度是影响熏蒸效果最重要的因素，当温度低于10℃时，杀虫效果随着温度的下降而降低；当温度低于沸点时，杀虫效果降低加剧。

3. 采用溴甲烷熏蒸木材是国际通行做法，但会破坏大气臭氧层。

中国海关规定，进口木材在入境口岸必须凭输出国官方植检证书报关，带皮原木还需出具国外的熏蒸证明。但因欧美国家熏蒸费用高、熏蒸时间长，砍伐时又适逢冬季气温低，熏蒸效果差，客观上造成进口商不愿意在国外熏蒸，于是，有些不法商人为逃避海关监管，采用虚假证明报关，此类案件在上海等口岸屡见不鲜，屡禁不止。为破解这一难题，上海同华国

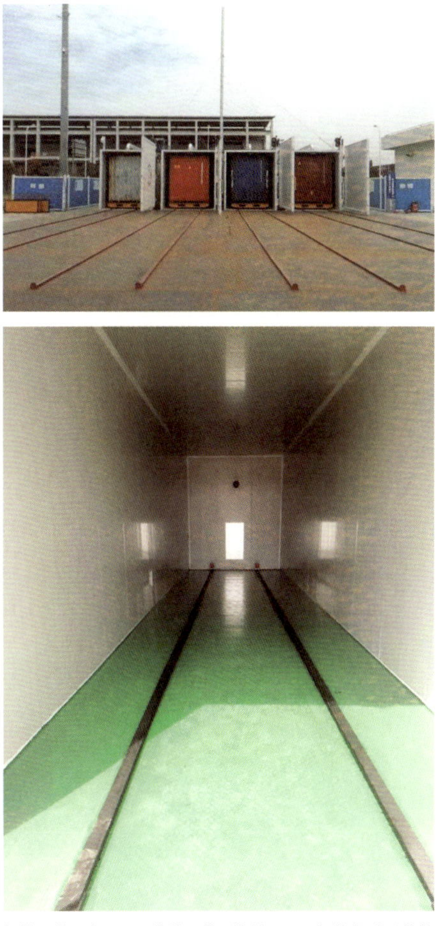

智能熏蒸设备，可回收溴甲烷重复使用，可加热提升熏蒸效果　上海临港自贸新片区洋山深水港物流辅助区　陈霄雷 摄

际物流集团有限公司投资研发了目前世界上最先进的熏蒸设备，既可回收溴甲烷，又可加热提升熏蒸效果，可对在国外未作熏蒸处理的进口木材进行到货全天候补熏，不仅可为进口商直接降低熏蒸费用，而且可以加快物流，木材新鲜还可以提高出材率。不仅如此，回收的溴甲烷可以重复使用，使大气臭氧层免遭破坏。此举，一是积极践行“美丽中国，生态文明”建设；二是认真履行国际社会义务；三是改善了进口木材的营商环境。

五 ——争当文明旅行家

中华人民共和国禁止携带、寄递进境的动植物及其产品和其他检疫物名录[1]

一、动物及动物产品类

（一）活动物（犬、猫除外[2]）。包括所有的哺乳动物、鸟类、鱼类、甲壳类、两栖类、爬行类、昆虫类和其他无脊椎动物，动物遗传物质。

（二）（生或熟）肉类（含脏器类）及其制品。

（三）水生动物产品。干制，熟制，发酵后制成的食用酱汁类水生动物产品除外。

（四）动物源性乳及乳制品。包括生乳、巴氏杀菌乳、灭菌乳、调制乳、发酵乳，奶油、黄油、奶酪、炼乳等乳制品。

（五）蛋及其制品。包括鲜蛋、皮蛋、咸蛋、蛋液、蛋壳、蛋黄酱等蛋源产品。

（六）燕窝。经商业无菌处理的罐头装燕窝除外。

（七）油脂类，皮张，原毛类，蹄（爪）、骨、牙、角类及其制品。经加工处理且无血污、肌肉和脂肪等的蛋壳类、蹄（爪）骨角类、贝壳类、甲壳类等工艺品除外。

（八）动物源性饲料、动物源性中药材、动物源性肥料。

二、植物及植物产品类

（九）新鲜水果、蔬菜。

（十）鲜切花。

（十一）烟叶。

（十二）种子、种苗及其他具有繁殖能力的植物、植物产品及材料。

三、其他检疫物类

（十三）菌种、毒种、寄生虫等动植物病原体，害虫及其他有害生物，兽用生物制品，细胞、器官组织、血液及其制品等生物材料及其他高风险生物因子。

（十四）动物尸体、动物标本、动物源性废弃物。

（十五）土壤及有机栽培介质。

（十六）转基因生物材料。

（十七）国家禁止进境的其他动植物、动植物产品和其他检疫物。

注：1.通过携带或寄递方式进境的动植物及其产品和其他检疫物，经国家有关行政主管部门审批许可，并具有输出国家或地区官方机构出具的检疫证书，不受此名录的限制。
2.具有输出国家或地区官方机构出具的动物检疫证书和疫苗接种证书的犬、猫等宠物，每人仅限携带或分离托运一只。具体检疫要求按相关规定执行。
3.法律、行政法规、部门规章对禁止携带、寄递进境的动植物及其产品和其他检疫物另有规定的，按相关规定办理。

禁止携带、寄递进境的动植物及其产品图例（部分）
Figures of Animals and Plants, Animal and Plant Products and Other Quarantine Objects Prohibited from being Carried or Posted into the People's Republic of China,including but not limited to.

按照国际惯例，树木及其他任何植物的种苗（包括土壤），是禁止携带入境的，我国也不例外。世界各国执行情况数澳大利亚、新西兰最为严格。我们每位公民进出境时，应当自觉遵守有关国家的法律法规，争当文明旅行家，注意维护和树立中国人的良好形象。

六——植树造林 造福人类

植树造林，是指新造或更新森林的一项生产活动，是人工培育森林的一个基本环节。植树有益于子孙后代，前人栽树，后人乘凉。

（一）国际森林日

国际森林日，又称世界森林日或世界林业节。最早于1971年由西班牙在欧洲农业联盟的特内里弗岛大会上提出，于2012年12月21日第67届联合国大会通过决议，宣布每年的3月21日为国际森林日（Internationgal Day of Forest），旨在为今世后代加强所有类型森林的可持续管理、养护和可持续发展的意识做出有益贡献。联合国森林论坛和联合国粮农组织（FAO）为国际森林日的主办方，各国政府、森林合作伙伴关系以及森林问题的其他相关组织为协办方。每年的国际森林日的主题由森林合作伙伴关系选定，2021年是第9个国际森林日，其主题为“森林恢复：通往复苏和福祉之路”；2022年是第10个国际森林日，其主题为“森林与可持续生产与消费”；2023年是第11个国际森林日，其主题为“森林与健康”。

（二）植树节

在中国植树造林并不是现代人的创新，早在公元前五帝时代，在舜设立的九官中就有负责全国林业事务的虞官，夏商周三代均出台了有关植树护林的法令，唐朝多位君主下达了有关保护自然环境的圣旨，宋太祖将植树成果直接列为地方官员业绩考核的重要指标（详见前文），而把植树造林发展为全民义务运动则是在近现代。

中国的植树节是由凌道扬、韩安、裴义理等林学家于1915年倡议设立，最初将时间确定在每年清明节。1928年，国民政府为纪念孙中山逝世三周年将植树节改为3月12日。新中国成立后的1979年，在邓小平提议下，第五届全国人大常委会第六次会议决定每年3月12日为我国的植树节。此后，每年3月党和国家领导人都亲力亲为带头植树，鼓励全国各族人民植树造林，造福子孙后代。

植树节是按照法律规定宣传保护树木，并组织动员群众积极参加以植树造林为活动内容的节日。按照时间长短可分为植树日、植树周和植树月，共称为国际植树节。提倡通过这种活动，激发人们爱林造林的热情，意识到环保的重要性。树木象征着生机，植树不仅为了留住绿水青山，更是功在当代，利在千秋。树木是自然界人类最亲密的朋友，是不朽与永恒的象征，种下一棵树，与雾霾和沙尘作别，播下希望的种子，收获绿色的未来。

（三） 全国生态日

生态文明建设是关乎中华民族永续发展的根本大计，保护生态环境就是保护生产力，改善生态环境就是发展生产力。

第十四届全国人民代表大会常务委员会第三次会议决定将8月15日设立为全国生态日，国家通过多种形式开展生态文明宣传教育活动。

王平 摄

（四） 我国历朝历代森林覆盖率情况

中国自古少林。据科学家推测，远古时代森林覆盖率最高为64%，若按2015年世界各国森林覆盖率排行榜，只能与库克群岛齐名排第28位，这也是中华大地历史上拥有森林数量的巅峰。尔后的历朝历代就一直下降，到民国时期下降至最低为12.5%。这组数据看上去与前文所述似乎有点矛盾，既然植树造林，保护树木已经成为中华民族的一个优良传统，为什么又会出现森林覆盖率一路下滑，一代不如一代呢？那是因为中国的历史源远流长，上下5000年大约经历了20多个朝代400多位皇帝，往往只有开国皇帝和一些前期继位者为稳定政局，必须安民，发展生产，省徭薄赋，劝课农桑（包括植树造林与保护树木），会出现长短不一的太平盛世，如唐朝的贞观之治、清朝的康乾盛世等。某些朝代中途若碰上明君，也会出现短暂的复兴，如西汉的昭宣中兴、明朝的弘治中兴等。但更多的是贪图享乐，荒淫无度，争权夺利，无暇顾及植树造林。历史的车轮滚滚向前，帝王荒淫，民不聊生，改朝换代，兵荒马乱，冷兵器时代兵家采用火攻取胜的战例也屡见不鲜，植树造林的步伐永远跟不上毁林的速度。正如老子所说：“师之所处，荆刺生焉。大军过后，必有凶年。”

中国历朝历代森林覆盖率变迁图*

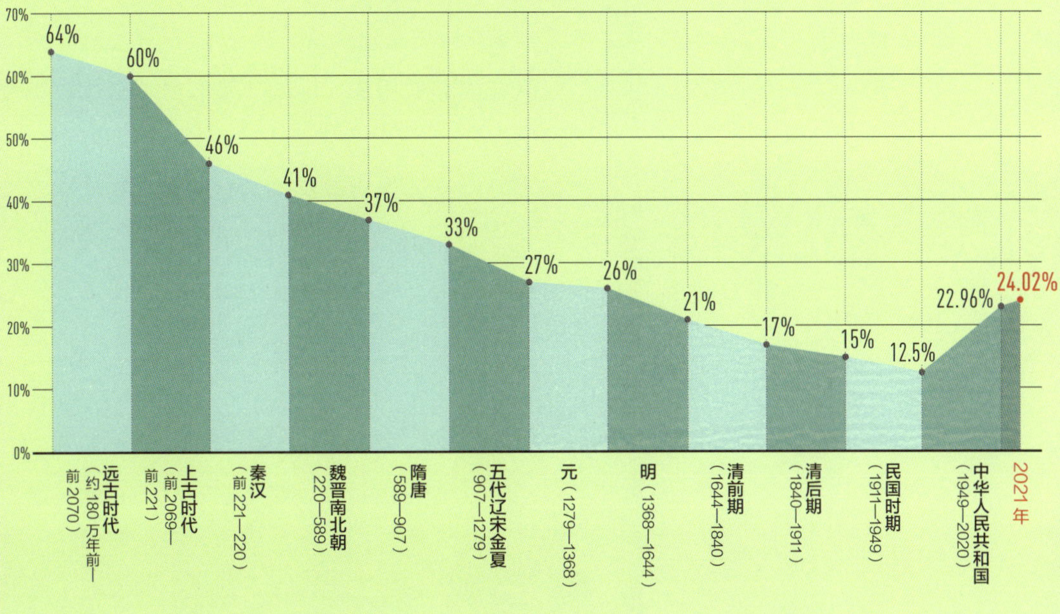

新中国成立后，经过党和国家几代领导人的前赴后继，率领全国各族人民共同努力植树造林才得以逐步回升，1999 年森林覆盖率恢复到 16.55%。走进新时代，习近平总书记发出“美丽中国，生态文明”建设的伟大号召,提出“青山绿山就是金山银山”的理念之后，2015 年迅速回升至 22.1%，2018 年攀升至 22.96%。2022 年中国国土绿化状况公报显示，中国森林面积已达 2.31 亿公顷，森林覆盖率持续上升至 24.02%，世界排名上升至第 137 位。我国的植树造林的伟大成就举世瞩目，得到了联合国粮农组织（FAO）的高度评价。

国际粮农组织评价：在世界森林面积减少的大形势下，中国的森林覆盖率却持续增长，并成为全世界森林资源增长最多的国家，对全世界产生了积极的影响，为应对全球气候变暖和推动生态治理发挥了重要作用。

联合国粮农组织（FAO）发布的《全球森林资源评估报告》，充分肯定了中国在这一领域所作出的杰出贡献：在进入新世纪以来，亚洲地区森林面积在上世纪 90 年代减少的情况下，出现了净增长，主要归功于中国大规模植树造林。这抵消了南亚及东南亚地区森林资源的持续大幅减少。

联合国粮农组织（FAO）标识

（五）我国退耕还林还草工程的伟大成就

我国退耕还林还草工程始于 1999 年，是迄今为止世界上投资最大、政策性最强、涉及面最广、群众参与程度最高的生态工程，这项工程创造了巨额生态价值。

经过持续植树造林、绿化国土，我国森林面积持续增长，质量不断提高，成为全球森林资源增长最快最多的国家。截至2023年3月21日，我国森林面积达34.65亿亩，其中，人工造林面积达13.14亿亩，居世界首位。国家林草局生态保护修复司一级巡视员吴秀丽说：“党的十八大以来，全国累计造林10.2亿亩，森林覆盖率达24.02%，森林蓄积量达到194亿立方米以上，连续30多年保持森林面积、蓄积双增长。”

采取有力措施，坚持山水林田湖草沙系统治理，科学开展大规模国土绿化行动，长时间、大规模治理沙化、荒漠化，不仅绿化美化了中国的山川大地、城镇村庄，也为增加全球森林资源做出了重要贡献。

总之，随着全民义务植树造林运动的大力开展，生态状况明显改善，止沙生绿、退耕还林还草工程使沙尘暴和水土流失大幅减少。此时此刻，我们再去沙漠走走，你会发现那里已是漫山遍野的灌木林带，层层叠叠的绿色屏障，放眼望去，曾经的沙漠

1949–2019年中国植树造林伟大成就图表

国土绿化

三北工程
造林保存面积3014.3万公顷

天保工程
使29.66亿亩天然林得到有效保护

义务植树742亿株（含折算株数）

退耕还林工程
完成造林4.9亿亩

京津风沙源工程
实现由沙进人退到绿进沙退

身边增绿

全国有近400个城市开展了国家森林城市建设，其中166个城市获得“国家森林城市”称号

全国城市绿化覆盖率由改革开放初期的16.14%提高到目前的38.62%

全国乡村绿化覆盖率达20%

质量提升

实施森林质量精准提升工程

2009年以来

全国累计完成森林抚育面积10.5亿亩

全国森林蓄积量增长20%

已踪影不在，但见高矮不一的沙生植物固守一方。

根据国家林草局编制实施的《科学开展大规模国土绿化三年行动计划（2023–2025年）》，每年国土绿化不少于1亿亩，人工造林不少于2000万亩。统筹山水林田湖草沙系统治理，科学布局国土绿化项目，按2023—2025年计划任务谋划落实项目资金。“双重”工程区内，要抓紧研究编制项目可研文本，合理确定林、草、荒、湿等系统治理任务，优先支持人工造林规模较大的项目。因地制宜、分区施策，积极谋划一批国土绿化试点示范项目和造林补助项目，造林空间较大的省份要重点支持对提高区域森林覆盖率有贡献的项目。按照国家“十四五”规划，到2025年森林覆盖率将更上一层楼，争取达到24.10%。

（六）我们能为森林做点什么

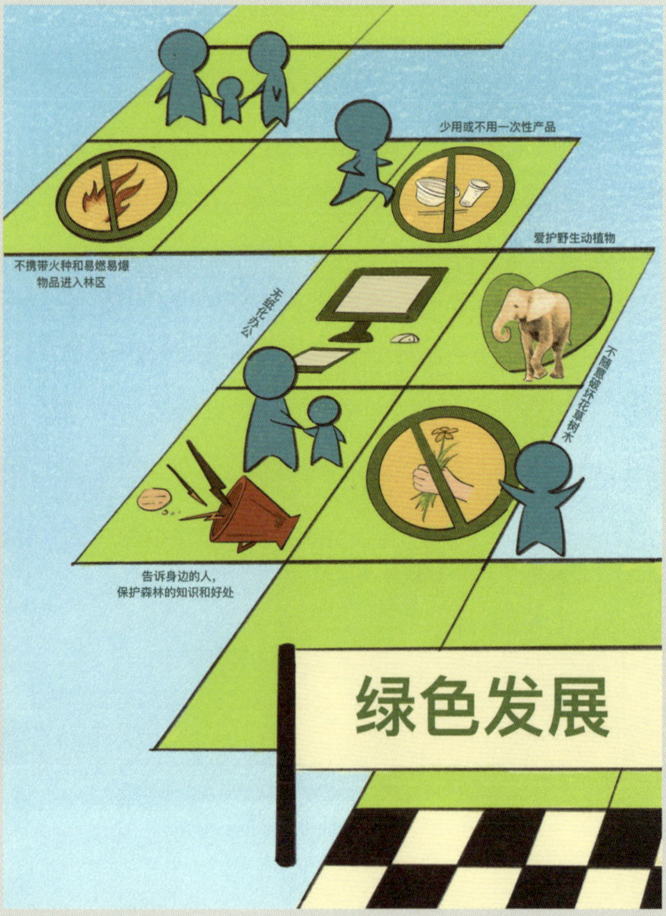

刘舒岩 作

（七）有关国际森林保护组织简介

在全球气候变暖、人类生存环境受到严重威胁的情况下，如何保护森林生态系统平衡早已成为世界各国人民共同关注的话题，各种森林保护组织也应运而生。世界上成立了许多国际性的森林保护组织，因本书篇幅有限，只能选择一些知名度高的、比较有影响力的做一些简单介绍。

1. 森林管理委员会（Forest Stewardship Council, FSC）

FSC 是一个独立的、非盈利性的非政府组织。凡对森林及其森林产品感兴趣，并承认 FSC 的目标，即可以成为该组织的成员。成员包括各种商业组织、环保组织和社会人文组织。

FSC 作为一个庞大的组织，本身不进行认证工作。它的主要任务是评估、授权和监控认证主体。认证者要承诺接受 FSC 的目标和准则，以及在他们的认证工作中反映这些目标和准则。截至 2023 年，全球共有 19 家机构被授权实施 FSC 认证，其中 7 家在中国开展业务。

2. 森林认证体系认可计划（Programme for the Endorsement of Forest Certification Schemes, PEFC）

PEFC 是一个独立的，非赢利性的非政府组织。1999 年建立于巴黎，奥地利、比利时、捷克、法国等 34 国为其成员国。通过第三方独立认证促进可持续性的森林管理，PEFC 为推广可持续性森林管理的木材和纸制品的买方提供保障机制。

PEFC 已经成为国际上最大的森林认证保护组织，适用于世界各国，遍及非洲、亚洲、欧洲、北美洲、南美洲、大洋洲，为加工业提供合法来源的木材。

3. 木材原产地和合法性（Origine et Légalité des Bois, OLB）

OLB 认证是法国针对木材来源合法性的认证体系。该体系主要针对出口到欧洲其他国家的木材，并对其木材来源地和在该地采伐的合法性进行认证。OLB 标准要求企业遵守本国及国际法律法规，包括对森林采伐和管理、劳动力、卫生、安全及环境的规章。通过 OLB 体系，木材来源及木材加工的合法性都可以得到追溯。

4. 法律朔源认证（LegalSource）

LegalSource 认证旨在帮助世界各地的公司制定采购政策，或根据有关的市场法规进行合法木材贸易，如欧盟进口木材必须符合 EUTR（欧盟木材法规）之规定。

LegalSource 认证标准旨在制定木材采伐和木材溯源的法律要求。该标准与适用于欧盟、美国和澳大利亚的主要条款一致。凡是符合 LegalSource 标准并通过其尽职调查及评估即可获得 LegalSource 商标。LegalSource 商标用于木材采购合法性的确定。

LegalSource 标准涵盖了木材供应链管理、风险评估、风险减轻和质量管理系统。通过 LegalSource 认证，极大程度地降低了采购非法木材的风险。此标准还被用于供货商评估和检测本公司自身的采购政策和评估系统，包括确定与欧盟法规或其他法律法规的潜在差距。

5. 国际热带木材组织（International Tropical Timber Organization, ITTO）

ITTO 是以促进热带森林保护、热带木材可持续生产和贸易为宗旨的政府间国际组织。成员国既包括美国、欧盟、日本等以消费热带木材及木制品为主的发达国家，也包括以提供热带木材为主的马来西亚、印尼、巴西、喀麦隆、加蓬等木材生产国，共有 69 个成员国，总部设在日本横滨。

中国政府以中国国内每年消费热带木材及生产的木材产品数量较大而成为 ITTO 最重要的成员国之一。同时美国、欧盟、日本等国家和地区的政府也通过对 ITTO 的项目资助等方式，参与 ITTO 的决策活动，直接或间接地影响着全球热带木材、木材产品的贸易乃至舆论动向。

6. 自然经济与人类联盟（Nature Economy and People Connected, NEPCon）

NEPCon 是一个全球性的非营利性机构，致力于建立可持续领域的能力和承诺。1994 年成立于丹麦，NEPCon 通过创新项目、能力建设和可持续服务，推动可持续土地使用，林产品负责任销售。

NEPCon 总部在丹麦哥本哈根，并在欧洲、亚洲的 25 个国家设有办公室。NEPCon 是 FSC、PEFC 等国际森林认证的认可机构，同时 NEPCon 建立了合法性来源标准 LegalSource 和碳足迹管理标准。

7. 绿色和平组织（Greenpeace）

Greenpeace 是国际性的非政府组织。前身是 1971 年 9 月 15 日成立于加拿大“不以举手表决委员会”，1979 年改为绿色和平组织，总部设荷兰阿姆斯特丹。

宣称使命：“保护地球、环境及其各种生物的安全及持续性发展，并以行动作出积极的改变。”不论在科研或科技发明方面，提倡有利于环境保护的解决办法。宗旨是促进实现一个更为绿色、和平与可持续发展的未来。

8. 雨林联盟（Rainforest AllianceTM）

雨林联盟总部设在美国纽约，是非赢利性的国际性非政府环境保护组织。其使命是通过改变土地利用模式、商业和消费者的行为，保护生物多样性和实现可持续生计。

9. 世界自然保护联盟（International Union for Conservation of Nature, IUCN）

IUCN 是世界上规模最大、历史最悠久的全球性非营利环保机构，也是自然环境保护与可持续发展领域唯一作为联合国大会永久观察员的国际组织。1948 年在法国枫丹白露（Fontainebleau）成立，总部位于瑞士格朗，亦作为“国际自然与自然资源保护联盟”。

IUCN 是很独特的世界性联盟，是政府和非政府机构都能参加的少数几个国际组织之一，其会员组织分为主权国家和非营利机构，而各专家委员会则接受个人作为志愿成员加入。

10. 濒危野生动植物种国际贸易公约（Convention on International Trade in Endangered Species of Wild Fauna and Flora, CITES）

又称华盛顿公约。CITES的精神在于管制而非完全禁止野生物种的国际贸易，采用物种分级与许可证的方式，以达成野生物种市场的永续利用性。该公约管制国际贸易的物种分为三级管控，前文已有介绍，不再重复。

（八）国内有关森林保护组织简介

除了国际性的森林保护组织外，还有一些区域性的（如CFAD等），各个国家也成立了与之相对应的保护组织，如美国可持续林业倡议（SFI）、英国森林保护计划（UKWAS）、马来西亚木材认证委员会（MTCC）、印度尼西亚生态标签研究所（LEI）等，我国也不例外。

中国森林认证委员会（China Foerst Certification Council, CFCC）

是中国森林认证体系的最高管理机构，也是得到FSC、PEFC认可的互认机构。

七 —— 护木有利于阻止全球气候变暖

由于人类的不当活动（如人类毫无节制地寻求利用资源等）导致环境恶化，使全球气候变暖，给人类带来灾难，已经是不争的事实。环境的急剧恶化，让人类自食其果，不断遭到大自然的惩罚，其实是上天在不断地警示人类，召唤觉醒。2017年7月在我国河南发生了因强降雨引发的洪水灾害，在德国西部同样发生，造成了170多人丧命，760多人受伤，直接经济损失30多亿欧元。据外媒报道，洪水灾害在比利时、荷兰、卢森堡等欧洲其他国家也相继发生，为什么会这样？大家都说是与全球气候变暖有关，那么究竟有多暖？2017年美国一入夏就热死了600多人，死亡谷（美国加州沙漠谷地）的温度高达81℃，科威特达到了74℃，加拿大莱顿小镇有1000多人紧急救援，因为那里的温度达到了50℃。这个气温在赤道地区是很常见的，不足为奇，但问题是这个地方与我国哈尔滨处于同一纬度。试想一下，如果哈尔滨的气温升至 50℃，我国其他南方城市的气温会有多高？这样的高温会给我们带来什么？粮食绝产或欠收已经是次要问题，更严重的问题是威胁到人类的生存，会导致森林火灾及其他衍生的自然灾害。人们习惯于用年份来划分时间，有许多事情好像是去年、前年或过去发生的，若讲不清楚就干脆用 long long ago 来表达，但对地球而言却是一个连续运转的过程，2021 年的灾难就是 2020 年的延伸和升级。据统计，上世纪 60 年代，全球出现热浪的频率是每年两次；本世纪第一个十年，跃升至每年六次，总时长也比 50 年前延长了 45 天。在 2022 年 7 月 20 日的《英国医学杂志》上，欧洲地区公共卫生学校协会主席约翰·米德尔顿这样写道："多年来。我们就像温水里的青蛙，不愿也不去认识周围环境的致命变化。而现在，水烧开了。"

2022 年夏天出现的高温干旱极端天气，史无前例，必将载入史册，联合国秘书长称之为"全人类的红色警报"。在西方，仅以欧洲为例，欧盟委员会联合研究中心一位高级研究员警告说："2022 年的干旱极其异常，是欧洲 500 年来都没有经历过的，比 2018 年还要严重，约有 17% 的土地进入最严重的干旱紧急级别，约有 47% 的土地处于干旱警告状态，也就是说，欧盟约有一半以上的大地正在告急。"英国多雨，闻名世界，英国人出门都会带上一把伞。可是，在这个本应多雨的夏天，英国没有下雨。8 月 12 日，英国宣布：英格兰已有八个地区进入干旱紧急状态，降雨量只有往年平均的 35%，泰晤士河上游已近干涸。德国莱茵河部分关键河段水位下降了 40 厘米，导致船舶运输成本大幅增加。法国最长河流——卢瓦尔河缺水断流，一些河段甚至可以徒步穿越。按照法国政府日前的说法，法国正在经历有记录以来最严重的干旱，超过 100 多个市政管道缺水，只能用水罐车补给。意大利波河水位下降，人们在河床上发现了二战时期留下的炸弹。还有一些欧洲国家（如瑞士等）因河流干涸，政府不得不动用军用直升机给奶牛送水。高温干旱引发火灾，2023 年以来，欧洲已有近 66 万公顷土地遭林火毁坏，创 2006 年开始相关记录以来的同期新高。西班牙没有烧完，法国又是"火烧连营"，消防队员不够用，马克龙紧急向欧盟求救，德国、瑞典、波兰、希腊、奥地利、罗马利亚等国纷纷派出消防队伍帮助法国扑灭山火。依照欧洲森林火灾信息系统协调员赫苏斯·圣米格尔的说法，2010 年以来，欧洲中部和北部地区的林火有增多趋势，通常那些境内不会发生火灾的国家如今也发生林火了。在东方，仅以中国为例，2020年夏天，央视连续20多天发布了高温红色预警，水利部宣布：安徽、江西、湖北、湖南、四川、重庆等六省市启动干旱预警四级响应。以往的夏天是长江汛期，人们必然忙于防台防汛。1998年的特大洪水灾害记忆犹新，而今没有看到洪水，却看到了干旱。据水利部统计，2022年长江流域的降雨量较往年下降了四成，有些地方已超过20天持续高温，长江流域耕地受旱面积高达967万亩，约有83万人供水受到影响。长江干流，以及洞庭湖、潘阳湖的水位较往年下降4.7—5.7米，均为有史册以来同期最低。异常天气造成的各种灾害才刚刚开始，以后的稀奇怪事必定还将不断发生。2022年国庆长假的异常天气亦记忆犹新，确如网上预报所说："1、2、3号是夏天（长江流域气温高达36–38℃）；4、5号是秋天；6、7号是冬天。"气温在短时间内陡升陡降，一个假期竟然让我们度过了三个季节。

后据媒体报道，中国最大的淡水湖鄱阳湖标志性水文站星子站2023年3月2日8:00水位跌至7.47米，江西省水文监测中心当日升级发布枯水黄色预警。台湾中南部旱灾严峻，为满足农业灌溉用水，日月潭水位直落，近期蓄水率跌破六成。代表日月潭水位的铜雕塑像"九蛙叠像"，以及在潭区被称为"神秘黑洞"的溢流井建筑本体都已全部露出，成为旱象奇观。据英国《卫报》2023年7月7日报道，根据一份非官方数据分析，本周三的最近7天是全球平均气温有史以

潘阳湖昔日"最美水上公路"因水位持续下降变成了"草原公路" 张余仁摄于2023年8月

全球气候变暖正在加快北极格陵兰岛冰川融化速度　卫星拍摄

来最高的一周。对于这种持续高温，联合国秘书长古特雷斯警告“气候变化已经失控”。大地正在龟裂，我们正在目睹历史性的一幕。全球气候变暖，“高烧”不退，大旱不止，导致航运受阻、铁轨变形，加剧了粮食危机、能源危机，乃至民生危机，对水生动植物则是毁灭性的打击。高温干旱天气会引发一系列经济社会问题，对农业、生态系统和生物多样性都构成了灾难。

科学家研究发现，温度和二氧化碳水平的变化总是步调一致的，两者上升和下降的趋势相同，并且，两者都达到了有记录以来前所未有的高值。二氧化碳浓度升高是全球气候变暖的罪魁祸首，2021 年北极圈地表出现了 48℃的异常高温，永冻层被融化，不仅让北极熊失去了家，使许许多多的水生动植物都无法生存，而且会释放出远古的病毒来到人间，接下来很可能会出现更多让人类难以理解和应对的怪异病毒，感染力超强，爆发迅猛，死亡率高。南北两极是上天留给人类的一个潘多拉魔盒，一旦打开，其后果不堪设想。近年来，不断出现的许多诡异天相让人匪夷所思。比如，专家们都说，病毒惧怕高温，一般到夏天就会自然消亡。没想到新冠病毒竟然对 2022 年夏天的持续高温无动于衷，有恃无恐，继续肆虐人类，不禁让我们想起了一句流行网络语言：这个世界到底怎么啦？

根据科学家监测到的数据显示，2019 年，格陵兰岛冰盖失去了 5320 亿吨，导致全球海平面永久上升了 1.5 毫米。2021 年 8 月，格陵兰岛下起了人类有记录以来的第一场大暴雨，而且是发生在海拔 3216 米的地方，最终会导致至少 70 亿吨冰水伴着暴雨流失，这是过去 10 年时间里格陵兰岛发生的第三次大规模融化事件。而在 30 年前，格陵兰岛的大规模融化时间发生概率大约每 150 年才会出现一次，并且，情况不如现在严重。格陵兰岛有近 80% 的面积都被厚厚的冰盖所覆盖，冰盖的面积达到 180 万立方公里，是世界上仅次于南极冰盖的第二

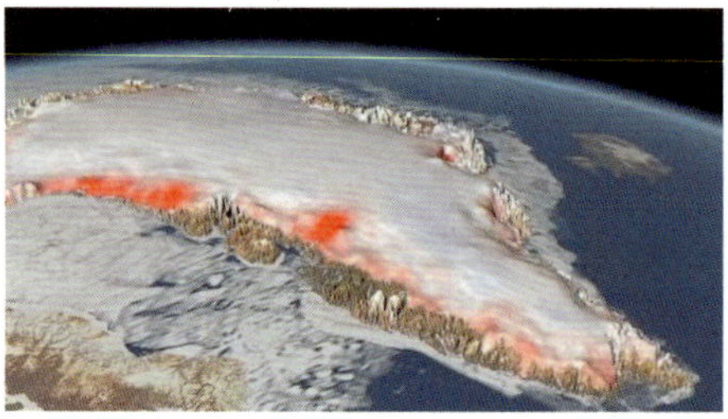

2021 年 8 月 14 日格陵兰岛第一次出现降雨 70 亿吨，是自 1950 年有记录以来首次以雨而非雪的形式落下

大冰盖。虽然，冰盖的消失起初可能很缓慢，在上两个世纪内对海平面升高贡献不大，但是，如果我们再不阻止全球气候变暖，会加快海平面的快速上升。全球有超过 6 亿人生活在不超过海平面之上 10 米的区域。目前，海平面每年上涨超过 3 毫米，且呈加速度增加，预计到 2100 年上涨幅度会达到 60 厘米。海平面快速上升的单个最大威胁，会造成世界上的许多大城市和部分最好的农业用地将被水淹没，同时被淹的还有滨海生态系统，这是全球性的灾难。若再不阻止全球气候变暖，我们的世界最终会变成一片沼泽。

2023 年 12 月 15 日，中央气象台发布了强寒潮来袭的公告，寒潮主体继续东移南下影响中东大部地区。然而，杭州市气象部门官宣：当地 16 日将进入气象学意义的冬天，为 1951 年有气象记录以来最晚。据了解，杭州常年平均入冬时间在 12 月 2 日，常年平均冬季日数约 98 天。1951 年以来，当地的最早入冬时间是

格陵兰岛迪斯科湾著名景点拱门冰山坍塌（跨度 15 米）

北极冰川融化使北极熊无家可归

11月11日，出现在1977年。隆冬姗姗来迟，说明全球变暖的事实毋庸置疑。

冰盖原本是可以反射太阳光的，可以减少地球对热量的吸收，如今恶性循环已经形成，冰越少越热、越热越化，地球升温已经步入加速模式。我们人类真正意识到这个问题的严重性了吗？人类真的已经准备好迎接全球气候的急剧变化了吗？现实情况是很多人无动于衷，总感觉灾难距我们很远。根据目前地球状况，如果按照这样的惯性发展下去，接下来的十年会不会发生更加严重的自然灾害？虽不好说，但有一点是可以肯定的，那就是地球现状不容乐观。

人与自然，休戚与共。俗话说：靠山吃山，靠水吃水。守好绿水青山，换来金山银山。毫无疑问，护木可以保护生态环境，有利于阻止全球气候变暖，也是善待我们自己。比如，在本书第一篇《识木》中讲到的“非洲生命之树——猴面包树”，据外媒报道，近年来，猴面包树在非洲的生存遇到了极大的难题，存活了数千年的猴面包树大半都死掉了。科学家还预言：可能百年后见不到猴面包树了。为什么呢？有专家这样解释：全球气候变暖很可能是其濒临绝迹的主要原因。这不得不令人陷入深思：当“生命之树”远离非洲大陆时，就意味着原住民不能在此地生存了，而人类又能在地球上生存多久呢？

因此，禁止滥砍滥伐，大力植树造林，保护濒危树种，维护生物多样性等，都是护木的重要环节。中国人信奉“道法自然”，现代文明人当以追求低碳生活为时尚，只有内心真正强大与自信，才会以简约平淡示人。改善环境要从我做起，从现在做起，心动不如行动，积极践行生态文明建设，绿水青山就是金山银山！

何为“名木”？顾名思义，是指有名的珍贵木材。在国内通常是指红木，但又不限于红木，亦指被普遍认可或具有特殊功效之木材，如柚木、沉香木、檀香木、阴沉木等。采用珍稀树种木材为原料制成的木家具、木雕刻等木制品，好比出身高贵的人中龙凤，乃木制品中之上品，而红木家具则是其中的佼佼者。

何为"名木"？顾名思义，是指有名的珍贵木材。在国内通常是指红木，但又不限于红木，亦指被普遍认可或具有特殊功效之木材，如柚木、沉香木、檀香木、阴沉木等。采用珍稀树种木材为原料制成的木家具、木雕刻等木制品，好比出身高贵的人中龙凤，乃木制品中之上品，而红木家具则是其中的佼佼者。

第七篇

名木赏析

红木文化是中国木文化的华丽篇章

人物故事罗汉床　卢氏黑黄檀　航管红木提供

顺势而为　崖柏木雕　获 2018 年江苏根雕比赛二等奖
扬州若虚文化中心馆藏　王祥 摄

所谓“珍稀”，新华字典的释义是：形容珍贵、稀少的东西。对木材来说，之所以珍贵，是因为这些木材的材质坚硬，生长缓慢，需要上百年到上千年才能长大成材；又有一些木材本来很一般，但因在生长过程中遭遇某种特殊因子而使它变得珍贵；还有一些木材因伐倒后在特殊环境下历经沧桑，使其升值。物以稀为贵，这些木材难长、难求，数量本来就少，加上受人喜爱，尤其是受到历代皇家贵胄的追捧，砍的太多，来不及生长，那就少之又少了。至于因故升级为珍稀木材，则属于后天“得道”，那更是凤毛麟角了。

一 ——红木名称的由来

在讨论红木名称的由来之前，还涉及一个到底是先有红木还是先有红木家具的问题。若遵循事物发生与发展的客观规律，无疑是先有木材，后有家具；没有红木，哪来红木家具？！但对中国人来说，若从红木与红木家具两个概念出现的先后顺序来分析，这是一个有意思的问题。为解答这个问题，经查阅了大量资料，请教了一些专家学者，大家的观点基本倾向于红木家具概念的出现先于红木，理由如下：

第一，在人类进化发展史上，对植物的名称从有文字记载开始认知研究，到规范统一称谓经过了两千多年的历程，也就是说，我们的祖先为求生存，在早期利用自然植物时走过了一段从没有名称到有名称的漫长岁月。先有植物名称，后有植物分类，方便了不同国家、不同民族、不同方言地域之间的信息交流，使自然植物更好地为人类所用。那么，植物分类是从什么时候开始的呢？西方人是在公元前370年至公元前285年由亚里士多德的学生提奥弗拉斯托斯（Theophrastus）著述了《植物的历史》等书，记载了480种植物。“分类学之父”林奈（1705—1778）创立了动植物双命名法，他在1735—1753年间分别发表了《自然系统》《植物属志》和《植物种志》。中国的植物分类起步较晚，始于公元200年左右的药书《神农本草经》，记载了植物药365种，此后的各个朝代都有关于植物分类方面的研究著述，其中最为著名的当属明代李时珍（1518—1593）的《本草纲目》，该书共收集植物药1892种。可见，早期的植物分类着重于药物研究，尚无红木之说。不论是东方还是西方，关于植物分类的早期描述多与治病救人有关，说明人类早期利用植物的原始动机是一样的，一是裹腹充饥，二是医疗治病，食药同源。也就是说，生活在西方的先民也是采用中草药治病的，那时并无中西医之说，最多只有中国的草药和西方的草药之分。现代中西医的概念是西方医学的后续发展与传统中医理念及治疗手段渐行渐远，差异越来越大，分道扬镳之结果。其实，中西医皆为医学范畴，只是不同学说，没有高低之分，都有科学发展，各领风骚。

第二，陆上丝绸之路始于西汉，汉武大帝刘彻（前 156—前 87 年）派张骞（前 164—前 114）出使西域，最早进入我国的红木物品可能是胡人使用的刀把枪柄，与佛像、佛珠等。其树种名贵，到底是印度小叶紫檀还是印度紫檀不得而知，也可能是两者皆有之。而在这个时期，人类研究植物分类可能才刚刚起步，“紫檀”的名称只是西域人的习惯称谓，尚未成为规范的植物学名称，我们也就跟着叫了。正如大唐盛世年间，朝廷已有使用黄檀木（实指海南黄花黎）家具，但不知黄檀与紫檀的区别，便把“黄檀”误叫成了“紫檀”，日本人来长安朝拜也就跟着学了。日本正仓院展示的唐代家具藏品依然叫“紫檀”，其实是“黄檀”，迄今未予更正，可能是日本人尊重历史，也就将错就错了。丝绸之路打通了与西域的交往，采用产于印度的紫檀木制作的胡人家具开始流入中原，那时对紫檀的称谓汉人是人云亦云，虽尚无“红木”之说，但实际上红木家具已经出现在中华大地。

第三，在现行国标认定的 29 种红木树种中，国产的只有降香黄檀，即海南黄花黎，它还有很多俗名，如花榈、榈木、花梨、花梨木、黄花梨、花黎、花黎母、海南檀、降香、降香檀等。对海南黄花黎的记载，最早出现在宋·赵如适《诸番志》中，对该树种有了明确描述。明代李时珍的《本草纲目》“木部”第三十五卷“榈木拾遗”，时珍曰：“（榈木）木性坚，紫红色。亦有花纹者，谓之花榈木。可作器皿、扇骨诸物。俗作花梨，误矣。”李时珍认为民间的“花梨”叫法有误，反之证明在当地“海南黄花黎”的称谓已经约定俗成，并广为流传。按照当时的水上运输条件推理，海南黄花黎被运到朝廷当作贡品已经不成问题，甚至更早。清人李调元在《南越笔记》第七卷和第十三卷中就有两次记载了越南占城向明朝皇帝进贡越南黄花梨的描述，由此证明，明清时期海南黄花黎和越南黄花梨已经成为皇室御用家具的优良用材，只是为民间所乏知，仅限于当地人和朝廷使用。可见，海南黄花黎被认作红木，并被制作成红木家具一定是出现于明代或明代之前，到底是什么时候，取决于当时的运输条件。据说，1979 年发生了中越自卫反击战，中断了从东南亚进口红木原料，为不误出口红木工艺品外贸订单，有些厂家曾用海南黄花黎替代，刷上油漆，冒充东南亚红木出口。由此可见，当时民间对海南黄花黎缺少认知，没有重视，直至 1985 年王世襄先生所著的《明式家具珍赏》出版，海南黄花黎才被炒作空前，进入大众视野。

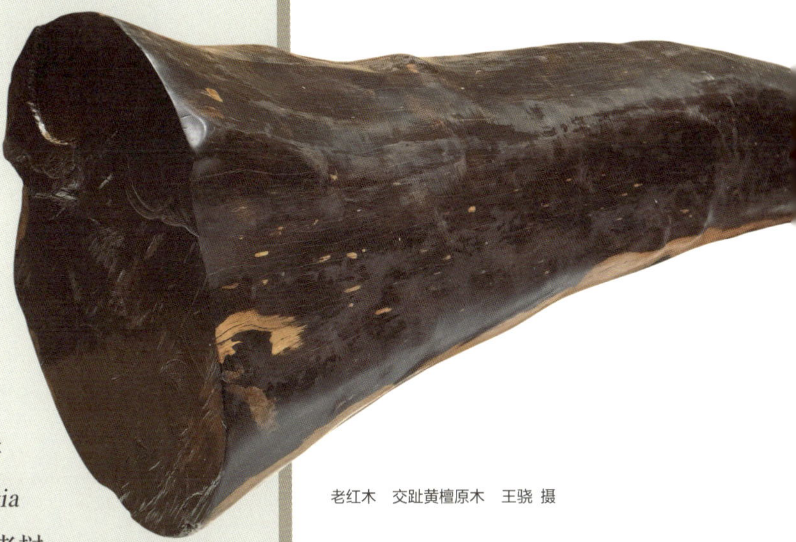

老红木　交趾黄檀原木　王骁 摄

第四，大红酸枝的学名是交趾黄檀（*Dalbergia cochinchinensis*），原产于越南、老挝、柬埔寨、泰国等地，它的拉丁文植物学名是法国人让·巴普蒂斯·路易·皮埃尔（Pierre）于 1886 年命名。公元前 111 年，汉武大帝灭南越国设立三郡，其中就有交趾郡 *（今越南河内），中文名称“交趾黄檀”由此得名。在不同国家和地区称谓也有差异，如在日本和中国台湾将交趾黄檀和巴里黄檀统称为紫檀。因其色泽红而不艳，愈久愈润，深受人们的喜爱，在越南和老挝交趾黄檀被认为是最好的木材，也符合中国人图吉利、

注：交趾，作为地名可能由来更早，出现于原始社会的部落联盟时期。据史书记载，秦穆公与戎国使节由余（晋国人）谈论治国之道，由余说：尧的领土南到交趾，北到幽都，东西分别到达太阳和月亮升起与落下的地方。

贵妃榻局部　卢氏黑黄檀　航管红木提供

老红木　交趾黄檀

老红木　交趾黄檀鼓凳　航管红木提供

求喜庆的传统民俗和审美情趣，红红火火，自带喜气。其实，在产地对大红酸枝的开发利用早已开始，只因木材沉重，受到运输条件限制，直至唐代才运达中原。可见，大红酸枝被认作紫檀，并被制作成御用红木家具可能是在唐代或唐代之前，前文谈及的日本正仓院的唐代家具藏品名称之说可以佐证。

综上所述，一是“红木”，顾名思义，因树木心材呈红色而得名，并不是树木分类学上某个树种的名称。在缺少植物分类学知识的年代，人们将朝廷御用、社会追捧、质量上乘的所有红心树种的木材统称为“红木”，顺理成章，至于何时起叫“红木”，可能是在唐朝以后，具体时间无考。据传，过去凡以紫檀、酸枝、黄花黎、花梨木等为原材料，用明清传统工艺制作的家具都叫“红木家具”，生产的作坊和厂家皆称之为“红木家具厂”或“红木雕刻厂”。二是“红木家具”率先进入中国人的生活，“红木”名称概念的出现相对滞后。

至于“老红木”称谓的由来，最早被称为红木的树种可能是大红酸枝，因为“酸枝”是南方人对红木的习惯称谓，而大红酸枝来自越南、老挝。到了明朝中后期，红木家具开始盛行，大红酸枝少了，有人发现当年郑和下西洋带回来的压舱木放在江滩上，饱经江水冲刷，日晒雨淋，多年不朽，木质坚硬，内呈红色，颜色好看，可以替代红木，于是，就去东南亚寻觅这类新材种，结果确实发现了不少心材呈红色的优质硬木，可以制作红木家具，后来这些材种就被称为“新红木”，而大红酸枝就升级成为“老红木”，以示区别。上世纪末，东南亚的红木材种又越来越少了，木商们便把目光转向了南美，发现了一些新材种，如巴西黑黄檀（*Dalbergia nigra*），但因属于国际濒危管控I类树种，不得砍伐买卖交易，又恰逢南美国家过度砍伐原始森林遭到国际社会的强烈谴责，破坏了“地球之肺”，南美伐木被叫停。然后，木商们再转战非洲木材市场，发现了更多的可以替代红木的新材种，如刺猬紫檀（*Pterocarpus erindceus*）、卢氏黑黄檀（*Dalbergia louvelii*）等。总之，红木是中国人的定义，随着红木树种资源的不断减少，人们不得不去寻觅新树种来替代，便会不断出现新的红木材种，久而久之，一旦得到消费者的认可，皆冠之以“红木”。红木国家标准为规范红木市场，满足消费者需求，不断扩大红木树种范围就是最好的佐证。不过，对“老

老红木　交趾黄檀大板茶台（400×120×10cm）　航管红木提供　黄俊豪 摄

木头人”来说，只有黄檀属和紫檀属的木材才够资格称得上“红木”。红木国标树种的不断扩编，好的方面是大家都“有米下锅”，不好的方面就是容易造成市场混乱，最终受害的还是消费者，在“老木头人”的眼中也有损红木的尊严。

“红木”是江浙沪一带及北方人的称谓，在两广一带被称为“酸枝”。其实酸枝木是豆科黄檀属（*Dalbergia* spp.）的树种，因锯切或剖开会散发出一股浓郁的酸味而得名，酸枝又细分为黑酸枝、红酸枝。大红酸枝几乎被砍光了，后来就进口泰国花梨木替代之，江浙沪一带称之为“香红木”“香枝木”，以区别于老红木。

此外，红木在业内还有一个异称叫“海梅木”。其来源亦有多种说法，最靠谱的是顾名思义，这些木材来自海上，也就是郑和下西洋带回来的压舱木，色红若梅，故称“海梅木”。至于何时起叫，据清宫记载为乾隆年间，时间可能更早，应该是明代中后期。

二——红木名称是中国人的专利

红木是中国人给出的称谓，并叫响了全世界。按照中国人对树木和木材的习惯叫法，一般是有什么树就叫什么木，例如，樟树——樟木、杨树——杨木、榉树——榉木、胡桃树——胡桃木、松树——松木、杉树——杉木……唯独没有“红树——红木”。即使有叫“红树”的，如北美红杉（Redwood）是高大的乔木；又如，生长在热带和亚热带海边，有“海岸卫士”“海岸绿肺”之称的红树林（Mangrove）属于落叶乔木或灌木，它们与我们所说的红木毫无关系。现行国标规定的5属8类29种红木，只有降香黄檀产在我国海南，其他均产在赤道两侧纬度24°以内的热带和亚热带地区的南美、非洲及东南亚等地，这些树种有拉丁文学名、流通商品名，在当地还有许多俗名，但就是没有一个叫“红木”的，且在这29种红木中，并不是所有树种的心材都是红色的。也就是说，何为红木？红木树种到底有几种？这些都是由我们中国人说了算。

在如今十分重视知识产权保护的年代，为什么其他国家没有提出质疑呢？杨金荣大师说得好，红木这个词是中国人发明的，经中国人上千年的开发利用，已经上升至文化艺术层面。然而，这些木材在产地是默默无闻的，就是一种普通材料而已，并没有什么额外的附加值。是我们中国人尊木、爱木、识木、懂木更会用木，挖掘其灵魂，发展其文化而升值，外国人望尘莫及，他们就只好拱手相让

嵌百宝八骏马方盒　越南黄花梨　航管红木提供

了。按照联合国关于善待地球资源这一共同的价值观，人类不能暴殄天物。红木是大自然赋予的有限资源，中国人做到了可贵的三点：一是尊重；二是珍惜；三是善待。尊重就是敬畏自然，珍惜就是不乱用、不浪费，善待就是物尽其用，传承经典，创造极致。也就是说，要做成好东西，使这些珍贵木材重获新生，与人和谐相处，共生共荣，到达中国人造物的最高境界，实现“牢、久、美”的三者统一，绽放出了红木文化的艺术光芒。

绝大多数红木树种均产于赤道附近，在充沛的阳光和雨水环境下生长，比其他木材吸收了更多的天地精华，所以长得更加结实、更加坚硬、更有价值。此外，树木生长在越近赤道的地方木材的颜色越深，与人种的肤色一样，越近赤道越黑，肯定不是被晒黑的，也许暗合着大自然的某种奥秘。

最后，谈一下红木采用的英文单词。长期以来，国际贸易惯例将红木分为三大类：一是酸枝木类，采用 rosewood ；二是紫檀木类（尤指檀香紫檀），采用 red sandalwood or red sanders ；三是花梨木类，采用 padauk。自红木国家标准出台后，将红木范围扩大了，除上述三类外，增加了香枝木类、乌木类、条纹乌木类和鸡翅木类，显然，这几个词已经不够用了，于是，红木国标干脆采用了汉语拼音“hongmu”，一词以概之，与红木中文读音一致。至此，红木的中英文名称全部由中国人发明创造，相信很快会被全世界所接受，这也算是我们对英语发展作出的一点小小的贡献。

三 红木文化是中国木文化的重头戏

交叉榫（圆柱二维直角组合） 袁佳青 摄

说起中国木文化，人们通常会想到红木，因为红木是木材中的极品，具有高贵、质优、增值等特点，所以，红木文化是中国木文化的重头戏。之所以木建筑与木家具能够名扬海内外，是因为中国人自古知木、惜木、敬木、巧木，崇尚道法自然；是因为中国的木作构造与汉字同宗同源，追求“形”和“艺”的完美表达；是因为中国人匠心独运，发明了榫卯结构，这种藏在木头里的灵魂可与京剧齐名，被誉为中华民族的“两大国粹”，属于世界非物质文化遗产。

建造木屋、木寺庙和亭台楼阁一般不会选用名贵木材（极个别皇家富贾除外）。现代人极少采用榫卯结构建造房屋，除了木材资源紧缺问题外，还受到外来木文化之影响，欧美和日式木屋可以工厂化生产，建造更快捷，造价更低廉，室内空间布局更合理，因此，当下木建筑文化传承出现了一些问题。

人物故事罗汉床局部 卢氏黑黄檀 航管红木提供

因此，木文化传承并发扬光大比较好的是红木家具和木雕，前者更加闻名遐迩。纵观中国木文化发展的历史长河，算工匠们在红木上动的脑筋最多，下的功夫最深，并由此造就了许多世间传奇和名木杰作，大明皇朝第十五代皇帝朱由校不爱江山爱干木匠活的故事，则是最好的历史见证，相信在“一把手”的垂范带动下，在满朝文武官员和民间富家子弟中，一定还有许许多多的追随者和效仿者，他们把中国特有的红木家具文化的发展推向了历史的巅峰，谱写出中国木文化的华丽篇章。

中国人认为，家具是地位和财富的象征，置办家具时多会从长计议，除了考虑实用，还要考虑传世。

航管红木提供

因为红木家具坚固耐用，始终不会产生对人体有害的污染物，民间如是说："一代拥有，世代相传"。在现代中国人的眼里红木家具已经成为奢侈品，尽管价格不菲，但它值得拥有。若将爱马仕、LV等国外奢侈品牌与红木家具相比，一是几乎所有奢侈品的材料都是人工的，可以再生，而红木是天然的，不可再生；二是所有奢侈品都是流行一时，时髦过后就会被淘汰，使用寿命都相对较短，名表使用寿命虽然较长，但终究没有红木长，其性能也会越用越差，而红木家具是经久时尚，可以当传家宝，永不变色，越用越好；三是红木是有生命的、会呼吸，有灵魂，其他奢侈品无可比拟。因此，红木家具应该是世界上最顶级靓丽、最典雅厚重的奢侈品，同时，也是世界上最经久耐用、最经济实惠的奢侈品。

现在是崇尚文化自信的年代，对中国木文化我们应当有足够的自信。处于中国木文化最高端的是红木文化，而红木文化的最佳表现形式是红木艺术。红木文化是经过中国人几千年的挖掘，千锤百炼出来的，有些出自工艺大师之手的作品，早已成为红木极品或红木孤品，所赋予的文化内涵已经上升到艺术层面。比如，我们会把红木家具分为三个层次，一是"具"，二是"工"，三是"艺"。具，就是用具，属于物质功能。艺，就是超出技术层面，到达精神层面，上升到了美的艺术境界。工，就是介于两者之间。按照这个分法，"具"和"工"皆属于一般的器物，包括通过机械工业化流水线生产出来的，只能称之为红木家具或红木工艺家具。换句话说，不是所有的红木家具都能达到红木艺术境界，如果水

航管红木提供

平不够，虽然也是手工制作，但是不够漂亮、不够完美或者达不到红木的审美标准，即选材、造型、结构、雕塑都不行，再加上四者之间的关系比例也不到位，那就不是红木艺术品，只能称之为“红木工艺品”。上升到红木艺术的家具必须是造型优美，结构考究，工艺复杂，取材自然，可以传世，才能称得上是“红木艺术品”。凡是能够达到艺术层面的红木家具都是艺术品，如同中国书画艺术的永久载体，注入了匠心灵气，融进了艺术灵魂。

湘云醉卧　上海木文化博物馆藏　袁佳青 摄

关于红木文化艺术的话题，推荐学习杨金荣大师的著作《红木文化谈薮》，他说：“红木是一种载体，它承载着文化和艺术两个灵魂，实用、艺术、保值是红木全部内容的三大基本属性，决定红木艺术价值的四大要素为差异性、稀缺性、唯一性和高难度性。红木艺术的审美，须掌握五项原则，即选材、造型、结构、雕塑、中和（和谐）。以红木文化为内涵的红木学理论，包涵众多的学科和门类，主要有木材学、结构力学、人体工程学、造型美学、雕塑艺术，以及精细木作技艺等六大门类，且每一门类均包涵了十分深厚的知识和学问。”

红木作为硬木中的硬木（这是老木匠的行话，与植物分类学或树木学的硬木概念是两码事），用来

墨斗　上海木文化博物馆藏　袁佳青 摄

雕龙罗汉床龙头扶手　檀香紫檀（小叶紫檀）

做家具本来就是世界性的难题。所以，西方人很少用气干密度超过 0.75 g/m^3（含水率 12%）以上的木材来做实木家具，他们追捧的“四大名木”，即樱桃木、胡桃木、桃花心木和柚木，气干密度均在 0.75 g/m^3（含水率 12%）以下，比较容易加工。

杨金荣大师认为，西方家具比中国家具落后至少 500 年，因为他们的标准较低，迄今还停留在技术层面上，采用工业化生产，而中国在 500 年前就已经达到艺术境界了。中国以木造物的传统工艺，需要尊重木性，了解木性，顺应木性，因材施艺，而西方人的造物理念是对抗和征服，这是东西方文化的差异，哲学思想的不同。家具有外在美和内在美，若上升到艺术，应该属于实用艺术。中国家具的榫卯结构连接既是内在美的保证，又支撑了外在的造型美，两块木头你中有我、我中有你，相互咬合的状态既牢又美，这是西方家具依靠五金等方式连接永远无法企及的。

什么是“红木艺术”？西方人特别偏爱中国的圈椅，在多次国际家具展会上都把中国的圈椅作为 LOGO 放在宣传海报上。究其原因，是圈椅蕴含着中国人的世界观和哲学思想“天圆地方”，上面圆的是天，下面方的是地，人坐在圈椅上浓缩了宇宙意象，有顶天立地之感，人与自然和谐，达到了天人合一的最高境界。不仅如此，人坐在圈椅上还有五大舒服：肉体舒服、骨骼舒服、摸上去舒服、看上去舒服、不仅现在舒服，将来永远舒服，可以世代相传，代代都舒服。杨金荣大师说：“红木艺术可在持久愉悦人的肉体与灵魂的同时，将人生提升至审美境界，这也正是红木艺术收藏最根本的意义与价值所在。”古代皇帝之所以喜欢红木，是因为红木非常有内在价值，能够体现皇权的至高无上，与众不同。

四 ——红木家具发展简史

圈椅　交趾黄檀　上海木文化博物馆藏　袁佳青 摄

木家具起源于春秋战国，若按照“老红木”的出现推算，红木家具可能起源于西汉初期，西南边民就地取材，率先享用。到了唐宋时期，运输条件改善，“老红木”可以运达中原，红木家具开始进入朝廷皇宫。至于我国特产的海南黄花黎，最早出现的史书记载是宋·赵如适《诸番志》，由此可见，对海南黄花黎的开发利用就晚于大红酸枝了。明清两朝是红木家具发展的全盛时期，成为皇家贵胄、达官显贵、富商大贾等上流社会的时尚追求。

明朝红木家具文化的大发展得益于江南文人雅士与班门匠师的完美合作，得益于领军人物木匠皇帝朱由校的率先垂范，在选材用料上更加讲究，做工上更加精细，追求美观大方、简洁实用，饱含着文人韵味，尽展匠心绝技，把红木家具文化发展推向了历史的巅峰。

清朝红木家具的大发展得益于康熙皇帝爱新觉罗·玄烨（1654—1722）开设的造办处，将原来的“采办”改为“造办”，这是专门负责皇家御用品的管理机构。在此之前的历朝历代，皇室用度多由各地进贡，日用品多为宫廷采办，相当于现在的政府采购，重要的礼仪用度会派大臣督办，如秦兵马俑出土的不少文物上均刻有“李斯督造”字样等。仅以瓷器为例，从唐代至元代，基本不设官窑，采购模式是“官鉴民烧”，烧出的瓷器“千中选十，百中选一。”然而，由于各地工艺自成体系，地方贡品质量参差不齐，且官民混用，很多器物不合礼制，为此，清朝成立了造办处，将皇家用度由原先的“采办”过渡到“造办”，最多时下设 42 个作坊，包括玉作、木作等，以满足皇室吃穿用度方方面面享受的庞大需求。造办处集中了当时全中国最优秀的艺术和技术人才，据说优秀匠人的收入甚至超过了七品芝麻官，他们代表了当时中国工艺技术的最高水平，无数国宝级的工艺品皆出自他们之手。

雍正皇帝爱新觉罗·胤禛（1678—1735）执政 13 年，朱批奏折奏疏 20 多万件，堪称中国历史上的“劳模皇帝”。据说，他事无巨细，在百忙中对御用品的制作也是事必躬亲，对造办处的工作曾提出过宏观标准要求：不失“内廷恭造之式”，要“让外边人敬重”，即在选材、工艺、款式、色彩、风格上要体现出当权者的艺术修养，符合天子的喜好，要有别于民用，彰显皇家气派。按照雍正皇帝的要求，造办处制定了工作流程（如图）。

造办处按此工作流程进行监造，对每一件器物的每一道工序都严格把关，也就是我们现代人所讲的全部实行“过程检验”，以确保产品质量合格。因此，很多清式经典家具的器型之美不输明式家具，各部分之间的比例协调恰到好处，既雍容华贵，彰显奢华，又可让人有“增一分则拙，减一分则陋”之感。若论明清两朝推动红木家具文化的历史发展，明朝是朱由校皇帝的个人行为，而清朝则是由皇帝发起的政府行为，是他们前赴后继把中国红木家具文化的发展推向鼎盛时期。

造办处在康熙、雍正、乾隆三朝十分辉煌，以乾隆最盛。我们今天所能见到的清代家具精品，几乎全是这一时期的杰作。这些家具用料好、造型美、制作精，具有典型的皇家气派，属于官造作品。

出自造办处的红木家具，除了皇家自留御用外，有时也会作为礼品赠送外

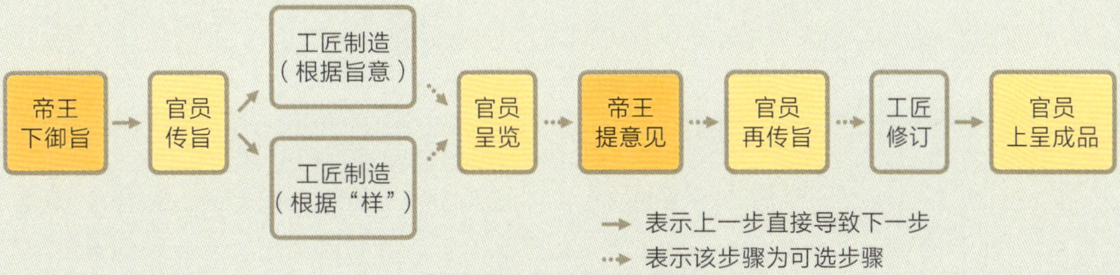

清内阁府造办处监造工作流程示意图

国友人或赐给下属官员。如此一来，又给红木家具添上了一层政治色彩，“御制”“御赐”成为帝王既要“让外边人敬重”，望之有天子之气，又是对下的怀柔施恩、驾驭属臣的一种统治手段。

经过康乾盛世，清朝开始走向衰败，随着国家财政的不断吃紧，也不得不逐步压缩造办处的开销，直至清朝政府下台，造办处停止运营，由此也影响到了红木家具文化的发展。1841 年，大清道光帝在第一次鸦片战争中失败，次年便与大英帝国签订了《南京条约》，允许开辟上海等五地为通商口岸，闭关锁国政策告终。此后，上海便成为世界列强的必争之地，争先恐后，前来抢占地盘，划定租界，外国领事官员、教会牧师、工商人士及各色人等涌入上海滩，西方文化随之渗透到上海社会生活的方方面面，对城市建筑风格和日用家具的款式等诸多方面产生了巨大冲击，红木家具也不例外。清朝政府灭亡后，到了民国时期，军阀混战，国民党执政腐败不堪，

清内阁府造办处

清内阁府造办处木作坊　崔金璐作

加上抗日战争和解放战争，政局动荡，民不聊生，作为十里洋场的上海滩变成了冒险家的乐园，发展成为亚洲最繁荣的第一魔都，也给红木家具文化的传承与发展留下了一席之地。

新中国成立后，百业待兴，不久就是抗美援朝和三年自然灾害时期。因此，自清末到“文革”前，人们苦于战乱和

政治动荡，或百废待兴，忙于求生或温饱问题，红木家具文化发展停滞不前，又因缺乏红木原料，工匠们难为无米之炊。“文革”时期，十年浩劫，红木家具被列为“四旧”，属于资产阶级的生活用品而在劫难逃。这些抄家物资有的直接遭到破坏；有的被随便评估，以极低的价格拿到调剂商店出售；有的作为胜利果实分给工人阶级和贫下中农使用，因他们不懂其价值，也就不会去珍惜。在改革开放初期的动拆迁大潮中，一般的老百姓会认为旧家具和新居室格格不入，有的丢弃或出让；有的因破旧不堪，甚至当柴火烧。因此，在这段时期红木家具文化不但没有得到发展，反而遭到了前所未有的破坏，所造成的损失永远无法挽回。同时，也成全了许多有识之士，他们借机低价收购，经修旧如古后转卖，赚得金钵满盆。

俗话说：乱世黄金，盛世收藏。继明清时期红木家具走红之后，就要算改革开放带来的春风了。近40多年来，中国经济建设高速发展，在奔小康的路上，先富起来的一小部分人中喜欢收藏者不在少数，把古玩字画、红木家具市场炒得火热，而可供收藏的具有一定历史沉淀的红木家具或红木雕刻数量有限，于是，爱好者们只能寄希望于红木新品。一是材质好、做工好；二是实惠、实用；三是体面、显身价；四是耐用、可传世；五是保值增值。与此同时，西洋家具也进入了中国市场，带来了许多新的设计理念，中国工匠们善于学习，与时俱进，在传统红木家具式样的基础上，又创作出许多更加新颖、更有美感、更符合现代人口味的新款式，即所谓的新中式等时尚家具，继承并发扬了红木家具的制作工艺，推动了中国木文化的再创新、再发展，使红木家具文化重现往日荣耀，变得更加多姿多彩。

五 ——红木家具“三大流派”

榫卯结构成就了中国家具的登峰造极。上下左右、粗细斜直、连接合理、面面俱到、折合严密、天衣无缝、间不容发，工匠们可以随心所欲地制造出既互相避让，又相辅相成的精妙绝伦，再配以雕刻工艺、打磨工艺、揩漆工艺，所有工艺都顺应木材的脾性，遵循“表面平滑、纹样和谐、色泽统一”之原则，构成了中国家具工艺情愫的百转千回。

中国古典家具，通常是指明清红木家具。因为这个时期是中国古典家具发展的鼎盛时期，红木家具制造业曾是社会上最流行的行业之一，既要满足朝廷及上流社会所需，又要满足平民百姓的日常生活，经过精心设计制作的经典家具作品层出不穷。各地域之间也因文化背景、生活习惯和审美意识之差异，逐步形成了不同风格体系，如苏、广、京、晋、宁、鲁、扬、闽等家具流派，其中最具影响力，最能够代表中国传统硬木家具最高水平的是“三大流派”——诗意江南的苏式家具、岭南地区的广式家具和皇家宫廷的京式家具，呈三足鼎立之势，并融入其他流派之所长，将中国传统家具艺术推向全盛，对后世家具发展影响深远。

在具体讨论这个议题之前，有必要先对“三大流派”的称谓进行一番咬文嚼字，即到底应该称其为“式”还是“作”？哪个称谓更合适？字意解读：“式”是指家具的造型，“作”是指家具的工艺。传统的家具审美核心“三要素”包括形、艺、材（家具木料），而现代家具审美核心改成了“四要素”，即型、材、艺、韵，即把“形”分拆成“型和韵”，这是学术研究者的文字游戏，将“三大流派”叫“式”或“作”都不够全面，不太合适。然而，自宋代就开始以“作”命名各种手工业，如木作、玉作等。木作是指人们运用一定的工具把木头做成自己想要的东西的一个过程。清内务府也沿用了“作”，在造办处下设立了木作坊。故叫

客厅家具　航管红木提供

"作"更传统、更专一。而叫"式"者，可能完全出于现代人的一种语言习惯，考虑到本书是立足科普，面向大众，暂且还是随大流称之为"式"吧。

（一） 苏式家具　文人韵味

苏式家具，是中国传统家具最重要的代表之一，是指以苏州为中心的长江下游地区生产的家具，起源于扬州，兴盛于苏州，原材料得益于太仓港的区位优势，因为郑和下西洋船上带回来的东西需减载后才能进入长江开往南京向皇上复命，便把压舱红木卸在了太仓。苏式家具形成于明代中期，以用料名贵、结构科学、造型典雅、尺寸合理而著称，是明代家具风格的塑造者和主流。可以这么说，苏式家具是明式家具的渊源。

明代政治生态险恶，这与开国皇帝朱元璋的出身有关，用现在的话说，朱皇帝是草根出身，对有识之士有点羡慕嫉妒恨，甚至大开杀戒。文人弃儒从道，直至问禅，纷纷迁至宜居的江南，择地营建私家园林，作为自己的精神绿洲，过起了恬淡闲适的生活。他们在自己的小天地过小日子，远离朝廷，文人荟萃，个性鲜明，思想自由，抒发情感，追求超逸脱俗的意境，寄情山

明代苏式　猴头圈椅　越南黄花梨　航管红木提供

水诗画。家具与日常生活密不可分，是点缀居室空间的重要物品。民间有句俗语：家具是房屋的“屋肚肠”，建筑再美，配不上好家具也是枉然，拥有好家具的房屋犹如金屋藏娇，因此，家具制作受到文人雅士的格外关注。这些文人墨客都有极高的文化修养和审美品位。在家具定制的过程中，或是亲自绘图造型，或是全程参与监制，甚至还有人专门针对家具著书立说进行研究分析，用“以少胜多　以虚胜实”的独有审美情趣去指导工匠们标新立异，采用郑和下西洋带回来的南洋红木制造出融合园林意境的精美家具。因此，苏式家具是江南文人与班门匠师的合作成果，是追求心灵乐境的杰作，植入了文人美学的基因，洋溢着书卷之气，并因此羡煞了俗世权贵，登上了皇室华堂。在这种大背景下，苏式家具流派应运而生。

明代苏式　中堂家具　卢氏黑黄檀　航管红木提供

苏式家具最大的特点是简约，造型大方，线条流畅，尺寸合理，在设计上吸收了宋代家具风格，让人感觉对“瘦”“透”“曲”有特别的美感追求，“外圆内方”“上圆下方”等对应观念的应用，既符合华夏民族的传统文化，又营造出“曲径通幽”的设计理念。东方红木家具艺术馆馆长姚向东先生将苏式家具风格提炼为六个字：尚用、尚雅、尚精。

苏式家具简约清秀，气韵高雅，注重文化内涵，一般没有太多的雕刻修饰。若有修饰，常以浮雕、线刻、嵌木、嵌石等手法为主，其题材多是字画、松、竹、梅、山石、花鸟、山水、风景，以及各种神话传说中的人物与瑞兽等；其次是传统纹饰，如海水云龙、海水江崖、二龙戏珠、龙凤呈祥等。折枝花卉亦普遍使用，大多借其谐音，寓意吉祥，局部装饰花纹多以缠枝莲和缠枝牡丹为主，也有的采用草龙、方花纹、灵芝纹等图案，镶嵌的多为玉石、象牙等名贵材料。

明代苏式　圆角柜　又称“A”字柜
越南黄花梨　航管红木提供

由于江南地区不产红木，全部依靠进口，所以工匠用料都慎之又慎，木尽其用，长此以往，便养成了一种精打细算、一丝不苟的职业操守，这也是苏式家具的特点之一。为节省贵重木料，通常会采用包镶作法，即以杂木为内部框架，外面镶嵌硬木薄板。这种做法看似有投机取巧之嫌，实则非常耗时，对木工手艺也是极大的考验。因为木性不同，杂木和硬木在结合时缝隙容易显露，影响美观，故对木材干燥和对工匠们的斧工、凿工、刨工等技术水平要求极高。苏式家具的包镶作法可以做到天衣无缝，让人感到浑然一体，是天成之器，充分展现了苏作工匠的超人智慧。

明亡清兴后，社会风气大变，骄奢之风盛行，家具造型和装饰追求富丽、繁缛，重外表而轻内涵，苏式家具逐渐退出宫廷官宦之家，走向低潮。为求生存，苏式家具被迫转型，把目光投向普通家具市场，吸取广式家具的优点，于是，便有了“广式苏作”之说，进而形成清代苏式家具之风格，赢得了新的消费市场，得到了中下层社会人士的普遍认可，使苏式家具更加普及，流传更广。可见，苏式家具的发展与时俱进，木秀于林。虽然苏式家具失宠上层社会，但其高雅的气韵和浓郁的文化内涵一直为世人所推崇。

明代苏式　万历柜＊　巴里黄檀　航管红木提供

注：万历柜，又称亮格柜，这是在所有中国家具中唯一以皇帝年号命名的家具，因流行于万历年间而得名。其整体造型与圆角柜相似，但结构分为上下两个部分，上半部是亮格（也有两层亮格的），“亮”的意思是显露、展示，用于陈设古董等。下半部是柜体，用于储物。万历柜也是在晚明掀起的全国收藏热中催生的新款家具，因为此前人们展示古董不是放在榻上，就是放在案上，万历柜的出现可以把主人珍藏的古董由平放展示改为举空展示，亮格与人的视线平行或略高，三面通透，既可更好地保护古董文物，又可提升展示效果。

广州画家绘十三行 约1850年 广东省博物馆藏

酸枝夔（kuí）龙纹红筋石面几 清末 王恒、冯杰伉俪捐赠 广东省博物馆藏 张余仁 摄

（二）广式家具 厚重洋气

广式家具，是指以广州为中心，两广地区生产的硬木家具。形成于清代，用料奢华、体质厚重、雕刻繁缛，因迎合了朝廷当权者的口味而立足，并迅速发展成为清代家具的重要流派。

广式家具在用材上不吝奢华，造型厚重，出现了很多用料清一色，一木所制的家具，这就是著名的“一木一器”。广式家具追求木性、木色一致，各种木料互不掺用，而且很少使用漆料，让天然树纹充分展露，显得豪奢大气，这也是广式家具的特点之一。究其原因，是得益于广东的区位优势，地理位置独特。首先是广东自产优质红木海南黄花黎；二是与盛产红木的东南亚邻国接壤，进口方便，由于原材料充足，能工巧匠们可以随心所欲，纵情驰骋于斧凿之间；三是自满清入主中原以来，海禁不断

广东五常酸枝家具 交叉脚镂雕酸枝大椅 清 王恒、冯杰伉俪收藏 张余仁 摄

外国商船在黄埔港装卸货物，粤海关官员登轮丈量船只，确定应缴税额　来自《Den langa resan》

粤海关　19 世纪初期绘　油彩布本　画家佚名　香港美术馆藏

收紧，乾隆年间正式发布谕令，仅限广州一口通商，这种状况一直持续到鸦片战争，源源不断的进口红木原料促进了广式家具的崛起与发展。

1757—1842 年，广州是中国对外开放的唯一窗口，“广州十三行 *”成为清政府唯一对欧美的通商特区，因垄断经营而著称，在商界与晋商、徽商三分天下。广州被誉为“金山珠海，天子南库”，不仅为清政府提供了可观的税收，还为宫廷采办前所未见的西洋奇器宝玩。在此历史背景下，大量的西方传教士和商人涌入，中国的传统文化与西方文化在这里发生了碰撞与吸纳融合，并很快传遍全国。

注 *:1684 年，康熙皇帝实行开海通商政策，在东南沿海设立粤、闽、江、浙四大海关，作为管理海上对外贸易的行政机构。1757 年，乾隆皇帝下令撤销原设沿海各关，仅留粤海关一口对外，“一口通商”使广州成为清政府闭关政策下唯一幸存的“海上丝绸之路”，直至 1842 年鸦片战争为止。其间的“广州十三行”独揽中国外贸长达 85 年之久，也就是说，十三行的行商是清政府设立在广州口岸特许开展进出口贸易的洋货行，是半官半商性质的外贸垄断组织，规定洋货行商人必须是“身家殷实，赀（zī）财素裕”者，有历史记载的行商共计 59 家，其中以潘、卢、伍、叶四大家族为最盛。除此之外，还有行外商人，在十三行一带从事非特许商品贸易。十三行的商人与江淮盐商、山西晋商一起被称为清代中国的三大商人集团，是当时的最富群体。可见，十三行是广州的一个地名，是一片商馆区，是一种贸易体制；“十三”不是一个确定的数字，而是指一个特殊的商人群体。在第一次鸦片战争中十三行商人与清政府共进退，为抵御英国的侵略做出贡献。中英《南京条约》的签署结束了十三行对欧美贸易的经营特权。第二次鸦片战争中，十三行商馆区被战火烧毁，遗址现为广州文化公园。

笔者带着“广东为何有七个正厅级海关共存一省？”的疑问于 2023 年 12 月初去寻找答案。十三行时期黄埔是广东境内最大的通商口岸，除黄埔港外，九龙、拱北、江门、汕头、湛江等港口也同时对外开放，在这些地方清政府均设立了海关为朝廷征税。当时的管理模式是，在广州设立了一个中心关，负责管理下设的分支关。“五口通商”后，粤海关采取二元管理体制，为鸦片战争赔偿筹款，清政府被迫“以夷制夷”在广州设立了“新关”，由洋人负责监管外轮货物的稽查征税，故又称“洋关”；另一个则是由清政府官员管理华籍民船贸易的“旧关”，又称“常关”。民国初期沿袭旧制，直到 1931 年民国政府裁撤常关，“一关两制”彻底消失。新中国成立后，在广东只设立了一个广州海关，也被称之为“中心海关”，负责与省里联系和对下属分支关的管理。改革开放后，广东是排头兵、领头羊，外贸总量乃全国之首，改革开放初期仅广东一省的进出口数量约占全国外贸总量的 40%。为此，国家将深圳划为计划单列市，随后九龙海关更名为“深圳海关”，并予以升格，一步到位。拱北、汕头、江门、湛江、黄埔等海关也先后升格，有的先升格为副厅级关，不久后又升格为正厅级关。最厉害的是黄埔海关，原来是广州海关下属的一个处级关，直接升格为正厅级关。这些海关争相升格后，最终与广州海关平起平坐。由于这七个正厅级海关各自为政，多头对外，大家都面对广东省政府双方工作难度大。为此，1980 年海关总署在广州设立分署，靠前指挥，统一对外，协调各方，有点类似于十三行时期的中心海关。可见，这个局面的形成是有历史根源的，有时历史重现，但已今非昔比。以上解读，不知对否？祈请读者，尤其是原关的前辈们不吝指正。

广东五常酸枝家具　广绣黑缎花鸟图酸枝雕竹纹貔貅（pí xiū）座插屏　19 世纪　王恒、冯杰伉俪捐赠　广东省博物馆藏　张余仁 摄

清代广式大理石插屏　上海木文化博物馆藏　袁佳青 摄

此时此刻，广州城内西式建筑、钟表、珐琅器、天文仪等西洋文化元素应有尽有，引发了国人浓厚的好奇心，权臣贵族纷纷以拥有西洋器具而自豪。受这种风气之影响，广式家具在造型、结构和装饰上都不由自主地吸取了西方元素，其造型标新立异，千姿百态，追求华丽雕琢，纤巧繁琐。在装饰雕刻手法上也吸取了西方艺术，极尽修饰之能事，无不精雕细刻。尤其是装饰图案，追求华丽、豪奢，较之西方洛可可风格有过之而无不及。他们将雕刻手法发挥到淋漓尽致，浮雕、高雕、通雕、圆雕、立体雕等等全都派上用场。雕刻面积与纵深程度较之苏式家具大为增加，凡能游刃处，皆以下刀。就雕刻技艺而言，广式家具独领风

骚。此外，镶嵌技艺虽然在江南一带十分流行，但比不上在广式家具中的运用，他们为了追求一种绚丽色彩美感，将镶嵌技艺发挥到了极致，镶嵌材料繁多，超乎想象，大理石（云石）、玉石、宝石、珐琅、陶瓷、螺钿、金银、黄杨木、象牙、琥珀、玻璃、油画等均在其列，堪称一绝。这些镶嵌作品中，最为著名的要数大理石插屏，广式家具的大理石插屏一般屏体和底座可以分离，底座自然多饰雕刻，屏体多以硬木为框，中间用一块纹理优美的大理石镶嵌，这种做法成为我国家具装饰艺术中珍贵的文化遗产。

清代广式　红木金漆嵌象牙宝座　红木金漆嵌象牙宝座屏风　上海博物馆藏　张余仁 摄

广式家具的装饰题材也非常丰富，运用了很多西方文化元素。如西番莲花纹就是一种外来纹饰，它的叶子和花朵与中国牡丹相似，生有藤蔓，它的特点是花纹线条流畅，变化无穷，可以根据不同器形而让藤蔓随意延伸。西番莲花纹与苏式家具传统的缠枝莲纹有很大不同，成为区别广式家具和苏式家具的一个重要特征。当然广式家具也有相当数量的传统纹样，如植物类有松、柏、竹、兰、梅、菊、葡萄等，动物类有鹤、鹿、羊、龙、蝙蝠、鸳鸯等，还有一些云纹、夔（kuí）纹、海水纹等。传统纹饰里竹节与梅花的出现频率较高。

清代广式　嵌云石精雕花架　祥利红木提供

笔者于 2023 年 11 月底专程赴广东省博物馆参

广东五常酸枝家具　双龙抢宝博古柜　清代　王恒、冯杰伉俪捐赠　广东省博物馆藏　张余仁 摄

观学习，在那里有幸观赏到王恒、冯杰伉俪从国外悉心收集所得的百余件广东五常酸枝家具。皆为清代后期追随西洋之风，不同于传统形式，用料考究，做工精湛，具有独特的器型和设计元素，是专供外销量身定制的广式家具之一，通过其造型和纹饰可以看出中西方文化在双向交流中的融合发展。国内市场未见实物流传，只遗存《广东五常酸枝家具》图谱在世。不过，上海纺织博物馆收藏了一套会议室家具，展示的是1878年上海机器织布制造局议事场景，该馆馆长贾一亮女士介绍说，这是从国外进口的中西合璧柚木家具，被后人油

清代广式　法式洋花椅　祥利红木提供

1878年深秋上海机器织布制造局议事场景，站立者为李鸿章，其右侧为盛宣怀；左侧为上海道台刘瑞芬　上海纺织博物馆藏　贾一亮 摄

上海纺织博物馆藏　薛彬 摄

漆成了红木颜色，但无资料查证，属于口口相传。椅子造型源自欧洲宫廷，有别于中国传统座椅，国内罕见；雕刻图案源自中国，前腿是狮头虎腿，椅背中央是人物故事，两侧是仙鹤，上部是八卦，两侧是凤凰，还有祥云、花草等。据观察分析，其做工与广东五常酸枝家具极为相似，很可能是出口后再进口，类似于现在的“出口一日游”产品。

总之，广式家具的大气和豪华倍受清代皇室的偏爱，除了由地方进贡外，清廷造办处专门设立了木作坊，大量招募民间工匠轮班进京，拉开了形成京式家具流派的序幕。由于广式家具受到上层社会的青睐，在清中期逐步取代了苏式家具而一统天下，成为清代家具的领头羊。虽有别于苏式家具的正统淳朴，但广式家具能在结构上保留优良的传统工艺，又能在形式上吸收西方华

清代广式　草龙纹翘头案　祥利红木提供

丽的装饰风格，在应用功能上也勇于创新，因而成为中国传统家具的重要流派之一。

京式家具体型比苏式大，但比广式小，为何广式家具的体型最为高大？一种说法是，广式家具的主要消费群体是来广州的西方外交使节和商人，因洋人身材高大，住房也宽敞，需要体型高大的家具与之匹配；另一种说法是，两广人身材相对矮小，喜用体型高大的家具来撑起门面，弥补不足。

（三）京式家具　尊贵奢华

京式家具是指北京地区上层社会使用的家具，由清内务府下设的造办处监制，专供皇室御用，以黄花黎、紫檀木、花梨木等优质硬木为原料，造型线条遒劲，大开大合，豪华尊贵，气韵庄严，带有典型的皇家风格。

明朝时期与清朝早期，在北京附近，如天津、河北等地本来虽有不少家具作坊，但因受经济、地理等客观条件的制约，

清代京式　宫廷书房家具　卢氏黑黄檀　航管红木提供

清代京式　雕龙罗汉床　交趾黄檀　航管红木提供

只能生产一些材质粗劣的低端家具。明朝覆亡时紫禁城遭到了严重破坏，家具器物也难幸免。满清入主以后，竭尽财力，大兴土木，修缮宫室和园林，添置家具器物，皇室贵族们也开始相互攀比。初期清政府沿袭明朝旧制，从江南采办苏式家具，随着广式家具的兴起，很快得到了朝廷的垂青，开始放弃苏式，改到广州采办。但因广州到北京路途遥远，采办的进度远远不能达到皇宫要求，为能满足皇宫生活所需，康熙皇帝下令在内务府增设“造办处”，下设“木作坊”，招募苏广两地技艺高超的能工巧匠进京专事木作，在苏广两式家具艺术的交融下，京式家具继承了各自的优秀基因而超越苏广。在严格的封建纲常礼制下，力求显示皇室尊贵，富丽豪华，异于民间器物。于是，带有骄矜、奢靡习气的京式家具流派诞生了。

清代京式　十二柱龙凤床　卢氏黑黄檀　航管红木提供

京式家具的特点：一是政府采购，原材料精良无比；二是法度严谨，尊卑之别，主次之分，令人叹为观止；三是整体协调，家具与皇室的建筑、藻井、窗饰等宫廷陈设相映成辉；四是家具上面镶嵌的奇珍异宝都货真价实，偏于名贵，如金、银、玉、象牙、珐琅、百宝镶嵌等珍贵材料；五是修饰内容风格独特，多采自殷商青铜器和汉代石刻艺术，常用的纹饰是象征天子身份的图腾，夔（kuí）龙、夔凤、蟠纹、螭龙纹，以及兽面纹、雷纹、蝉纹与勾卷纹等，这些不同形态的纹饰，古朴典雅，肃穆高贵是京式家具的闪光点。

总之，在中国家具发展史上京式家具风靡一时，以宫廷御用为主。虽派生于苏广两家，但青出于蓝而胜于蓝。既发扬光大了这两大流派的工艺手法，又吸收了其他流派之长，结合多种工艺，尤其是在修饰上更加正统，注重传统文化内涵，形成了自己的独特风格。虽过于富丽豪华，骄矜自傲，但我泱泱中华，威服四邻，德化八方，作为统治阶层的御用器物，彰显天朝上国的优越感，为其他家具流派无法企及。

清朝晚期，皇室衰微，京式家具制作数量明显减少，现存的京式家具原件多为乾隆至道光年间的作品。清亡之后，故宫再次遭到破坏，这些家具散失到寻常百姓之家，多因保管不善，很多已损毁或外流，现存不多。民国年间一些京派旧匠虽有技艺，但没有材料，巧妇难为无米之炊，便以杂木冒充，民间庸工们更是胡来一气，所以，民国年间制作的京式家具质量低劣，京味全失。

苏式家具属于明代家具，广式和京式家具属于清代家具。国际上对明代家具的评价要高于清代家具，认为明代家具是艺术家具，而清代家具是工艺家具。明代家具是文人和工匠智慧的结晶，是跨界审美的融合，追求潇洒、飘逸、个性化和差异化，在尽可能展现木材自然美的前提下辅以雕塑（雕刻是艺术行为，雕塑是有目标指向的行为），起到了画龙点睛，锦上添花的功效，看上去更和谐、更中庸。而清代家具追求的奢华、威严、精致、独到，用现代人的话说：追求高大上，因过于冗繁、笨重，多为满雕，留白较少，忽视了“形”等许多艺术的要素，用外国人的评价是 too busy。在外国人眼中，只有做得轻盈简洁、自然柔美，才能展示出红木的真正价值，所以，他们认为明代家具比清代家具更具艺术性。

六 —— 海派家具 创新时尚

红木家具除上述“三大流派”外，还存在其他一些非主流流派，其中最耀眼的莫过于海派红木家具。海派家具是民国时期的标志、海派情结的寄托及海派文化的载体，海派红木家具则是海派家具中的上品。

海派红木家具形成的时间是在第一次鸦片战争失败后，上海开埠至新中国成立的百余年间。红木家具文化没有因为大清王朝的消逝而中断，尤其是半封建半殖民地时期给以海派家具为代表的民国家具文化的兴起提供了空间。既传承了明清家具的文脉，又吸取了外来文化元素，东西方文化合璧、交融生辉。这些家具主要流行于远东第一大都市——魔都上海及其周边地区。当时沪上西风劲吹，大量洋人涌入，不仅带来了欧美建筑等物质文化，而且带来了西方人的生活方式等非物质文化，家具业因款式落后于时代的发展而举步维艰。为顺应历史潮流，有的试图用红木为西方侨民和机构复制西式家具，名曰“中做西洋家具”；有的尝试制作厚重洋气的广式红木家具，以求缩短与西式家具风格之间的距离；有的则瞄准石库门内的小康之家，在“螺蛳壳里做道场”。石库门是介于中国四合院和西方联体别墅之间的一种特色民宅建筑，布局更为紧凑。他们认为用西式白木家具派头不足，用传统红木家具又嫌空间太小、不够协调。于是，改良与创新并举，借鉴西式白木家具的款式与功能，用红木打造出了既有西方时尚，又保留东方韵致的新流派——海派红木家具，如片儿床、穿衣镜、梳妆台、酒柜、五斗橱、独脚圆桌、转角柜、转椅、衣帽架（含挂壁式）、玻璃门书柜等。这些小巧玲珑的新款家具的出现，极大地丰富了家具类别。家具功能类别的细化

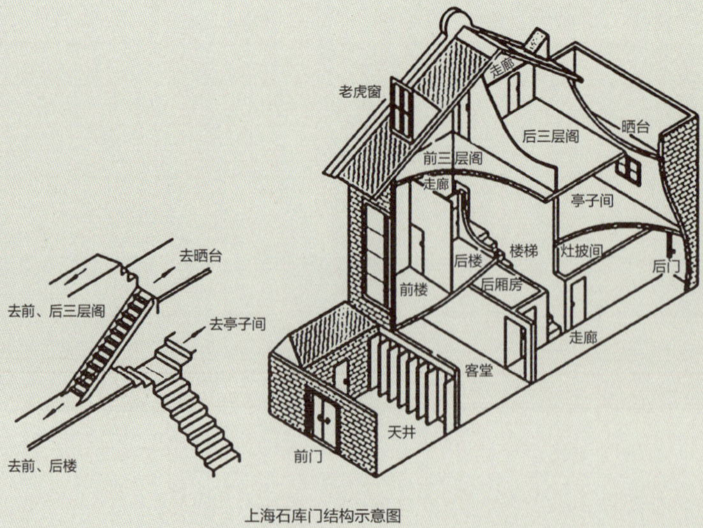

上海石库门结构示意图

不仅使得室内空间利用更加合理，也使得室内功能分区更加明确、清晰，不同于传统室内空间功能的杂糅，让人感觉更加舒适、舒心。

此外，太平洋战争爆发，使红木原材料供应短缺，为求小料大用，加之受西方装饰主义运动的影响，包镶式海派家具新款应运而生，加上雕刻装饰采用中西文化混搭，几乎都是 Art deco 装饰主义的载体，曾流行于上世纪三四十年代的上海。这个时期的从业者，为求生存，立足本来，吸收外来，面向未来，大胆创新，走出困境，形成了别具一格的海派家具文化，不仅风靡于 20 世纪上半叶的大上海，而且引领了中国家具变革的新潮流，吹响了新中式家具发展的前奏。

尽管有人评说海派家具带有殖民色彩，屈服于西方列强，是弱者对强者的迎合与承接，但从文化艺术的角度，这不是一件坏事，因为文化艺术无国界，东西方文化需要相互学习，相互碰撞。包容并蓄，开放创新，促进了中国家具文化的向前发展。

海派文化其实就是“和合文化”，体现的是“海纳百川，包容创新”的海派精神，将欧洲文艺复兴时期盛行的艺术经典、工业革命后产生的文明与时尚，与中华文明、中国传统文化之精粹两者深度融合，从而形成了独树一帜的海派文化，长期以来并将永远影响着中国的社会进步，也推动了中国居家生活的与时俱进。海派家具精致尚雅，是中西方家具文化碰撞与融合的产物，具有和合之美，散发着海派时尚气息，突破了传统局限，更具时代感。将“实用、舒适、美感”三者有机结合，融入家具实体，不仅满足了人们最根本的生活追求，而且满足了人们赶时髦的心理，是功能美和形式美的高度统一。

据史料记载，元朝上海建县（1291 年），家具交易始于小东门并初具规模。明中叶，上海家具产业已小有名气。清乾隆年间（1736—1796），上海城内形成了家具一条街，即紫来街（今紫金路），后来逐步发展至城隍庙、石门路、四川路等地。再追根溯源，海派家具的发源地应该是上海徐家汇的土山湾。

清道光二十二年（1842 年），与英国签订《南京条约》，逼迫清政府开放上海、广州、福州、厦门、宁波为通商口岸，史称“五口通商”。清同治三年（1864 年），法国天主教耶稣会在上海徐家汇创办了土山湾孤儿工艺院（由董家渡迁入新址，详见第三篇《用木》）。这是近代中国最早的职业教育机构，为解决办学资金来源，该院木工间除为上海乃至全国，甚至为亚洲制作圣像、祭台等宗教用品外，还为社会各阶层制作浮雕、塑像、摆件、装饰屏及各种家具，如椅子、橱柜、写字台、柚木长沙发等。据说，当时有一种樟木碗橱供不应求，在碗橱上雕刻的图案有战争、狩猎场面、田园风光等。这些家具曾在 1900 年巴黎世博会、1905 年列日世博会和 1915 年巴拿马万国博览会等中外盛会上参展，并频频获奖，名气越做越大。开始他们是以制作西式家具为主，深受闯荡上海滩的欧洲人青睐，随着中西方文化不断的相互渗透，土山湾家具逐渐融入中国元素，把古代传说雕刻与现代化舒适相结合，形成了中西合璧的特色，名扬海内外。当时有很多刚来上海的欧洲人，一下船就先到土山湾定购家具，因为土山湾的家具可量身定制，服务到位，不仅外国人喜爱，也很受中国达官贵人时尚一族的追捧。

土山湾的家具是中西方审美与技艺的结合体，提供了中西方文化碰撞与交流的平台，孕育了东情西韵海派家具的诞生。中西合璧家具的面世让人眼前一亮，顿生喜欢，也让国内家具作坊看到了商机，积极参与市场竞争。他们充分发挥自己的聪明才智，在榫卯结构的基础上大胆创新，吸纳西方元素，努力寻找与欧洲家具风格的结合点。

上海土山湾博物馆　洪新卫 摄

当时老上海家具行业大品牌有“蒋荣兴”“尊古斋”“毛全太”“水明昌”“乔源泰”“厚昌”“泰昌”等。其中，蒋良先生早期是修理红木家具的，于民国二十六年（1937 年）开设了“蒋荣兴”木器行。蒋良之子蒋庭根曾对好友赵文龙说：上海自古没有成套家具之概念，所以，上海人把买家具或制作家具称之为“添置家当”，意为在一定的空间内增添需要的器物。成套家具之概念应该是受到晚清至民国时期舶来品的影响。由此推断，成套家具概念的由来可能也与土山湾家具有关，因为他们可以按照客户要求制作流行款式，可以让不同用途的家具造型与雕刻图案保持一致，作为系列产品成套供应。经查，蒋先生所述与土山湾孤

民国时期海派家具　孙科别墅棋牌桌、椅　乔源泰家具出品　亚振家居收藏

孙科别墅梳妆台　乔源泰家具出品　亚振家居收藏

儿工艺院木工间的兴盛在时间上是吻合的。

海派家具有灵秀气，时尚雅致，曾两次在世界上得奖。一是民国四年（1915 年），上海马德记店的红木桌椅和银杏木写字台在美国旧金山举行的首届巴拿马万国博览会上获得三等奖；二是民国十年（1921 年）上海厚昌木器店生产的红木客厅家具在德国莱比锡世界博览会上获得艺术奖。坊间传闻，上海红木家具行业曾发生过一件事。1947 年紫金路上来了一位神秘大客户，后来证实是孙中山之子孙科，他带了一位林姓秘书，跑遍了红木一条街上 15 家红木家具店，因“乔源泰”家具种类齐全，成交量最大，最终他选购了价值约 30 根大条（金条）的红木家具，绝大部分运往南京中山陵陈列馆，也在上海番禺路 60 号的孙科别墅（由世界著名建筑设计师邬达克设计建造）留下了一套自用，现由亚振家居公司收藏，布展于延安中路 433 号。家具上还保留了“乔源泰家具出品”的铭牌标识，抽屉采用的是“梅花”牌铜锁。

民国时期海派家具　孙科别墅
梅兰椅（因梅兰芳喜欢而得名）　亚振家居收藏

民国时期海派家具　孙科别墅客厅家具　乔源泰家具出品　亚振家居收藏

民国时期海派家具　孙科别墅卧室家具　乔源泰家具出品　亚振家居收藏

民国三十五年（1946年）经上海社会局批准，成立“上海中式木器同业公会”（相当于现在的上海家具协会），当时的会员单位多是前店后场，红木、白木家具兼营。在抗日战争和解放战争期间，由于社会动荡，家具商家惨淡经营，不断萎缩，最后仅剩下十余家。新中国成立后，海派红木家具长期影响着人们的生活，在计划经济时期，上海有很多青年自己动手制作婚房家具，

海派卧室家具 “骨”是榫卯结构 “皮”是巴洛克风格 阔叶黄檀 航管红木提供

这些家具在海派风格的基础上还时有创新。改革开放后，海派家具迎来了第二次大发展，随着改革开放的不断深入，一直在求变中谋发展的海派家具采用的原材料早已突破了红木局限，白木更多，新海派家具风格也悄然兴起。

海派家具东情西韵，是家具界的“混血美人”。海派家具涵盖甚广，既包括中西装饰兼具的家具，亦包括中式结构与西式装饰相结合的家具，还包括中式装饰与西式结构相融合的家具等。从视觉上便可直观感知到海派家具与传统家具大不相同，具体表现在如下五个方面。

第一，海派家具造型，巧妙融合了中式元素与西式元素。中式元素主要表现在家具形制及布局上，西式元素则体现在装饰效果与使用功能上。前者为家具的“骨”，后者为家具的“皮”，两者的有机结合成就了海派家具特有的艺术装饰效果。

第二，在纹饰方面，除了延续一些传统的吉庆图案之外，还大量引入了西式纹样。传统纹饰追求“纹必有意，意必吉祥”的装饰寓意，逐渐被西式的写实风格所替换。在整体装饰形态方面，简化了繁复的雕琢，多数只在局部作点缀，在展现材质纹理自然美的同时，又给予观者一种时髦感。

第三，尽管海派家具的种类有所增加，但其造型大多仍以传统家具为蓝本，适当地加入了西式元素，进行融合。例如，椅子、沙发等坐具，保留了传统坐

海派家具　西式纹饰　航管红木提供

具的榫卯结构，多了些基于人体工程学角度的思考。多使用软包座面和靠背，抑或是使用真皮来包裹坐具与使用者接触的部分，以提升舒适度。

第四，采用玻璃制作橱柜，使得家具更具通透性，因为玻璃有视线延伸之效果。尤其是应用于陈列柜中，不仅增加了装饰性，加强了展示功能，而且使得家具增添了几分富丽感，还能防尘、防摔，深受人们喜爱。

海派家具　软包情人椅　东非黑黄檀　航管红木提供

第五，引入机械化生产技术，加工制作各种旋木腿（包括方锥式、圆柱式、凹槽式、弧弯式、纺锤式等）与环形、球形的脚等，出现了木家具现代化生产加工模式。

前文讲到了“水明昌”，是海派家具知名商家之

海派家具　欧式玻璃酒柜　交趾黄檀　航管红木提供

一。水明昌木器公司的创始人——水亦明（1883—1961），浙江鄞县人，13 岁进上海武昌木器店当学徒，他勤于学习，善于应对，三年满师后到乐振荣（海派家具第一代传人）创立的泰昌木器店开设的分店——顺昌木器店当职员，后升任总经理。1921 年自立门户，和儿子水敦在四川路桥堍开设明昌木器店。1926 年在四川中路 540 号花重金租下英国怡和洋行四楼，正式挂出“水明昌木器公司”招牌，在闸北开设工厂，自产自销，主打西式家具。水亦明先生作为海派家具的第二代传人，他自己动手设计，用料讲究，做工精致，油漆工艺“三揩三磨”，严格把关，绝不马虎。由于水明昌家具的与众不同，质量上乘，好评如潮，被誉为“摩登红木家具”。公司所信守的“精益求精，一切为客户着想”的宗旨成就了水家父子，“水明昌”家具品牌的崛起为海派家具文化增添

海派家具　圆柱式旋木腿
航管红木提供

民国时期海派家具　玫瑰椅　水明昌后人捐赠给亚振家居公司收藏

民国时期海派家具　鞋柜　吴子良　摄

民国时期海派家具　书房

了熠熠生辉的一页。为传承与发展海派家具文化，水明昌还培养了不少优秀人才，海派家具第三代传人王章荣、王健大师便是其中两位德高望重的接棒人。新中国成立后，公私合营，水明昌木器公司更名为“上海解放家具厂”。

讲到海派家具的传承与发展，还要介绍一下海派家具第四代传人高伟先生，江苏南通人，1979 年高中毕业在老家入行，拜师李建甫，从一名学徒工逐步成长为乡间木匠大师傅。1983 年开始闯荡上海滩，先在吴淞木器厂师从王章荣，后去上海家具研究所和上海解放家具厂师从王健，学得两位大师真传，成为“水明昌”的嫡派传人。1989 年通过成人高考，进入南京林业大学深造，系统学习家具设计，研究欧洲家具文化渊源，探索中西方家具文化的和合真谛，深得老校长吴涤荣（该校第一位留学欧洲的家具专业博士，也是全国最早的一名家具专业博士）的赏识，吴涤荣成为他的人生导师。又因他具有坚实的木匠功底，实践与理论的结合为他插上了腾飞的翅膀。1992 年邓小平发表南方讲话，高伟抓住机遇，乘着改革开放的强劲春风，与一批志同道合的年轻人筹款 18 万元，在上海闸北区白遗桥永和支路 22 号创立了“上海亚振家具厂”，开启了“A-Zenith 亚振”品牌的创业之路。他们以“设计立业，诚信经营”为宗旨，以“今日的质量，明天的市场；一朝拥有，终身享受；协同奋进，合搏一流”为目标，努力把手工雕刻、艺术镶嵌、立体涂装、软包塑性等非遗手工环节巧妙地融入现代化生产工艺，形成了“36 个环节、400 多道工序”的产品质量控制体系。

上海亚振家居有限公司

新海派家具　餐厅　亚振家居提供

亚振家具设计坚持“以人为本，海纳百川”，在美学之道“形、神、意”上下功夫，不惜重金引进海外人才，组建国际化设计团队，在传承海派基因，保留海派特征的前提下，吸纳西方家具文化元素，努力让家具服务于人、服务于人的生活，满足使用者的心理需求。经过亚振人的辛勤耕耘，产品投放全国家具市场均大获成功，不仅赢得了消费者的普

新海派家具　客厅　亚振家居提供

遍认可，而且多次结缘世博会和进博会等国际大展，向世界展示海派家具的魅力，为国家元首接待外国政要特制宫廷沙发和总统套房家具。

其间，亚振家具还获得了许多殊荣。2014年亚振被工信部正式推荐为“国家工业品牌培育示范企业”，2015年被上海市非物质文化遗产保护中心认定为“海派家具制作技艺非物质文化遗产保护单位”，2016年12月亚振在上海证券交易所正式挂牌上市（A股603389），已经逐步成长为中国家具行业一颗耀眼的新星。

新中式红木家具也包括新海派红木家具。新海派家具不仅包括新海派红木家具，也包括新海派白木家具。亚振家具选用的主材是以西方认可的“四大名木”为主，即黑胡桃、樱桃木、桃花心木和柚木，除此之外，还有山毛榉、橡木等。

新海派家具　卧室　亚振家居提供

七——红木家具发展现状

这个问题在第三篇《用木》论及传统硬木家具的现代发展时已经讲了一些，在此重点谈一下红木家具的现代发展。既要继承中国古典家具的传统经典和工艺精髓，保持红木家具固有的高品位，又要注入外来文化元素，简约且时尚；既要吸纳各流派之长，实现多派融合，又要各显神通，百花齐放，创立品牌特色；既要符合现代人的审美需求，崇尚天然、天成、天趣，又要适合现代人的家居环境，追求实用、实惠、舒适。总之，红木家具的现代发展也要以人为本，不能脱离实际，一味追求高大上，在满足家具固有功能的基础上进行再创新，必须与现代人的生活方式和生活节奏合拍，在实现其使用价值的同时，展现其高贵的气质和高雅的美感，体现其收藏把玩的艺术价值和保值升值的经济价值。

现代红木家具发展呈更加开放、更加包容、更加融合之势态，使各流派原来的固有特色基因表达不再明显，各流派之间是“你中有我，我中有你”，加上外来“转基因”穿插其中，已经无法沿用过去传统的几大流派说法来诠释现代红木家具的传承与发展。上海木材行业协会红木专业委员会秘书长朱平先生另辟蹊径，从一个全新角度解答了这个问题，如下图：

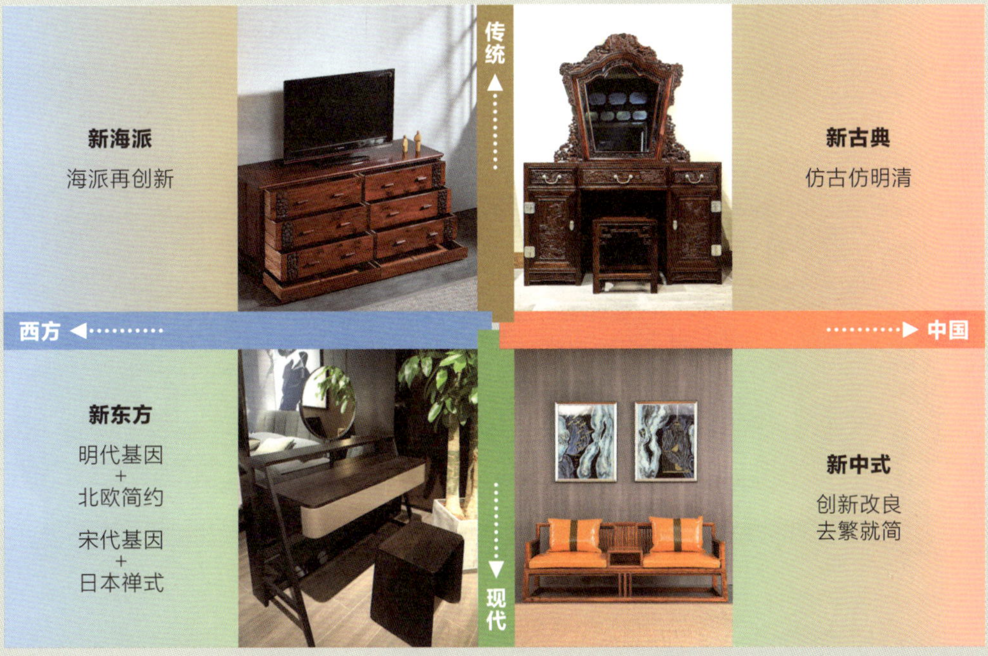

新古典　办公家具　航管红木提供

新古典　贵妃榻　卢氏黑黄檀　航管红木提供

由图可见，红木家具的现代发展呈现如下四大趋势。

第一，新古典，是仿古，主要是仿明清家具，以满足古典家具的收藏与鉴赏需求。

新古典　梅花高低方花架　航管红木提供

新古典　架子床　航管红木提供

新古典　千和团圆大床“二合一”浙江艺术紫檀博物馆藏　张余仁 摄

新古典　大圆床　欧式中做　浙江艺术紫檀博物馆藏　张余仁 摄

第二，新中式，在保留中国传统古典家具风格的基础上进行创新改良，既有派头，又很典雅；既有传统，又很现代，去繁就简，追求实用，这个趋势占市场份额最大。

新中式　书房家具　名佳红木提供

新中式　传统沙发 + 现代茶台

新中式　客厅家具

新中式　架子床

新中式　办公室家具

新中式　螭龙纹圆台　航管红木提供

新海派 创新摇椅 大果紫檀 名佳红木提供

增加了抽拉式杯托和手机架及脚底按摩棒

第三，新海派，这是在传承原有海派家具风格基础上的再创新，吸呐了更多外来元素，比民国时期的海派家具更加洋气，更有现代感。既有东方神韵，又具海派审美，还有国际范儿。

新海派　餐厅家具　名佳红木提供

新海派　五斗橱　名佳红木提供

新海派　梳妆台　名佳红木提供

新东方　日本禅式书房家具

第四，新东方，这是一个新名词，暂且不讨论“新东方”这个词是否妥帖，我们先这么叫着。朱平秘书长认为，新东方家具源自台湾人的创意，因为设计师有更丰富的海外生活和工作经历，采用传统工艺，将古典家具的经典与现代理念有机结合，是他们大胆创新之结果，让人耳目一新。新东方家具呈现两个趋势：一是“宋代家具基因＋日本禅式”，二是“明代家具基因＋北欧简约”，“两位一体”，更加时尚而实用，更能彰显主人的文化背景与修养。前者可能基于宋代是一个“生于忧患，长于忧患”的国家，国力薄弱让宋人有一种谦卑，有一种谦和，所制作的器物也是不喧、不哗、不张扬，给人以静美之感，与日本人崇尚的器物文化追求存在相通之处。至于后者，明代与北欧家具风格的文化渗透前文已讲，不再赘述。

新东方　日本禅式架子床

上述四大趋势，除新古典外有一个共同的特点，就是设计师们在有意或无意间都摒弃了古典家具的老气横秋，让年轻人看着愈加顺眼，过于厚重会让年轻人感觉不舒服。红木家具的现代发展充分考虑到现代年轻人的生活方式和审美需求，他们需要回归家庭，纾解压力，释放自我：在设计上融入现代人体工程学原理，并搭配高档面料或真皮软包，提升舒适性；增加新的使用功能（如收

新东方 北欧简约电视柜 + 挂壁百宝架

北欧简约 餐桌 搭配人造大理石转盘

纳等），更加实用方便；同时运用时尚靓丽的色彩或采用适当的新材料点缀，以营造青春活泼的氛围。总之，红木家具在新时代的新发展符合时代的潮流，迎合了现代年轻人的口味，呼应了年轻人的朝气蓬勃，展现了天人合一的无限生机，所有这些都说明：中国红木家具文化发展的生生不息。

诚然，对于“红木家具的现代发展”这个命题是众说纷纭，各持己见，很难统一。朱秘书长的观点也只是一家之说，希望抛砖引玉，欢迎有关专业人士和红木家具爱好者一起参与讨论。中国木文化的可持续发展需要有人参与，需要提炼总结，需要百花齐放，百家争鸣。不管怎样，全国各地的红木家具市场销售最多的还是新中式，说明新中式迎合了消费者的需求，切合大众审美，与现代人的生活节奏合拍，得到了市场的普遍认可。因此，无论是专家学者，还是商家和消费者，实际上已经达成基本共识，新中式在当下已经唱响红木家具市场的主旋律，代表了红木家具现代发展的潮流。从广义角度讲，新中式也包括了新海派、新东方，或说新海派、新东方是新中式旗下的两个分支，它们同根、同源、同时代，好比生命的原始基因是一样的，只是后天产生的基因变异有所不同，万物不离始终。

八 —— 红木家具的未来发展

红木家具工艺的未来发展是一个大命题。尽管红木家具的基本造型早在宋代就已基本定格，衡量红木家具好坏的基本标准永远体现在美感、舒适、牢固和使用寿命等四个方面，万变不离其宗，但是，历代工匠还是在家具造型和工艺方面不断创新，努力追求“工”与“艺”的完美结合，现在和将来也不例外。如今，正逢现代社会飞速发展的时代，随着科技的进步，工艺的改进，顺应人们生活水平的提高及消费观念的变化，红木家具从追求完美逐步转向追求极致，会在精致、精美、精细、精密方面继续下功夫，努力将文化、艺术、科学三位一体地融入家具制作之中，未来的红木家具用料将更加精良，造型更加优美，制造更加精密，更能体现以人为本的艺术价值。总之，红木家具的未来发展一定会与时俱进，万古常新。

（一） 无缝家具引领未来

目前有专家预测，继漆木家具、硬木家具之后，红木家具将会进入无缝家具时代。持这种说法的人是基于无缝家具工艺的诞生，其工序大致如下：

1. 将开好的木料，无需干燥处理，直接放入密闭容器中，用蜡进行负压加热置换出木材中的水分，对木材做定性处理。

2. 制成家具后进行打磨，无需上漆，由于蜡的作用，家具表面滋润光滑。

无缝家具工艺的诞生，一举破解了

上：热置换前　中：热置换后　下：热置换后去掉浮蜡

顾永琦 1949 年出生于江苏南通

千百年来硬木家具由于受到放置环境温湿度变化影响而导致的收缩膨胀和由此导致的一系列家具质量问题，诸如木材开裂、榫卯结构松动、缝隙挤压变形及崩角现象等，这些质量问题不仅影响了家具的美观和牢度，也缩短了家具的使用寿命。为解决这个问题，工匠们只能通过预留伸缩缝来避免之。然而，伸缩缝是影响家具整体美观的，也极易积聚灰尘和垃圾，难以彻底清除。尽管制作红木家具讲究严丝合缝，实际上很难做到，“严丝合缝”只能成为世世代代工匠们的梦寐以求。经过前赴后继千百年的努力，木材从自然干燥发展到了窑干技术，还是没能彻底解决木材因收缩膨胀导致的变形问题。这项无缝工艺的诞生已成为红木家具文化发展史上的一大创举，震惊了国人，轰动了世界。俗话说，百闻不如一见，笔者通过好友上海飞力国际集装箱物流有限公司总经理刘瑾先生引荐，于 2021 年 11 月 17 日终于见到了攻克这道难题的江苏南通永琦紫檀艺术珍品有限公司创始人顾永琦先生，带着问题虚心向他求教。

在介绍这项工艺技术之前，先科普一下关于木材应力的相关知识。木材有三种应力：一是生长应力，

无缝家具　紫檀圆香几　永琦紫檀提供

这是在树木生长过程中产生的内应力，会造成木材的开裂、脆心等缺陷，并因树种、树龄、偏心程度等因素而变化。例如，在伐倒和加工过程中产生的开裂、断裂就是释放内应力之结果；又如，盛产于东南亚的柳安木内应力很大，造成的脆心特别多。二是温差应力，任何材料都会热胀冷缩，木材也不列外，横向形变量大，纵向形变量小，由于横向膨胀系数和纵向膨胀系数的差异造成了温差应力反应。三是湿差应力，环境湿度变化会导致木材干缩湿胀，湿度下降时表面水分蒸发快，内部水分蒸发慢，造成表面体积缩小速度快，内部体积缩小速度慢；湿度升高时表面吸水快，内部吸水慢，造成表面体积增大速度快，内部体积增大速度慢。由于湿度变化造成的内外体积变化不同步，导致的应力反应即为湿差应力。当应力超过横纹抗拉力极限时木材就会开裂，一般在木材干燥时发生的开裂属于释放湿差应力。

卢氏黑黄檀*（*Dalbergia louvelii*），又称大叶黄檀，顾先生称之为“马达加斯加紫檀”。1996 年起，他用蜡作为导热介质和置换介质对进口马达加斯加紫檀进行定性处理试验，同时研究了木材的解剖学结构和细胞学构造形态，20 多年来经过无数次失败，通过坚持不懈的努力终获成功，彻底解决了由于木材应力造成的收缩膨胀难题。他说：“制作无缝家具不是一蹴而就的。由于木质材料的特殊性，在技术上难以精确定量分析，要求制作每

注 *：顾永琦先生是第一个从马达加斯加引进这个新树种到国内木材市场的，赚得第一桶金，并开启了他的红木生涯。1996 年他捐赠给故宫博物院 1000 公斤，用以该院的文物修复。1997 年又捐赠给上海博物馆家具馆 1000 公斤，支持文博事业发展。当初，依据明清两代史料和现代科学资料，结合当代老艺人的传统经验，此树种被有关专家学者确定为檀香紫檀品类中俗称的“犀牛角紫檀”和“金丝紫檀”。然而，现行红木国标中没有马达加斯加紫檀，只有卢氏黑黄檀。在植物分类学上，檀香紫檀属于紫檀属，卢氏黑黄檀属于黄檀属，也就是说红木国标的认定与当时故宫博物院专家学者的鉴定结果有矛盾。此后，南京博物院陈潇俐、南京林业大学徐永吉和南京无为斋庄道艺术珍品坊雷勇三人曾合署发表题为《卢氏黑黄檀在红木中的归属研讨》的论文，支持故宫博物院的认定。可见，关于卢氏黑黄檀的归属问题在学术界还存在争议，本书立足科普，只讲事实，不予评论。

无缝家具　婴儿摇床（创新款）永琦紫檀珍品馆藏　刘瑾 摄

一件家具都要具体问题具体分析，单独对待，及时调整，才能达到理想状态。制作出真正的无缝家具，要经得起时间考验，能够传世久远，让后人能感受到这一时期制作的家具承载着人的思想、人的精神、设计制作者科学认真的态度。每一件家具都是一段超越历史的印证，都是人文思想创造过程中的物证，更是中国传统家具发展的里程碑。”

无缝家具　黄花梨禅椅　永琦紫檀提供

问题一：首先是无缝家具的使用安全问题，所用的蜡是否有毒有害？若无则好，若有，将会缓慢释放，永久放毒。顾先生的回答非常坚决：选用的是食品级蜡，对人体健康没有危害。且因不需要上漆，故也不存在污染问题。坊间传说，曾经有人提出这个问题，顾先生当场取了一块蜡入口下肚，以示证明。当笔者向他求证时，他

❶

❷

❸

❹

❶ 无缝家具　紫檀嵌黄花梨花鸟图三弯腿罗汉床　永琦紫檀提供

❷ 无缝家具　紫檀躺摇椅　永琦紫檀提供

❸ 无缝家具　紫檀交杌　永琦紫檀提供

❹ 无缝家具　紫檀衣架　永琦紫檀提供

实事求是表示了否认，所用之蜡无毒无害是真，但没有吃蜡这件事。

问题二：用蜡热置换定性会不会影响木材原有的气味？这个问题在参观工厂时得到了回答。笔者在车间里面分别随意抽取热置换前后越南黄花梨木料各一块，经感官检验闻其味，发现用蜡热置换后的木料香味浓，未经热置换的香味淡，犹如新米煮饭，煮前是米香，煮后是饭香，饭香更浓郁。

问题三：热置换前后木材的体积和比重可有变化？顾先生回答道：经用蜡热置换水分的木材比重略轻，体积缩小5%—7%，含水率约在6%以下（与下文所述呼应吻合）。

问题四：有人认为，传统红木家具是有生命的，随着四季更迭的气候变化，在可控范围内木材产生收缩膨胀犹如通过毛孔在呼吸，无缝工艺使木材失去了呼吸的生命体征，与金属材料一样了，是不是？顾先生的解释是：无缝家具仍然有伸缩，只是比自然干燥或窑干的木材小多了，小到以丝为计量单位，肉眼难以察觉。试想，这项工艺实际是把木材中活泼的水分子换成惰性的蜡分子，要把木材导管（毛孔）中的水分完全置换在理论上是可以的，但若要把每一个细胞腔里的水分全部置换掉实际上是很难做到的，即使做到了，也会波及木材塑性。虽然窑干技术可以把木材水分含量烘到很低，但太干了就会变脆，影响家具牢固度。由于热置换用的蜡不能完全渗透填满全部细胞腔，这部分细胞还是会随温湿度的变化而发生极小的收缩膨胀，产生微弱的呼吸，因此，无缝家具并没有完全丧失生命体征，其实金属材料也有热胀冷缩，只不过木材是有机的，金属材料是无机的。

为防止红木家具变形，需要控制木材含水率*，一般销往南方的为12%–16%，北方为6%–10%，中部地区为10%—12%。顾先生无比自豪地说，他的家具不需要考虑含水率，不受温湿差的影响，可以销往全世界的任何地方，全天候、全适应。永琦紫檀家具每一件都是精工细作，曾与爱马仕合作，向世界展示中国红木家具文化的神韵与魅力。此外，永琦紫檀家具还被拍成了纪录片《君紫檀》而广为流传。

在定性技术处理过程中，对时段性临界点的把握决定了木材的塑性变化。如处

注*：南方天气温度高、湿度大，北方气候干燥、湿度低。建议消费者就近购买红木家具，不要南北方错位使用。最好在选购或定制时告知生产厂家拟购家具的使用地理位置，让他们提前做好木材原料的干燥处理方案，避免由此引发的开裂、变形等产品质量问题。

理得当，用蜡热置换处理的木材塑性优于单纯脱水和炭化脱水等方法（在同等含水率状态下的塑性系数）。经过用蜡热置换水分的木材因受空气湿度的影响极低，变形开裂程度会降至最低，保证了家具的质量，延长了家具的使用寿命，从此解决了千百年来木材处理治标不治本的历史性难题。

经过热置换定性处理的木材把胀缩降到了最低，在此基础上永琦紫檀家具工艺又有新突破，即运用预

无缝家具　紫檀四季花鸟衣橱　永琦紫檀提供

应力技术使板与框紧密结合宛如一体，始终保持无缝隙，不崩角，也就是说无需再预留伸缩缝了，无缝家具问世开启了红木家具未来发展的新时代。因此，清华大学教授、中国明式家具学会会长陈增弼（1933—2008）赞誉道：“清宫造办处的继承者和研修者，且远远超过清宫造办处的加工水平，永琦家具把我们当代硬木家具的设计、制作技术推上新的高度，形成超越前人的新一代最高水平的紫檀文化。”明式家具首席专家王世襄（1914—2009）评价说：“紫檀文化发扬光大，超过历史上任何时期。”永葆瑰琦，追求极致。顾永琦先生不愧是红木家具现代发展的领军者，堪称一代宗师。天衣无缝，平滑如镜，丝光玉润，无缝家具把红木家具制作工艺提高到了一个空前（不能说绝后）水平。

无缝家具　紫檀蝠纹藤面宝座
永琦紫檀提供

不管怎样，红木家具文化需要发展，红木家具工艺需要创新，而且不能停留在口头上，一定要有实际行动，无缝家具无疑是大胆创新之举，也是成功之举。任何新生事物的出现，总会引来各种异议，无缝家具是好是坏，正在接受国内外家具市场的检验，最终还是由消费者说了算。至于无缝家具是否会引领未来发展，事实胜于雄辩，让时间来见证，一旦得到消费者的普遍认可，势将成为红木家具行业发展的风向标，顾永琦先生也会因此永载史册。

无缝家具　紫檀四开光弦纹绣墩　永琦紫檀提供

（二）全屋定制赶时髦协调时尚

全屋定制　别墅　非洲紫檀　苏阳红提供

有些红木家具商家也打出了全屋定制服务，类似于民国时期海派家具所走之路。为满足现代年轻人的消费需求，既要讲究家具用料木材名贵，又要采用传统工艺加工；既要传承经典基因，又要烙上时代印记；既蕴涵了经典的中国文化，又散发出时尚的气息，在有限的空间里尽展主人的品味和修养，整体协调，美观高雅。不过，全屋定制红木家具的树种均不算名贵，以鸡翅木、印度紫檀等一般红木树种为多，可能是因全屋定制家具难以传世，用上等红木确实有点奢侈浪费。

全屋定制　客厅　非洲紫檀　苏阳红提供

九——红木家具企业的前赴后继

江苏常熟名佳工艺家俱有限公司

红木家具生产企业情况变化也很大，解放前全为私营，解放后逐步转变为国营。改革开放后，新加坡及中国台湾、香港等国家和地区的商家纷纷来大陆投资，国有企业有不少转型为中外合资。这些合资企业充分利用国家对外开放的“三来一补”等关税优惠政策，生产的红木家具大部分外销，主供海外华人等红木家具爱好者收藏使用，其中出口到新加坡、中国香港的红木家具体型较小，出口到其他国家的红木家具体型较大，这可能与他们的居住条件有关。1992—1995 年，随着改革开放形势的不断深入，国营企业有的倒闭关门，有的转制为私营企业，这就是历史上所谓的“国退民进”。反之，民营企业的兴起，为红木家具企业的发展注入了新鲜血液，此时又适逢国家开放边境贸易，可以从与我国接壤的南部和西南部周边国家大量进口红木，为重振红木家具市场带来新的生机。尤其是随着人民生活水平的提高，一部分人先富起来了，改善生活先从改善居住条件开始，红木家具成为暴发户等新贵的首选，一时间把红木家具市场炒得红红火火，其中以广东东莞、福建仙游、浙江东阳、江苏苏州蠡口等市场最为著名。红木家具生产私营企业老板的思想更加解放，创新意识更强，经营手段更加灵活，使红木家具的现代发展跟上了时代的进步。值得一提的是，当代红木家具生产企业勇立潮头，乘着科技进步的强劲东风，敢为天下先，积极大胆地改进生产工艺，有力推动了红木家具行业的科学发展。例如，江苏常熟名佳红木工艺家具有限公司、上海航管红木家具有限公司、南通紫翔龙红木家具公司、山东巧夺天工家具有限公司、浙江天勤红木家具有限公司等。他们敢于吃螃蟹，第一批启用电脑编程，采用机器开榫，五轴联动（如图），智能制造取代了人工制作，不仅提高了开榫的效率，而且提升了开榫的精度，使红

电脑编程　五轴联动
机器开榫　名佳红木提供

电脑雕刻　名佳红木提供

机雕后手工清底、细加工 巧夺天工提供

印度尼西亚美檀木业股份有限公司

木家具更加严丝合缝。采用电脑雕刻用于清底和做大体轮廓，做出的底平整度高，线条规矩，轮廓比例更加协调，再经手工清底和细加工，提高了雕刻效率，家具图案更加栩栩如生（如图）。古老的传统手工工艺与现代科学技术有机结合，推动了红木家具生产工艺的新发展。

随着森林资源的减少，许多国家禁止原木出口，限制名贵木材贸易，希望利用木材资源振兴木材产业，增加就业机会，拉动本国经济。国内红木生产企业积极应对，顺势而为，索性把工厂开到了国外（主要是非洲和东南亚），就地取材加工半成品，然后，再将半成品运回国内进行深加工，发挥产地资源充沛、用工便宜等优势，规避了政策风险、减少了运输费用、降低了生产成本，在逆境中求生存、谋发展，同时也传播了中国木文化。例如，2014 年，浙江天勤红木家具有限公司掌门人周国航先生就把工厂开到了印尼泗水，在当地注册了印度尼西亚美檀木业股份有限公司（PT. SONOKELING.INDAH），由中方独家投资，管理人员和技术人员均由中方派遣，普通工人就地招聘，实现了与印尼方面的合作共赢，为中国木文化的可持续发展，保障原材料的供应开创了新模式，走出了新路子。

综上所述，历史的车轮滚滚向前，红木家具文化在发展中传承，在传承中发展，历久弥新。如今，红木家具式样和风格的创新发展日新月异，古典家具多已不限地域，多派融合。新中式家具蔚然成风，红木家具的发展正在悄然步入“后明清时代”。然而，若按红木家具“型、材、艺、韵”的评判标准，其中的“型”与“韵”两字就取决于造型设计者的智慧和造诣。因此，对于传统家具的改良创新需要建立在深刻了解中国传统文化内涵的基础上，具备独到的审美感悟和文化修养之功底，方能推陈出新。只有以心役力，方能达意。“天有时”“地有气”“材有美”“工有巧”，合此四者，可谓臻善于美。

十 —— 如何判定红木家具的优劣?

如何判定家具的优劣?仁者见仁,智者见智。通常消费者多是“外貌协会”的,首先考虑的是其造型、颜色、纹理及雕刻、装饰等是否入眼,然后考虑的是其做工是否精细,至于木材树种和用料是否到位就要看消费者的眼力和经济实力了。明智之举是不能唯材是举、唯工是举、舍本求末。那些只知道用黄花黎、紫檀木,或满雕、或光亮,而不懂得家具构造潜韵的,即不追求其品韵者,犹如用黄金、白玉以精工来制作美学字体的匾额楹联,好像是分量值钱了,属于计重买家具。唯材唯工,因光亮夺目失去木纹肌理,抹杀了木的天然特性,好比把木材变成了塑料。我们应当追求形准意达、性运自然,以获得质感之美,还木于天性,不是比光亮。

红木家具贵重,购买时应当慎之又慎。人与木有天生情缘,主人和家具同样有缘,在确认自己确实喜欢其造型与神韵的基础上,建议掌握如下“四要领”:

(一)树种真伪。决定购买红木家具前,先要搞清楚所用木材规范的中文名称及产地,以中国海关出版社官网上《世界商用木材树种信息检索系统》(https://wood.customskb.com/wood/)的官方译本为准,是不是国家标准《红木》(GB/T18107-2017)认定的29种红木?然后,再仔细观察木材纹理等方面的特征,甄别木材树种之真假。

(二)精选木料。认定木材树种无假后,要看所用木料好不好。好木料应当颜色均匀,木纹华美。再看拼板缝隙是否明显?无论是背板、底板、抽屉板等隐藏部位的木板,均不得有白皮。若用料是“一木一器”,则为上品。

(三)榫卯真假。榫卯结构必须严丝合缝,器型四平八稳。必要时,可使用金属探测器、磁铁等工具检测榫卯内部有无铁钉,也可使用水平仪检查家具表面平整度。

(四)雕工精良。雕画要生动活泼,注重细节真实。图案应当连贯通体,各个部件的拼接处须圆润自然、天衣无缝。整体画面要对称协调,无论是远看,还是近观,都要给人以和美之感。

重要声明:由于笔者对红木家具了解不多,知识不够,以上仅是一家之说。自从红木家具成为世界艺术品收藏之后,国内对于红木家具的研究出现了前所未有的活跃,名家高论四起,大书汗牛充栋,如王世襄先生编著的《明式家具珍赏》、关毅先生主编的《古典家具》、邬涛先生编著的《紫檀家具鉴藏全书》等等,若读者有兴趣,可以去畅游书海。

十二 “红木家具造假大全”及“六不买”

本章节主要内容及图片由山东巧夺天工家具有限公司提供。

（一）“红木家具造假大全”

白皮冒充心材的椅子

红木家具市场也是乱象丛生，不法商家以假乱真、以次充好，极尽各种造假之能事欺骗消费者，总结起来大概有如下几种。

1. 以次充好

红木家具用料考究，应当选用颜色较深的心材。有些厂家虽然用的都是真料，但选料不精，以次充好，大概有如下三种情况：

（1）将白皮着色或碳化，冒充心材，蒙骗消费者。

掺杂白皮的家具

奥氏黄檀小料心材仅出一条腿料，带白皮使用可出四条腿料

碳化着色冒充大红酸枝

碳化造假后的木材“表里如一”

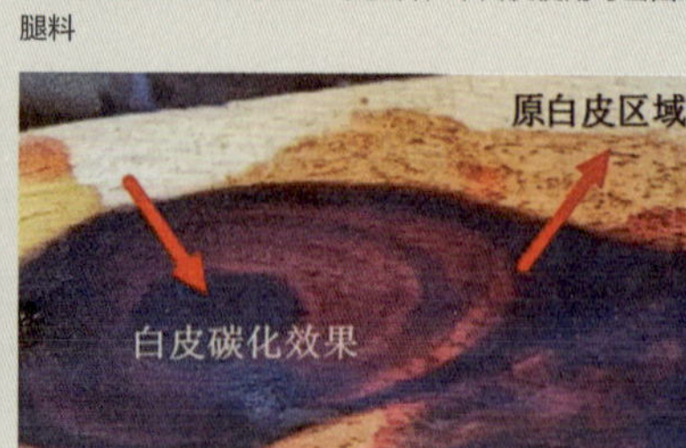

小叶紫檀碳化处理的木材

（2）“红木画师”手绘木纹，以次充好。这些“红木画师”最早出现在越南，他们技艺高超，甚至可以画出黄花黎的“鬼脸”和水波纹。

“红木画师”手绘木纹

上色绘木纹的作品以假乱真

（3）边角料用胶水粘接拼补成整料，或大料缺陷挖补，或疤裂木料填充，这些造假多会放在家具的内侧或背面等不起眼处，消费者很难发觉。“十檀九空”，甚至有人用水泥浇灌小叶紫檀的空心，以增加厚重感，让消费者感到货真价实。

小料拼整料、大料缺陷挖补上色的家具

满水波纹（仿大果紫檀木纹）半成品家具

用刮刀刮开后木纹尽失

2. 以假乱真

有人发明了一种喷涂技术，可以在普通白木上喷出各种木纹。还有人发明了红木印刷设备，电脑编程，在普通白木上可以一次成型印刷出你所需要的各种木纹，用高科技来迷惑消费者。

3. 偷梁换柱

以价格相对较低的一般红木冒充价格昂贵的红木。例如，染料紫檀（血檀），不法商家给它取了个响亮的名称——非洲小叶紫檀，用以冒充印度小叶紫檀（檀香紫檀）。又如，用阔叶黄檀冒充大红酸枝（交趾黄檀）等，这种偷梁换柱的造假情况在全国各地均有发生。两者之间的区别，详见本篇下文《名木鉴赏》。

4. 偷工减料

这种偷工减料的造假情况属于“看不见的榫卯，摸不着的铁钉”。即用假榫卯冒充真榫卯，或者用铁钉、胶水替代榫卯。详见第三篇《用木篇》“榫卯结构标准及真假榫卯甄别”。

用铁钉连接的假榫卯

用胶水粘接的家具

5. 贴皮红木

木材市场最早出现的贴面胶合板（fancy plywood），其底板和中板采用的是价格低廉的一般木材（如杨木、桉木等），其面板采用的是高档木材。后来发展到采用中密度纤维板、细木工板、刨花板做基板，在基板上面加贴高档木材，实木复合地板亦是如此。近年来，红木家具市场上的造假者也“与时俱进”，在这些板面上改贴红木面皮，用以制作红木家具，冒充红木整料，把消费者蒙在鼓里。

贴皮处理的板料

用于贴皮的真料皮

贴皮家具

露出马脚的红酸枝贴皮大板（全包围）

（二）红木家具“六不买”

每位消费者均有低档消费高档享受的潜在心理需求，不法商家往往会紧紧抓住人们的这一心理，诱之以利。为此，提醒广大消费者红木家具有如下“六不买”。

1. 价格很低的不买

俗话说：“一分价钱一分货”“便宜没好货，好货不便宜”，这是亘古不变的真理。标注同样材质的产品，价格高也不一定是真的，但价格特别低的就会有猫腻，极有可能是假的。如今，红木原材料价格上涨，用工成本大幅增加，水、电、煤气等样样都贵，红木家具绝不可能当作白木家具卖，说什么“这是清仓货”“这些红木原料都是过去便宜时进的货，老板急等钱用，想尽快出手变现”等各种理由，统统都值得怀疑。

2. 标识不清的不能买

国家标准《红木》（GB/T18107—2017）共认定了5类8属29种红木（详见本篇后文专述），同属同类不同品种的红木品质、价格差异很大，红酸枝、黑酸枝、花梨木、鸡翅木、乌木都是指某一类红木，若商家只标识了这些笼统的名称是不规范的。例如，交趾黄檀与巴里黄檀，同属于红酸枝类，产地都是越南、老挝，但其价格相差很大。还有些商家只标注“老红木”“新红木”“红酸枝老料”“红酸枝新料”等，不标注具体名称，误导消费者以为是大红酸枝（交趾黄檀），实际上是价格相对较低的巴里黄檀。

目前，除海南黄花黎外，红木原材料全部依赖进口。按照国家有关法律法规规定，海关和市场监管部门要求进口木材报关或进入国内市场流通都必须使用规范的中文名称（可上中国海关出版社出版官网查阅《世界商用木材树种信息检索系统》）。木材的拉丁文学名和规范的中文名称都是唯一的，除此之外都是俗名、别名、地方名或商用名（市场流通名称），这些名称中还可能与其他木材树种重复，其实是同名不同树种，价格差异亦大。例如，大果紫檀和印度紫檀都叫“花梨木”，但其价格不同；又如，有人把刺猬紫檀叫成了“非洲黄花梨”，与海南黄花黎混淆视听，其价格相差甚远。有些木材纹理与名贵树种有些相似，不法商家会起一个与之相近的名称来鱼目混珠，搞得消费者云里雾里，一不小心就会花了冤枉钱。

正规商家的红木家具应当在价格签、合格证、明示卡等处明确标注规范的中文名称，负责任的商家还会标上拉丁文学名及产地，并且是一卡一证一书，以确保产品质量。务请消费者看看清楚，谨防受骗上当。

3. 开裂变形的不能买

红木家具的加工生产周期长，从原料到成品出厂至少需要一年左右的时间。原材料需要经过烘干处理，烘干过的木材还不能马上使用，需要静放平衡。有责任心的厂家组装后的半成品（尤其是销往北方的家具）还有一个二次干燥工序，以尽可能减少开裂现象。诚然，随着季节的变化，湿胀干缩在所难免，可能会引发一些小开裂，通过专业保养即可修复，一般两三年后趋于稳定，对家具质量没有影响（购买时要讲好保质期）。但在新购家具时就发现质量问题，商家把所有的开裂变形都说成是正常现象，失之偏颇。榫卯开裂、面板凹凸不平、柜门翘曲变形，门缝大小不一等等都是不正常的，都是由于选材差、工艺不精造成的，而且这些缺陷无法修复。商家说什么“红木家具开裂是正常的，不裂不是红木”“这些问题都是可以修复的”“可以给你打个折”等，千万不能信以为真。

4. 做工粗糙的不能买

“金玉其外，败絮其中。”外表是内在的直接体现，表面做工很好的产品在长期使用过程中都很难保证质量，更何况那些表面做工粗糙的产品，连表面都敷衍了事，内在的选材和工艺可想而知。消费者可通过仔细观察红木家具的表面细节和底部做工来判断其质量优劣，诸如伸缩缝处理得干净不干净、雕工精美不精美、底部光滑不光滑等。精品红木家具的质量应当是表里如一，无可挑剔的。

5. 颜色不正、花纹不清的不能买

前文讲述了红木造假的各种手段，诸如白皮冒心材、碎料拼整料、贴皮红木、“红木画师”绘木纹、利用高科技喷涂木纹或印刷木纹等，虽然花样百出，但毕竟是假的，不可能做到天衣无缝，只要我们仔细观察（尤其是家具的转角处、拼缝处），总能发现一些造假的蛛丝马迹，通过着色、手绘木纹、喷涂或印刷木纹以假乱真，与天然木材纹理的色泽、流畅、温润及美感相比还是有差别的。总之，纹理不清、颜色不正，看上去、摸上去不舒服的不能买。此外，为防止造假褪色，商家多会上一层厚厚的化学油漆，这些油漆可能含有大量的有害物质，会与红木家具养身修心的特质背道而驰。

6. 不去工厂亲眼目睹不能买

俗话说：眼见为实。红木家具只看成品是很难发现质量问题的，内在质量问题则更难发现。红木家具价格不菲，属于传世物品，消费者应予重视，最好亲自去工厂实地考查，了解生产过程是否规范，加工工艺是否到位，厂家的规模实力如何。如果厂家遮遮掩掩，以下班、放假、停电、设备检修等托辞谢绝去车间参观，那就要提高警惕了。现代商家创新经营理念，推出了“从森林到家庭，从原木到家具”的一条龙“门到门”服务新模式，若商家允许你去工厂选料定制家具，并可跟踪监制，那就更加放心了。

十二 —— 红木国标简介

究竟哪些树种有资格入选红木？每当发现新的红木树种，木商们总是充当第一推手，经过市场运作，加上媒体热炒，逐渐得到消费者认可，当然，其前提必须是货真价实。为规范混乱的红木市场，使红木名称有科学和统一的标准来界定，由国家林业局提出，中国木材标准化技术委员会归口，经中国林科院木工所和上海木工所等单位多年努力，国家标准《红木》（GB/T18107–2000），由原国家质量技术监督局首次发布，于2000年8月1日实施。该标准对红木作出如下定义：

“紫檀属、黄檀属、柿属、崖豆属及铁刀属树种的心材，其密度、结构和材色（以在大气中变深的材色进行红木分类）符合本标准规定的必备条件的木材。此外，5属中标准未列入的其他树种的心材，其密度、结构和材色符合本标准的也可称为红木。”意为除了本标准提示性附录I所列2科5属8类33种红木树种外，只要是上述5属中达到本标准指标的其他树种亦可称之为红木。

该标准经过17年的推广使用，于2017年进行了第一次修订，于当年12月29日发布，于2018年7月1日实施。对红木的定义略有修改，内容如下：

“紫檀属、黄檀属、柿属、崖豆属及决明属树种的心材，其构造特征、密度和材色（大气中变深的材色）符合本标准规定要求的木材。”取消了2000年版本定义的最后一句话。究其原因，这句话属于兜底条款，虽有原则性，指标也明确，理论上可行，但具体执行起来会很困难，很难把握，不够权威。因为有些不法商人有空子就会钻，估计在老标准施行的十多年过程中，市场上出现的红木数量远远超出了标准明确规定的33种，由此引发的消费者与商家之间的贸易纠纷案件屡见不鲜，给市场监管部门带来了不少麻烦，即使打官司请专家到场，可能也会说法不一，长此以往，争论不休，不利于红木市场的健康发展，因此，不得不予以删除。

现行红木国标（GB/T18107–2017）资料性附录B《红木类别一览表》列出的红木还是2科5属8类，但减少了4种，共29种。其中，删除了花梨木类的乌足紫檀和越柬紫檀，认为这两种木材是大果紫檀的异名；删除了黑酸枝类的黑黄檀，认为黑黄檀也是刀状黑黄檀的异名；删除了乌木类的蓬塞乌木；将乌木类的毛药乌木调整归为条纹乌木类；将鸡翅木类中的铁刀木属（*Cassia* spp.）改为决明属（*Senna* spp.）。

采用国家标准确定红木树种范围，

为规范红木市场的稳定与繁荣提供了法律依据，保障并促进了红木市场的健康发展，为中国红木文化的进一步发展奠定了基础。

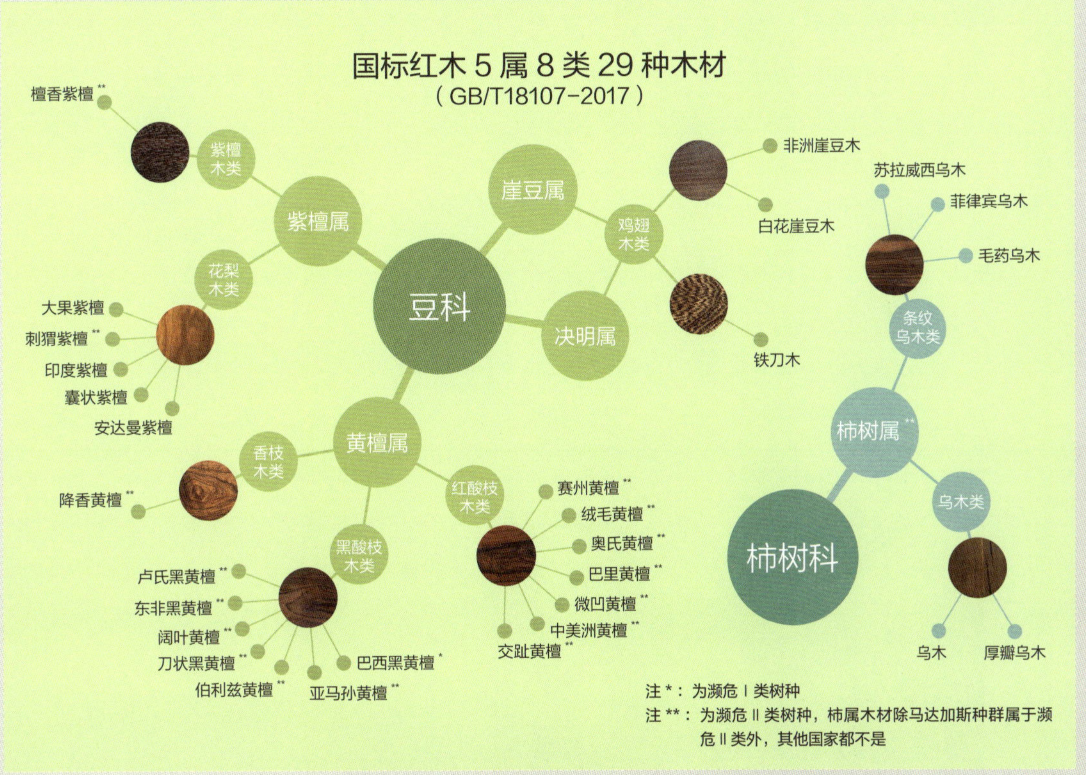

十三 —— 名木鉴赏

名木树种很多，倍受世人追捧，从古至今，逐渐增加，绵延不绝。至于是否有经济实力收藏把玩，那是另一回事，并不影响个人喜好与欣赏。为此，本章节还是立足科普，着重讲解一些消费者普遍关心的共性问题，并结合实际，除简要介绍 29 种红木外，再举例介绍 20 种大家比较熟悉的名木树种和一些容易混入名木的树种。其中，既有容易混淆视听的红木，又有其他珍稀树种或有故事的木材，也有西方洋人钟爱的“四大”名木。希望能帮助大家进一步提高对名木的认知，厘清一些模糊概念，提高鉴赏和鉴别能力，保护消费者的合法权益。

树种鉴定是笔者的短板，若读者有兴趣深究，可参阅周默先生所著的《木鉴》《紫檀》等书目，或向国家林科院、林业大学、张家港海关国家木材鉴定与木材检疫重点实验室等有关专家学者求教。

（一） 八类红木材种的必备条件

本书因受篇幅有限，只作简单介绍，详见国标《红木》(GB/T18107–2017)

1. 紫檀木类（包括 1 种红木）

（1）紫檀属 (*Pterocarpus* spp.)树种。

（2）木材结构细密至甚细。

（3）木材气干密度大于 1.00g/cm^3（含水率 12%）。

（4）心材呈红紫色，久则转深红褐色。

（5）有香气或很微弱。

按照现行国标规定的红木分类，紫檀类红木只有一种即“檀香紫檀”(*P.*

“十檀九空” 檀香紫檀

檀香紫檀 金星金丝

santalinus），俗名小叶紫檀、紫檀。产于印度南部，民间工匠习惯于根据其外观特征再细分为如下四类：

金星紫檀： 因紫檀木的导管充满桔红色树胶及紫檀素，肉眼可见其全身或局部产生的金星金丝，油质感极强，此为上品。

牛毛纹紫檀： 紫檀木的导管线弯曲，似蟹爬痕迹而被称之为“蟹爪纹”；日久转为灰白色，形似卷曲的牛毛，故又称“牛毛纹紫檀”，此为中品。

檀香紫檀 牛毛纹

鸡血紫檀： 紫檀木表面少有或没有纹理及金星、金丝，颜色发暗似鸡血，此为下品。

檀香紫檀 九龙壁 颜色发暗似鸡血

豆瓣紫檀： 紫檀木剖面有规则排列连绵不断类似珍珠或豆瓣形状的图案，周围呈紫红色，故称“豆瓣紫檀”。豆瓣紫檀不易加工，容易崩茬，形成小坑，若遇能工巧匠，处理得当，往往也会有意想不到的美学效果。

檀香紫檀 豆瓣纹

2. 花梨木类（包括 5 种红木）

（1）紫檀属（*Pterocarpus* spp.）树种。

（2）木材结构细密。

（3）木材气干密度大于 0.76g/cm^3（含水率 12%）。

（4）心材呈浅红褐色、红褐至紫红褐色，常带深色条纹。

（5）有香气或很微弱（刺猬紫檀会带有难闻的气味除外）。

大果紫檀原木

据了解，囊状紫檀、安达曼紫檀几乎没有进口。

友情提醒：当今木材市场非常混乱，树种名称乱叫，很容易误导消费。现行国家红木标准认定的 5 种花梨木的树种都称之为“XX 紫檀”，业外人士很容易联想到小叶紫檀（檀香紫檀），小叶紫檀为紫檀属紫檀木类（详见前文），而花梨木为紫檀属花梨木类，二者同属不同类，务必要弄清楚这两者之间的异同点。此外，不是紫檀属所有称作“紫檀”的木材都是红木，如安哥拉紫檀、非洲紫檀等。

大果紫檀

目前，除上述国标规定的 5 种正宗花梨木外，市场上还发现有如下 9 种可能冒充花梨木的树种，若遇到内行或市场监管部门的检查，这些不法商人会用“仿花梨”的称谓搪塞之：

木荚豆（*Xylia xylacarpa*），隶属于含羞草科木荚豆属，俗称：金车花梨、泰国红花梨、缅甸花梨、宾茄都等。

安哥拉紫檀（*Pterocarpus angolalensis*），隶属于豆科紫檀属，俗称：高棉花梨，市场上会被误导为柬埔寨产的花梨木。

古夷苏木（*Guibourtia* spp.），隶属于苏木科古夷苏木属，俗称：巴花、巴西花梨，现知的古夷苏木约有14种，其中的鞘籽古夷苏木被称为“小巴花”，常被用作红木的替代品，冒充红木（详见下文）。

缅茄（*Afzelia* spp.），隶属于苏木科缅茄属，现知的缅茄约有十余种。

甘巴豆（*Koompassia malaccensis*），隶属于卫矛科柯库卫矛属，俗称：马来甘巴豆、康帕斯、南洋红木、甘拔、金不换、门格里斯。

非洲紫檀（*Pterocarpus soyauxii*），隶属于豆科紫檀属，俗称:红花梨、印度花梨，易被消费者理解为印度产的花梨木，甚至会被误导为非洲产的紫檀，或被说成是雷同于檀香紫檀。

大巴甘豆（*Koompassia excelsa*），隶属于苏木科甘巴豆属

黑漆树（*Melanorrhoea usitata*），隶属于漆树科黑漆树属，俗称：缅红漆，上世纪90年代进口的花梨木中经常发现黑漆树与胶漆木混在一起；

胶漆树（*Gluta renghas*），隶属于漆树科胶漆树属，俗称:任嘎漆、红心漆、南洋漆、小红木，市场上称之为“泥泊尔紫檀”，用以冒充檀香紫檀（详见下文）。

刺猬紫檀　*P. erinaceus*

印度紫檀　*P. indicus*

3. 香枝木类（包括1种红木）

（1）黄檀属（*Dailbergia* spp.）树种。

（2）木材结构细密。

（3）木材气干密度大于0.80g/cm^3（含水率12%）。

（4）心材呈红褐色或黄褐色，常带黑色条纹。

（5）新切面辛辣香气浓郁。

按照现行国标规定的红木分类，香枝木类红木只有一种叫“降香黄檀”（*D. odorifera*），其俗名多多，前文已述，产于海南岛。赞同周默先生的意见，在众多俗名中，以“海南黄花黎”的称谓最为妥帖。一是此木古称“花黎”；二是生长在黎母山及其周边地区，与黎族人有着不解之缘；三是区别于其他花梨木，虽然都是豆科植物，但花黎木属于黄檀属香枝木类，是中国独有，而其他花梨木属于紫檀属花梨木类，产在东南亚、南亚、非洲、南美地区，一字之差，以示区别。

海南黄花黎　树龄60年（中）、30年（右）海南岛海口人民公园　杨德 摄

海南黄花黎　上海木文化博物馆镇馆之宝（可能是世界之最）长8米、大头直径63厘米、重1.58吨　谢鑫 摄

降香黄檀水波纹　海南省博物馆藏　由节子造成的涡纹像一个个旋涡，水波纹由里向外荡漾

降香黄檀手串　对眼纹

海南黄花黎心材呈紫红色或深红色，也有呈黄色或金黄色；年轮明显，新剖面清香浓郁，久则微香；纹理斜或交错，活节处常带有变化多端的鬼脸纹。中国人对海南黄花梨材质的审美和价值主要包括四个方面：美丽、耐久、稀有和纯粹。而且，这是历史的美丽，不是今天才有的，海南黄花梨已经在中国的大江南北风光了几百年，经久不衰。

不法商人会用越南黄花梨来冒充海南黄花梨，其鉴别要点：一是打磨后在自然光或灯光直射下，会出现类似琥珀、迷人耀眼的金质光芒，有时感觉纹理如水波微微晃动，入木三分；二是新锯开木材有一股浓郁的清香味，久之转微香，而越南黄花梨是辛辣味；三是用火烧其木屑，其烟发黑直行上天，而灰烬呈白色，燃烧时香味较浓。

降香黄檀鬼脸纹　海南省博物馆藏　清・屈大均谓："其节圆浑如线，大小相错，坚力致密。"

降香黄檀茶壶

卢氏黑黄檀（大叶紫檀） *D. louvelii*

4. 黑酸枝木类（包括 7 种红木）

（1）黄檀属（*Dailbergia* spp.）树种。

（2）木材结构细密。

（3）木材气干密度大于 0.85g/cm^3（含水率 12%）。

（4）心材呈栗褐色，常带黑色条纹。

（5）有微弱的酸香气。

巴西黑黄檀 *D. nigra*

亚马孙黄檀 *D. spruceana*

伯利兹黄檀 *D. stevensonil*

刀状黑黄檀　*D. cultrata*

阔叶黄檀　*D. latifolia*

东非黑黄檀（紫光檀、犀牛角紫檀） *D. melanoxylon*

5. 红酸枝木类（包括 7 种红木）

（1）黄檀属（*Dailbergia* spp.）树种。

（2）木材结构细密。

（3）木材气干密度大于 $0.85g/cm^3$（含水率 12%）。

（4）心材呈红褐至紫红色，常带深色条纹。

（5）有微弱的酸香气。

绒毛紫檀　*D. frutescens*

赛州紫檀　*D. cearensis*

微凹黄檀　*D. retusa*

交趾黄檀（又称大红酸枝） *D. cochinehinesis*

奥氏黄檀　*D. oliveri*

巴里黄檀　*D. bariensis*

中美洲黄檀　*D. granadillo*

厚瓣乌木　拿破仑三世风格雪茄柜　张余仁 摄

6. 乌木类（包括 2 种红木）

（1）柿属（*Diospyros* spp.）树种。

（2）木材结构细密。

（3）木材气干密度大于 0.90g/cm^3（含水率 12%）。

（4）心材呈乌黑色。

厚瓣乌木产于非洲，乌木产于亚洲。

厚瓣乌木 *D. crassiflora*

乌木 *D. ebenum*

7. 条纹乌木类（包括 3 种红木）

（1）柿属（*Diospyros* spp.）树种。

（2）木材结构细密。

（3）木材气干密度大于 $0.90g/cm^3$（含水率 12%）。

（4）心材呈黑色或栗褐色，具有深浅相间条纹。

苏拉威西条纹乌木牙签盒 *D. celebica*

菲律宾条纹乌木 *D. philippinensis*

毛药乌木 *D. pilosanthera*

非洲崖豆木（崖豆属） *Millettia laurentii*

白花崖豆木（崖豆属） *Millettia leucantha*

8. 鸡翅木类（包括 3 种红木）

（1）崖豆属（*Millettia* spp.）和决明属（*Senna* spp.）树种。

（2）木材结构细密至中等。

（3）木材气干密度大于 0.80g/cm^3（含水率 12%）。

（4）心材呈黑色或栗褐色，常带浅色条纹，弦向上有鸡翅状花纹。

铁刀木（决明属） *Senna siamea*

（二）其他名木

1. 沉香木

首先，沉香和沉香木有关系，但不是一回事。沉香木也不是某一木材树种，而是来源于瑞香科（Thymelaeaceae）沉香属（*Aquilaria* spp.）和拟沉香属（*Gyrinops* spp.）的一类植物，其英文名称为Agarwood、Eaglewood。其中，沉香属植物全世界约有23种，拟沉香属植物全世界约有8种，由于搞不清楚到底哪些植物能结香，故被CITES组织全部列入了附录II，属于国际二级濒危管控物种。

目前，普遍认可的沉香有如下三个代表性树种：

（1）白木香（*A. sinensis*），又称土沉香，产于我国云贵、两广和海南等地区，在国家林业行业标准（LY/T3137-2019）中称之为“国香系”。

（2）马来沉香（*A. malaccensis*），产于马来西亚、印度尼西亚、文莱、巴布亚新几内亚、东帝汶和菲律宾等国，在国家林业行业标准（LY/T3137-2019）中称之为“星洲系”。

（3）厚叶沉香（*A. acrassna*），在海南省地方标准（DB46/T 421-2017）中的中文名称为“柯拉斯那沉香”，产于越南、老挝、柬埔寨、印度、老挝、泰国、缅甸、斯里兰卡、孟加拉和不丹等国，在国家林业行业标准（LY/T3137-2019）中称之为“惠安系”。

海南省地方标准（DB46/T 421-2017）认为拟沉香属中柳叶拟沉香（*G. salicifolia*）具有一定代表性，主要产于巴布亚新几内亚。

沉香木的结香过程十分神奇。这些树木的树心

沉香与沉香木树叶　海南省博物馆藏

部位受到意外伤害（如风折、雷击、虫害、人畜危害等）或因自身内部病变时，在伤患愈合过程中，又被特殊真菌*感染遭到刺激后，会分泌大量树脂帮助愈合伤口。这种树木真菌与树脂会产生奇妙反应，使树脂异化为膏脂状结块，形成一种特殊的愈伤组织，因其香气浓且沉水，而被称之为“沉香”。又因这几个树种能够结香，故又被称之为“沉香树”“沉香木”。但不是所有的沉香树都能结香，只有在它们受伤后，并遇到这种特殊真菌，方能“修成正果”。对于未能结香的沉香树来说，就是一般的普通木材。

注*：这种特殊真菌到底是什么微生物？研究者们通过模拟病理条件，接种染病树体分离所得的菌株，发现为附球菌、可可球二孢菌、曲霉菌、芽枝霉、镰刀菌、青霉菌、毛霉菌、木霉菌、色二孢菌、尖孢镰刀菌等多种菌类，这些真菌都与沉香的形成有关。经对这些真菌为沉香形成主因的假设作进一步研究，均未达到稳定高效结香效果，说明沉香的形成是十分复杂的，可能是这些真菌与树木病理反应共同作用之结果。

沉香树结香

关于沉香与沉香木的问题，如同牛黄与牛的关系，皆由病变而来，并非自然生长。沉香产于沉香树，沉香树是沉香依附形成的“躯体”，是沉香的“宿主”。从某种意义上讲，沉香是特殊真菌与特定树脂结合形成的一种新的物质，而伤口并不是其形成的唯一原因，有时亦会自然形成于树的内部，或形成在腐朽的部位上。有的虽未达到药用沉香标准，但已有结香，此乃沉香木中之上品。

沉香木质坚硬，不浮于水，故又称“沉水香”。其味微苦，带甘甜，燃烧时会随浓烟散发出强烈的香气，并有黑色油状物渗出。因此，沉香木是珍贵的香料，常被用作燃烧熏香、提取香料、加入酒中或香烟中等，人们也喜欢用沉香木雕刻成饰品随身佩戴，可以清心安神。

沉香具有行气止痛、温中止呕、纳气平喘等药用功效，可用于胸腹涨闷疼痛、胃寒呕吐呃逆、肾虚气逆喘急等病症的治疗。

可见，结香的沉香木，既是一种木材，也是一种香料，更是一味名贵的中药材。沉香被誉为“植物中的钻石”，享有“众香之首”“香中之王”等美称。原产于缅甸、印度和泰国南部的沉香开发较早，已经采伐殆尽。然而，在巨大经济利益的驱使下，市场混乱不堪。提醒消费者注意，谨防受骗上当。

沉香　上海木文化博物馆藏　袁佳青 摄

沉香的香味是大有学问，不同的沉香其味不同。例如，我国的土沉香因产地不同其香味也有差异。按传统分法，产于海南岛的沉香称“崖香”（海南古称“琼崖”），产于两广、云贵的沉香称“莞香”。此外，不同树龄产的沉香色泽和香味亦有区别。依其外观色泽可分为绿棋、黄棋、黑棋等。绿棋为灰绿色通体有香线，初香清越，本香甜凉，尾香转为乳香味。黄棋为土黄色，有深棕色香脂衬线，初香短有浓郁香味，本香甜淡，尾香亦转为乳香。黑棋初香清凉，本香浓烈，略苦涩雅致的药香味，尾香亦有乳香气。不论其色泽如何，沉香都应有一种自然、醇厚、淡雅的味道，耐人寻味，久闻不厌。假沉香多用香精泡制，味道不自然，浓郁刺鼻，甚至还有霉味，会让人感到恶心。

左：檀香（有烟），右：沉香（无烟）

上海红木家具协会会长朱平先生有一段在中越边境与人斗香的往事。上世纪 90 年代，当时检验鉴定香料质量的标准很简单，即由参赛双方同时点燃自己的香料，香气会发生相互混合并覆盖，好的香气会压过相对较差的香气，以鼻子嗅到的香料为胜。比如，檀香无需点燃也会香气四溢，如果点燃，香气则更加浓郁。而沉香的香气十分淡雅，靠近了才能闻到微香，点燃后才会散发香气。但当两者同时点燃后，沉香的香气就会覆盖掉檀香的香气，就只能闻到沉香的香气了。

2021 年 4 月 28 日，笔者与《红木及红木家具》一书的作者赵大吉先生一起做了如下实验。先在屋内点燃檀香，其香气瞬间扑鼻而来，然后再点燃沉香（奇楠*），房间里的香气很快就只剩下沉香的味道了，验证了朱会长的说法。在实验过程中，檀香燃烧快、烟亦浓，可能是其质轻、含香料油脂较少的缘故；而沉香燃烧较慢，几乎无烟（沉香木燃烧有浓烟），香气浓且持久，可能是其质重、含香料油脂比较丰富的原因。不过，我们认为“斗香”应该是参赛双方选择同一种类型的香料，称取同样的克重，在同一密闭环境下同时点燃，尔后闻之，才会有比较、有高下，若不是同一种香料做这样的实验没有可比性，意义不大。

此外，“香港”名称的由来可能与土沉香有关。宋元时期，被后人称为“香港”的岛隶属于广东东莞管辖，到了明代，在岛南部有一个小港湾，是南粤转运香料的集散地，在这些香料中土沉香当属上品，并由此而得名。许多岛民也曾以种植香料为业，造就了香港的制香业和运香业，并被朝廷列为贡品而名噪一时。后来当地人不再以香料为业，但香港的名称却永远保留了下来。不过，这仅是一家之说，香港名称的由来还有其他说法，感兴趣的读者可以进一步查询历史资料。

注*：奇楠，又称伽楠、伽蓝、棋楠等，唐代佛经称之为“多伽罗”，梵文名Tagara，古代亦称之为“琼脂”。奇楠系由沉香再与蚂蚁或野蜂等所产生的分泌物遗渍相濡染经久醇化所致，在这种特殊情况下需经百年甚至千年的陈化，才能生成奇楠。通常一大块沉香中可能只有极小部分算得上是奇楠，甚至根本没有，因此，奇楠非常难得，是沉香中的极品，极其珍贵。

2. 楠木与金丝楠木

首先，楠木不是一个木材树种，而是指隶属于樟科（Lauraceae）的润楠属（*Machilus* spp.）和桢楠属（*Phoebe* spp.）所有树种木材之统称。润楠属共有 100 个树种，我国有 7 种；桢楠属共有 94 个树种，我国有 34 种。这两个属的木材在构造上基本接近，不易区分，但其树皮特征还是有差别的，润楠属树皮内石细胞多而明显，且有白色纤毛可见，而桢楠属树皮内通常看不见石细胞和白色纤毛。润楠属木材使用范围略同桢楠属，但其材质普遍比桢楠属者稍差。

我国桢楠属树种主要分布于长江流域以南，尤以西南最为常见，以成都平原产的桢楠最为出名。国家标准《中国主要木材名称》（GB/T16734–1997）列出的是桢楠属中最常见的 8 个树种，具体名称如下：闽楠（*P. burnei*）、细叶楠（*P. hui*）、红毛山楠（*P. hungmaoensis*）、滇楠（*p. nanmu*）、白楠（*P. neurantha*）、紫楠（*P. sheareri*）、乌心楠（*P. tavoyana*）、桢楠（*P. zhennan*）。

金丝楠木梁柱　上海松江广富林宰相府酒店大堂（江西贵溪明朝首辅夏言故居原拆原建）张启鸣 摄

比如，浙江楠（*p. chekiangensis*）虽是楠木，但数量不多，属于国家二级保护植物，主要产于浙江，皖南、闽北和赣北亦有一些。

楠木具有耐腐、变形小、使用寿命长等优点，是著名的建筑、造船和家具用材，是皇家陵园和寺庙的优选材种。在土葬时代，能睡上楠木棺材曾是每位中国人的终极梦想。

金丝楠木也不是一个树种，而是指楠木中的某个或某些特别树种，它们是楠木中的上品，两者概念极易混淆。金丝楠木又称“金丝楠”，是楠木中最为珍贵、价值最高、最为难得的木材。所有楠木树种之木材都会带有一些金丝，其金丝有多有少。不是所有带金丝的都能称得上金丝

浙江楠　杭州云栖竹径　张余仁 摄

楠木，一般认为，金丝的细度和结晶率在70%以上，才有资格入围。按照这个标准判别，只有桢楠和紫楠有资格入围，而紫楠无大料，因此，金丝楠木主要出自桢楠的说法无可争议。有些专家学者认为金丝楠木也有可能出自润楠属，民间也有此说法，但国家标准未予明确认可。

楠木与金丝楠木的区别如下：

（1）产地不同

楠木在我国主要分布在长江流域西南部。金丝楠木主要产在四川、贵州、湖北西南部，其中产自川蜀深山的材质最佳。金丝楠木分布面积小，生长速度慢，生长周期长。由于备受青睐，过度开发利用，资源几近枯竭。

（2）木色不同

楠木是浅橙色配黄略灰，色泽优雅匀称。金丝楠木新剖面呈黄褐色，光泽明亮，金丝纹理在阳光下发出金色的光芒，变幻无穷。

金丝楠木和其他樟科树木一样，一般都带有清香味，特别是在锯解或打磨加工时香味特浓，久则变淡。树龄越大或根部越老，在阳光下越是金丝浮现，越是金光闪闪。

金丝楠木王的故事

网传，在贵州省境内有两棵“金丝楠木王”，一死一活，活的在铜仁市思南县青杠坡镇，死的在贵阳市花溪区南部的青岩古镇。因笔者没有去过现场，眼见为实，便向在贵州农业大学的老同学季强彪副教授求助，他咨询了苟光前教授，并索取了铜仁青杠坡“金丝楠木王”的活立木照片。树高50米、树围9.6米，树龄1300多年，是目前已经发现存活的最古老的楠木树。在当地被

“金丝楠木王”活立木　树龄 1300 年　贵州铜仁青杠坡　苟光前 摄

木，花重金买下，并将它“移居”至贵阳青岩古镇他自己创建的“金丝楠木文博园”。季同学专程前往实地考察，确有其事。这棵金丝楠木高 13 米，胸径 3.6 米，重 16 吨，经上海晋吴检测技术中心检验鉴定，树龄约 4300 年，是全世界目前已知收藏的最大、最古老的金丝楠木。所有金丝楠木的花纹在它身上都能看到，诸如水波纹、凤尾纹、闪电纹、滴水纹、云彩纹、虎皮纹、太阳纹、龙胆纹等，令人叹为观止。

奉为“神树”，人们带着好奇心、怀揣各种欲望前去瞻仰拜祭，并认树为“爹”，所以它收了许许多多的“干儿子”，又因这个习俗在当地世代流传，以致于在“神树”面前大家都不讲辈分了。

另一棵“金丝楠木王”的“原籍”在铜仁市德江县平原镇，在生长期间因遭雷击燃烧致死。当地人说，千年金丝楠木遭雷劈要渡劫。在得到林业部门采伐许可后，遵义有一位瞿姓老板酷爱楠

“金丝楠木王”　树龄约 4300 年　贵阳青岩古镇　季强彪 摄

3. 阴沉木

阴沉木观世音木雕　上海秋萍茶宴提供

由于地壳变迁，如地震、洪水、泥石流等自然灾害因素，使古森林倒埋于古河床低洼深处或者淤泥里，也有一些是棺木、木制品随葬品埋在地下多年，在缺氧、高压、弱酸、微生物等共同作用的环境下，历经成千上万年的缓慢碳化，这些古沉木原来的物理性状都发生了变化，木材内在的树脂、糖类等都在水中溶解得干干净净，清除了蛀虫、细菌的生存空间。有的被水底的泥沙腐蚀得丝丝缕缕，强化了材质的肌理美感；有的则变得刚劲挺拔，峥嵘之姿凸显，形成了古朴凝重、铜打铁铸般的效果；有的可能还带有特殊的香味。其色泽也是千差万别，有棕色、灰色、紫色、黑色，也有外红内黑或黑皮黄心等。

可见，阴沉木不是某一木材树种，而是一种在水底泥沙中浸泡、磨压了成千上万年的古沉木。在阔叶树中以壳斗科、樟科和木兰科的阴沉木树种较为常见，大戟科的重阳木也有不少。在针叶树中以柏科、杉科的阴沉木树种较为常见。

阴沉木　上海木文化博物馆藏　袁佳青 摄

中国的阴沉木主要分布在西南、东南等地，其主要原因是：这些地区植被物种丰富，分布着大量易于形成阴沉木的树种；其次这些地区因地形、水源等原因容易形成一系列的地质灾害，为阴沉木的形成提供了必要条件。

阴沉木被誉为“植物界的木乃伊”。时间长的古沉木，明显碳化，黑色似煤，奇谲神妙。根据科研机构的检测，古沉木曾深藏于地下长达3000年至12000年之久，有的甚至数万年。更令人称奇的是，它不变形、分量重、密度高、不会被虫蛀，有的古沉木可与紫檀木媲美，堪称“树中之精、木中之魂”，故世人将古沉木视为避邪、纳福、镇宅的宝物，民间有“纵有黄金满箱，不如乌木一方”之说。古沉木是大自然留给人类的瑰宝，是不可再生的稀缺资源，材质较好的古沉木颇难寻觅。

与同树种现代木质相比，阴沉木颜色光鲜，细腻光滑，致密耐腐，尺寸稳定性较好。人们对阴沉木的称呼不一，东北地区叫“浪木”，川渝地区叫“乌木”“乌龙木”，两广地区叫“水浸木”，而在西方国家则称之为“东方神木”“植物大熊猫”。

特别提醒，川渝人讲的“乌木”不是红木国标中讲的柿树科乌木。同时，阴沉木也有别于现代人讲的碳化木（或炭化木），后者供户外用，经过表面炭化或深度炭化处理后可防腐防虫。

瘿木根雕　航管红木提供

4. 瘿木

瘿木，亦称影木，系指木质纹理特征，不是某一树种木材，而是泛指所有长有结疤的树木。瘿，“树瘤也、树根”。结疤也称为“瘿结”，生在树腰或树根处，是树木病态增生之结果，具有天然的病态美。瘿结有大有小，小者多生在树身，大者多生在树根。产于辽东、山西、四川、海南等地，日本也有。

可见，瘿木是树干上的结疤或树根部的结瘤。将瘿木剖开，会因树种质地不同而呈现出独特的花纹样式，如葡萄纹、山水纹、芝麻纹、虎皮纹、兔面纹等。

花梨木瘿木碗

瘿木饰面家具　陈纳德将军上海指挥所　余鑫 摄

瘿木茶盘

由于此处木材纹理特殊，效果奇异，古今中外备受青睐，是家具制作装饰中首选材料之一。

瘿木的分类，可根据树种不同分为花梨瘿、楠木瘿、榆木瘿、桦木瘿、枫木瘿、柏木瘿、黄金樟瘿等，亦可根据花纹的大小或形态分为葡萄瘿、核桃瘿、山水瘿、芝麻瘿、虎皮瘿等。

5. 檀香木

檀香木（*Santalum album*），隶属于檀香科（Santalaceae）檀香属（*Santalum* spp.），人们所说的檀香木通常指其心材，其边材呈白色，不可用。檀香木一般呈黄褐色或深褐色，日久色更深，有光泽。质地坚硬、细腻、光滑、手感好，气干密度为0.87–0.97g/cm^3（含水率12%）边材没有香气。纹理通直或微呈波形。香气醇厚，经久不散，久则不明显，但用刀片刮削，香气仍浓。原产于印度、印尼、马来西亚等东南亚国家，美国夏威夷、澳大利亚、斐济等南太平洋岛国亦有分布，其中以印度老山檀香最为出名。

檀香木可制作成扇、佛像、佛珠等雕刻品，其中用得最早、最多的是佛像，那是因为佛家推崇，以至于佛寺常被称为“檀林”“旃（zhān）檀之林”。佛家习称檀香为

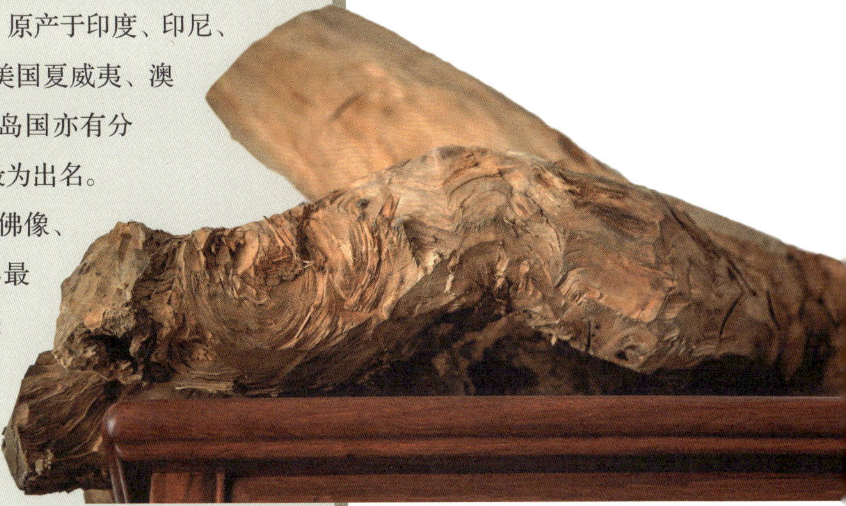
檀香木

檀香木雕骨纸本彩绘花鸟纹折扇　清道光（1821-1850）
王恒、冯杰伉俪捐赠 广东省博物馆藏　张余仁 摄

檀香木太师椅　上海木文化博物馆藏　罗英 摄

“旃檀”，意为与人欢乐，令人愉悦。其次是扇子，苏州檀香扇厂长期从国外进口檀香扇胚料，专业加工檀香扇,产品畅销海内外。据《紫禁城》杂志记载，慈禧太后用的马桶也是用檀香木刻制的*。

檀香可入药，具有行气温中，开胃止痛的功效，常用于寒凝气滞、胸膈不舒、胸痹心痛、脘腹疼痛、呕吐食少等病症的治疗。

市场上的檀香木假冒伪劣甚多，最多的是以椴木、柏木、桦木、黄芸香等近似木材，经除色、染色、浸泡或喷洒人工香精来冒充檀香木。

注*：马桶，又称恭桶，现代人叫“坐便器”。慈禧太后用的马桶叫“官房”，系用檀香木雕刻而成，外形是一条大壁虎，故又称“壁虎官房”。老佛爷大便叫“出恭”，存放官房的地方叫“净房”，也就是《西游记》中孙悟空跟猪八戒讲的“五谷轮回之所”。壁虎四爪落地恰成四腿底座，壁虎肚子是官房的肚子，尾巴紧紧卷起，尾稍折回与尾柄相交，形成一个“八”字，巧妙地形成了官房的把手。壁虎头翘着向后微仰，嘴微张衔手纸，两眼镶嵌红宝石，壁虎的肚子里存放香木细末，干松蓬起，散发清香，便物落下，立即被香木包起，既看不见，又无臭气。壁虎官房是慈禧最珍贵的三件私物之一（还有两件是夜明珠和翡翠降魔杵），可惜已不知去向，也没有找到照片。慈禧太后视察卢汉铁路所乘花车上使用过的马桶，时称“如意桶”。据说，当时桶底放的是黄砂，上面放的是水银，可以保证便物臭气不外泄。

6. 越南黄花梨

中文名称：东京黄檀（*Dalbergia tonkinensis*），俗名：越南黄花梨，产于越南与老挝交界的长山山脉东西两侧。属于国际濒危管控物种附录II，隶属于豆科黄檀属香枝木类，但未被列入现行国标《红木》（GBT18107-2017）附录B“红木类别一览表”，极易与海南黄花黎鱼目混珠。

木材特征及鉴别要点：

心材呈浅黄、黄及红褐色至深褐色，夹带深色条纹，色深者极易与海南黄花黎混肴；

新剖面辛辣味较浓，而海南黄花黎清香味浓郁，久则微香；

纹理交错，宽窄不一，似墨水渗透不均留下的痕迹。尤其是水波纹混浊不清，而海南黄花黎的水波

越南黄花梨　玲珑闻香壶　航管红木提供

越南黄花梨　水波纹、鬼脸纹

越南黄花梨原木　江苏万林木文化展示馆藏　王骁 摄

纹晶莹剔透，纹理清晰可辨，且粗细一致。若有鬼脸纹也是比较模糊，而海南黄花黎的鬼脸纹活泼有序，近似工笔画勾勒线条。

常有紫药水颜色夹带。

木材发干，油性略差。

越南黄花梨　授人以渔方盒　航管红木提供

越南黄花梨　素面顶箱柜　航管红木提供

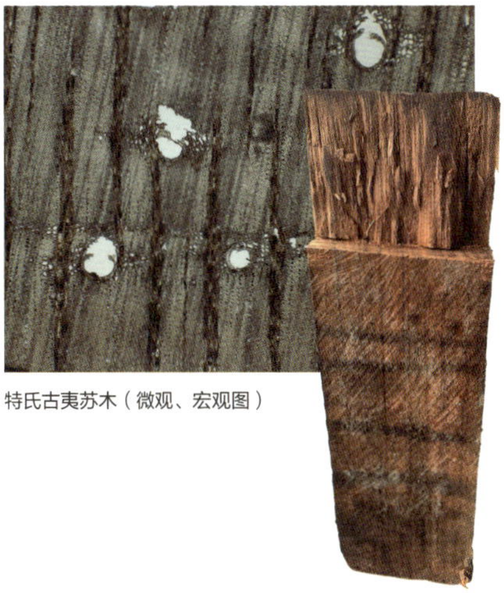

特氏古夷苏木（微观、宏观图）

7. 古夷苏木

古夷苏木，隶属于苏木科（Caesalpiniaceae）古夷苏木属（*Guibourtia* spp.），共有 14 个树种，其中只有 1 种产于南美洲，其余均产于非洲。市场流通较多的有如下 5 种：

（1）特氏古夷苏木（*G. tessmannii*），又称：巴花、大巴花、高山巴花。主要产地：加蓬、喀麦隆等非洲国家。

（2）德米古夷苏木（*G. demeusi*），又称：巴花、小巴花、平地巴花、刚果巴花。主要产地：刚果、刚果金等非洲国家。

（3）鞘籽古夷苏木（*G. coleosperma*），又称：小巴花、东非花梨、小红木。主要产地：安哥拉、莫桑比克、坦桑尼亚等非洲国家。

（4）成对古夷苏木（*G. conjugata*），又称：沉贵宝、东非酸枝、二级黑檀。主要产地：莫桑比克、坦桑尼亚、赞比亚等非洲国家。

德米古夷苏木（微观、宏观图）

鞘籽古夷苏木（微观、宏观图）

成对古夷苏木（微观、宏观图）

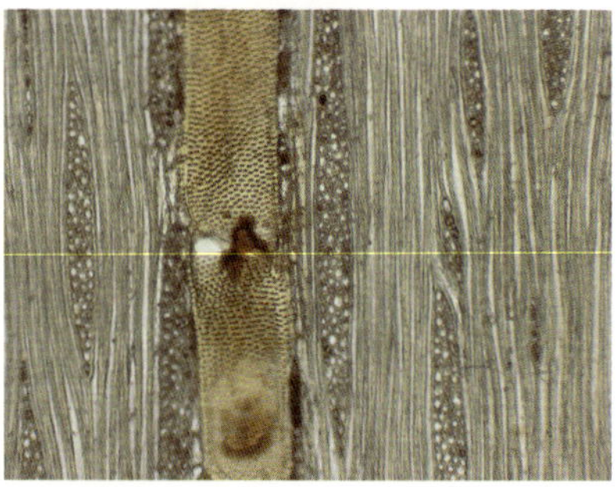

爱里古夷苏木（宏观、微观图）

花梨木荧光现象　李智强 摄

（5）爱里古夷苏木（*G. ehie*），又称“黑檀”、非洲黑桃木、非洲柚木。主要产地：加纳、喀麦隆、加蓬、赤道几内亚等非洲国家。

前两种及佩莱古夷苏木（*G. pellegriniana*）于2019年11月被CITES列入国际濒危物种管控附录II。直径1米左右的古夷苏木大约要生长200年，2米左右的要生长200—400年。有些古夷苏木的颜色和纹理酷似花梨木，在市场上被冠以“××花梨木”之美称，但因其“出身”问题，不属于现行国标认定的红木树种，虽然没有进入红木门槛，但会被不法商人用以冒充花梨木，欺骗消费者。

古夷苏木与花梨木的区别：

花梨木新剖面有香气，古夷苏木无香气。

花梨木弦切面木射线不明显，径切面射线斑纹略明显，而古夷苏木径弦两切面木射线均明显。

花梨木木屑水浸出液有荧光现象（用开水泡之呈浅绿色，用紫光照射呈蓝色），古夷苏木无。

德米古夷苏木　480cm×135cm×10.5cm　上海同华集团公司会议桌　袁巍峰 摄

不管怎样，古夷苏木也算是好木头。其木质坚实，色彩鲜艳，纹理或隐或现，不静不喧，质地温润，清晰美丽。不过，同是古夷苏木，其纹路也相差甚远，有的花纹比较普通，有的形若鬼面，特别漂亮，有点类似海南黄花黎。古夷苏木制作的大板台面、茶盘等物件能够凸显其花纹的美感，深受广大消费者喜爱。

8. 缅甸花梨木

缅甸花梨木是统称，是俗名，隶属于豆科紫檀属（*Pterocarpus* spp.），最早包括两个树种，即大果紫檀（*p. macrocarpus*）和鸟足紫檀（*p. pedetus*）。产于缅甸、泰国、老挝、柬埔寨和越南等中南半岛国家。按照现行国家标准《红木》（GB/T18107-2017），将鸟足紫檀和越柬紫檀（*p. cambodianus*）视作大果紫檀的异名，如此这般，缅甸花梨木的范围又被扩大了，实际包括了上述三个树种。大果紫檀主要产于缅甸，鸟足紫檀主要产于老挝，越柬紫檀主要产于越南和柬埔寨。

大果紫檀

缅甸花梨还有另一个俗名叫"草花梨"，因海南黄花黎在当地也有人叫"花梨"，为示两者区别，而被冠之以"草"字。又因这个"草"字不雅，而未能成为贡木，直至得到乾隆皇帝的赏识后才登上了大雅之堂，成为晚清时期海南黄花黎的替代品或补充用材。

按照 2000 年的红木老国标规定，三者均属于紫檀属花梨木类，在新国标中，鸟足紫檀和越柬紫檀未被列入附录 B《红木类别一览表》。从植物分类学的角度看，它们属于三种不同的植物，但从木材学的角度看，它们的材性与特征近似，属于同类花梨木，因此，鸟足紫檀和越柬紫檀应该属于广义红木的范畴，并不影响它们在红木中的地位和身价，这也是红木新国标《编制说明》的言下之意。

鸟足紫檀

越柬紫檀

这三个树种的鉴别要点：

气干密度鸟足紫檀最高为0.84 g/cm^3（含水率12%），被称为“重花梨”；越柬紫檀和大果紫檀次之，而被称为“轻花梨”。

颜色由浅到深依次排列为：大果紫檀呈黄红两色、鸟足紫檀呈灰黄至褐黄、越柬紫檀呈深红褐色。

大果紫檀花纹相对细腻，以山水纹为主，常见水波纹和虎皮纹；鸟足紫檀相对较粗，有回旋纹，因极像鸟足而得名；越柬紫檀纹理与大果紫檀极为相似，尤其是油漆后更难区分。

香气按浓郁程度依次排列为：大果紫檀、越柬紫檀、鸟足紫檀。大果紫檀有浓郁的果香味，散发的香气可以稳定中枢神经系统，可以帮助情绪低落、极度疲劳及忧心忡忡者调整心态，使人振奋，精神焕发，因此又被称为“香红木”。切记：不是香枝木（海南黄花梨）。

荧光现象显著程度依次排列为：鸟足紫檀、越柬紫檀、大果紫檀。鸟足紫檀的荧光现象在花梨木类中是最为显著的。

除上述五点差别外，其他特征，如心材呈红褐色，常带深色条纹，俗称“黑筋”。生长轮明显，横断面常见黑褐色的树汁痕迹，呈水线状或片状，这些都是缅甸花梨木共有的明显特征。因其材质致密硬重，不裂不翘，散发的芳香味经久不衰；木纹清晰，花纹细腻美观，有鬼脸纹、牛毛纹，虎皮纹等，故是制作红木家具、工艺品、乐器、木雕、美工装饰的上等材料，深受广大红木收藏爱好者的喜爱，享有“花梨木界大众情人”之雅称。

缅甸花梨小故事

相传，古时风魔雨怪经常摧毁凡间的房屋，造成人无居所，玉皇大帝得知后，便派花母娘娘下凡拯救。为了不让凡人看见其原身，花母娘娘化身为树，即缅甸花梨，成材后干粗质细、材色红润，成为上等木材，被人们在建房时选做屋梁，此后，风魔雨怪再也无法掀翻人间的房屋。因此，民间自古认为缅甸花梨有辟邪奇功。如今，法官所用的法槌多是用缅甸花梨木制作的，意喻除邪，伸张正义。

9. 血檀

规范的中文名称叫“染料紫檀（*Pterocarpus tinctorius*），”俗名：血檀、赞比亚紫檀。因血檀生长环境不同，产于不同国家或地区的气干密度会有一些变化，有的高于1.0g/cm³（含水率12%），可归入紫檀木类，如赞比亚血檀等；有的低于1.0g/cm³（含水率12%），可归入花梨木类，如莫桑比克等。由于紫檀类红木和花梨木类红木均隶属于豆科紫檀属，两者主要区别仅在于气干密度的大小，使血檀难以明确归类，而未被列入现行国标《红木》（GB/T18107-2017）附录B《红木类别一览表》。

血檀产于赞比亚、莫桑比克、刚果、尼日利亚等非洲国家。因木材构造及某些物理特性与印度小叶紫檀极为相似，市场上也称之为“非洲小叶紫檀”。又因被CITES于2019年在日内瓦召开的第18次缔约国大会上列入国际濒危管控物种附录II，而身价大涨。

血檀与小叶紫檀的区别：

小叶紫檀新剖面有微弱的怡人香气，且久久不易散发；血檀的香气是青草味。

小叶紫檀木屑水浸出液有荧光现象（用开水泡之呈浅绿色，用紫光照射呈蓝色），血檀时有时无或很微弱。

总之，对照红木国家标准，血檀的各项指标是够格的，也是木材中的佼佼者，只是没有红木名份而已。其纹理、颜色、密度等都与小叶紫檀很接近，上好的血檀可以与小叶紫檀媲美。对红木爱好者来说，现在市场上的小叶紫檀不但价格高，而且是一木难求，用血檀替代，也是一种不错的选择。

新鲜砍伐的血檀原木

血檀

左：血檀荧光现象不明显 右：小叶紫檀荧光现象明显 李智强 摄

10. 胶漆树

胶漆树(*Gluta renghas*)，俗名：红心漆、南洋漆、小红木等，隶属于漆树科(Anacardiaceae)胶漆树属(*Gluta*)。胶漆树属和黑漆树属(*Melanorrhoea*)、乌汁漆属(*Melanochyla*)的树种木材在市场上被统称为“伦嘎漆”，英文名称 Rengas，均产于马来西亚、印度尼西亚等东南亚国家。因伦嘎漆木材纹理及某些物理特性与红木有些相似，具金属光泽，纹理略交错，结构中至略细，材质中至重硬，气干密度 0.65–0.85g/cm^3（含水率 12%），有些不法商人会用以冒充红木，重的冒充紫檀木，被称为尼泊尔紫檀等；轻的冒充花梨木，被称为印尼花梨木等；不轻不重的则冒充红酸枝。

胶漆木虽不是名木，但在市场上用伦嘎漆冒充红木最多的是胶漆树。其识别要点是：材身常渗出刺激性树液，油性差，心边材区别明显，边材很宽，心材鲜红至深红色。轮界状的轴向薄壁组织明显，横向树胶道在放大镜下呈黑点状。

胶漆树与小叶紫檀的区别：

胶漆树无荧光反应，无波痕，无小叶紫檀具有的怡人微香，手感没有小叶紫檀圆润、光滑；密度没有小叶紫檀高，拿在手中与小叶紫檀比有种轻飘飘的感觉。

胶漆树与花梨木的区别：

胶漆树没有荧光反应，无波痕，没有缅甸花梨木的芳香味，在弦切面也看不见那种交错纹理所形成的鸡爪纹。

胶漆树与红酸枝的区别：

胶漆树颜色偏红带黄，没有酸枝木具有的酸香味，无波痕。

伦嘎漆被誉为所罗门的“栋梁之材”，胶漆树还被加里曼丹视为“最美丽的木材之一”，但其材质毕竟与红木标准差距甚远，提醒消费者不要被市场上乱叫的美名迷惑。

胶漆树

大斑马木　大板

11. 斑马木

斑马木是大斑马木和小斑马木的统称，隶属于苏木科（Caesalpiniaceae）两个不同的属，因其纹理犹如驰骋在非洲草原上斑马身上流动的斑纹而得名，可以给人带来西非高原的狂野浪漫。花纹丝丝交错，如行云流水，炫彩夺目。又因剖面角度不同，纹理效果异彩纷呈，是近年来在市场上刚刚走红的非洲木材树种。

小鞋木豆（*Microberlinia brazzavillensis*），俗名：大斑马、乌金木、金丝檀木，隶属于小鞋木豆属。产于非洲的加蓬、喀麦隆、尼日利亚、赤道几内亚、坦桑尼亚等西非国家。大斑马木质细坚硬，花纹美丽，自然而舒展，纹理清晰而粗大，呈金黄色、暗红色至乌黑色，也因此容易被误认为是条纹乌木。大斑马纹理独特，“脾气”也让人琢磨不透，容易因含水率的变化而变形或开裂，所以，其家具须注意摆放环境，不可忽冷忽热。

大斑马木　衣架 / 花架

赛鞋木豆（*Paraberlinia bifoliolata*），俗名：小斑马，隶属于赛鞋木豆属。产于非洲的喀麦隆、加蓬等国家。因其生长环境特殊，通常生长在平均海拔 1600 米以上的山丘地带，土壤富含矿物质，导致木材有金属质感。硬度、密度高，

小斑马木　板材

小斑马木茶几

加工难度较大，深浅木纹相间，个性十足，天然精彩，木质结构有点近似鸡翅木。

大斑马木和小斑马木的主要区别：

（1）两种木材都有深浅相间的条纹，但大斑马的纹理更加清晰干净，颜色较深；小斑马的纹理相对比较模糊，颜色较浅。

（2）大斑马容易加工，小斑马因富含金属矿物质，加工有一定难度。

（3）大斑马的硬度略高于小斑马。大斑马的气干密度为 0.79—0.88g/cm^3（含水率 12%），小斑马的气干密度 0.77g/cm^3（含水率 12%）。

由于大斑马木和小斑马木的纹理、颜色、外观等特征近似，不是专业人员很难区分。此外，市场上商家常常把大斑马称为“大乌金木”，把小斑马称为“小乌金木”，两者统称“乌金木”。

12. 红雪松

红崖柏（*Thuja plicata*），俗名：红雪松、西部红柏、北美乔柏、红杉、香杉等，隶属于柏科（Cupressaceae）崖柏属。原产于北美西部太平洋沿岸，江西庐山，江苏南京等地亦有栽培。心材呈红棕色，常有随机条纹和暗红色或棕色

红雪松

红雪松　原木

红雪松　板材

区域条纹，有清淡香气，遇水愈浓，气干密度 0.4g/m^3（含水率 12%），属于中等强度软木材。

红雪松被认为是针叶树种中最具使用价值之木材，具有如下三大特点：

（1）尺寸稳定。不会受到温度和湿度变化影响，几乎不产生缩水或膨胀，稳定性好，不易变形。

（2）防腐防虫。因自然产生一种桧酚酮（Thujaplicins）醇类物质，且在红雪松中可萃取到 Thujic 酸性物质，可保护木材免受霉菌、真菌、白蚁、蟑螂等生物侵害。因此，红雪松是天然的防腐木，无需作防腐处理，可长期使用，一般使用寿命为 30—50 年。

（3）隔热隔音。红雪松是针叶树种中热绝缘效果最好的木材，亦是制作钢琴、吉他等乐器的好材料，做出的乐器声音温暖，中频饱满，音质独特。

总之，红雪松具有材质轻软、细腻、易加工、有条纹、有香味、不变性、防腐防虫、隔音隔热等诸多优点，深受消费者欢迎，成为汗蒸桑拿房、户外设施等用材之首选。

13. 墨西哥黄金檀

三出破布木（*Cordia elaeagnoides*），俗名：墨西哥黄金檀、墨西哥玫瑰木、玛雅玫瑰木、黄金檀、黑檀木、伯克特黄檀等。隶属于紫草科（BORAGINACEAE）破布木属，仅产于墨西哥南部。

气干密度大于 0.95g/m^3（含水率 12%），材质坚硬，光泽度高，边心材区别明显，心材具深褐色深色条纹，略有香味，有时可见黑褐色的树胶渗出。之所以叫“黄金檀”，是因为在其生长过程中吸纳了土壤中的金属元素，颇有“吸

墨西哥黄金檀原木

墨西哥黄金檀家具

金纳银”之意。

墨西哥黄金檀的花纹别致，人们常形象地将此木的奶油底色和咖啡色条纹比作“咖啡＋冰淇淋”。条纹有的弯曲，有的呈螺旋状，并形成密闭的圆圈，其底色和条纹的颜色变化无穷，有烟草黄、赭石、粉红至墨绿色，金线随光线晃动，有猫眼荧光之效果。早期使用者有感于此木变幻多样的天然纹理与丛林之王有点相似，故在市场上又得美名“美洲虎”。

总之，墨西哥黄金檀作为世界木材市场上的一个著名硬材树种，其深浅相间的条纹较斑马木和胡桃木更胜一筹，虽然进入中国木材市场较晚，但很快得到了消费者的普遍认可。虽然不是红木，但可替代红木，故市场上又称“墨西哥黄花梨”，通常用来制作高档家具、珠宝盒、梳子、相框等木器或工艺品。

14. 柚木

中文名称柚木（*Tectona grandis*），俗名：油木，紫柚木，血树、麻栗、胭脂树等，隶属于马鞭草科（Verbenaceae）柚木属。产于缅甸、越南、老挝、泰国、印度、巴基斯坦、印度尼西亚等地。木材价值高，其他热带地区亦有引种，如在非洲、南美均有种植。天然林柚木至少需要50—60年方可成材，人工种植生长周期短，一般在10—20年即可成材。

缅甸柚木　板材

缅甸柚木　梳妆台

柚木是东西方公认的世界名木，被称为“万木之王”。据说，郑和下西洋乘坐的“天元”号宝船甲板就是柚木，泰坦尼克号（TITANIC）的甲板也是柚木。柚木具有良好的抗风化性能，在西方国家，柚木多用于制作豪华邮轮、游艇的甲板以及大教堂和古建筑的地板。柚木地板耐腐、耐磨，防虫，光泽亮丽，花纹美观，色调高雅，变形性小，稳定性好，乃地板中的极品。其因如下：

（1）油性十足，越用越亮。柚木富含柚质，手感细腻光滑。随着曝光时间增加，颜色由浅变深，由暗变亮，用得越久越光滑、越光亮。无论是柚木地板，还是柚木家具都方便打理，只需用湿布稍加擦拭就会光亮如新，相对于用抛光剂来护养家具，其实际效果与被自然风化了的柚木家具相比差距甚远。

（2）纹理细致，墨线优美。柚木表面

缅甸柚木　地板

大美豆木　木门（局部）

曝光氧化后会出现金黄色的光泽，墨线细腻而丰富，其斑斓的油影、天然的纹理等特点深受消费者喜爱。

（3）材质坚韧，材性稳定，气干密度 0.58—0.67g/m^3（含水率 12%）。柚木既有强度，又有韧性，在各种环境下不易变形、耐腐耐水，不翘不裂，膨胀收缩是所有木材中最小的。因收缩率小，而不易漏水，才被郑和选中造船，远洋航行能够承受太阳暴晒，任凭风吹雨打不会收缩变形。

（4）柚质芳香，耐腐防虫，散发出的气味令人神清气爽，可舒缓紧张情绪，有助眠功效。同时，柚木香气还能驱蛇、驱虫、驱鼠、驱蚁等。东南亚国家天气热，虫子多，因此，柚木在缅甸、泰国、印度尼西亚被视为国宝。不仅如此，柚木还能防止不同海域海虫的蛀蚀，成为古代造船材料的首选。

总之，柚木是制造高档家具、地板、室内外装饰的最好材料，也适用于造船、露天建筑、桥梁等，特别适合制造船甲板。虽不是红木，但绝对是名贵木材，深受东西方人喜爱，被西方人誉为“世界四大名木”之一；在我国民间声誉不亚于红木，因为柚木有些性能是红木无法替代的。总之，柚木是唯一得到全世界一致公认的优质名木。

在所有柚木中，以缅甸柚木品质最佳，油性最足，墨线最明显，纹理最漂亮，泰国柚木稍次（已被砍光殆尽），东南亚其他国家的柚木均排于其后，南美、非洲引种的柚木更次之。市场上也有人把非洲大美豆木（*Pericopsis elata*）称作“非洲柚木”“泰柚王”。

一套柚木家具的故事

据上海文化出版社副总编罗英女士说，上世纪末的某日下午，她前去拜访一位名人的后代，一眼望去就是一位没有打扮的普通老太太。在交谈中发现她家中的一套柚木家具尽管落满尘埃，但却十分经典，看上去做工考究，油性十足，非同一般，感觉背后一定有故事。于是，罗总问起了老太太，没想到这个好奇心使她大为震惊，因为这是他们家经过“文革”抄家幸存下来的唯一传世物品。原来这套家具是她娘家的陪嫁，老太太的父亲是开家具厂的，并以生产柚木家具著称，这是在柚木原料中挑选最好的部位（详见第一篇《识木》），经过多年的积累才凑够一套家具用料，再经精工细作而成，故不一般，是上品中的精品。

15. 柘（zhè）木

柘木（*Cudrania tricuspidata*），又名桑柘木，俗名：柘桑、黄金木等。隶属于桑科（Moraceae）柘树属。产于我国中南、华东、西南，北至河北南部，日本、朝鲜、东南亚等国亦有分布。柘木是由灌木经过长期生长而形成的乔木，100 年只能长粗约 20 厘米，一般成材柘木的树龄要长达 500 年以上，属于国家一类保护落叶乔木。

柘木木质坚硬，有油性，有香气，民间有“南檀北柘”之说，意为可与紫檀木相媲美，市场上还有人称其为“小叶黄檀”。据说，最好的柘木出自山东一带，甚至有人将柘木称为“穿破石”，意为其坚硬的程度能穿破石头，比石头还要坚硬，柘木制品可以百年不腐，千年不烂。在苏中地区传统家具中被称为“柞榛木”的其实就是柘木。

因其俗名中带有“桑”字，与“丧”谐音，而遭人忌讳。此外，由于是由灌木长成的乔木，树干弯曲较多，一般不宜用于制作家具，只可做一些小木器或工艺品。

柘木具有药用功能，可化瘀止血，

柘木

光绪皇帝爱新觉罗·载湉（1871—1904）身穿柘黄袍

清肝明目，截疟。治崩漏、飞丝入目、疟疾等。

柘木越老越珍贵，柘木老料的木心呈黄色，故又称“黄金木”，会散发出一种特有的木香味，这种木香味可驱虫，闻着能让人心静气和。

尽管柘木的材质与材性俱佳，但与紫檀木相比还是有些差距的。真正使柘木出名的是另有原因，古人曰“身穿柘黄袍”，“柘黄袍”系指皇上的龙袍，柘是古代的一种高档染料，用柘木染出来的黄袍色彩鲜亮，不易褪色，并带有阵阵清香，是古代染料中之极品。由于柘木可以用来染龙袍，让柘木又得美名“皇帝树”“帝王树”。

东南亚也产柘木，可能因气候关系，那里的柘木生长较快，树木高大，国内木材市场已有进口。

印度尼西亚柘木太师椅　进津国贸提供　王进 摄

16. 黑胡桃木

黑核桃木（*Juglans nigra*），俗名：黑胡桃、核桃木、胡桃木。隶属于胡桃科（Juglandaceae）核桃属。主要产于北美，我国虽有，但长不大，颜色也较浅。

黑胡桃木边心材区别明显，边材呈乳白色，心材从浅棕到深巧克力色，偶有紫色和黑色细条纹。经蒸汽处理后边材颜色变深，有人认为带些灰色更显高贵。

木材无特殊气味，纹理通直，切面光滑，光泽柔和，时有波浪形的曲卷纹理和像小指甲大小的鸟啄痕针结，旋切面有美丽的大抛物线花纹，形成美丽的装饰图案，让人赏心悦目。

黑胡桃木稳定性好，抗腐耐用。由于价格昂贵，做家具通常用木皮切片，极少用实木。因刨切木皮弹性好，很适合做木门、桌椅等家具的贴面。其树根与瘿瘤的花纹更加别致，木皮常被用于奔驰、宝马等豪车的内饰，或用作高档会所的装潢材料。

最珍贵的黑胡桃产自美国加利福尼亚，被称为“克拉罗胡桃木”，由于黑胡桃木纹理色泽独特，尽显高贵雅致，迄今尚未发现有其他树种替代，导致其市场售价一路走高。

黑胡桃木与桃花心木、柚木、樱桃木被西方人并称为“世界四大名木”，深受推崇，将其视作“硬木中的贵族”，就像中国人推崇红木家具一样，家中采用黑胡桃木装修，或拥有黑胡桃木家具是一种身份显赫的象征，在卢浮宫、凡尔赛宫、白金汉宫、天鹅城堡等宫殿王室贵族的古董家具中黑胡桃是主打用材。尤其是法国路易十五式家具，被命名为“胡桃木时代”，在西方社会堪比中国的海南黄花黎。

黑胡桃木大板餐桌　张余仁 摄

17. 桃花心木

桃花心木（*Swietenia mahagoni*），俗名：小叶桃花心、印尼群岛桃花心、美国红木，古巴红木。隶属于楝科（Meliaceae）桃花心木属。原产于南美洲和非洲，现在各热带地区均有生长。广义的桃花心木是指该属包括的8种乔木，原产地最常见和被引种最多的是桃花心木和大叶桃花心木（*S.macrophylla*）。越南河内主席府公园有一棵直径1米多的百年参天大树，就是由法国殖民统治者从非洲引种而来。在我国海南、两广、福建、台湾等地也有引种，均生长良好。

桃花心木

相传，大约在400年前，荷兰人和英国人将桃花心木分别从南美洲和非洲移植到了印度尼西亚，长出了具备两地双重优点的印尼桃花心木。随后，两国匠人趋之，用精湛的技艺制作出最顶级的桃花心木家具，分别献给自己的皇室，并逐步发展成为欧洲各国宫廷追捧的御用品。如今，桃花心木已完成跨洲移居，并被推崇为“世界四大名木”之一。

桃花心木荷兰式圆桌　张余仁 摄

关于桃花心木名字的由来，是因为它浪漫中带有贵族气息的桃花瓣颜色。不同的桃花心木颜色不同，从金黄色至深红棕色不一而足，岁久变深，即由最初的带点淡红的棕褐色变成深红棕咖啡色。桃花心木的花纹清晰，树枝分叉处呈螺旋花样纹路，与欧式雕刻十分契合，相互衬托，不同凡响，尽显欧洲皇家宫廷余韵。又传1959年，英国探险家华特罗利爵士（Sir.Walter Raleigh）出海探险，航行途中遭遇风浪船体受损，将船停靠在南美洲的牙买加，得到了牙买加原住民的热情帮助，为他提供了当地最好的木材——桃花心木修理船舶。回到英国后，他向伊丽莎白一世讲述了遇险期间的所见所闻，女王被他的故事所吸引，便亲自到港口勘查船舶的修理情况，没想到她将目光停留在了修补的船板上，那是因为经过海水浸泡的桃花心木变成了深红咖啡色，木材的天然纹理显得分外优美。华特罗利二话不说，让人卸下船板，找能工巧匠制作了一张带有波浪纹花边的小桌，它的优美高雅博得了女王的垂爱。从此，桃花心木的名气与日俱增，在皇宫贵族生活中受到前赴后继的追捧。在英国洛可可风格家具发展史上，由英国最杰出的设计师兼制作人托马斯·齐宾、彭代尔（Thomas Chippendale）制作的家具成为18世纪的主流，并把家具带入“桃花心木时代”。时至今日，匠人们仍然愿意采用开放式油漆涂法来展现桃花心木窈窕的花纹。

桃花心木有微香，抗虫蚀，木材红色，木质比较松软，不能用于建筑，适合制作家具、乐器等。

特别提醒：塞内加尔卡雅楝（*Khaya senegalensis*），市场上也称：桃花心、塞内加尔桃花心、非洲桃花心。原产于非洲和马达加斯加岛，在我国引种的地方亦被当地人称为“桃花心”，是因其心材呈红褐色至深红色，与产自南美洲的桃花心木很相似，极易张冠李戴。虽然它们都是楝科植物，但不是同一个属，塞内加尔卡雅楝隶属于卡雅楝属。其次是桃花心木的轴向薄壁组织较发达，有明显的轮界状、带状和环管状，而塞内加尔卡雅楝的木射线细胞列数较多而显得矮胖。

桃花心木玻璃橱柜　张余仁 摄

18. 樱桃木

樱桃木隶属于蔷薇科（Rosaceae）樱桃属（*Prunus*），大概几十个树种，都可称为“樱桃木”。目前，主要有三个树种在国内木材市场流通，并已得到国家标准《中国主要进口木材名称》（GB/T18513-2001）认可，即甜樱桃（*P. avium*）、黑樱桃（*P. serotina*）和黑刺李（*P. spinoza*）。甜樱桃在亚洲、欧洲和美洲均有分布，黑樱桃、黑刺李主要分布在欧洲和美洲，流通最多的商品材是黑樱桃。并且，由于这三个树种木材很难区分，故在市场上统称为“樱桃木”。

樱桃木　实木复合地板

樱桃木含有棕色树心斑点和细小的树胶窝，纹理细腻、清晰、抛光性好，涂装效果佳，适合做高档家居用品。机械加工性能好，易干燥，干燥时收缩量虽大，但干燥后尺寸稳定性较好，是木匠和装饰工匠们喜欢的材质木料。

樱桃木酒柜　张余仁 摄

樱桃木梳妆台　张余仁 摄

樱桃木可做拼花地板、烟斗、乐器、实木家具、高级细木工件、船用内装饰等。精选的原木可用来制造家具饰面、护墙板和门板等。樱桃木纹理漂亮，手感柔和，受人钟爱。早从 17 世纪起就倍受欧美人追捧，被他们誉为“四大名木”之一。

家装市场上樱桃木的门和家具十分流行，导致唯利是图不法商人弄虚作假，会用桦木科桦木属的西南桦（*Betula alnoides*）来冒充樱桃木，西南桦和樱桃木很相似，仿制起来很逼真，但西南桦木的纹路特别细，有蚂蚁状的小黑线，有别于樱桃木的棕色树心斑点。此外，樱桃木是浅黄棕色，而西南桦的颜色偏白。

19. 桧木

桧木是红桧与扁柏的合称，隶属于柏科（Cupressaceae）扁柏属（*Chamaecyparis*），分布于日本、北美和中国台湾。

目前市场上流通的多是台湾桧木。台湾桧木有两种，即台湾红桧（*C. formosensis*）和台湾扁柏（*C. obtusa* var. *formosana*），台湾扁柏又称“黄桧”，是日本扁柏（*C. obtusa*）的一个变种。

台湾桧木为高大乔木，与银杏、水杉一样，都是“植物活化石”，被台湾人奉为“神树”“世界顶级古老珍宝”。因桧木是台湾最原始的原住民，是台湾森林生态系统的主角，故在台湾又被称为“森林之王”。

台湾桧木生长在海拔 1700—3000 米的高冷深山之中，生长极其缓慢，屹立千年不倒。木材色淡而红，质地细而结实，含有丰富的油脂，气味芳香而不辛，耐朽不腐又驱虫，是建筑、造船、装潢及制作各种工艺品木件的上等材料。因受生长地区，生长部位与海拔高低的影响，每一根桧木呈现的纹理、密度、颜色、香味、含油量等都有一些差异，变幻莫测，这也是台湾桧木让人着谜之处。

桧木 台湾阿里山 施永忠 摄

双龙聚宝瓶　台湾桧木　上海木文化博物馆藏　张文议作品　许佳俊 摄

平平安安 时来运转 台湾桧木 刘家昌 摄

桧木经过大自然严酷的千年锤炼，吸收了天地日月之精华，累积了大量桧木醇（芬多精），成为植物中含氧量最多的一种，散发出的浓郁香气，可以使人放松心情，纾解压力。若被持久缓释的香气所环绕，人犹如畅游在森林之中，逍闲自在。此外，芬多精具有强大的杀菌功能已得到全球公认。红桧与黄桧都带有厚重的木味，但两者稍有差异，黄桧的气味独特清香，提振心神；红桧的气味相对浓郁一些。正因其独特香气与功效，桧木常用来制作与人亲密接触的工艺品摆件。经深度开发，提炼制作而成的沐浴露、洗发精、各式香水、精油等化妆品也十分畅销。

树灵塔 * 台湾阿里山 许思佳 摄

桧木与柳杉也是日本森林资源中最主要的两大树种，日本人偏爱桧木。二战时期，欧美军舰甲板全部采用东南亚国家盛产的柚木，由于这些国家多是这些老牌帝国主义的殖民地，垄断了柚木资源，日本人便从中国台湾大量掠夺桧木取而代之，既降低了进口成本，又可避人耳目，悄悄备战。许多知名的日本

注 *:树灵塔，建于民国二十四年（1936 年），高约 20 公尺，系因日本人在阿里山大量砍伐桧木时许多伐木工人染上怪病而死，他们开始相信桧木确是“神树”了，认为一定是树灵在作祟，十分惧怕树灵会报复他们。为安抚这些树灵，建造了这座石塔，用以祭祀这些被砍伐的桧木。

桧柏　树龄约 200 年　北京故宫御花园
姬光增 摄

日本人当年在阿里山铺设的运木铁路如今已被改建成运送游客的小火车　张余仁 摄

日本战败没有来得及运走的桧木，迄今仍然平卧在阿里山上　黄志平 摄

海军旧军舰，如“大和”号战列舰、“车城”号航空母舰等，其甲板用料均为桧木。现在我们去台湾阿里山旅游，还能见到当年日本人在山里铺设的运木小火车铁路，以及战败还没来得及运走的桧木。此外，日本的桧木扇制作工艺也是登峰造极，成为日本人风雅趣味的贵族时尚用品。

桧木与桧柏（*Sabina chinensis*，又称：圆柏、刺柏）不是一回事。虽然它们都是柏科植物，但不是一个属，桧木是扁柏属，桧柏是圆柏属。虽然都是高大乔木，但桧木更高大，适合生长在高海拔的山地，而桧柏高约 20 米，相对矮小，适合用作绿化园林树木。

南美蚁木

20. 蚁木

蚁木，隶属于紫葳科（Bignoniaceae）蚁木属（*Tabebuia*），由于这类木材管孔小，轴向薄壁组织为翼状、聚翼状，形如蚂蚁，故称“蚁木”。根据国家标准《中国主要木材名称》（GB/T18513—2001）蚁木分为如下两大类：

第一类：重蚁木，气干密度大于 $0.9g/m^3$（含水率 12%）。包括 4 个树种：中美洲蚁木（*T. guayacan*）、斑疹蚁木（*T. impetinosa*）、南美蚁木（*T. ipe*）和齿叶蚁木（*T. serratifolia*）。

第二类：蚁木，气干密度 $0.6g/m^3$—$0.7g/m^3$（含水率 12%）。亦包括 4 个树种：显著蚁木（*T. insignus*）、单叶显著蚁木（*T. insignus* var. *monphylla*）、狭萼蚁木（*T. stenocalys*）和红蚁木（*T. rosea*）。

在重蚁木中，南美蚁木比较常见，也是重蚁木中之上品。主要产于巴西、阿根廷、巴拉圭等中美洲及南美洲国家。它有许多英文商品名，如 Tabuari nepro、Puy、Yellow poui、Acapro、Ipe、Lapacho、Amapa、Canaguate 等；中文俗名也有很多，如南美紫檀木、巴西紫檀木等。当被称作“依贝木”时实际是 ipe 的音译。由于木材色差大，又称“七彩木”。市场上销售的直径多为 40 厘米以上的高大乔木，边心材区别明显，边材呈奶白、黄白或浅灰褐色；心材呈深褐、栗或深紫褐色。散孔材，管孔内含黄色沉积物。木材纹理交错，结构细腻，硬度大，强度高，耐磨、耐虫蛀。

总之，南美蚁木具有坚实厚重、抗腐防蚀、尺寸稳定、色泽纹理清晰秀丽且多变化等特点，其天然色差让家具或地板与众不同，凸显别样风情，深受人们喜爱。有些商家为利益驱动，会用译名“依贝”来混淆商品名称，以其他蚁木冒充真正的南美蚁木，提醒消费者切莫上当受骗。

目前来看，名木尚无固定的概念，是呈动态变化的。除了红木有国标明确认定的 29 个树种外，凡能得到木材市场和消费者普遍认可的，广为推崇的树种均可算作名木。哪怕是某个人特别喜欢的木材，在他的心目中就是名木。有些树种可能在某个年代特别受人推崇，成了路人皆知的名木，如欧洲的水青冈（山毛榉）虽在上世纪八九十年代红极一时，但后来慢慢淡出人们的视线。因此，成为名木的唯一条件是：永受青睐，经久不衰。除此之外，尚无统一的说法。因本书篇幅有限，只能举些例子，无法一一细说，若读者感兴趣，可查阅关于树种鉴定方面的专著，或浏览 https://insidewood.lib.ncsu.edu 网页。

十四 木材树种鉴定

植物分类学家是通过植物的根、茎、叶、花、果实、种子的形态特征来进行分类的，而砍伐后的木材只剩下光秃秃的树干了，这就大大增加了木材树种鉴定（简称材种鉴定）的难度。早期的材种鉴定主要依托形态学鉴定技术，即凭肉眼观察或借助放大镜、显微镜等设备，通过对比木材的宏观、微观结构特征来鉴定木材树种。这是一门应用最为广泛的古老技术，比较冷门，但很实用，需要具有丰富的实践经验积累。尤其是在木材现场，不能带上显微镜，只能带上一把斧头、一把刀和一个放大镜，通过观察木材的树皮（多数没有）、宏观结构，以及颜色和气味等，就可以凭经验判定了。随着时代的进步和科学技术的发展，材种鉴定的科学技术手段增加了，多学科融合也被应用到了树种鉴定领域，使这项工作的科学性、准确性、快捷性不断提高。下面介绍三种材种鉴定方法，照片由张家港海关国家材种鉴定与木材检疫重点实验室和上海浦检熏蒸消毒有限公司木材检验鉴定实验室提供。

（一）形态学鉴定法

1. 宏观

用放大镜观察木材的宏观构造进行材种鉴定。

用放大镜观察　宏观构造

比对木材树种标准样品

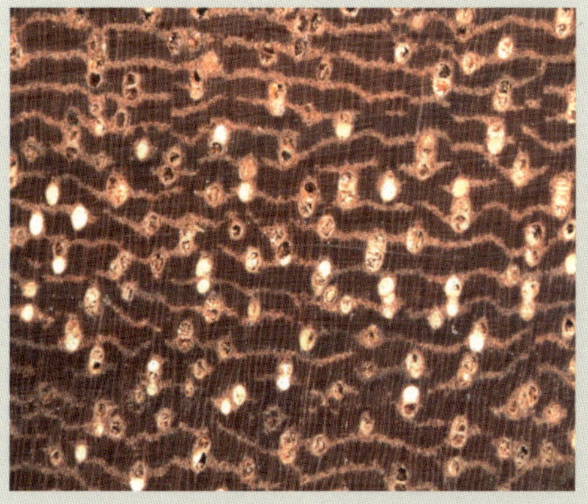
红铁木 横切面

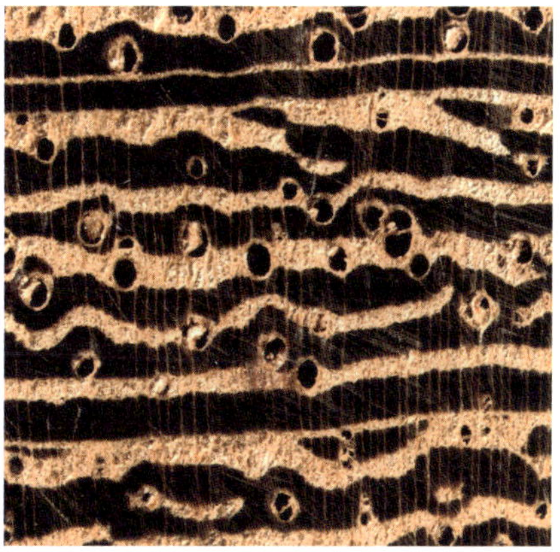
非洲崖豆木 横切面

2. 微观

用显微镜观察木材的微观构造进行材种鉴定。

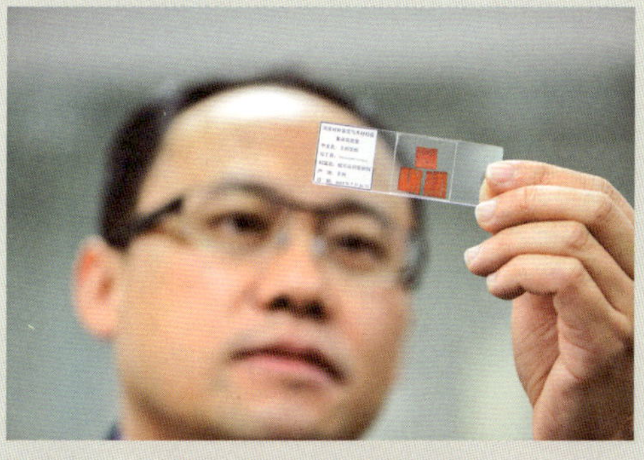
显微镜切片 大果紫檀（实验室主任 / 全国劳模陈旭东）

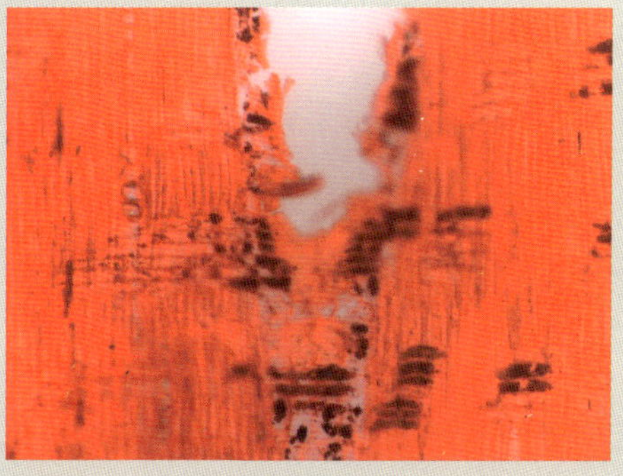
微观构造 大果紫檀 径切面

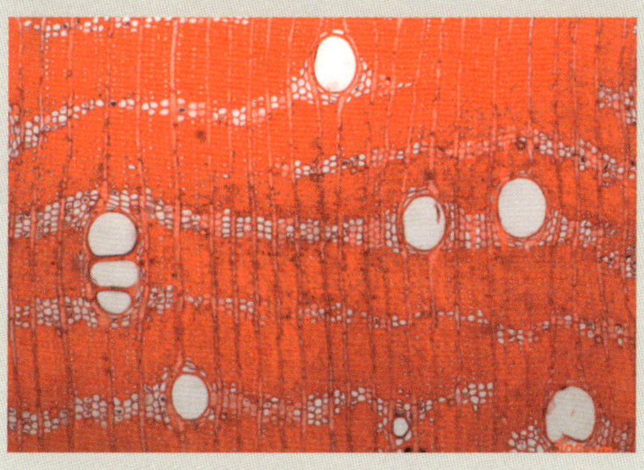
微观构造 大果紫檀 横切面

微观构造 大果紫檀 旋切面

橡木横切面　扫描电镜图

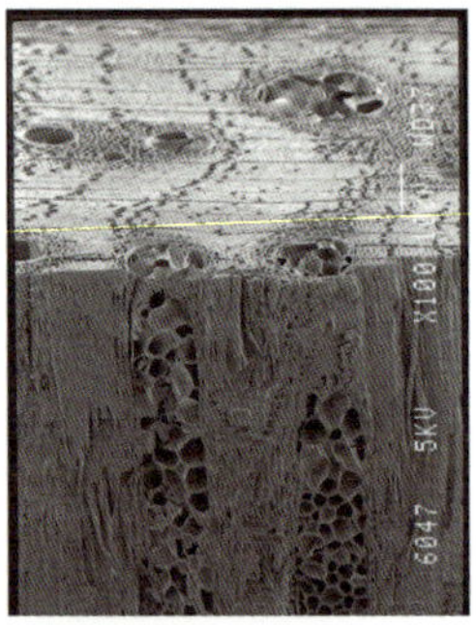

橡木旋切面　扫描电镜图

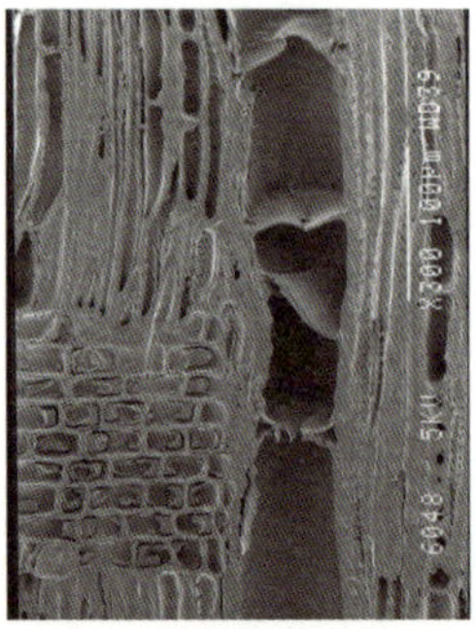

橡木径切面　扫描电镜图

3. 超微观

用扫描电镜观察木材的超微观构造进行材种鉴定。

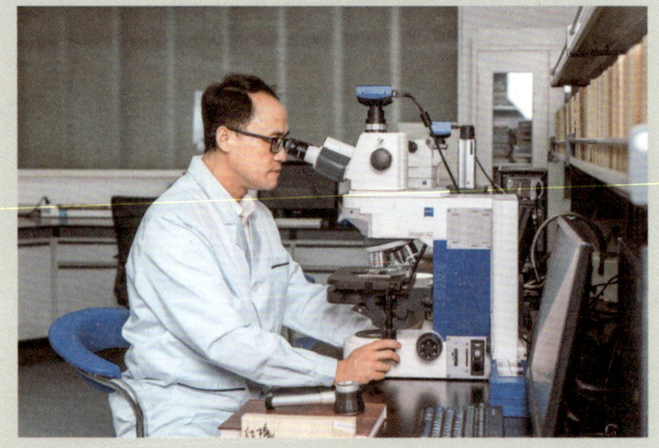

用扫描电镜观察超微观构造　橡木三切面

（二）化学分析法

通过仪器检测分析，对带有特殊气味或含有特定物质成分的树种进行材种鉴定。

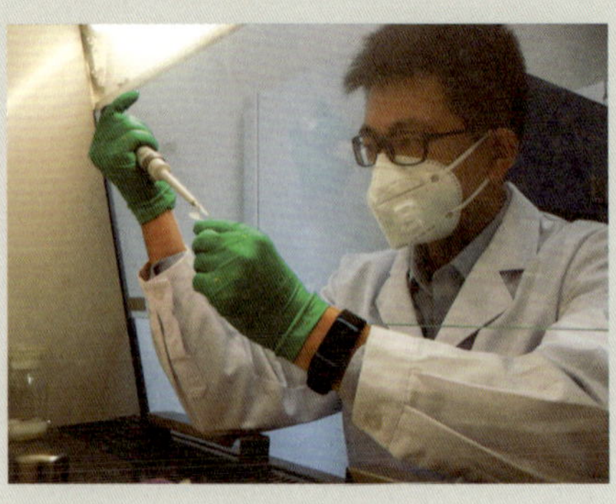

化学分析

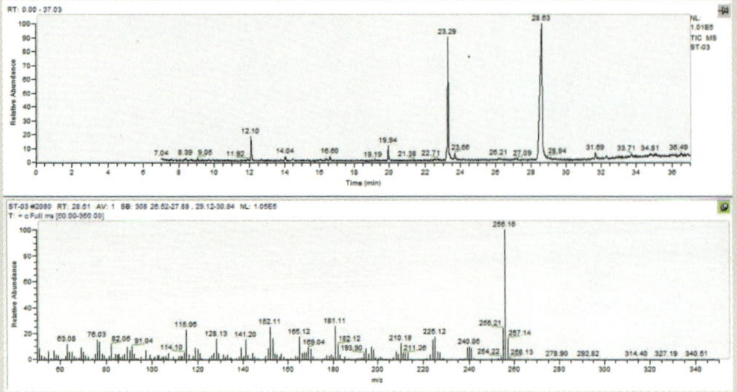

檀香紫檀和染料紫檀的化学元素分析 GC-MS 图谱

（三）DNA 检测法

通过 DNA 检测，识别木材树种的生命密码。

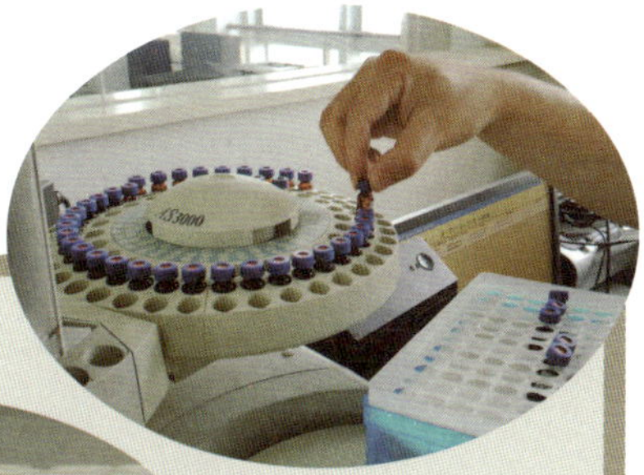

提取 DNA（2）

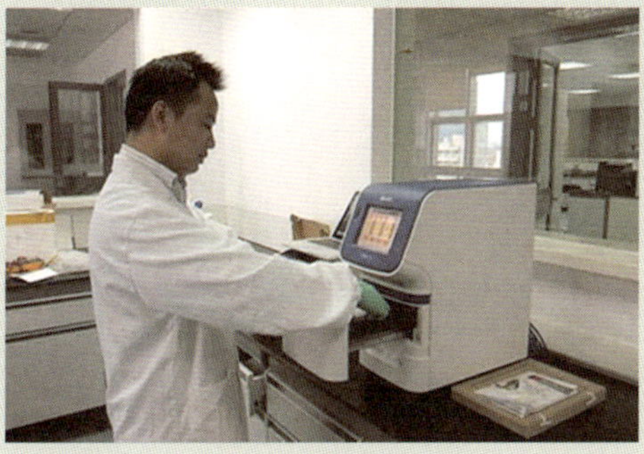

DNA 检测仪

提取 DNA（1）

据悉，南京海关近期研发了木材树种智能鉴定识别系统。过去，进口木材树种鉴定都是在到货口岸取样送检，一是堆场取样比较麻烦，二是送实验室鉴定树种周期长。该系统由张家港海关陈旭东团队研发，已经上线运行进入调试完善阶段。将原来的“切、装、送”模式改进为“磨、拍、传”新模式，一线关员仅需对树种有疑问的木材表层进行打磨抛光，对焦拍照，一键上传，在 10—15 分钟内即可完成远程识别，大大缩短了树种鉴定周期，提升了海关监管工作效率，加快了物流，为客户降低了成本。这项技术国内首创，世界领先。

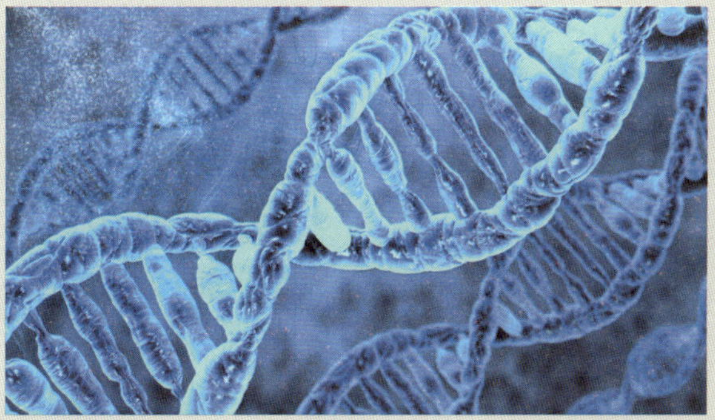

DNA 双螺旋结构示意图

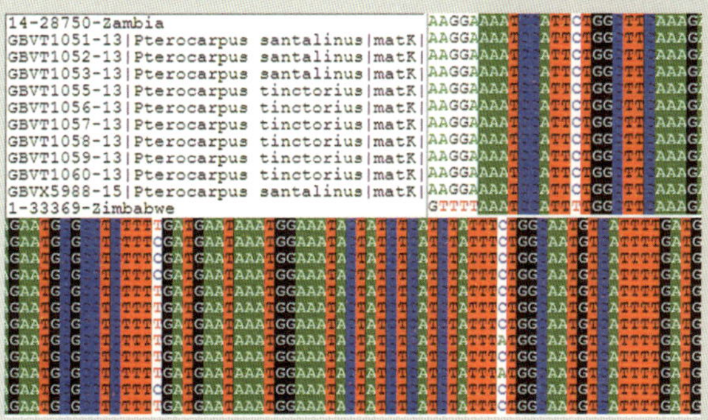

檀香紫檀和染料紫檀的 DNA 序列对比图

本书旨在帮助读者了解树木与人类的进化发展及树木对人类社会的文明进步所作出的巨大贡献，进而了解中国木文化的产生与发展概况，今后能在思想上更加尊木、爱木，在行为上更加惜木、护木，至于识木、懂木和用木则是因人而异。希望通过学习中国木文化，增强文化自信。

本书旨在帮助读者了解树木与人类的进化发展及树木对人类社会的文明进步所作出的巨大贡献，进而了解中国木文化的产生与发展概况，今后能在思想上更加尊木、爱木，在行为上更加惜木、护木，至于识木、懂木和用木则是因人而异。希望通过学习中国木文化，增强文化自信。

尾篇

木文化杂谈

中国木文化系统研究初论

无缝家具　大堂　永琦紫檀珍品馆藏　张余仁 摄

漢
永字八法學書有道
重振紫檀現寶雄威

桃抱松　西藏巴松措景区三大奇观之一　张彦 摄

虽然中国木文化历史悠久，精彩纷呈，堪称世界之最，但迄今为止，系统讲解或研究这方面的书刊文章少之又少，即使有几本以木文化为题的书籍，也都只讲了木文化的某个片段或某个方面。全国木文化博物馆虽有不少，但讲的多是馆藏及其背后的故事。在本篇章，拟与大家分享笔者对中国木文化系统研究的点滴思考。

一 —— 关于木文化的定义

文化就是以文教化。远古时期的族长头上要插上鸟的羽毛，身上画上动植物纹理，这就是文（纹），以“纹”示人，是展示权威的标识。据文字考古学者考证，“文化”这个词中的“文”字与木材有关，最早系由木材纹理的“纹”字演变而来，因此，欲谈中华文化，我们首先要研究中国木文化，在中国优秀传统文化中，木文化不可或缺，木文化是产生中华文明最古老的基因。

何为木文化？答案众说纷纭，迄今为止，尚无统一说法，没有标准答案。笔者经过反复思考，斗胆下一定义：

木文化是指人类生存和发展与木相关的人文教化，是人们共享的木材价值观及木材利用方式，是以木为载体展示木工技艺并逐步上升到艺术层面的传统文化。

这里的“人们”可以是全人类、某个地区、某个民族或某个国家，只要有自己的特色，有丰富的内涵，皆可冠之为“××木文化”。

大自然是人类最早的也是最好的老师，人类永远需要向大自然学习，因为森林是人类走向文明的起点。例如，伏羲教会人们结网、张网捕捉鸟兽的灵感可能源自蜘蛛织网捕食；构木为巢的灵感可能源自飞禽鸟巢；穴居的灵感可能源自动物的土洞等。因为树木的生长与人的成长同源，两者相通，密不可分，所以树木就是树人，这就是所谓“与木相关的人文教化”。

人类的生存离不开树、离不开木材。地球无不与木结缘，依木而生，伴木成长。经过长期互动交流，人们对木的认知趋于相同，并逐步形成了共同的木材价值观及其利用方式，再通过人们不断的总结和提炼，便逐步上升到精神文化层面而被传承、传播、歌颂，以木寄情，木给人类提供了物质和精神享受。

中国木文化是一个大概念，按照木文化表现载体的不同，可分几大类别，如木建筑文化、木家具文化、木雕文化和木旋文化等。每一类木材文化还可进一步细分为相应的子文化，如木家具文化就可细分为红木家具文化、白木家具文化等。除此之外，亦有人以树种类别来命名木文化，如红木文化、紫檀文化、柚木文化等。因尚无权威说法，很难统一，不论如何称谓，统统归为中国木文化。

二 —— 木文化定义的由来

中国自古有“木神句（gōu）芒”之说。春秋时期，蔡国的史墨宣称，“五行之官”都要祭祀和尊奉各自的神，其中就有“木正”，即管理木器制作的官要祭祀句芒。传说句芒是鸟身人面，忠心耿耿辅佐东方上帝太昊（一说是伏羲；二说是伏羲后人），是主管树木生长的木神，并兼职主管农事，被尊为春神。在民间举行的迎春仪式时可见他的身影，但在年画中变成了春天骑牛的牧童，头有双髻，手执柳鞭，亦称“芒童”。神话传说旨在表明树木是植物之王，在印度尼西亚的巴厘岛和我国台湾等许多地方都相信有树神的存在，特别是在南美、非洲、太平洋岛国的原始森林部落都会供奉树神，认为树神是上帝派来护佑他们的天使。一般情况下，树木是不可随便动用的，在不得不砍伐之前，必须举行祭树仪式，甚至有些地方的习俗规定民间建筑不可超越树高，否则会招来不幸。在我国的农村和一些少数民族地区，也认为参天大树是有灵气的，尤其是生长

阴阳树　西藏珞巴族神树　据专家考证其上寄生了五种植物
张姿 摄

了几百年、上千年的古树名木，任凭风吹雨打，依然屹立生长，吸天地之精华，采日月之灵气，在历史的长河中见证了时代的发展。人类及生灵万物世代相传，生生不息，唯有大树巍然不动，以不变应万变，见证了各个时代的荣辱兴衰，阅尽了人世间的悲欢离合与喜怒哀乐，看透了生活中的酸甜苦辣与世态炎凉，被尊为树神是人们敬畏自然的表现，是发自内心的崇敬，是一种最朴实的精神寄托。树木是天地交流、表达愿望的载体，尊木、爱木是木文化发生发展的精神需求和动力源泉。

水是生命之源，木是生灵基地，地球上有 80% 的陆地生物是依木而生的。人类以自然为师，纵观人类进化发展史，

侗族木屋　黔东南　尹爱民 摄

没有树木就没有人类，没有树木就不会有人类的文明。同时，因为人类的生存与发展离不开树木，不仅是人们物质生活中处处都有木，而且人们的精神文化生活也离不开木，如宗教、哲学、文学、美学等都与木有关，所以，森林是人类走向文明的起点，树木是人类永远的朋友。

森林为人类的祖先提供了生存的场所与食物。在史前的木器时代，他们自下地生活，由爬行到直立行走；从最初的以木求生，到发现木之美，并不断创造木的再生美，直至上升到人文教化层面，走过了一个相当漫长的历史进程。真可谓：十年树木，百年树人。一树一世界，一木一人生。人类是时间的过客，但情感可以通过树木流传。

木材的价值在于它与人类的亲密性和无可替代性。在自然界的万物中，唯有树木与人的关系最为密切，我们的吃、穿、住、行、药、玩耍等都离不开木，树木对人类及所有地球生命的贡献是不可估量和无可替代的。

“万物各得其和以生，各得其养以成。”中华文明历来崇尚天人合一、道法自然，追求人与自然和谐共生，强调对自然怀有敬畏之心、感恩之心、仁爱之心。保护地球，保护人类的生存环境，珍惜森林资源，维护生物多样性，保护森林生态系统平衡，合理砍伐，综合利用，永续不断，实现林产工业的可持续发展已经成为当今世界各国、各民族人民的共识。在木材加工利用方面，东半球与西半球之间、世界各国、各民族人民之间，既有相同之处，又各具特色。因此，也就形成了不同的木文化，中国木文化是世界木文化中的翘楚，是东方文化之瑰宝。

三 —— 木文化的发生源头

中国木文化的发生源头与世界各国木文化一样，是因树而起，以木为本，由爱而生。早期人类最原始的想法仅仅是为了满足自己生存与发展的需要，而构木为巢、木构为井，制作各种木质生产工具和各种日常生活所用的木器，直至某一天人类有了感悟，产生了审美观，便开启了木文化的大门。也就是说，木器诞生之初仅具有使用功能，但随着社会的发展演化，文化意义也逐渐沁入其中。人类从“发现美”开始“追求美”，给这些木器“美容”的过程就是“创造美”，进入了木文化的萌芽阶段。从此不断创新求美，孜孜不倦谱写出中国木文化的历史篇章。因此，木文化的产生与发展离不开人的生活和社会实践，是人和木在漫长的对话交流过程中形成的一种有形与无形的结晶。

四 —— 中国木文化发展史

木文化的产生是人类祖先在向大自然学习的过程中得到的启迪，由于史前的木器时代无物留存供考，只能从石器时代起算。中国木文化的发展过程大概分为如下五个历史阶段：

（一）旧石器时代中晚期是中国木文化的萌芽阶段

这个时期，华夏文明始祖伏羲发明了琴与瑟，把音乐带给人间；发明了最原始的木制生产工具，发展了生产力，播下了中国木文化的火种并开始萌芽。

（二）新石器时代是中国木文化的起步阶段

大约 7000 年前，河姆渡文化中的梁头榫等初始的榫卯结构，干栏式木屋是人类早期最经典的古木建筑；木雕鱼是世界上最早的木雕艺术品；“木构为井”也是世界上最古老的水井。可见，是新石器时代的河姆渡人开启了中国木文化的起步之旅。

宁波保国寺　袁佳青 摄

宁波保国寺鲁班塑像　袁佳青 摄

（三） 春秋战国时期是中国木文化发展的奠基阶段

春秋战国时期，以鲁班为代表的中国工匠精神大放异彩，把河姆渡文化中的梁头榫等初始榫卯结构推广运用于木建筑和木家具制作。同时，发明了一系列木工用具，先进生产工具的诞生，大大提高了木作工艺的技术水平，并初步完善了榫卯结构体系，为中国木文化的长足发展奠定了坚实的基础。此后，历朝历代留下的许多著名古木建筑、古典家具均得益于榫卯结构的举世无双。鲁班也因此成为“木匠祖师爷”，以他为代表的一代工匠既是中国木文化发展的奠基人，也是领跑者。

（四） 明清时期是中国木文化发展的腾飞阶段

深受大明皇朝第十五位皇帝朱由校“不爱江山爱木匠”的巨大影响，木匠工艺百花齐放，百家争鸣，进一步完善了榫卯结构体系，创立了独具风格的明式家具。清朝在明式家具的基础上，追求奢华，彰显富贵，雕刻艺术与榫卯结构的完美结合，又形成了别具一格的清式家具。上有所好，下必甚焉。明清时期受朝廷影响，皇家贵胄追捧，甚至利用家具摆设来炫奇斗富，把中国木文化推向了历史巅峰。此时，传统家具制作形成的“三大流派”趋于成熟，红木文化成为中国木文化乃至世界木文化领域的一颗璀璨明珠。朱由校尽管不是一位称职的好皇帝，但他无疑是中国木文化发展历史上最有力的推动者。

（五） 当代是中国木文化的创新发展阶段

随着时代的进步，科技的发展，特别是改革开放以后，外来文化的不断渗透，从事木材行业人士的文化水平也今非昔比，新生一代创新意识增强，勇于攻坚克难，以及木工机械化程度的不断提高和家具五金的升级换代，有力推动了家具制作的创新发展，主要体现在如下几个方面：

第一，提升木材性能，攻克湿胀干缩难题。木材原料窑干设备和窑干技术的进步，可以使木材性能更加稳定。永琦紫檀家具木料煮蜡热置换工艺的创新成功，解决了千百年来木材胀缩的老大难问题，无缝家具的诞生势将引领红木家具的未来发展。

第二，榫卯结构的发展呈现如下两个趋势：

趋势一：创新发展。不可否认，改革开放的浪潮也会带来一些负面影响，冲走或冲淡了许多中国优秀传统文化，导致民间手工艺不断萎缩，愿意传承学艺的年轻人越来越少，采用榫卯结构建造民宅和制作家具的民间木匠十分稀缺，只在交通不便的乡村可能尚存一二。尽管如此，还是有少数热爱榫卯结构的执着追求者散落民间，他们在传承榫卯经典的基础上，脑洞大开，大胆创新，勇于实践，把传统木工技艺与现代生活、科技发展完美结合在一起，突破木建筑、木家具的传统概念，创作出许多现代榫卯结构的工艺产品，如：山东聊城63岁的“阿木爷爷”王德文创作的鲁班凳、将军案；贵州遵义90后“山村小木匠”安旭创作的各种豪车、装甲车、神州火箭、电冰箱、洗衣机、电风扇等。他们与时俱进不落伍，利用新媒体与全世界人民分享，在网上斩获亿万粉丝，把榫卯结构的神奇传遍千家万户，被誉为“当代鲁班”，开拓了榫卯结构的划时代发展空间。

趋势二：智能制造。家具制作手工作坊正在逐渐消失，随着机械化程度的不断提高，家具制作已经步入智能制造时代。电脑编程，机器开榫与人工开榫相结合，手工雕刻越来越少，机器雕刻越来越多。电锯等电动工具也大大方便了木雕艺人的雏形开凿。总之，智能制造的问世，不仅可以大幅降低用工成本，而且提高了生产效率和榫卯的配合精度，也延长了家具的使用寿命。

第三，开拓国际市场，与世界人民分享。在传承古木建筑、传统家具工艺技术的基础上，步入工厂化生产现代木屋和现代家具时代，组合家具、全屋定制等都已与国际接轨，与全世界人民分享榫卯结构的得天独厚，并逐步赢得了国际家具市场的较大份额。中国传统家具和现代家具发展开启了走向世界的新征程，并已成为全球进口木材数量最大和出口木制品数量最多的国家。

然而，在现代木结构建筑方面，比起国外我们还是有些差距的，欧美国家十分重视从教育科研到木结构企业，产学研贯穿了从森林管理到木结构生产施工的

瑞典 Sara Kulturhus 文化中心（建造过程中）

整个产业链，这种对木材的信仰和资源共享的理念推动了绿色转型和城市的可持续发展，促进了现代木结构建筑的兴起，催生了许多现代木结构建筑杰作的诞生。例如，挪威布鲁蒙达尔的 Mjøstornet 大厦，18 层高约 85 米，堪称世界第一。又如，瑞典谢莱夫特奥市的 Sara Kulturhus 文化中心，20 层高约 75 米，堪称世界第二。再如，在建的尼日利亚拉各斯木塔（Lagos' Wooden Tower），24 层高约 75 米。这些现代木结构建筑均创建在木材资源比较丰富的国家，他们因地制宜，就地取材，采用纯木结构，在关键节点位置采用钢结构进行强化，以弥补木材性能之不足。在技术实现上还是要归功于一种新型木建筑材料——正交胶合木 CLT（cross-laminated timber）的诞生，这是采用木方正交叠放胶合成的实木板材，即将横纹和竖纹交错排布的规格木材胶合在一起，并做了耐火处理，具有极高的强度和耐火性，可以替代混凝土材料，面积和厚度可以定制，大块的 CLT 可以直接切口后用作建筑的外墙、楼板等。也就是说，所需材料均可在工厂预制，大大提高了工程的施工效率。在全人类共讲碳中和、碳达峰的时代，绿色建筑已经成为当代设计师的时尚追求，这类“钢木结合”的现代木结构建筑不仅改变了城市的天际线，也打破了人们对木结构的固有看法。由于我国少林缺木，木材几乎全部依赖进口，几乎没有采用木结构建造的高楼大厦。

《红楼梦》人物故事家具　上海木文化博物馆藏　袁佳青 摄

第四，多派融合，谋求新发展。“四大流派”木雕艺术创新发展，除潮州金漆木雕保留了原有风格外，其他“三大流派”木雕艺术相互渗透，仅有地域概念和传人之分，雕刻技法灵活运用，你中有我，我中有你，这是其一。其二，过去是文人相轻，现代文人更加开明，更加包容，表现在著名画家与雕刻大师的友好合作，各抒己长，1+1>2，把最好的艺术珍品奉献给美好的时代。例如：上海木文化博物馆就邀请了中国著名国画家戴敦邦先生和第一批国家级非物质文化遗产东阳木雕代表性传承人、中国工艺美术大师陆光正先生，一画一刻，精诚合作，共同制作了一套《红楼梦》人物故事家具。陆先生根据自己对戴先生作品的理解先打画样，再请戴先生校正，确保临摹不走样，然后以刀代笔，立体呈现，栩栩如生。这套家具选用的木料是十分稀有的刀状黑黄檀，是集著名画家和雕刻大师及红木家具工艺“三位一体”的艺术珍品，迄今为止，绝无仅有，为世人奉上了一台展示中国现代木文化艺术的饕餮大餐。其三，体现在雕刻技法上的大胆创新，在圆雕、透雕、通雕等传统技法的基础上发明了“丝翎檀雕”，这是一种以木代纸，以刀代笔的雕刻新技法，最早运用于花鸟雕刻，在光线的作用下显得更加栩栩如生，有人称之为“立体工笔画”。随后，这种新技法已被推广运用到人物、山石、花草树木的雕刻，也有人认为仍用“丝翎”命名好像有点欠缺，不够全面，不够妥帖，有待斟酌。

丝翎檀雕藏　永琦紫檀提供

徐光启（1562—1633）

利玛窦（1522—1610）意大利人

勾股义　徐光启纪念馆藏

（六）海派家具文化之根

海派家具文化是海派文化的一个分支。所谓海派文化就是在吴越文化的基础上，融合了上海开埠后来自欧美各国的文化，而逐步形成的一种不同于中国其他地区的，仅属于上海的独特文化。“海纳百川，兼容并蓄”，是海派文化的最大特点，或称之为“海派精神”。尊重多元化、个性化、兼顾个人利益和社会利益，以契约精神为主导的理性的、随和的合作共赢，是海派文化的具体表象。

追根溯源，明代著名科学家徐光启1562年出生在上海县城的太卿坊（今黄浦区乔家路），家道贫寒，立志苦学。1581年考中秀才，次年乡试失败，之后又屡试不中，直至1595年中顺天府解元（即秀才第一名）。据史料记载，其实他已落榜，但很幸运，得到了贵人相助，靠主考官焦竑（1540—1620）的慧眼识珠，把他从落选的试卷中拔置头名。1604年会试考中进士后入翰林院庶吉士，开始入朝参政。从20岁的秀才到43岁的进士，徐光启足足花了23年，可谓大器晚成，尔后一路顺风顺水，官至崇祯皇帝的吏部尚书兼文渊阁大学士、内阁次辅。1603年入天主教，师从利玛窦*，学习西方的天文、历法、数学、测量和水利等科学技术，毕生致力于科学技术研究，著作等身。著有《徐氏庖言》《诗经六帖》《勾股义》、编著《农政全书》《崇祯历书》、译《几何原本》《泰西水法》等。他是

注*：利玛窦（Matteo Ricci，1552—1610年）意大利人，是天主教派往中国最早的传教士之一，在华传教28年，因病卒于北京，享年59岁。他不仅是一位传教士，而且是一位知名学者。

中国放眼世界的先驱，被誉为“中西文化交流第一人”，为培植海派文化耕耘了土壤，播下了种子。徐光启曾在现今的虹桥路、蒲汇塘路、肇嘉浜路、华山路一带建有农庄别墅，从事农业生产实践和著书立说，1633 年逝世后即安葬于此，其后裔在此繁衍生息。因地处肇家浜与法华泾两水汇合处，这个区域的地名原来叫“法华汇”，后人为纪念这位明代大科学家而更名为“徐家汇”。徐家汇作为最早输入西方文化的窗口，而成为海派文化的发祥地。

徐光启墓　位于上海光启公园内

1842 年外国传教士重来中国，把重心移至上海徐家汇，成为海派文化的萌芽阶段。自清道光二十七年（1847 年）至清光绪三十六年（1910 年），天主教耶稣会先后在徐家汇创建了：中国最早、最完备的图书馆——徐家汇藏书楼；中国内地最早的教会中学——圣依纳爵公学（今徐汇中学）；上海第一座博物馆——徐家汇博物院；中国最古老的气象观测站、远东气象第一台——徐家汇天文台；中国第一所技工职

徐光启纪念馆　位于上海光启公园内

徐汇中学（原名：圣依纳爵公学） 张余仁 摄

徐家汇天文台（远东气象第一台）

徐家汇天主教堂（天主教上海主教区座堂） 张余仁 摄

先的政治制约和社会格局，大规模难民潮涌入上海，冲垮了上海道台设置的华洋分居之藩篱，外国列强资本趁机越界筑路，扩大地盘，开发房地产，赚得盆满钵满。他们将第一次难民潮太平天国时期建造的简屋拆除一空，升级建造成石库门建筑，以安顿来自长三角的男女难民。因此，在那个动

业教会学校——土山湾孤儿工艺院；远东第一大教堂——徐家汇天主教堂等。在徐家汇逐渐形成了方圆几十里的天主教社区。总之，鸦片战争打开了中国大门，大量洋人涌入上海，西方文化（包括西洋建筑等物质与西方生活方式等非物质）也随之带入，中西方文化率先在上海徐家汇发生了有效碰撞，相互渗透，相互融合，孕育并诞生了海派文化。

早期的上海租界是华洋不得杂居，如同嘉庆、乾隆年间的广州，英国人或其他西方人只能待在“十三行”这个划定的区域里，限制东西方人的交往。然而，1853 年的小刀会暴动，加上 1860 年至 1862 年的太平天国战争，打破了原

荡的年代，客观地讲，“华洋杂居”造成了欧美文化与本土文化（主要是江南传统文化），以及移民文化的三者交融，催生了海派文化的形成与发展，凸显海派文化的包容、摩登、国际化的三大特征。“殖民色彩”也为上海城市发展的迅猛崛起注入了巨大活力，上海一跃成为“东方巴黎”，恰如美国作家墨菲所说：“上海是打开近代中国的一把钥匙。”

民国时期，思想大解放，文化大跃进，海派文化大发展。如果把明朝比作海派文化的孕育期，清朝便是海派文化的哇哇坠地和幼儿童年期，民国时期则是海派文化的发育生长期，凭借天时、地利、人和之优势，海派文化得到了空前大发展。

1930年代上海Art deco（装饰艺术）风格家具 丁乙捐赠 上海历史博物馆藏品 张余仁 摄
展示牌写道：这是一组上海1930年海派风格家具，本土文化与西方Art deco风格相互融合。其中梳妆台及红色沙发造型独特，为当时追求时尚的家庭所用……

新中国成立后，百废待兴。十年浩劫，海派文化与中国其他传统文化一样在劫难逃，遭受了毁灭性的破坏，罄竹难书。“文革”结束后，改革开放给海派文化带来了新的发展机遇，并逐步趋于成熟，进入稳步前行的青壮年时期。

海派家具文化与海派文化不仅同根同源，发生发展也基本同步，因此，徐家汇是海派文化之源，土山湾孤儿工艺院的木工间成为海派家具文化之根，海派家具是中国家具界的“混血美人”。

此外，二战时期上海成为全世界唯一不需要签证进入的城市，为逃避德国纳粹屠杀，大约有2.5万名犹太难民漂洋过海来到上海，为生存而奋斗，演绎

上海遗留犹太难民家具 由上海真静传统木作博物馆修复 张余仁 摄

蝙蝠高藤龙头扶手椅

片子床雕刻西式果子花

书桌抽屉桔子拉手

了许多传奇故事。他们聚居在虹口提篮桥一带，有些人因地制宜自制木家具，沙拉一家就是其中之一。2020年8月，在奉贤上海真静传统木作博物馆召开了“二战上海犹太难民遗留家具修复研讨会”，沙拉·伊马斯是目前所知唯一还留在上海的犹太人后裔，据她介绍说：“这套家具是她父亲老沙拉先生与一位上海木匠师傅的合作成果，是他们按照石库门房子的空间量身定制的。”选材红木，小巧玲珑，既有中国文化传统元素，又具犹太文化特色。例如，椅子采用的龙头扶手和靠背上的蝙蝠都是中国元素，靠背看上去是用高藤编织的，实际上是代表着犹太人的“住棚节”所使用的四种植物枝条，以纪念古代以色列人离开埃及之后在旷野中漂泊四十年期间所住的棚屋。又如，书桌抽屉所采用的桔子拉手，中文的“桔”与“吉”谐音，喻意“吉祥如意”，而在犹太文化中桔子和片子床上雕刻的各种水果，则代表着犹太人在旷野中漂泊四十年期间耶和华供养他们的食物。由于这套家具诞生在上海，片子床则是典型的海派家具款式，并且出自犹太人和上海人之手，亦应归类于海派家具。

五 —— 中国木文化的“四大属性”

中国木文化属于中国传统优秀文化之一，与其他传统文化一样，具有如下“四大属性”：

（一）稳定性

从中国木文化的萌芽至今，已经走过了一万多年的历史。自河姆渡人发明了梁头榫等初始榫卯之后，历朝历代的工匠们力求解读木性、围绕榫卯结构、实现天人合一大做文章，动足脑筋，不断创新与完善，使中国木文化得到稳步发展。

（二）多样性

中国木文化多姿多彩，表现形式分有形的和无形的两个方面：

第一，有形的，如榫卯结构、传统家具“三大流派”和木雕艺术“四大流派”等。其中，榫卯结构就有“二十四性”百余种，本书介绍的是按用途分类，即分为家具榫卯和建筑榫卯。此外，还有木雕艺术、木旋艺术、圆木器和木玩具等。

第二，无形的，如带“木”字的五行学说、带“木”字边旁的汉字、带“木”字的成语、带“树木”的谚语和典故，以及歌颂树木的诗词歌赋等。

关于木文化的表达，文字相对于实物是无形的，而中国汉字是象形字，从这个意义上来说又是有形的。因此，用汉字表述木文化是世界上任何一种其他文字都无法企及的，达到了人类社会的最高境界。

（三）民族性

中国木文化的民族性主要体现在如下四个方面：第一，木建筑的斗拱结构等；第二，木家具的榫卯结构；第三，“四大木雕”艺术流派；第四，中国的木作构造与汉字同宗同源，是追求“形”和“艺”的完美表达。

榫卯结构起源于中国传统道家文化古代哲学中的阴阳之道，带“木”的五行学说、带“木”字的汉字、带“木”字的成语、带“树木”的谚语和典故等，这些都是中国木文化的民族特色，这些特色的形成都与我们上下五千年的中华文明发展历史密切相关。除木雕外，其他几项都是举世无双的。

（四）继承性

中国木文化形成的五个历史发展阶段就是其传承与发展的过程。文化必须要有传承，当一种文化没有人继承的时候，就是它即将消失的预兆。

六——中国木文化的内涵

中国木文化内涵丰富，博大精深，本书以“识木、爱木、用木、营木、惜木和护木”为切入点。其中，第一篇《识木》和第二篇《爱木》是追溯木文化产生的源头，第四篇《营木》是中国木文化得以继承和发展不可缺少的重要环节。中国自古少林，用木又多，只能依赖进口，以解决用木原料的供应问题。从明永乐年间郑和下西洋开始，源源不断进口木材，如今已是全球采购，不断扩大红木范围，营木是实现中国木文化可持续发展的重要保障。

木文化的内涵也包括对木材的利用方式。森林资源是有限的，而人类对木材的需求是无限的，如何妥善处理好这对矛盾，是全人类共同面对的问题。以往的滥砍滥伐不仅给地球、给人类带来了灾难，而且会让木文化发展成为无水之源，无本之木。皮之不存，毛将焉附。因此，我们在弘扬中国木文化的同时，还必须讲惜木和护木，切实履行国际义务，彰显社会责任，给我们的子孙后代留下可持续的发展空间。

用木是体验和展示中国木文化的关键路径，其内涵范畴之大远远超出本书第三篇《用木》所述，由于篇幅有限，只能讲个大概，点到为止。笔者认为本书至少尚缺如下三个方面的内容：

缺失一：木性解读。走过几千年的用木历史，中国人对木性有了深刻的解读，体现了木尽其用的道法自然。只有知其木性，才能鬼斧神工，因材施艺，展现匠心。

中国人研究最多的是紫檀和海南黄

中国紫檀博物馆 徐思桥 摄

花黎，专家学者出版了许多专著。香港富华国际集团主席陈丽华女士投巨资在北京建立了“中国紫檀博物馆”，专心从事收藏研究、陈列展示紫檀艺术等。

为何中国古建筑和棺材用料优选楠木？是因为楠木坚硬耐腐。据说，乾隆（1711—1799）喜欢金丝楠木，以修葺明陵“拆旧盖新”为名，将永陵拆大建小，把金丝楠木大料换下来用于修建清陵。于是，在民间流传出“乾隆盗木”*的故事（若真有此事可能是跟他爷爷康熙皇帝学的，详见第三篇《用木》“样式雷”的故事），且不论故事的真假，皆因金丝楠木的珍贵，受人推崇，才会被大众关注。

在民间对木性还有另一种解读，木性还有阴阳之说。红木是阳材，颜色从黄到黑属于暖色系，给人的感觉是温暖的、温润的、阳光的，是阳间最好的木材。楠木是阴材，尤其是金丝楠木，颜色属于冷色系，是阴间最好的木材。阳材只能用于阳间，阴材只能用于阴间，一般情况下两者不能混用。皇帝的权力财富至高无

注*：永陵位于北京昌平区天寿山阳翠岭（原名“十八道岭”，世宗皇帝嫌之不雅而下诏更名）南麓，是明朝第 11 位皇帝世宗朱厚熜（1507—1576）及陈氏、方氏、杜氏三位皇后的合葬陵寝。朱厚熜在位 45 年，统治时间仅次于最长的神宗皇帝朱翊钧 48 年，经过 7—11 年营建的“寿宫”规模宏大，是仅次于明成祖朱棣长陵的第二大皇陵，所用木材均为粗大的上等金丝楠木。清乾隆五十至五十二年（1785—1787），朝廷修葺十三陵时，永陵也得到了修整。至于修陵的目的有两种说法：一是为遵循满人入关时立下的祖训，怀柔满汉两族关系，维护大清统治；二是民间传说，乾隆皇帝看中了永陵的金丝楠木，偷梁换柱，占为己用。第一种说法比较靠谱，因为在封建社会“普天之下，莫非王土”，最高统治者无需采用这种低级的手段占有。据胡汉生先生考证，修葺永陵拆除了外罗成，祾恩门、祾恩殿全部缩小了规模，将一切柱木大件先尽长陵配用。诚然，这是权宜之计，以确保重点，当然，可能也有永陵过于奢华，有喧宾夺主“超标”等多方原由。为求证，笔者于 2021 年 6 月 28 日赴永陵实地考察，通过与守陵人的交谈，他个人认为“乾隆盗木”是民间误传。

十三陵永陵殿

被乾隆皇帝拆大改小后的十三陵永陵殿大门 张余仁 摄

山西五台山菩萨顶乾隆皇帝下榻的裙房柱子，裹以夏布再上朱漆，至于柱子是什么木材树种未作深究。
马春燕 摄

上，但没有听说过用红木做陪葬的。因此，古人认为，楠木只可用于皇家陵园、寺庙和棺材，天子驾驭得了才会用于宫廷建筑。若用于阳间建造房屋，则须用夏布包裹起来，然后涂上朱漆，否则会带来不吉利，甚至招惹血光之灾。例如，江西贵溪明朝首辅夏言（1482—1548）故居（现已原拆原建迁至上海松江宰相府），据导游介绍：所用木材全是金丝楠木（肯定是楠木，但是不是金丝楠木笔者未做考证），夏言最终受到严嵩诬陷，坐罪处死，结局悲惨。又如，清末巨商胡雪岩（1823—1885）在杭州建造的江南第一豪宅选用了大量名贵木材，其中也有金丝楠木。“红顶商人”虽红极一时，但他晚年受到洋人和官员们的双重打压，最终走向失败，在贫恨交加中郁郁而死。夏言和胡雪岩的下场是不是与用阴材建屋、驾驭不了楠木有关呢？信则有，不信则无。

暖色系的木材还有一个总体特征，就是越近赤道颜色越深，类似人种的肤色，距离赤道越近越黑，越远越白。这是一个生物现象，人与树同为生物，说明两者有相通之处，存在只可意会、不可言传的必然联系，可能暗合着大自然的某种奥秘。由此可见，“以木树人”是有依据的，拟人化（personificationg）本是一种文学作品的表现手法，但在木文化问题上，“以树喻人”“以树育人”是以文教化最形象、最生动的诠释。

只要深入挖掘木性，木文化随处可见，每一个广受追捧的木材树种一定有它的道理，只因本书篇幅有限，无法做到面面俱到，一一道来。

缺失二：中国传统家具的制作方法。中国人追求天人合一，在乔子龙先生所著《匠说构造》一书中讲述了中国人的匠心法则。他认为：“成器前的匠作若没有匠心美韵的素养，不按美韵作法进行思考，何谈成器后的气韵之美？”此外，中国传统家具“不单单是榫卯，主要是间架，还有榫卯的组织关系，类似传统家具构造的文法”。这方面太专业，本书立足科普，未予阐述。

缺失三：中国家具的时代特征没有讲到位。家具的发展是随着时代的变迁和人民群众的喜爱等因素而与时俱进的，不同时代背景所生产出的家具风格各异。苏作、广作、京作等不同流派家具风格的形成与特色，以及现代家具发展的百花齐放，百家争鸣，所有这些都是中国木文化，由于笔者水平有限，管见所及，只能讲个大概，不能全面深入阐述。如果读者有兴趣，希望深入探究，这方面的专家巨著很多，如王世镶先生所著的《明式家具研究》等。

七 —— 木文化的升华

以木喻人是木文化的升华。俗话说：十年树木，百年树人。这也是国内外许多学校选用树木形象做校徽的主要原因，希望学生像树木一样茁壮成长、成材/才。除此之外，可能还有两层含义：一是树为植物之王，扎根最深、长得最高、树根与树冠伸展最远，希望学生像树木一样自由成长，努力做最好的自己；二是希望学生像树木一样，护佑万物，奉献自然，发挥最大的作用。上海福人集团创始人谢艺仁先生认为：木有“三生”，即树木在生长时期为“初生”，木材的加工过程为“再生”，经加工而成的木制品为“大生”。具体解读如下。

初生，系指从树苗生长成材的过程。在这个过程中，树木抚育自然，奉献人类，在成就自己的同时，也成全了世间万物的生存与发展。

再生，系指由木材原料到木制品的加工过程。这期间要在合理砍伐、综合利用的基础上，本着木尽其用之原则，通过能工巧匠的鬼斧神工使木成器。物以载道，道在其中。

大生，系指经过前两轮的历练，木已成器，重获新生。树木虽已砍伐，但其生命并未终止，木材仍在呼吸，只是改变了形态，获得了新生。重获新生的它变得更完美，与人更亲近，让人更喜

上海木文化博物馆藏　袁佳青 摄

爱。用现代人的话说：让它刷新了存在感，继续服务于人类的生存与发展，实现了它的使用价值。可见，从树木到木材再到木制品的过程，生生不息，是树木生命的延续与提升，故谓之“大生”。

人有“三生”，佛教系指人的前生、今生和来生，讲的是人的生命轮回，教人修行之道。木有“三生”，算不算是木的生命轮回呢？这个问题有待大家探讨。“三生有幸”，是形容人与人之间的一种特殊情缘，三世都很幸运。人与树木之间固有天生情缘，因为没有森林就没有人类，没有森林就没有人类的文明。好木器是物华天宝，不仅可以让人赏心悦目，而且经久耐用，世代相传，还能散发出历史的时代气息，教人不忘初心。“木尽其用”与“人尽其才”亦有异曲同工之妙，都是一种价值观的体现，敬畏自然，乐于奉献，不断进取，珍惜有限资源，方能实现人类社会的可持续发展。因此，木有“三生”的提出不无道理，以树育人，蕴含着深刻的哲理，是解读木文化升华的重要论述。

关于木有“三生”之论说，由于笔者学习不够，领会不深，只能肤浅解读，可能不够全面，也不够精准，有待日后与谢先生及广大木文化爱好者一起深入探讨。

八 —— 中国木文化的表现形式

木文化贯穿于人类生存与发展的全部过程，只要有人存在的地方就有木文化的表现。比如带“木”字的汉字、成语、谚语等诗词歌赋和文学作品，各种木建筑、木家具、木用具等木制品遍布于人类生活之中。人类在制作和使用这些木结构和木器物时都有一个互动交流的过程，人类发挥自己的聪明才智，按照自己的思路，采用各种技法，改变木的形状，把木料变成木器，制成自己喜欢、大众接受、实惠实用的样子。人类制作和使用这些木结构和木器物的过程，也是一个木韵传情的享受过程，通过自己的双手来表达喜怒哀乐，以木寄情，时时处处都蕴含着木文化。

作为历史、文化、艺术、工学与自然的人类智慧结晶，木构记录了时间长河中我们与自然关系的建立及长期演化的过程，它带有一种身体性的隐喻，唤起了建筑与时间的交流对话，成就了一座座解放人的身体和心灵的房子。

由此可见，木建筑、木家具、木雕、木旋等木制品是木文化的终极表现形式，早期人类将木用于手工制作的生产工具，仅仅是为满足人类生存与发展的需要。当人类有了审美观，便有了木文化。早期简单的木结构和木器物是文化与艺术结合的产物；当木工机械出现以后，木结构和木器物开始升级换代，属于文化、艺术和科学结合的产物。最能体现中国木文化的是红木家具，书画属于图文平面艺术，红木家具属于实物立体艺术。木雕则是工匠以刀代笔，运用各种雕刻技法立体呈现的书画艺术。我们也可以将木家具和木雕视作除绢和宣纸以外的第三载体，只是采用了另一种方式来展示中国传统文化艺术的魅力，丰富了中国传统文化的内涵。

木刻版画是在木板上刻出反向图像，再印在纸上欣赏的一种版画艺术，属于美术的一个重要门类，起源于中国“四大发明”之一的印刷术。雕版印刷发明于唐代，活字印刷发明于宋代，系由文字印刷和图像印刷两部分组成，而图像印刷即为最早的木刻版画。据史书记载，中国古代的木刻版画始于唐朝五代，扩于两宋金元，盛于明末清初，衰于民国。明末清初，民间木刻版画异军突起，河南朱仙镇、苏州桃花坞、天津杨柳青、山东潍坊和四川绵竹的木刻版画并称为“中国五大民间木刻年画”。木刻版画由中国传到了日本和西方国家，日本人将这项技术发扬光大，创造了珍奇璀璨的浮世绘文化。1931 年 8 月，鲁迅先生在上海长春路 319 号创办了暑期木刻讲习会，发起了新

鲁迅与暑期木刻讲习会 13 名学员合影

上海长春路 319 号木刻讲习所旧址　张余仁 摄

木刻版画　鲁迅先生

藏书票《金面具》

藏书票被誉为“版画珍珠”“纸上宝石”

《苦笑》1947 年　李桦版画

兴木刻运动，促进了中国木刻版画的复兴。被誉为“一代鬼才”的黄永玉先生（1924–2023）早年也是从木刻画起步的，1947 年他来到上海崭露头角，加入了上海中华全国木刻协会并担任理事，他在北京画院举办的“入木八十年”个展中写道：“来到上海，大开眼界……最倾心的地方莫过于上海。”总之，木刻版画在中国文化艺术史上具有独立的艺术价值与地位，至于属不属于木文化范畴，有待商榷。

在此，再给大家介绍一种以树皮为载体的木画艺术：福州软木雕刻画*，简称软木画，是采用栓皮栎的树皮

注*：软木，即为第一篇《识木》中讲到的“最不怕剥皮的树”之树皮，具有质地轻松、富有弹性、纹理细润、易于用刀等特点。至于软木画的来历，相传 1914 年，刚刚上任的福建巡按使许世英到官方倡导创立的中国首批工艺传习机构——福建工艺传习所巡视时，将自欧美带回的软木薄片制成的圣诞风景贺卡交给传习所的木刻师傅，提议他们创新研发新产品。时任福建工艺传习所木刻科目总教习的陈春润及其弟子吴启棋、郑立溪等人，经多方寻找合适材料，发现外国轮船救生圈上的垫衬是用这种软木制成的，就尝试用浮雕、剪纸手法将其切成厚度不等的薄片，再进一步制作成亭子、树木和小鸟等零部件，然后将它们拼贴成一张张风景贺年片，取名为软木画（软木雕刻成的画）。由于软木画巧妙地运用了中国画的章法构思和宫廷园林布局造型，雕画结合，立体展现，古朴典雅，富有浓郁的民族风格和地方特色，成就了具有中国画境的软木工艺品。

软木雕刻取料去皮　陈伟凯 摄

软木雕刻零件　陈伟凯 摄

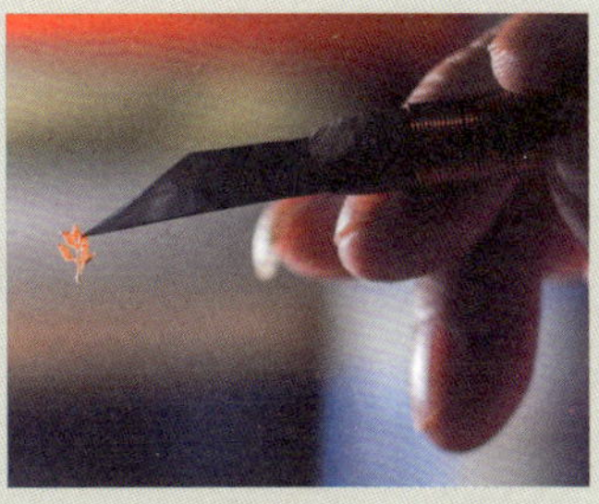

刻刀上的一片软木画树叶

软木雕刻画《发现非遗之美》

软木画制作流程精细繁杂，总共需要几十道工序。图为国家级非物质文化遗产项目代表传承人、中国工艺美术大师吴学宝在创作大型软木画作品　张旭阳 摄

（软木）为主要原材料，运用我国传统雕刻技法，以刀代笔，精雕巧镂，“以小观大，缩龙成寸”，制成纹理纤细的复杂画面，黏结成亭台楼阁、树木花草、小桥流水、回廊曲径，以及人物鸟兽等挂屏、屏风、大小摆件等，达到“丛山数百里，尽在一框中”的艺术效果。软木画起源于民国初期的福州东郊西园村，迄今走过了百余年的历史，已发展成为中国民间传统手工艺之一，与寿山石雕、脱胎漆器并称为“闽都工艺三宝”，享有“一代绝技”的东方艺术珍品、“东方第一奇画”

软木雕刻画　苏州园林　吴学宝软木画作品　福建省工艺美术珍品馆藏　张旭阳 摄

福建省级非遗传承人吴传福创新圆雕软木画作品《闽韵古榕王》张旭阳 摄

等美誉。这种雕画结合立体展现的工艺美术是无声的诗、立体的画，把外国的树皮美化到极致，成为世界唯一，已被列入第二批国家级非物质文化遗产名录，深受海内外有识人士的喜爱。软木画畅销欧洲、美洲、亚洲等国家及中国港澳台地区，人民大会堂福建厅挂的“福州西湖”“鹭岛风光”“泉州东西榻”“武夷春色”等大型软木画都是福州工艺师的作品。朱德、董必武、郭沫若等党和国家领导人及社会知名人士曾先后亲临福州工艺木画厂参观，邓小平同志参观后留下了“民间艺术精品”的题词。软木画当属木文化，且是国人智慧的展现，至于属不属于木雕范畴，有待探讨。

进口软木检验历史故事

软木原料全部从葡萄牙等地中海国家进口，按照其厚度分为E级（45—55mm）、R级（32—41mm）、J级（27—32mm）、M级（25—30mm）、F级（18—23mm）和V/D级（14—18mm），再根据每个等级的品质情况细分为三级，如E级可细分为：E1级、E2级和E3级，以此类推。含水率约定散装运输为14%—16%，集装箱运输为14%—17%。贸易方式是“凭样成交”，以重计价。张余仁在原上海商检局工作主管进口木材检验监管期间（1983—1996），由于国外供货商只认可上海土产进出口公司徐雪芳女士，全国各地用户所需的软木原料全部委托她代理进口，成交样品则由第三方——原上海商检局负责保管，且负责全国各地进口软木的检验出证。又因国外只有质量标准，没有检验方法标准，凭借当时得天独厚的条件，笔者起草了《进口软木检验》SN标准，填补了国家在这个领域的空白，经过推广使用，得到了买卖双方的一致认可。

为进一步说明木文化随处可见，再举一例：笔者退休后几乎每天回家陪老母亲共进午餐，需要穿过上海滩最温馨的马路——甜爱路，经过鲁迅公园南大门……某天走在四川北路的尽头，偶见一幕不禁驻足，用手机记下瞬间并发了朋友圈：行道树法国梧桐因修剪或其他原因造成了疤痕，有人在上面作画，努力把树木的缺陷变成了一道风景线（其他地方也可见）。对树而言，伤疤是痛苦的，是人类在用画笔给它疗伤；对社会而言，是顺势而为，寄木留情，美化城市；对人而言，是天人合一，努力画出上海人的小心思。绿化工程师美化城市就像打扮自己一样用心极致，一个小小的动作瞬间提升了城市的温度与魅力。这种“变疤为画”的行为算不算木文化呢？请读者各抒己见。

九——关于红木文化与红木艺术问题

笔者赞同杨金荣大师的观点，有些已经上升到文化艺术层次的红木家具及其他红木制品，都是历代大师们留下的经典传世之作。全部采用手工制作，通过工业机械化生产的都称不上艺术品。虽是手工制作，但缺乏功力，达不到杨大师提出的“四性五原则”，也不能算是艺术品。称不上艺术品的只能算是工艺品，艺术品是独一无二的，只能仿制，不可复制。艺术品高于文化产品，文化产品包括工艺品。红木艺术是中国木文化的最高境界，红木艺术理论研究是一门新的科学文化，本书只能略谈一二，做个引子。

中国木文化的范畴很广，每一个被追捧的材种、每一样木器的背后都有一个故事。材为器之本，艺为器之魂。同一用途（功能）家具的款式千姿百态，表达了独具匠心的丰富多彩，所有这些都是中国木文化，只要潜心研究课题多多，都可以写一篇文章或出一本书。

以海南黄花梨为例，之所以闻名世界，是因为它曾是皇家御用家具的首选材种，用它制作的家具变成了中国精神文明和物质文明相结合的载体。其木材质量、艺术水平和文化内涵得到了全世界的普遍认可，在外国人眼中是中国文化的象征。它的稀缺价值、艺术价值和人文方面的价值引得了众多收藏家的宠爱。甚至有人说：世界上只有两种人，一种是喜欢黄花梨的人，另一种是还不知道自己喜欢黄花梨的人。

又如，木筷子，古代称之为“箸”，唐朝李白在《行路难·其一》中写道：“停杯投箸不能食，拔剑四顾心茫然。”关于筷子的诞生有三种说法：一说是姜子牙受神鸟启发而发明的；二说是苏妲己为讨纣王欢心而发明的；作者认为最靠谱的是第三种说法，即大禹治水，他日理万机，为节省时间，用两根树枝从热鼎中捞食，由此发明了筷子。虽说筷子是中国人制作的最简单的木器，但经过几千年的演化，后人赋予它许多内涵，足见中国木文化的深邃与多彩：

（1）筷子长度 7.6 寸，代表人的“七情六欲”。七情按《礼记》的观点系指：喜、怒、哀、惧、爱、恶、欲。六欲的概念最早出现在《吕氏春秋·贵生》，“所谓全生者，六欲皆得其宜者。”东汉哲人高诱对此作了注释：“六欲，生、死、耳、目、口、鼻也。”后人将六欲概括为：见欲（视觉）、听欲（听觉）、香欲（嗅觉）、味欲（味觉）、触欲（触觉）、意欲。因此，筷子的标准长度寓意为：吃饭时要时时提醒人们控制好自己的欲望。

（2）两根筷子成双成对，代表阴阳相对，阴阳平衡。在婚庆礼仪中成双成对的筷子，因“筷”与“快”谐音，寓意快生贵子、快快乐乐、和睦相处。

（3）用筷子的五个手指，代表五行：金、木、水、火、土。

（4）筷子一头圆一头方，代表天圆地方。

（5）手持筷子，拇指与其他三指并用，形成了“天地人”之象，“天时地利人和”方能成就大业，这是吉祥的寓意，代表了我国古代劳动人民对未来生活的憧憬和期许。

（6）使用筷子力度要适中，代表做人要懂得知分寸、知礼节，知道天高地厚。

筷子作为中华民族特有的产物，蕴涵着先辈的智慧结晶，是中华民族精神的物质载体。筷子也由最初的餐具渐渐被人们赋予了新的内涵和生命力，而现在中国的筷子已经走向了全世界，向世界发挥着它特有的文化魅力。作为中国和世界文化遗产，筷子正在向全人类传播中国传统的餐桌文化和社会文化。比如，当今世界传奇人物马斯克——美国新增国家工程院（NAE）院士，梦想于2030年前把人类送上火星。他从筷子的使用中得到灵感，拟将筷子夹取食物的原理拓展运用于航天工程，即通过一对机械臂在空中夹住飞回来的火箭，以改变火箭直接在陆地或海面上的着陆方式。老马把这个巨大的机械臂称为“Chopsticks（筷子）”！整个火箭回收过程酷似中国传统的筷子夹物。同时，这双筷子还是快速装配一二级火箭的机械手。据2024年10月13日媒体报道，全新回收模式“筷子夹火箭”试验成功，这将大幅降低火箭的发射与回收成本，迅速提升火箭的运输效率。按照他们的话说，以后可以达到同一个火箭推进器，一天可以反复发射三次以上。这不就变成太空巴士了吗？！中国筷子的名声也将随之享誉全球，震惊世界。

“筷子”夹火箭　马斯克畅想

中国台湾知名广告制作人孙煜菁拍摄了《一双筷子》，从另一个角度讲述了筷子所承载的中国人的千年情感，在平常百姓家的日常生活中筷子所扮演的角色。筷子架起了人与食物之间、人与人之间的沟通桥梁，人生如戏，筷子就是道具，伴随你的一生，拨弄着人间的烟火气。该影片于2014年春节前夕曾在央视播出，好评如潮。一双筷子，炎黄子孙的文化传承，中华民族的血脉牵连，让我们明白，自己是中华民族大家庭的一份子。

再如，椅子也称坐具。中国人的椅子特别有学问，按照礼仪和功能，不同的椅子摆放的位置也不同，客厅有客厅的椅子，餐厅有餐厅的椅子，书房有书房的椅子，若把客厅的太师椅搬进书房，就会感觉太大，若把餐厅的椅子放到客厅，就会感到不够大气，有点压不住。

紫檀螭凤纹罗锅枨圈椅　永琦紫檀珍品馆藏

椅子在其他地方多是配角，但在书房里却是主角，若书房的椅子不是最好的，比书橱、书桌差，那就本末倒置了。因为书房，特别是男人的书房，代表了男人的地位和品味，而椅子是主人灵魂的载体……因此，别的东西可以差一点，椅子必须要好一点。就像男人的服装是有讲究的，头发乱一点，可以说是有个性，但鞋子不能差，否则就是蹩脚了。

对于圈椅，从不缺少溢美之词。因为椅子最能代表明代家具，而在各式椅子中最耀眼的就是圈椅。圈椅起源于中国唐代（唐周昉《挥扇仕女图》中有出现），是由交椅演变而来，因“圆靠背其状如圈”而得名。在中国古人眼里，椅子不是一个简单的坐具，除了具备满足肉体需求的物质功能外，还承载了人的精神追求，故而深得世人垂爱，其因如下：

（1）圈椅上圆下方的造型设计暗合了中国人的宇宙观：天圆地方。人坐在圈椅上，头顶天，脚踏地，实现了天人合一。承天象地，是人的灵魂安适之处。

（2）圆是和谐，圆象征幸福圆满；方是稳健，宁静致远。乾坤方圆，引人入胜，思绪万千。

（3）从审美角度审视，圈椅的造型美、线条美与书法艺术有异曲同工之妙（上面很像汉字的宝盖头），具有中国泼墨写意画的手法，抽象美产生的视觉效果很符合现代人的审美观点。其扶手与搭背形成的斜度，圈椅的弧度，座位的高度，这三度的组合，比例协调，构筑了完美的艺术想象空间。

（4）造型合乎人体工程学原理的尺度，强调舒适性与视觉性并存。圈背连着扶手，从高到低一顺而下，座靠时可使人的臂膀都倚着圈形的扶手，感到十分舒适，久坐不累（相对于其他木椅而言）。

总之，圈椅可以让你看上去舒服，摸上去舒服，坐上去感到肉体舒服、骨骼舒服，最终是心灵舒服，而且可以世世代代舒服下去。

传统官帽椅，有南官帽椅和北官帽椅之分，反映了南方人和北方人的性格不同。南官帽椅“不出头”，说明南方人的低调和内敛。北官帽椅“四出头”，说明北方人的高调，性格比较张扬。如今，在新

南官帽椅　航管红木提供

“二出头”官帽椅　新中式　名佳红木提供

“四出头”官帽椅　航管红木提供

荟珍屋　上海市松江区九亭镇　赵勇 摄

中式红木家具中出现了“二出头”官帽椅，界于南北之间，打破了传统，把中国人的中庸之道表达得淋漓尽致。

荟珍屋主任赵文龙先生就收藏了很多款式的椅子，并予以归类，还曾举办过一次专门的“椅子展”。其中有明代的、清代的、民国的；有圆形的、长方形的、扇面形的、梅花形的、梯形的；有的椅子上圆下方，称之为“天圆地方”；有长辈坐的、婴儿坐的、小孩坐的、女士坐的；根据椅子靠背的角度不同，有让人坐上去非常舒服的、也有让人立马感觉“坐如钟”的；根据靠背板的形制可分为两面活动反转使用的、敲框三节靠背板的、笔杆式的、独块板的、穿藤的、镶嵌玉器的、镶嵌石板的、镶嵌瓷板的；根据坐面材料可分为木板硬面的、藤席软面的、石板硬面的、包皮软面的……真是千姿百态，琳琅满目。

不仅中国人研究椅子，外国人也在研究中国的椅子。丹麦人汉斯·瓦格纳（Hans Wegner）就是从中国明式家具中获得灵感的，在圈椅的基础上设计出“Y”型椅和古典椅。日本武藏野美术大学岛崎信教授对中国红木椅子颇有研究，并因此而出名。

需要强调一下，古木建筑通常系指一些知名的亭台楼阁、名塔古刹、皇宫王府、达官显贵和富商巨贾故居等，古典家具不限于红木家具，也包括白木家具。白木家具的出现早在红木家具之前，就木文化而言，从时间的角度更具收藏价值。本书给出的定义是：除红木树种以外的所有硬木家具统统称为白木家具，不只是现在市场上讲的白蜡木，还有很多其他硬木树种，南方以榉木为多，北方以柞木（进口的称“橡木”,英文都是 OAK)为多。过去，榉木在江南一带属于高档家具用材，先有榉木，后有红木，但因红木稀缺，于是，出现了以红木为主料，用白木为辅料制作的混搭家具，例如：在上海崇明就有“前红后榉”之说，过去岛上大户人家制作的红木家具，“前红”系指选用红木做门面，以显身价，亦喻意日子过得红红火火；“后榉”系指采用崇明本土生长的榉木作为辅料。同时，在家前屋后种植榉树，希望后代中举，出人头地。所有这些都是中国木文化研究的范畴，皆可深入挖掘。赵文龙先生在这方面颇有建树，在他的荟珍屋里保护复原了许多古屋民宅，收藏了若干古木家具，尤其是白木家具可能是全国之最。

榉树
崇明岛民宅后院
费超 摄

十——东西方木文化比较

中国木文化与西方木文化各有千秋。因东西方文化背景之差异，木文化在传统建筑、家具、木雕上的具体表现有所不同，分别蕴含着各自的民族性格和哲学思想。又因榫卯结构的盖世无双，使中国木文化成为世界各国木文化中的耀眼明星。

（一）在传统建筑方面

与西方传统建筑以砖石结构为主不同，中国古代建筑以土木结构为主体，规制严谨，构筑华丽，融合山水，交互人文，将中国人的哲学思想和审美情趣巧妙地熔于一炉。其中蕴含着独特的民族性格和文化体系，凝聚着中华文明的精髓，是全人类珍贵的文化遗产之一。

纵观西方著名建筑，如古罗马斗兽场、古希腊神庙、埃及金字塔、中世纪欧洲大教堂等，无一不是层层叠叠的砖石结构，与中国传统的木建筑相比，我们是用榫卯结构架起一座房屋的骨架，本质上与现代建筑的框架结构并无二致，其最大的特色是墙倒屋不塌，这是中华民族对树的感情和对木了解的深刻写照，与是否缺少石材无关。如果说石建筑是西方在征服世界的旅程中留下的一块凝固作品，那么，木建筑则是东方人在顺应自然的生活中为自己的心灵划出的一块栖息地，在这里我们呼吸、冥想、生老病死，淡然中成就另一种永恒。

（二） 在现代木建筑方面

在西方树木较多的国家，虽有现代木建筑，但不是全木结构，而是与钢结构有机结合，既可解决高层建筑木料强度不足问题，又可达到全木覆盖的温馨效果。现代中国少林缺木，全木结构建筑已经变成国人的奢望。不过，现代木屋有时会出现在高档居民小区或旅游景点，这些小木屋与国外几无两样。然而，有些少数民族的民居木屋依然原汁原味，颇具民族特色，在功能上不如西方，但在造型上与西方木屋差异明显，各领风骚。

（三） 在家具方面

在处理木材的热胀冷缩与湿胀干缩技术问题上，东西方是一致的，都走过了从自然干燥到窑干的历史过程。绝大多数人认为没有必要彻底消除木材的胀缩，而是要保留一些木材的活性，这样制成的家具才有生命、有活力。那么，在这样的条件下如何来保证家具的牢固性，做到持久耐用呢？对此，榫卯结构可谓是神操作，是榫卯结合的“四大力系”（拉力、忍力、凝力和摩擦力）破解了这个难题。如今，无缝家具工艺技术的问世，把木材的胀缩降低到了最低限度，同时保留了家具“呼吸”的生命体征，属于中国乃至世界家具制作的技术革命，假以时日，顾永琦先生将这项技术拿出来在业内分享，推而广之，必将成为中国家具发展史上新的里程碑，也是对世界作出的新贡献。因此，中国家具是通过榫卯结构连接的，而西方家具是通过五金连接的，即使有些榫卯，也是假的（详见第三篇《用木》），西方家具的构件结合无法达到榫卯结构的完美，是榫卯结构的独步天下成就了中国木家具永立世界之林，其他任何国家永远无法超越。

中国家具文化可能受到了“官本位”思想的影响，在满足基本功能的前提下，侧重于展示社会地位，不仅要体现神圣威严，而且要体现长幼有序、君臣有别。西方家具文化倾向于“人本位”，更加注重人体工学的运用，更加讲究人文享受，体现人的生命和生活本质的意义。在这方面中国人已经感觉到了差距，我们正在迎头赶上。

中西方文化的差异是客观存在的。比如，以欧美为代表的西方国家，他们崇尚“征服”和“占有”，尤其是美国主张“零和游戏，胜者为王”。中国人的思维方式是“以中为用”的中庸之道，崇尚“和为贵”，相辅相成。体现在外交上，西方国家主张“霸权不容挑战”，过去是通过武力来殖民他国，如今是通过发动颜色革命以经济殖民和/或文化殖民；而中国的外交政策是尊重主权，和平发展，合作共赢。倡导“多元一体，和而不同”。体现在家具制作上，西方家具是讲究“征服”，大部分裸露断截面；中国家具是讲究“圆和”与“包容”，藏而不露。有比较才有鉴别，明眼人都知道，东西方家具的制作水平不在同一个层级上，工艺技术差异十分明显。因在这方面作者是外行，只懂点皮毛，不能深入比较和全面阐述。

（四）在木雕方面

中国木雕艺术在古木建筑、木家具等木制品物件上均有展现，西方罕见古建筑木雕，仅有石雕。东西方家具木雕和木雕工艺品的图案基本相似，无外乎花果草木、鱼虫鸟兽、人物故事等，只会存在动植物形状的差异，与人物故事内容之不同，但中国木雕更讲究“工必有意，意必吉祥”。

然而，文化无国界。随着人类命运共同体意识的不断增强，世界经济一体化步伐的加快，各国人民之间的文化交流也在不断深入，相互学习，相互借鉴，相得益彰，各尽其美，木文化也不例外，越来越趋于多元化。尽管全球新冠疫情和俄乌战争正在引起世界格局发生变化，导致世界经济逆全球化浪潮暗流汹涌，但对世界各国之间的文化交流影响不会很大。作者十分欣赏费孝通先生提出的关于处理不同文化关系的十六字箴言：各美其美，美人之美，美美与共，天下大同。

十二——中国木文化的对外交流

东西方文化是相互渗透的。改革开放后，“北欧风情”家具率先进入中国市场，成为年轻人的一种时尚追求。同时，中国家具对西方家具也产生过很大影响，自晚清民国以来，西方有识之士就开始研究中国古典家具。例如，丹麦人汉斯·瓦格纳（Hans Wegner，1914—2007）就是从中国明式家具中获得灵感，在圈椅的基础上设计出“Y”型椅和古典椅，并推动了北欧家具的极简主义而风靡全球。又如，在18世纪法国宫廷兴起的中国风，使中国明式家具结合法国本土文化催生了洛可可风格家具，引领了欧洲家具的新时尚。再如，1928年德国人古斯塔夫·艾克（Gustav Ecke，1896—1971）到北京任教，与邓以蛰（1892—1973）相逢，邓先生家中的明式海南黄花梨家具点燃了他对明式家具的热情，1944年出版了专著《中国花梨家具图考》，使他成为明式家具研究第一人。这些海外人士对于中国古典家具的痴迷引发了世界对中国榫卯结构的尊重，扩大了中国木文化对世界的影响。

中国木文化以其独特的魅力征服了全世界，榫卯结构成为全球木文化的翘楚。有很多外国专家到中国来设立工作室，专门从事中国古木建筑、古典家具的研究。中国古典家具也是国际收藏界的香饽饽，很多外国人以能收藏到中国古典家具为荣。在美国大都会博物馆、美国费城美术馆、美国波士顿工艺美术博物馆、大英博物馆、英国维多利亚和阿尔伯特博物馆、法国吉美博物馆、德国柏林东亚艺术博物馆、日本正仓院和新加坡亚洲文明博物馆等世界著名博物馆皆有中国古典家具的身影。

据王世襄先生在他的书中说：他从美国加州旧金山（San Francisco）驱车西北，约三小时的行程，经过田野果园、尤巴河桥（Yuba River Bridge），进入林木葱茏的丘陵地区，来到地图上并无标志而由当地聚居者取名的文艺复兴（Renaissance）山庄。这是一个基督教组织总部所在地，总部以收藏欧洲名画为世所知，因发现中国古典家具的静穆纯真和其教旨相合，转而专事搜求明式家具。六七年来所藏已逾百件，并成立了迄今尚属首创的中国古典家具博物馆。他曾两度应邀参观该馆藏品，认为不论在质量上还是在数量上都已超过美国任何一家博物馆的中国家具。

推动中国木文化走向世界的先驱当属上海土山湾孤儿工艺院。是他们利用法国天主教耶稣会的特殊背景和自己是欧洲人的特殊身份把中国木文化介绍给了全世界，使许多外国元首、达官显贵、知名人士喜欢上了中国园林，其中吸引他们眼球的是最具中国特色的亭台楼阁等木建筑和木家具等。下面讲三则与之有关的小故事。

故事一：比利时国王定制中国宫

1900 年在上海西南角的徐家汇有一家法国天主教耶稣会创办的土山湾孤儿工艺院，是近代中国最早的职业教育学校。他们生产的油画圣像、彩绘玻璃、金银铜器、珂罗版印刷物等驰名中外，尤其是木雕作品和木家具制作技艺精湛，充满创意，且能根据客户要求制作流行款式而备受青睐。当时旅居上海的外国人都喜欢使用土山湾出品的木雕家具，并称赞其作品“可与欧洲最好的工场媲美”。土山湾孤儿工艺院借力欧洲人背景，第一次选派作品送展 1900 年巴黎世博会，将徐家汇园林建筑模型放上

比利时中国宫（今比利时皇家历史与艺术博物馆分馆） 顾雪峰 摄

了享有“东方特色建筑师”美誉的法国年轻人阿列克桑塔.玛塞尔（Alexandre Marcel）的展台，这也是中国历史上第一次参展世博会，凭借高超的技艺首次亮相，并斩获金牌。

然而，故事并没有到此结束，一次不经意的参展活动却得到了意外收获。时任比利时国王莱奥彼得二世（Leopold II）对东方文化兴趣浓厚，很早就萌生了去东方一探究竟的念头，但遭英法等国的制约，一直未能如愿。当他看到玛塞尔展台上自己朝思暮想的东方园林建筑时，他很震撼、很冲动，立即吩咐宫廷大臣向玛塞尔下单，定制包括中国宫在内的一组东方建筑。于是，玛塞尔来到中国，因为只有上海土山湾孤儿工艺院才有承接订单的能力，国王还派了具有工程师背景的比利时驻上海总领事薛福德（Daniel Siffert）兼做监理，全部选用上等木料和最珍贵的金银配件，不计代价，皆由国王的特别账户拨款支付。这座中国宫于 1906 年在比利时竣工，作为国王宴请各国政要和社会名流的宴会场所，其独特的造型和浓郁的东方情调博得了来宾的交口称赞。随着时光流逝，如今的中国宫已经成为比利时皇家历史与艺术博物馆的一个分馆，专门陈列代表荣耀、财富和文化品位的中国瓷器，也是比利时最大的瓷器收藏馆。

故事二：中国园林远渡重洋

布鲁克 . 阿斯特（Brock Astor）夫人的童年是随担任外交官的父亲在中国

“明轩”美国纽约大都会艺术博物馆　牛红　摄

度过的，深受中国文化的熏陶，喜欢收藏明式家具，“虽由人作，宛自天开”的中国古典园林也一直萦绕在她的心际。上世纪 70 年代初，美国纽约大都会艺术博物馆（Metropolitan Museum of Art）要扩建远东艺术馆展区，身兼基金会董事、远东艺术馆展览委员会主席的阿斯特夫人向博物馆提出，她愿出天价在馆内二楼建一座中国庭院，展示她的收藏与世人分享，与蔚为壮观的埃及丹地神庙真迹遥相对应。这项申请获批后，于 1977 年正式启动，通过普林顿大学东方美术系主任、美籍华人方闻先生找到了国内古建筑园林学大家陈从周（1918—2000），在他和贝聿铭（1917—2019）等著名大师的精心策划下，以“小有亭台亦耐看”的苏州网师园“殿春簃”为蓝本，选材楠木，配以银杏和香樟，采用古瓦青砖、虎丘太湖石等材料，先

在国内预制，待阿斯特夫人来华验收合格后运至大都会组装，取名“明轩”。于1980年6月正式对外开放，与世界分享了中国古典园林和中国木文化的典雅精美。

故事三：荫余堂西迁美国

美国波士顿东北部赛勒姆小镇，有一座完整的中国清代徽派建筑——荫余堂。该建筑原是安徽黄村黄氏家族的祖业，建于1800—1825年的嘉靖年间，迄今已逾200年，目睹了黄家八代人的生老病死，也见证了中华民族的动荡历史。1982年黄家第三十四代孙迁出，房屋闲置。1993年被酷爱东方艺术的美国赛勒姆迪美博物馆（Peabody Essex Museum）中国馆负责人南希女士（Nancy Berliner）相中，1996年被黄山市列入中美文化交流计划，由美方斥资1.25亿美元，前后耗时7年，远渡重洋，原拆原建至赛勒姆小镇。荫余堂占地400余平方米，厅堂内门槛、梁柱、窗框上处处有木雕装饰，除了展示富有典型徽州民宅建筑特色外，还展示了清代的红木家具。对公众开放后，深受大众欢迎，游客接踵而至，其主题

荫余堂天井

荫余堂客厅

网站已跻身美国十大网站之列。出于文物保护，每天限时限流，参观仅限半小时，且须跟随导游按批进入，严禁拍照，尽展中国徽派木结构古建筑和中国红木家具文化之魅力。

谈起中国木文化对世界木文化的影响历史，其实，早在上海徐家汇土山湾之前，最早可以追溯到汉唐盛世，与华夏文明一起输出，对周边国家的木文化开始产生影响。仅以木雕文化为例，日本木雕文化始于佛像的雕刻，在东京博物馆展有一尊日本飞鸟时代7世纪*的彩色樟树木雕菩萨立像，下面的中文注解是："樟树自古被奉为灵树，此为从一整根木材中雕出的菩萨像。左右舒展的飘带、身前交叉的璎珞等表明其模仿中国或朝鲜半岛的鎏金铜佛。头部较大、身躯扁平也是古代鎏金铜佛的常见特征。原收藏于东京艺术大学。"

注*：日本飞鸟时代系指公元592—710年间，7世纪相当于中国的隋末唐初。

至于注释中述及的"朝鲜半岛"，据汉文史籍记载，西周武王伐纣消灭商朝之后，纣王的叔叔箕子率移民远避朝鲜半岛建国，史称"箕子朝鲜"。周武王顺水推舟，"因以朝鲜封之"，从此使周室又多了一个藩国。

菩萨立像　樟木　日本东京博物馆藏　张梓扬 摄

《周易》卦爻辞唯一提到的可靠的历史人物，只有箕子。孔子曰"殷有三仁焉"，将箕子、比干、微子并称为"三仁"。朝鲜王朝的《三国遗事》《东国通鉴》《东史纲目》等重要史书，也都比较详细地记载了箕子的史迹。

在此后的几千年，朝鲜半岛风云变幻，虽有数次独立建国（一个或多个），历经朝代更替，但多是中国的附属国，直至近代分裂为韩国和朝鲜之前的大韩帝国于1899年与清朝签订《中韩通商条约》才结成平等关系。不言而喻，他们的文化深受中国影响，木雕文化亦源于中国。例如，在江苏扬州唐城遗址博物馆内设有崔致远纪念馆，以纪念这位历史上著名的中韩友谊使者。他十二岁时渡海入唐求学，十八岁“在唐登科”，成了进士，并在扬州为官五年。回国后，仍以使节身份往来于唐朝与新罗，死后赠谥“文昌侯”。崔致远被誉为“东国文学之父”，对新罗影响很大。他自称为道家，但他的思想倾向于儒家，他用汉文写的著作《桂苑笔耕集》是传至今日的朝鲜最古的文籍。

十二——木文化的保护、传承与发展

中国木文化与其他传统文化一样，需要保护、传承与发展。解放后，尤其是改革开放以后，党和政府非常重视优秀传统文化建设，几乎对现存所有著名的木结构古建筑都拨出了专款予以修复（修旧如旧），并确定了国家文物保护等级，以全新的姿态迎接八方来客。也有一些社会团体、企业和个人对古老的木结构民居等建筑物进行了抢救性保护，还有更多流落民间的古木家具、经典木雕及有故事的木制工艺品被中外爱木人士收藏，所有这些行为都是对中国木文化的有效保护。如今，已经步入小康社会，人民生活水平大幅提高。俗话说：盛世收藏，乱世黄金。人们比以往任何时候都更加重视对国家文物的保护，对传统文化的学习与传承。那么，在新时代新形势下如何做好对中国木文化的传承与发展呢？在此分享如下三点不成熟的想法。

第一，要让更多的人珍惜、喜爱木文化，实现木文化的精神价值。应当重视中国传统文化研究挖掘和宣传教育，加强现代人的文化自信和文化修养，尽力弥补现代人的精神缺失。增强“四个自信”，弘扬木文化，让更多的人去珍惜并爱上中国木文化，并尽可能地参与到保护、传承与发展木文化的活动中来，为之找到理论依据，奠定人文基础。

例如：据2024年4月15日中国新闻网报道，日前，国家图书馆在江西九江市永修县举办了“样式雷”世界记忆遗产研讨会，对“样式雷”文化研究、保护、传承、创新、发展、推广等各方代表建言献策，就“样式雷”文化的深厚内涵、历史价值及现代意义进行深入探讨和交流。会后，各方代表走进位于永修县的“样式雷”祖屋，仔细观摩每一处建筑细节，感受“样式雷”建筑文化的独特魅力。

第二，成立木文化学会，多建木文化博物馆。目前，只有木材行业协会、木材流通协会、家具协会和红木协会，缺少带有研究性质的木材“学会”。木文化博物馆也屈指可数，据了解，只有上海福人集团和江苏万林现代物流股份有限公司两家以木文化为主题的博物馆，“样式雷”的弘扬者揭保如老先生靠自己的积蓄建起了样式雷纪念馆、博物馆。北京故宫、上海、广东等地的博物馆有一些明清红木家具馆藏，浙江东阳、福建莆田等地方政府为发展经济建造了以当地特色木制品为主题的博物馆，民间的涉木博物馆多是以古木家具、木雕刻为主的私人收藏，或是红木家具商家为推销自己的产品而建的展示厅，美其名曰：紫檀馆等。

木文化学会将专门从事木文化的发展历史、木文化对人类社会发展做出的贡献、木文化的内涵与表现形式、总结提炼木文化的精髓等方面的研究。组织开展木文化的宣传活动，帮助指导有关方面建造更多的木文化博物馆，讲好木文化故事，引领木文化的传承与未来发展。负责与有关行政部门对接，在增强文化自信过程中承担应有的社会责任，争取党和政府对木文化保护、传承与发展工作给予更多的政策支持。甚至，可

升官发财　海南黄花梨　航管红木提供

人物罗汉床局部　卢氏黑黄檀　航管红木提供

以借力全民“3.12 植树节”，同时开展“3.12 中国木文化宣传日（或宣传周）”活动，植树与惜木并举，助力“美丽中国，生态文明”建设，为木文化的保护、传承和发展寻求政策支持，建立更多更好的平台。鼓励企业多建木文化博物馆，为传承和弘扬中国木文化多做贡献。

第三，努力寻找弘扬木文化与促进木材行业健康发展的结合点，实现木文化的经济价值。比如，勇于创新，积极开发木文化新产品，在保留传统木文化优秀基因的基础上，大胆创新，研发更多更好的适合现代人工作与生活的木制品，顺应现代社会的发展潮流，满足现代人的精神需求。又如，充分发挥中国木文化占领世界同行业高地的绝对优势，扩大中国木文化的对外影响，让更多的老外和海外华人喜欢上“中国制造”的木制品，不断扩大出口品种和数量，销往更多的国家和地区。上述举措，可以为木材行业带来更多的商业利润，为国家赚取更多的外汇，为木文化的保护、传承和发展提供经费保障。

由于笔者才疏学浅，以上浅薄之见很不成熟，尤其是笔者斗胆给木文化下的定义可能不够准确、不够完美，希望通过本书的出版，引发有关木文化课题的更多思考和更多讨论，以填补中国木文化系统研究领域之空白，不断完善和丰富中国木文化的科学发展。

致谢

在本书编写过程中幸得南京林业大学唐进根教授、南京农业大学姜卫兵教授、王亚庆教授、国家林草局动植司副司长兼国家濒危办副主任万自明先生、上海土山湾博物馆名誉馆长陈耀王先生、国家材种鉴定与木材检疫重点实验室主任陈旭东先生（全国劳模）、上海木材行业协会红木专业委员会秘书长朱平先生、江苏南通永琦紫檀艺术珍品有限公司董事长顾永琦先生、福人集团董事长谢艺仁先生、上海百联集团森远木业有限公司原常务副总经理赵大吉先生、国家级木材检验员杨秀明女士、国家林草局驻上海森林资源监督专员办事处濒管处处长郭荣卫先生等专家学者的助缘，荷兰东方行总裁陈建光先生、全美华人侨团联合会主席牛红女士、香港裕林股份有限公司董事长许杰先生、印尼美檀木业有限公司负责人王宏亮先生、云南省善友俱乐部董事长黄成先生、合肥海关后管中心主任严伟民先生、移居海外的老同学加拿大农业部资深生物学家刘树华博士、美国弗吉尼亚州高等学术研究所首席科学家梅传生先生、北卡罗莱纳州立大学植物与人类健康研究所资深研究员马国英女士、日本茨城县联合农场董事/总农场长杜建明先生等同学好友为本书提供了相关照片，以及在本书出版过程中给予关心和支持的所有单位和个人，在此一并致以衷心感谢！

参考文献

1. 王章俊等编著《生命进化简史》，北京：地质出版社，2017
2. 尚景编著《中国木文化》，合肥：时代出版传媒股份有限公司，2011
3. 周默著《木鉴——中国古典家具用材鉴赏（修订本）》，太原：山西出版传媒集团．三晋出版社，2015
4. 乔子龙著·绘《匠说构造——中国传统家具作法（修订版）》，南京：江苏凤凰科学技术出版社，2019
5. 罗建举等著《木与人类文明》，北京：科学出版社，2017（第二次印刷）
6. 赵文龙著《从桂林公馆到荟珍屋》，上海：上海文化出版社，2020
7. 李军等著《蒙古族家具研究》，北京：中国林业出版社，2015
8. 中国林业网 森林休闲体验分会《为什么森林对人类那么重要——森林的功能》，2018
9. 陈晶著．常州博物馆编《漆石汇——陈晶考古文辑》，北京：文物出版社，2016
10. 赵大吉著《红木及红木家具》，杭州：中国美术出版社，2021
11. 张伟等著《遥望土山湾——追寻消逝的文脉》，上海：同济大学出版社，2012
12. 王传成等著《木文化简谱》，北京：中国林业出版社，2018

13. 余悦主编《图说红木文化》，西安：世界图书出版西安有限公司，2014

14. 杨金荣著《红木文化谈薮》，上海：上海文化出版社，2017

15. 王世襄编著《明式家具研究》，北京：生活·读书·新知三联书店，2020

16. 姚鹤年著《上海木材流通志》，上海市木材总公司，1996

17. 华雍主编《永琦紫檀》，上海：上海人民美术出版社，2012

18. 许锦芝著《做有文化的产品：亚振家居产品中的文化传承》，上海：上海交通大学出版社，2021

19. 刘修明主编《话说中国》，上海：上海人民出版社，2015

20. 王唯铭著《与邬达克同时代——上海百年租界建筑解读》，上海：上海人民出版社，2014

21. 薄世宁著《薄世宁医学通识讲义》，北京：中信出版集团，2019

22. 陈振裕主编《中国漆器全集》第1卷，福建：福建美术出版社，1997

23. 陈晶主编《中国漆器全集》第4卷，福建：福建美术出版社，1998

23. 中国科学院考古研究所编著《新中国的考古收获》，北京：文物出版社，1961

图书在版编目（CIP）数据

木韵 ：树木的故事与中国木文化 / 张余仁，王进，袁巍峰著． -- 上海 ：上海文化出版社，2024．10．

ISBN 978-7-5535-3086-4

Ⅰ．S718.4-49

中国国家版本馆 CIP 数据核字第 2024UM3469 号

木韵——树木的故事与中国木文化

著　　者：张余仁　王　进　袁巍峰

出 版 人：姜逸青

责任编辑：张　彦

整体设计：袁银昌

设计排版：上海袁银昌平面设计工作室　李　静　胡　斌

出　　版：上海世纪出版集团　上海文化出版社

地　　址：上海市闵行区号景路 159 弄 A 座 3 楼　201101

发　　行：上海文艺出版社发行中心

上海市闵行区号景路 159 弄 A 座 2 楼　201101　www.ewen.co

印　　刷：上海雅昌艺术印刷有限公司

开　　本：787×1092　1/16

印　　张：33

印　　次：2024 年 11 月第一版　2024 年 11 月第一次印刷

书　　号：ISBN 978-7-5535-3086-4/S.020

定　　价：380.00 元

告 读 者：如发现本书有质量问题请与印刷厂质量科联系（T：021-68798999）